Hermann Grill

Bausteine für ein modernes Weltbild
Herausgeber Hoimar v. Ditfurth

Kenneth J. Hsü

Ein Schiff revolutioniert die Wissenschaft

Die Forschungsreisen der
Glomar Challenger

Mit 67 Zeichnungen
und 23 einfarbigen Abbildungen auf 16 Tafeln

Aus dem Englischen
von Walter Hähnel

Hoffmann und Campe

Das Copyright für alle im Vorwort
nicht erwähnten Abbildungen liegt bei K. J. Hsü.

CIP-Kurztitelaufnahme der Deutschen Bibliothek

Hsü, Kenneth J.:
Ein Schiff revolutioniert die Wissenschaft : d.
Forschungsreisen d. Glomar Challenger / K. J. Hsü.
Aus d. Engl. von Walter Hähnel. – 1. Aufl. –
Hamburg : Hoffmann und Campe, 1982.
(Bausteine für ein modernes Weltbild)
Aus d. Ms. übers.
ISBN 3-455-08752-3

Copyright © 1982 by Hoffmann und Campe Verlag, Hamburg
Gesetzt aus der Korpus Times
Schutzumschlaggestaltung: Jan Buchholz und Reni Hinsch
unter Verwendung eines Fotos mit freundlicher
Genehmigung der University of California
Satzherstellung: Fotosatz Otto Gutfreund, Darmstadt
Druck- und Bindearbeiten: Richterdruck, Würzburg
Printed in Germany

Inhalt

Dieses Buch ist meiner Familie gewidmet. Meiner verstorbenen Frau Ruth und den Schlüsselkindern von der Nordstraße, die bei ihr Obhut finden sollten; meinen Kindern Elisabeth, Martin, Andreas und Peter, damit sie ihren Vater besser verstehen können, vor allem aber meiner Frau Christine.

Vorwort

Seit dem Sommer 1968 ist die MS *Glomar Challenger,* ein für Tiefseebohrungen eingerichtetes Forschungsschiff, auf den Weltmeeren unterwegs. In dieser Zeit haben an Bord Hunderte, wenn nicht Tausende von Wissenschaftlern und Seeleuten gearbeitet. Alle nur erdenklichen Aspekte der Erdwissenschaften wurden erkundet. Dabei hat sich das Wissen über unseren Planeten entscheidend verändert und erweitert. Die Forschungsberichte der Bohrkampagnen füllen inzwischen schon über achtzig Bände von je rund tausend Seiten. Daran kann man ermessen, wie schwierig es ist, im Rahmen eines »normalen« Sachbuchs auch nur die erstaunlichsten Entdeckungen und wichtigsten Forschungsergebnisse zugleich erschöpfend und allgemeinverständlich zu beschreiben. Und doch handelt dieses Buch nicht nur von einem Schiff und den Menschen, die darauf gearbeitet haben, es schildert in der Tat eine wissenschaftliche Revolution, die sich dank des Einsatzes der *Glomar Challenger* auf dem Gebiet der Erdwissenschaften ereignet hat.

Da ich selbst an zahlreichen Forschungsreisen teilgenommen habe, besitzt dieser Bericht auch autobiographische Züge, d. h. ich erzähle sehr viel von meinen eigenen Erlebnissen und denen meiner Kollegen, die ich größtenteils gut kenne. Ich hoffe, daß dieser Charakter eines Erlebnissachbuchs die Lebendigkeit der Schilderung steigert, ohne daß darunter die Sache, um die es hier geht, leidet.

Einer der Gründe, die mich bewogen haben, ein solches Buch zu schreiben, war die Absicht, ein anschauliches Bild von der Arbeit der Geologen zu vermitteln, denn nur die wenigsten Menschen können sich eine richtige Vorstellung von unserer Arbeit machen. Anders als es verschiedentlich in Filmen oder Romanen dargestellt wird, sind Wissenschaftler ja keineswegs machtbesessene Fanatiker oder weltfremde Eiferer, die enorme Steuergelder verschleudern. Ihre Aufgaben sind klar umrissen, dienen gesellschaftlichen Zwecken und erweitern unser Wissen über uns und die Welt, in der wir leben.

Wissenschaft entspringt der menschlichen Neugier, und daher ist Wissenschaft für den, der sie betreibt, keine trockene oder langweilige Angelegenheit; und wie bei allen anderen menschlichen Bestrebungen spielen auch bei ihr Erfolg und Mißerfolg die ausschlaggebende Rolle. Für den

Wissenschaftler bedeutet das je nachdem Genugtuung, Erfüllung, Freude und Glück oder Enttäuschung, Frustration, Angst und Qual. Und weder vor Neid und Egoismus noch vor Arroganz und Kleinlichkeit sind Wissenschaftler gefeit. Daraus entstehen auch in der Wissenschaft Fehler. Wenn man dem Laien zeigen will, wie Forschungsergebnisse zustande kommen, dann gehört dazu auch die Analyse emotionsbedingter Fehlschlüsse. Wissenschaft wird eben von Menschen betrieben, und sie verlangt von ihnen vor allem sehr viel Hingabe, Disziplin und auch Bescheidenheit. Ich hoffe, daß dies in meinem Buch deutlich wird.

Angesichts der Fülle des Stoffs, der langen Zeit, in der die *Glomar Challenger* nun schon die Weltmeere durchkreuzt, angesichts auch der unterschiedlichen Aufgabenstellungen der Forschungsprogramme ist der Aufbau dieses Buches nicht unproblematisch. Er folgt im wesentlichen geographischen, chronologischen und thematischen Gesichtspunkten. Ich beginne mit der Jungfernfahrt der *Glomar Challenger* im Golf von Mexiko. Daran schließt sich die Erforschung des Atlantik an, wobei die Theorie der Ozeanbodenerneuerung (*seafloor spreading*) zu überprüfen war. Es folgt ein Bericht über Fahrten in den Pazifischen und den Indischen Ozean, wo das Plattentektonik-Modell untersucht wurde. In der Antarktis beschäftigten wir uns mit der Geschichte des Klimawechsels. Wir kehren dann in den Atlantik zurück, um mehr über die dramatischen Vorgänge in früheren Ozeanen zu entdecken. Abgesehen von einigen Fahrten zwischen Atlantik und Pazifik umreißt unsere Darstellung ungefähr die Route der *Glomar Challenger* in den ersten sieben Jahren ihres Einsatzes. Die letzten vier Kapitel berichten von jenen Forschungsreisen, die nach 1975, d.h. nach der Internationalisierung des Projekts, unternommen wurden.

Seit der Fertigstellung des Manuskripts vor einem Jahr ist die *Glomar Challenger* zu weiteren Reisen aufgebrochen, denn ein Bohrschiff dieser Art ist unentbehrlich für die Arbeit der Erdwissenschaftler. Schon gibt es Pläne, ein viel größeres und aufwendigeres Schiff zu bauen, mit dessen Hilfe die Tiefseeforschung in Zukunft entscheidend vorangetrieben werden soll.

Endlich möchte ich noch all jenen Leuten herzlich danken, die mitgeholfen haben, dieses Buch zu realisieren, allen voran Albert Uhr und Urs Gerber für die Bearbeitung der Illustrationen, Carolina Hartendorf und Barbara Das Gupta für die Schreibarbeiten und Ueli Briegel für die Durchsicht der deutschen Fassung. Weiter danke ich folgenden Personen und Institutionen, die mir großzügig die Erlaubnis zur Reproduktion ihrer Graphiken gaben: Joe Curray (Abb. 18.2), O. Leenhardt (Abb. 3.1), Hanspeter Luterbacher (Abb. 20.1), H. Martin (Abb. 4.2), Jason Morgan (Abb. 11.2), Walter Sullivan (Abb. 1.1, 4.4, 7.1), Marie Tharpe (Tafel

8

XIV), J. Tuzo Wilson (Abb. 12.4, 12.5), American Geophysical Union (Abb. 4.10, 4.11, 7.2, 7.7, 12.3), Geological Society of America (Abb. 4.8, 6.3, 12.1, 19.3), Deep Sea Drilling Projekt (Abb. II.1, II.3, II.4, 12.6, 13.1, 19.1, 19.2).

Zürich, 12. Mai 1982
K.J.H.

I. Moho und Mohole

Wenn man ein unendlich tiefes Loch in die Erde bohrt, gelangt man nach Australien – sagt man in Amerika. Bislang hat's jedoch keiner versucht. Der Geologe Harry Hess überredete das Repräsentantenhaus, also das Parlament der Vereinigten Staaten von Amerika, jedoch, 10 Millionen Dollar zu investieren, um ein 10 Kilometer tiefes Loch in den Ozeanboden zu bohren, um in den mysteriösen Bereich der Mohorovičić-Zone zu gelangen.

Ich traf Harry Hess zuerst in einer Versicherungsgesellschaft in Houston/ Texas. Das war im Februar 1954. Ich hatte gerade meine Promotion abgeschlossen und meinen ersten Arbeitsvertrag mit dem *Exploration and Production Research Laboratory* der *Shell Oil Company* abgeschlossen. Hess war schon damals ein bekannter Geologe und arbeitete bei der Geologischen Abteilung der Princeton-Universität. Er kam nach Houston, um Gelder für seine Forschung zu beschaffen. In seinem Vortrag vor der Vereinigung ehemaliger Studenten der Princeton-Universität sprach er über Guyots – die erst kürzlich entdeckten untermeerischen Tafelberge.

Harry Hess war während des Zweiten Weltkrieges junger Kommandeur des Truppentransporters der US-Pazifik-Flotte *MS Cape Johnson*. Bei seinem Landeunternehmen im mittleren Pazifischen Ozean – den Marianen, den Philippinen und Iwo Jima, einer Vulkaninsel südöstlich von Japan, registrierte das Echolot seines Schiffes eine Meeresbodenformation, die alles andere als eintönig war – wie man bisher angenommen hatte. Das Echolot verzeichnete einen untermeerischen Berg nach dem anderen; die Berge erhoben sich einige tausend Meter über dem Tiefseeboden (Abb. 1.1). Alle diese Berge haben steile Flanken und eine flache Oberseite; sie sehen wie Tafelberge aus, so, wie man sie auch auf dem Festland kennt. Durch stetiges Kreuzen über den untermeerischen Bergen stellte Hess fest, daß sie rund waren. Diese Form offenbarte dem Geologen und Offizier, daß die Berge vulkanischen Ursprungs sein müßten und ihre Spitze abgekappt worden war. Er nannte diese untermeerischen Berge Guyots, zu Ehren von Arnold Guyot, dem ersten Geologie-Professor von Princeton (1854–1884), nach dem auch das Gebäude benannt wurde, in dem das Geologische Institut seiner Universität unter-

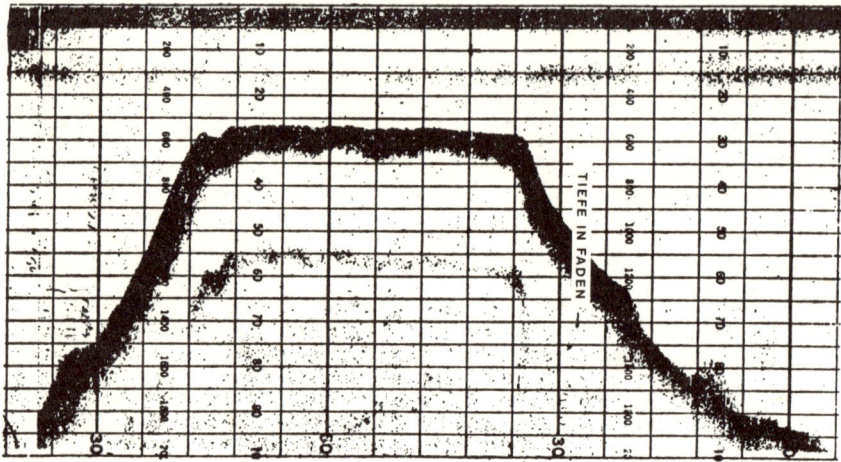

Abb. 1.1: Unterwasser-Berg des Pazifik mit flachem Gipfel. Harry Hess entdeckte eine Anzahl untermeerischer Berge mit flacher Spitze, als er einen Tiefenanzeiger auf einem Marine-Transportschiff verwendete. Einen solchen, auch Guyot genannten Berg zeigt die Abbildung. Der Gipfel dieses Berges liegt etwas über 1000 Meter unter der Meeresoberfläche: Er erhebt sich mehr als 2000 Meter über den umgebenden Ozeanboden. Das Schiff brauchte mehr als eine Stunde, um über diesen Berg hinwegzufahren. Da das Schiff mit etwa 10 Knoten fuhr, muß der Durchmesser des Guyots mehr als 20 Kilometer sein. Die Tiefseebohrungen der *Glomar Challenger* haben nachgewiesen, daß Guyots versunkene Vulkane sind.

gebracht war. Nach Kriegsende konnte Hess von der Entdeckung 160 versunkener Berge im Pazifischen Becken berichten. Andere Forschungsschiffe setzten die Suche später fort und fanden weitere Guyots (insgesamt über 500). Mit Hilfe eines greiferartigen Hakens – an einem Stahlseil befestigt – riß man Gesteinsstücke von den steilen Flanken der versunkenen Berge und beförderte sie ans Tageslicht. Diese Gesteine waren meist vulkanischen Ursprungs, ganz wie Hess es erwartet hatte.

Untermeerische Vulkane sind nicht selten auf dem heutigen Meeresgrund. Aber die Guyots unterscheiden sich von ihnen durch ihre abgeflachten Spitzen. Hess nahm an, daß diese Form durch Erosion entstanden sei und daß die Guyots einst vulkanische Inseln waren; die konischen Spitzen dieser Vulkanberge wurden von den Ozeanwellen abgetragen. Die über die Meeresoberfläche ragenden Inselteile erodierten in einer Zeit, zu der sich die Lage der Inseln nicht veränderte. Dann begannen sie aus unbekanntem Grunde abzusinken. Heute liegen die Tafelberge mit ihrer flachen Oberfläche einige hundert Meter unter der Meeresoberfläche.

Ich neigte schon immer zu schnellen Schlußfolgerungen. In der Schule lernte ich, daß Vulkane in den Ozeanen unter ihrem eigenen Gewicht in den Meeresboden einsinken, der Senkungsbetrag aber begrenzt war. Wenn Vulkane aktiv sind, werden glutflüssige Gesteinsmassen aus dem Erdinneren so schnell aufgehäuft, daß die Absenkung mit dem Wachsen des Berges nicht Schritt halten kann.

Die untermeerischen Vulkane können so bis über die Meeresoberfläche aufsteigen und Inseln bilden. Vulkane beenden früher oder später ihre Aktivität. Dann gewinnt die permanent wirkende Schwerkraft die Oberhand und zieht die Vulkaninseln wieder in die Tiefe hinab.

Es wird von den Geologen allgemein angenommen, daß eine vulkanische Insel unter ihrem eigenen Gewicht absinkt. Charles Darwin berief sich auf diese Vorstellung, um die Entstehung von Atollen zu erklären.

Ich war darum ein wenig überrascht, daß Hess sich davon irritieren ließ, Guyots in der Tiefsee zu finden. Doch war ich zu schüchtern, um nach seinem Vortrag diesen Punkt zu diskutieren. So schrieb ich ihm einen Brief. Umgehend erhielt ich Antwort, drei eng beschriebene Briefbögen, offensichtlich von ihm selbst verfaßt. Er entschuldigte sich, daß er keine Zeit finden könne, mir alles detaillierter zu erklären; die üblichen Tätigkeiten zu Anfang eines Semesters hätten zu viel Zeit in Anspruch genommen. Er entschuldigte sich sogar dafür, schlecht Schreibmaschine zu schreiben und erklärte dem etwas arroganten jungen Mann geduldig, warum die einfache Vorstellung von der Absenkung durch das Gewicht der Berge nicht alle Fragen hinsichtlich der Guyot-Entstehung beantworten könne.

Ein Charakteristikum bereitete Hess besonderes Kopfzerbrechen: die flache Oberseite der Guyots. Meereswellen arbeiten langsam. Warum schien eine Insel so lange in Ruhe verharrt zu haben, bis die Meereswellen den Vulkanberg bis auf den Meeresspiegel abgetragen hatten? Wann und warum begannen die abgeflachten Berge ihre unaufhaltsame Reise unter die Meeresoberfläche? Nachdem Hess Pro und Kontra der verschiedenen Erklärungsmöglichkeiten ausgiebig diskutiert hatte, betonte er noch einmal seine Verwirrung, und, daß er nach einer einfachen Antwort auf diese Frage suche.

Jahre später hatten wir beide mehr über die Ozeane gelernt. Guyots sanken tatsächlich aufgrund der Schwerkraft. Die Schwierigkeit, vor der Hess stand, beruhte auf der Annahme, daß die flache Oberseite durch Erosion entstanden sei. Wenn wir heute die Inseln im Pazifik betrachten – einige haben Vulkane, die sich Hunderte von Metern über der Meeresoberfläche erheben –, können wir uns eine Vorstellung von den ungeheuren Kräften machen, die hier gewirkt haben müssen. Doch gibt es auch Inseln mit flacher Oberfläche, wie Saipan, Tinian und andere, die als

Flugplätze für Bomber der US-Luftwaffe im Krieg gegen Japan benutzt wurden. Diese Berge sind nicht etwa deshalb flach, weil die Meereswellen sie eingeebnet haben, sondern weil die Oberflächenform durch die Ablagerung von flach liegenden Sedimenten entstanden ist. In anderen Gebieten sind die Inseln ohne starkes Relief, weil die Oberfläche von horizontalen Lava- oder Aschenlagen gebildet wurde. Wenn wir Darwins Theorie voraussetzen, nämlich daß Atolle auf absinkendem, vulkanischem Grund aufbauen, müßte die Spitze des Vulkans von den Sedimenten, die in der Lagune des Atolls zu Boden sinken, nach und nach zugedeckt werden und so eine flache Oberfläche erhalten. Atolle, die ein geringes Korallenwachstum aufwiesen, sanken schneller ab und wurden zu Guyots. So gesehen sind Guyots einfach Korallenatolle, die jung gestorben sind. Im tropischen Pazifik, wo das Korallenwachstum stets schritthalten konnte mit dem absinkenden Untergrund, sind die versunkenen Vulkane heute mit lebenden Korallenriffen gekrönt, genau wie Charles Darwin es behauptet hatte.

Ich werde auf die Geschichte der Guyots in einem späteren Kapitel zurückkommen. Damals, 1954, beeindruckte mich nicht so sehr der Inhalt von Hess' Brief, sondern die Tatsache, daß er überhaupt schrieb. Ich ließ mich nicht von seinen Argumenten überzeugen, war aber stolz auf das persönliche Schreiben des berühmten Mannes.

Ein zweites Mal traf ich Harry Hess einige Jahre später in Washington D.C. Ich mußte vor einem erlesenen Publikum bei einer Jahresversammlung der *American Geophysical Union* auftreten und meine erste Vorlesung halten. Ich sprach als erster – eine wirklich heikle Sache. Mein Thema hatte ich etwas leichtfertig eingesandt. Nachträglich wurde mir bewußt, daß ich ein falsches Objekt gewählt hatte. In der Regel berichtete ein junger Mann zu Beginn seiner beruflichen Karriere über ein Forschungsprojekt, das sich vorwiegend an Fakten orientiert. So konnte er seinen Zuhörern Bildung und Fleiß demonstrieren. Ich wählte statt dessen ein rein theorethisches Thema: den Ursprung der *Geosynklinalen*.

Mit dem Begriff *Geosynklinale* bezeichneten die Geologen des 19. Jahrhunderts alte Gebiete mit großen Sedimentablagerungen, aus denen sich vermutlich später Gebirgsketten bildeten. Zuerst stellten die Geologen Unterschiede zwischen Sedimentgesteinen in Gebirgen und solchen in Ebenen fest; erstere waren im allgemeinen mächtiger, oder sie waren im Meer in größerer Tiefe abgelagert worden (Abb. 1.2).

Später fand man heraus, daß diese Unterschiede sich nicht überall feststellen ließen. Dennoch wurde der Begriff Geosynklinale zum Schlagwort. Er tauchte in allen Theorien auf, obgleich niemand genau wußte, was eine Geosynklinale nun wirklich war.

Die Grundlagen der Geologie sind aktuell: Geologische Prozesse der

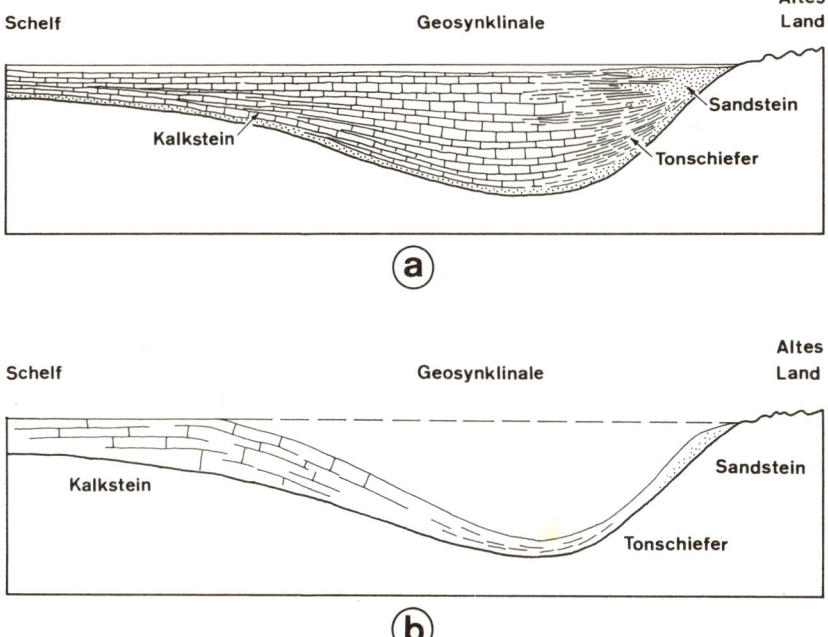

Abb. 1.2: Das Konzept der Geosynklinale wurde 1859 von James Hall aufgestellt, um die riesigen Depressionen unter den Sedimentgesteinen der Gebirge zu kennzeichnen. Eine Synkline oder Synklinale ist ein geologischer Begriff, der eine nach unten gebogene Oberfläche, eine Mulde, bezeichnet, und Geo- wurde als Vorsilbe verwendet, um die Aufmerksamkeit auf die gewaltigen Dimensionen dieses Gebildes zu lenken. Hall und seinen Kollegen zufolge heißen Geosynklinalen Gebiete, in denen entweder die Sedimente mächtiger als gewöhnlich sind (a) oder in denen das Wasser ungewöhnlich tief ist (b). Sie nahmen auch an, daß Sedimente in Geosynklinalen etwas Besonderes seien, weil sie dazu bestimmt seien, Sedimentgesteine von Gebirgen zu werden. Diese etwas mystische »Geosynklinaltheorie der Gebirgsbildung« beherrschte das geologische Denken mehr als ein Jahrhundert, bevor sie langsam verschwand und durch die Theorie der Plattentektonik ersetzt wurde.

Vergangenheit sind auch heute noch zu beobachten. Dasselbe gilt für geologische Umweltbedingungen der Vergangenheit. Es schien jedoch keine entsprechenden Bildungen von Geosynklinalen in der heutigen Zeit zu geben. Dennoch grübelten die Forscher – ein wenig müßig – darüber nach, warum die Geosynklinalen absanken und so die Ansammlung von mächtigen Sedimentschichten ermöglichten. In meiner kurzen Abhandlung, die ich frei vortragen wollte, versuchte ich den Begriff zu entmythologisieren. Ich benutzte einige einfache Argumente, um zu zeigen, daß Geosynklinalen nur Vertiefungen in der Erdoberfläche seien, wie Ozean-

15

becken, Kontinentalränder u. a. Nachdem die Sedimente in den Geosynklinalen abgelagert seien, sinke der Meeresboden unter der zusätzlichen
Last, ebenso wie die Guyots unter dem Gewicht der aufgehäuften vulkanischen Massen absanken.

Diese Idee war nicht neu, wenn ich ihr auch einen neuen Aspekt mit
einigen aktuellen Daten gab. Die Idee war auch gar nicht so schlecht; was
ich damals sagte, gilt auch heute noch, obgleich mir ein wichtiger Punkt
entging, der bei späteren Untersuchungen eine Rolle spielte. Es war
jedoch vermessen, wenn ein junger Mann erfahrenen Wissenschaftlern
Selbstverständlichkeiten mitteilte. Ich wurde immer nervöser, je näher
der Veranstaltungstermin rückte.

Überaus pünktlich, nämlich eine halbe Stunde vor Beginn der Versammlung, traf ich im *General-Service-Administration*-Gebäude in Washington
D.C. ein. Nach und nach füllte sich der Saal, und viele bekannte Wissenschaftler der älteren Generation nahmen ihre Plätze in den ersten Reihen
ein. Hess sollte die Veranstaltung eröffnen und die erste Sitzung leiten. Es
schlug 8 Uhr, ich sollte meine Rede beginnen, aber Hess war nirgends in
Sicht. 8.15 . . . 8.20 . . . Ich saß dort und wurde immer nervöser. Endlich,
etwa um 9.30 Uhr, rannte er herein und stieg auf das Rednerpodium. Er
murmelte eine Entschuldigung, daß er nach dem falschen Gebäude, dem
der *Geological Society of America,* gesucht habe, und niemand hatte ihm
offenbar sagen können, wo es war. (Die *Geological Society* sitzt in New
York!) Nachdem er wieder zu Atem gekommen war, versuchte er,
allerdings erfolglos, meinen Namen richtig auszusprechen und mich als
Redner vorzustellen. Plötzlich hatte ich schreckliches Lampenfieber. Als
ich vor das Mikrophon trat, konnte ich kaum sprechen. Ich stotterte und
mußte in gebrochenen Sätzen mein Manuskript ablesen. Ich quälte mich
durch die Zeilen. Am Ende meiner miserablen Darbietung breitete sich
bedrohliches Schweigen aus. Es war, als tickte eine Bombe. Das Fehlen
jeglicher Resonanz war Ausdruck von Feindseligkeit gegenüber dem
anmaßenden jungen Mann. Hess aber war betrübt; er glaubte, der
mangelnde Diskussionseifer der Zuhörer sei auf sein verspätetes Erscheinen zurückzuführen. Nach der Versammlung entschuldigte er sich über-
schwenglich bei mir, ich dagegen war wegen meines wenig brillanten
Debüts beschämt.

Mit den Jahren bekam ich mehr Selbstvertrauen. Hess blieb bescheiden.
Man kann sich kaum vorstellen, daß dieser zurückhaltende Mann so viel
für die Geowissenschaften leistete. Seine Idee vom »Seafloor Spreading«
(Erneuerung der Meeresböden) leitete eine wissenschaftliche Revolution
ein, und sein Forschungsprojekt eröffnete eine neue Ära der Meeresforschung.

Zuletzt traf ich Hess im Frühling 1969. Wir hatten gerade ein Bohrprogramm im Südatlantik beendet, und ich kam nach Princeton, um mit meinen Kollegen die Ergebnisse zu diskutieren. Unsere Kreuzfahrt wurde berühmt, schrieb man ihr doch zu, die Theorie vom Seafloor Spreading bestätigt zu haben. Hess schien sein triumphaler Erfolg eher verlegen zu stimmen. Mittags schlenderten Hess und ich von der Guyot-Halle zum *Princeton Faculty Club*, um zu essen. Er erwähnte das Seafloor Spreading nicht ein einziges Mal. Statt dessen plauderten wir über die Schwierigkeiten der privaten Universitäten zur Zeit der hohen Inflation. Hess hatte gerade sein Amt als Vorsitzender des Instituts niedergelegt, aber er hatte noch viele nationale und internationale Verpflichtungen. Er war überarbeitet und schien müde zu sein. Kurz darauf starb er an einem Herzanfall. Er wird stets als derjenige in unserer Erinnerung bleiben, der den ersten Schritt zu einem der erfolgreichsten Unternehmen in den Geowissenschaften tat – dem Tiefseebohrprojekt (DSDP) der *Joint Oceanographical Institutions Deep Earth Sampling Program* (JOIDES).

Eine der vielen Verpflichtungen von Hess war die Mitarbeit in einem Komitee, das Forschungsprojekte vorschlug, die von der *National Science Foundation* unterstützt werden sollten. In den fünfziger Jahren forderten die Physiker immer mehr Gelder für noch größere und bessere Teilchenbeschleuniger; im Vergleich dazu begnügten sich die Geologen gewissermaßen mit einer Art Taschengeld zur Herstellung geologischer Karten. Hess und sein Komitee – so wurde erzählt – prüften an einem Frühlingstag des Jahres 1957 zahlreiche Forschungsanträge: mit deprimierendem Ergebnis, denn nichts erschien ihnen überzeugend genug, um es als förderungswürdig anzumelden. So fragten sie sich, was denn in der Geologie überhaupt noch zu tun sei. Das heroische Zeitalter der Geologie, die letzten Dekaden des 18. und die erste Hälfte des 19. Jahrhunderts, war schon lange nostalgisch betrachtete Vergangenheit geworden. Damals erhob James Hutton die Geologie in den Rang einer Naturwissenschaft, entdeckte William Smith die Bedeutung der Fossilien für die zeitliche Einordnung der Gesteinsschichten und entmythologisierte Charles Lyell die »Genesis« und pries Huttons Theorie vom *Uniformitarianism* (sie besagt, daß im Gegensatz zur Katastrophentheorie alle Veränderungen in der Erdkruste durch Erosion und gleichartige langsam verlaufende Prozesse entstanden seien), Charles Darwin entwickelte seine Evolutionstheorie. Nur wenige Entdeckungen von vergleichbarer Bedeutung wurden im 20. Jahrhundert gemacht. Eine davon gehört in den Bereich der Geophysik – die Entdeckung der *Moho*.

Am 8. Oktober 1909 brach in Jugoslawien ein Erdbeben aus, dessen Hypozentrum etwa 25 Kilometer unter dem Dorf Papupsko nahe Zagreb lag. (Der Herd eines Erdbebens wird als Hypozentrum bezeichnet; senkrecht über dem Hypozentrum liegt an der Erdoberfläche das Epizentrum.) Ein dort lebender Geophysiker, Andres Mohorovičić, untersuchte routinemäßig die Zeit, die die ersten Erdbebenwellen brauchten, um verschiedene Stationen zu erreichen, in denen dann Erdbeben registriert wurden, die sogenannten *Ersten Einsätze.*

Bei einem Erdbeben entstehen verschiedene Wellenarten. Einige pflanzen sich fort, indem in einem elastischen Medium die Materieteilchen in der Fortpflanzungsrichtung hin- und herschwingen, entsprechend den Schallwellen in der Luft. Sie werden als Kompressionswellen oder P-Wellen bezeichnet. Sie sind die schnellsten und sollten auf jeder Station zuerst von den Seismographen registriert werden. In einem homogenen Medium sollte die Fortpflanzungsgeschwindigkeit der Kompressionswellen P konstant sein. Demzufolge sollte der Erste Einsatz direkt proportional der Entfernung zwischen dem Epizentrum und der Registrierstation sein, also Laufzeit = Epizentrum-Entfernung: Wellengeschwindigkeit. Das ist eine einfache lineare Beziehung, wie wir sie alle aus der Schule kennen. Der Regel zufolge sollte eine Welle doppelt so viel Zeit benötigen, um eine Station in 200 Kilometer Entfernung vom Epizentrum zu erreichen wie eine Station in 100 Kilometer Entfernung. Als Mohorovičić die Ersten Einsätze gegen die Entfernungen vom Epizentrum für die Stationen innerhalb eines Umkreises von 300 Kilometern um Zagreb aufzeichnete, erhielt er eine gerade Linie durch den Nullpunkt der Koordinaten. Das bewies, daß die einfache, vorhergesagte Beziehung tatsächlich durch die seismischen Registrierungen bestätigt wurde (Abb. 1.3). Wie wir aus dem Physikunterricht wissen, gibt die Neigung der geraden Linie – oder anders gesagt, die zurückgelegte Entfernung geteilt durch die Laufzeit, die Wellengeschwindigkeit an. Mohorovičićs Berechnungen zeigten, daß die Kompressionswellen sich mit einer Geschwindigkeit von 5 bis 6 Kilometern pro Sekunde fortbewegten, wenn sie die einzelnen Stationen erreichten.

Aufzeichnungen über das Erdbeben waren auch von anderen Stationen zu erhalten; die am weitesten entfernte (etwa 2400 Kilometer) war Tiflis im Kaukasus. Zu seiner Überraschung entdeckte Mohorovičić, daß die Ersten Einsätze der Stationen, die mehr als 300 Kilometer entfernt lagen, nicht auf der geraden Linie seiner Darstellung lagen. Statt dessen ergaben die Ersten Einsätze dieser Stationen, wenn sie gegen die zurückgelegten Entfernungen aufgerechnet wurden, eine andere gerade Linie, die aber nicht durch den Nullpunkt des Koordinatensystems ging. Diese Linie hatte auch eine geringere Neigung. Sie zeigte, daß die schnellsten Erdbebenwellen mit 7 bis 8 Kilometern pro Sekunde zu den entfernten Stationen gewandert waren. Wie konnte man diese höhere Geschwindigkeit erklären? Gab es eine andere Wellenart, die sich schneller fortbewegte, oder nahmen die gleichen Kompressionswellen einen schnelleren Weg?

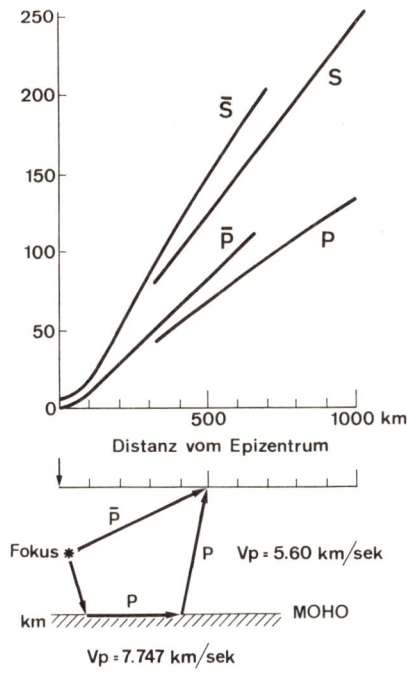

Distanz vom Epizentrum

Fokus *

P̄

P Vp = 5.60 km/sek

km MOHO

Vp = 7.747 km/sek

Abb. 1.3: Die Zeit, die eine seismische Welle benötigt, um eine Registrierstation zu erreichen, hängt nicht nur von der Entfernung vom Hypozentrum ab, sondern auch von der Wellengeschwindigkeit. Die ersten Wellen, die die Stationen in der Nähe des Epizentrums erreichen, sind die P̄-Wellen, die direkt durch ein langsames Medium wandern, das jetzt als Erdkruste bezeichnet wird. Auf entfernteren Stationen kommen zunächst die P-Wellen an, die einen großen Teil ihres Weges durch den oberen Teil eines schnellen Mediums nehmen, den man jetzt den Erdmantel nennt. Zwischen der Erdkruste und dem Mantel befindet sich eine Grenzfläche, die Mohorovičić-Diskontinuität oder einfach Moho genannt wird. Das hier gezeigte Diagramm ist nach Mohorovičićs Original abgeändert.

Ein Autofahrer könnte darauf leicht Antwort geben. Will er die 10-Kilometer-Strecke von Zürich nach Kilchberg zurücklegen, wird er den kürzeren Weg entlang des Seeufers wählen, obwohl er dort nur 60 Kilometer pro Stunde fahren darf. Gilt es jedoch, das circa 60 Kilometer entfernte Weesen zu erreichen, wird der Autofahrer den Umweg über die Autobahn in Kauf nehmen, denn dort darf er 120 Kilometer pro Stunde fahren.

Mohorovičić folgt dieser Logik, um seine Daten über die Laufgeschwindigkeiten der Erdbebenwellen zu erklären: Die schnellsten Wellen, und zwar in alle Richtungen, sind die Kompressionswellen; doch jene, die den Umweg über die »Autobahn« nahmen, erreichten die Stationen in mehr als 300 Kilometer Entfernung zuerst. Wissenschaftlich ausgedrückt nennt man diesen Umweg »Wellenbrechung«, und die »Autobahn« entspricht einem tiefer liegenden und dichteren Medium, in dem sich die Wellen schneller fortbewegen als im flachen Untergrund (Abb. 1.3).

Wir wissen seit Isaac Newtons Zeiten, daß das Erdinnere dichter ist als die oberflächennahen Zonen. Mitte des vorigen Jahrhunderts vertrat George Airy, der *Royal Astronomer* von Großbritannien, die Ansicht, daß die Erde eine dünne, leichtere Schale besitze, die ein dichteres, flüssiges Inneres einschließt. Von daher stammten mutmaßlich die heißen Laven

19

der Vulkane. Er nannte die äußere, feste Schale »Erdkruste«. Airys Modell zufolge schwimmt die leichtere Kruste auf dem schwereren, flüssigen Inneren und befindet sich eben deshalb im Gleichgewicht. Dieser Schwereausgleich ist als Airys Modell vom *isostatischen Gleichgewicht* bezeichnet worden. Das Absinken der Guyots in den Ozeanen oder die Senkung der Geosynklinalen unter der Sedimentlast sind nach dem Airy-Modell gedeutet worden. Die heute etablierte Theorie von der Kontinentalverschiebung – sie wurde zu Beginn dieses Jahrhunderts von Alfred Wegener aufgestellt – beruft sich ebenfalls auf das isostatische Gleichgewicht, um die Drift zu begründen. Die Geologen lehnten Wegeners Theorie ab. Sie ließen sich von den Kollegen aus der Geophysik überzeugen, daß die Kruste nicht auf einem flüssigen, schwereren Substrat schwimmen könne, weil das schwerere Gesteinsmaterial unter der Kruste fest ist, nicht flüssig. Worauf beruhte diese Ansicht?

Wir haben erwähnt, daß bei Erdbeben mehrere Wellenarten entstehen. Die P- oder Kompressionswellen sind die schnellsten. Dahinter folgen die langsamer laufenden S- oder Scherwellen. P-Wellen können sich durch feste und flüssige Medien fortbewegen; wir hören Töne, weil akustische Wellen Kompressionswellen sind und durch die Luft übertragen werden. S-Wellen jedoch können weder durch Flüssigkeit noch durch Gas dringen. Anhand seismischer Aufzeichnungen stellten die Geophysiker fest, daß S-Wellen an einigen, sehr weit entfernten Stationen nicht registriert werden. Eine Tatsache, die auf das Vorhandensein eines flüssigen Zustands im Erdkern schließen läßt (Abb. 1.4). Das flüssige Erdinnere liegt jedoch erheblich tiefer, als Airy angenommen hatte. S-Wellen können sich bis zu einer Tiefe von 2900 Kilometer unter der Erdoberfläche in fester Materie fortpflanzen. Noch wesentlich tiefer reicht der flüssige Erdkern. Diese Ergebnisse lassen den Schluß zu, daß der Erdkern von einem 2900 Kilometer dicken Erdmantel umschlossen ist.

Mohorovičićs Daten bewiesen, daß der Mantel eine äußere, leichtere Haut besitzt. Sie bildet die Erdkruste. Die Kruste ist unter den Kontinenten etwa 50 Kilometer dick. P-Wellen, die direkt durch die Kruste zu nahe liegenden Punkten wanderten, pflanzten sich mit einer Geschwindigkeit von 5 bis 6 Kilometern pro Sekunde fort. P-Wellen, die einen Umweg durch den Mantel zu entfernteren Punkten machten, erreichten dagegen eine Geschwindigkeit von 7 bis 8 Kilometer pro Sekunde. Zwischen der Kruste und dem Mantel besteht ein Unterschied in den physikalischen Eigenschaften des Gesteinsmaterials, ein geringer Unterschied, aber ein sprunghafter Wechsel. Seit Mohorovičić diesen sprunghaften Wechsel in der seismischen Geschwindigkeit, nämlich wenn eine Welle von der Kruste in den Mantel übertritt, zuerst erkannte, verwenden die Geophysiker nun den Begriff der *Mohorovičić-Diskontinuität,* um die Grenzfläche

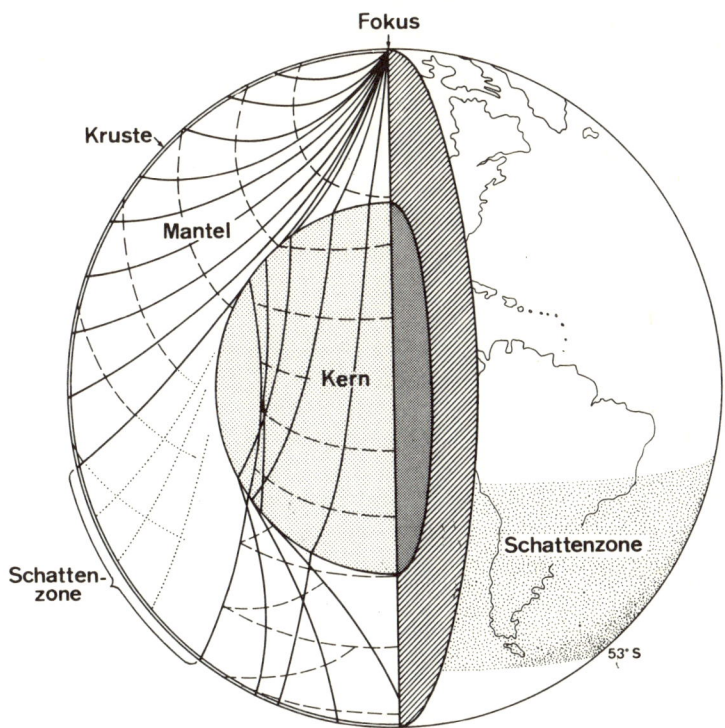

Abb. 1.4: Die Struktur der Erde wurde durch Untersuchungen der Laufzeiten von Scherwellen bestimmt, die bei einem Erdbeben entstehen. Anders als Kompressionswellen können Scherwellen nicht durch eine Flüssigkeit hindurchgehen; sie können sich nur durch feste Materie fortpflanzen, entweder auf direktem Wege oder nach einer Wellenbrechung (Refraktion). Die Scherwellen eines Erdbebens am Nordpol zum Beispiel könnten von allen Stationen vom Pol bis zum 12. südlichen Breitengrad und von Stationen vom 53. Breitengrad Süd bis zum Südpol registriert werden. In der Schattenzone (Abbildung) können Kompressionswellen, die durch den flüssigen Erdkern gehen, registriert werden, aber nicht die Scherwellen.

zu bezeichnen, die die Kruste vom Mantel trennt. Mit der Zeit wurde der Begriff auf *Moho* verkürzt.

Die Gesteine an oder nahe der Erdoberfläche bilden die Kruste. Wir wissen nicht, aus welchen Gesteinsarten der Mantel unter der Moho besteht. Es könnten jedoch viele geologische Fragen beantwortet werden, wenn wir wüßten, woraus der Mantel sich zusammensetzt.

Man kann einige Aussagen machen über die Art der Gesteine im Untergrund, wenn man die Laufgeschwindigkeiten elastischer Wellen in verschiedenen Gesteinen mit den Wellengeschwindigkeiten vergleicht, die man in Kruste und Mantel gemessen hat. Das am häufigsten vom Ozeanboden zutage geförderte Gestein ist Basalt, also verfestigte Lava. Basalt besteht etwa zur Hälfte aus Kieselsäure oder Siliziumdioxid; zur anderen Hälfte aus den Oxiden von Magnesium, Eisen, Aluminium, Calcium u. a. Basalt setzt sich aus sehr feinkörnigen Mineralien zusammen, meist feine Kristalle von nicht einmal einem Millimeter Länge, und zwar, weil heiße Lava am Meeresboden austritt und dort sehr schnell erstarrt. Wenn eine glutflüssige Schmelze der gleichen Zusammensetzung in eine Kluft oder Spalte ein oder zwei Kilometer unter dem Meeresboden eindringt, würden die gleichen Mineralien ebenfalls kristallisieren, aber die Kristalle könnten langsamer wachsen und einige Millimeter groß werden. Ein solches, durch langsames Abkühlen gebildetes Gestein ist bis auf die Korngröße identisch mit Basalt. Dennoch wählten die Geologen dafür den Namen *Gabbro,* um die grobkörnige Variante zu kennzeichnen. Da die Wellengeschwindigkeit innerhalb der Ozeankruste etwa so hoch ist wie in Basalt oder Gabbro, stimmen die Geowissenschaftler darin überein, daß die Kruste unter den Ozeanen größtenteils aus diesen beiden Gesteinen besteht. Die gewöhnlich unter den Sedimentschichten vorhandenen Gesteine auf den Kontinenten sind Granite und Gneise. Die Daten über die Wellengeschwindigkeiten lassen jedoch vermuten, daß der untere Teil der Erdkruste unter den Kontinenten wiederum aus Basalt oder Gabbro oder einem anderen Gestein mit der gleichen Mineralzusammensetzung besteht.

Die Gesteine des Mantels, die elastische Wellen mit deutlich höheren Geschwindigkeiten leiten, sind zweifellos weder Basalte noch Gabbros. Zwei Alternativen sind denkbar. Die eine heißt Eklogitgestein, das genauso zusammengesetzt ist wie Basalt, bei dem aber dieselben chemischen Bestandteile zu verschiedenen Mineralien auskristallisiert sind. Sie sind beträchtlich dichter als in Basalt oder Gabbro. Die zweite Möglichkeit besteht darin, daß der Mantel aus Peridotit besteht, einem Gestein, das eine andere chemische Zusammensetzung hat als Basalt. Peridotit ist dichter als Basalt und enthält weniger Kieselsäure, weniger Aluminium- und weniger Calciumoxide, dafür mehr Magnesiumoxid. Erdbebenwellen können durch verschiedene Arten dichterer Gesteine mit der gleichen Geschwindigkeit wandern wie durch den Mantel.

Um die Mitte dieses Jahrhunderts gehörte die überwiegende Zahl der Geologen zur sogenannten »stabilen Schule«. Sie glaubten, daß die Kontinente und Ozeane seit dem Beginn der Erde in ihrer Position festlagen. Zwar war die Tatsache nicht einfach zu leugnen, daß alte Kontinente abgesunken waren und zu Tiefseegebieten wurden oder daß alte Ozeanböden zu Gebirgen aufgestiegen waren. Die »Stabilisten« behaupteten jedoch, daß all diese Bodenbewegungen sich nur nach oben oder unten vollzogen und daß nur geringe Horizontalverlagerungen stattgefunden hatten – keinesfalls aber in dem Maße, wie die »Mobilisten«, allen voran Alfred Wegener mit seiner Theorie von der Kontinentalverschiebung, glaubten. Die »Stabilisten« hätten sofort alle offenen Fragen beantworten können, hätte sich herausgestellt, daß der Erdmantel aus Eklogit besteht. Basalt (oder Gabbro) hat die gleiche Zusammensetzung wie Eklogit, und aus Basalt kann sich Eklogit bilden, wenn er hohem Druck ausgesetzt wird. Andersherum kann aus Eklogit Basalt entstehen, wenn der Druck nachläßt oder die Temperatur steigt. Wenn sich Basalt in Eklogit verwandelt, verursacht die Volumenverringerung – Eklogit ist dichter als Basalt – ein Absinken des Bodens. Aus Kontinenten können Ozeane werden, und die Senkungsbereiche können die Ansammlung der sogenannten Geosynklinalsedimente ermöglichen. Wenn dagegen aus Eklogit Basalt entsteht, führt die Volumenzunahme zum Anheben des Bodens; Tiefseegebiete können zu Festland oder zu Gebirgen werden, wie die Gesteine der Alpen zeigen.

Die Annahme, daß der Erdmantel aus Eklogit bestehe, wurde meist von Theoretikern vertreten. Die Feldgeologen fanden sehr selten Eklogit. Dafür stießen sie dort, wo ein Teil ehemaligen Ozeanbodens zu einem Gebirge aufgestiegen war – unter Basalt und Gabbro, die den alten Ozeanboden gebildet hatten –, nicht auf Eklogit, sondern auf Peridotit. Geologen, die sich der »Stabilisten«-Doktrin nicht verhaftet fühlten, waren deshalb davon überzeugt, daß der Erdmantel aus Peridotit besteht. Hess gehörte zu diesen »Mobilisten«, die über die Grenzen des herrschenden Dogmas hinaussahen.

Kehren wir zurück zu unserem Bericht über jenen Tag im Jahr 1957, als Harry Hess, Walter Munk und andere ihren Unmut über den Mangel an einfallsreichen Forschungsanträgen äußerten. Walter Munk stellte – halb im Scherz – eine ausgefallene Idee zur Diskussion: Man sollte die Erdkruste durchbohren, um die Natur der Mantelgesteine unter der Moho zu erforschen. Warum eigentlich nicht? Die Väter dieser Idee ernannten sich selbst zu den Gründungsmitgliedern der AMSOC (*American Miscellaneous Society*), und die AMSOC sollte die Regierung der USA davon überzeugen, wie nützlich ein Bohrloch zur Moho sei. Dieses Loch erhielt den Spitznamen *Mohole*.

Die Moho liegt etwa 30 bis 50 Kilometer unter den Kontinenten. Deshalb war die Bohrung eines solchen Loches aus technischen Erwägungen ausgeschlossen. Geophysikalische Untersuchungen hatten jedoch gezeigt, daß die Moho unter den Ozeanen viel flacher lag. Wenn in den Tiefseeboden eine Bohrung hinabgetrieben würde, könnte man nach Durchteufen von 5 Kilometern Kruste den Mantel erreichen.

Die Idee, mit Hilfe von Bohrungen die Forschung voranzutreiben, war nicht neu. Charles Darwins Theorie, derzufolge Korallenatolle auf einer

Basis von versunkenen Vulkanen ruhen, wurde 1897 bei einer Bohrung auf Funafuti im Pazifik überprüft. Doch gelang der endgültige Nachweis erst durch eine Bohrung auf Eniwetok in den fünfziger Jahren, als man den basaltischen Untergrund erreichte. T. A. Jagger vom *US Geological Survey* bemühte sich 1943 um eine Bohrung in den Ozeanboden. Leider überstieg sein Wunsch bei weitem die finanziellen und technischen Möglichkeiten seiner Zeit.

Die Zeiten änderten sich. 1957, zwei Jahre bevor die Amerikaner sich entschlossen, einen Mann zum Mond zu schicken, war offenbar nichts zu teuer, und nichts schien unmöglich: Während einer Tagung der *International Union of Geodesy and Geophysics* in Toronto/Kanada gab die AMSOC ihre Mohole-Pläne bekannt und wurde mit enthusiastischem Beifall belohnt. Nachdem die sowjetische Delegation ein ähnliches Vorhaben andeutete, akzeptierte die US-Regierung schnell die Herausforderung zu einem »Wettrennen Richtung Moho«. Die AMSOC wurde der US *National Academy of Sciences* angegliedert und erwarb damit Ansehen und offiziellen Status.

Kaum hatte die AMSOC beim Kongreß finanzielle Unterstützung (über die *National Science Foundation*) beantragt, erhielt sie auch schon einen Fonds für Forschungsbohrungen.

Das Mohole-Projekt teilte die Gemeinschaft der Geowissenschaftler in zwei Lager, wie seinerzeit die Dreyfuß-Affäre die französischen Intellektuellen. Junge Radikale unterstützten das Projekt lautstark. Nüchtern denkende Konservative betonten die Undurchführbarkeit eines solchen Plans. Ich arbeitete damals für ein Industrie-Forschungslaboratorium. Ich erinnere mich an Diskussionen, die ich mit einem Kollegen (er hatte in Princeton promoviert und war ein Hess-Schüler) führte. Ich war gegen das Mohole-Projekt und berief mich auf die wichtigsten, die technischen Argumente: Wir sahen keine Chance, ein Bohrschiff über einem Tiefseeboden zu verankern; auch wäre ein Bohrmeißel längst zerschlissen, bevor wir bis zur Moho hätten durchdringen können, und es schien unmöglich, ein Bohrgestänge erneut in das Loch im Tiefseeboden einzuführen, nachdem das Gestänge herausgeholt worden war, um den Bohrmeißel auszuwechseln.

Mit typischem amerikanischem Optimismus und technischer Erfindungsgabe lösten die Befürworter des Mohole-Projektes das erste der zwei technischen Probleme sofort. Sie entwickelten ein dynamisches Positionshaltungs-System: Das Bohrschiff ist mit vier Motoren oder Seitenschrauben ausgerüstet (Tafel III). Nachdem das Schiff die Bohrstelle erreicht hat, wird sofort eine Signalbake von Bord gelassen, die an einer bestimmten Stelle auf dem Ozeanboden niedergeht. Die Bake sendet akustische Signale, die von den Empfängern auf dem Schiff registriert werden. Die

Daten werden an Bord einem Computer eingegeben. Wenn das Schiff vom festgelegten Punkt abtreibt, registriert das der Computer und bestimmt die Richtung und die Größe der Drift. Dann werden die entsprechenden Seitenschrauben in Gang gesetzt, um eine sofortige Korrektur der vom Computer festgestellten Drift vorzunehmen (Tafel III). Schließlich ist das System so weit verbessert worden, daß die Drift auf einem Radius von 50 Metern während der Tiefseebohrung gehalten werden kann.

Selbst ohne Drift bewegt sich das Bohrschiff noch mit den Wellen auf und ab. Darum dürfen die Teile der Bohrrohre, die miteinander verbunden den Bohrstrang bilden, nicht alle starr sein. Sonst würde das Gestänge schon bei leichtem Stampfen und Rollen des Schiffes brechen. Die Ingenieure lösten auch dieses Problem. Sie erfanden Rohre, die die Auf- und Abbewegungen auffangen können, sogenannte Puffer-Rohre. Sie sind wie ein Auto-Stoßdämpfer konstruiert: Ein größeres äußeres Rohr kann sich über einem kleineren inneren Rohr teleskopartig bewegen und so die vertikalen Stöße auffangen. Dieses Rohrpaar ist so gebaut, daß es die Drehbewegung überträgt, die zum Bohren erforderlich ist.

Nach einigen Versuchen in flachem Wasser in der Nähe des Hafens von Los Angeles wurde eine Bohrstelle nahe der Insel Guadeloupe vor der Westküste von Mexiko für den ersten Test der Tiefseebohrung ausgewählt. Im April 1969 konnte der Bohrkahn *CUSS I,* ausgerüstet mit dem System der dynamischen Positionshaltung, erfolgreich seine Position halten, um fünf Bohrungen abzuteufen. Ein Strang von miteinander verschraubten Bohrrohren wurde in 3570 Meter Wassertiefe hinabgelassen, bohrte sich 183 Meter tief in die Kruste hinein und förderte Basalt zutage. Zur Ankunft des Bohrkahns *CUSS I* im Hafen von Los Angeles sandte Präsident Kennedy ein Glückwunschtelegramm, worin er das Experiment als »historischen Wendepunkt« bezeichnete.

Auch das zweite technische Hindernis war nicht unüberwindbar. Weniger als eine Dekade nach dem Guadeloupe-Test gelang den Ingenieuren des Tiefseebohrprojekts das sogenannte Wiedereinfädelungsverfahren in das Bohrloch am Meeresboden; das war am 14. Juni 1970 auf einer Bohrstelle in mehr als 6000 Meter Wassertiefe, 300 Kilometer südöstlich von New York. Das Wiedereinfädelungssystem besteht aus einem Abtast-Sonar-System hoher Auflösung, einem Wiedereintrittstrichter von 5 Meter Durchmesser und einem System zur Lagebestimmung des Bohrstranges (Tafel III). Der Wiedereintrittstrichter wird herabgelassen und dort auf dem Meeresboden abgesetzt, wo ein Loch gebohrt werden soll. Der Bohrstrang wird durch den Trichter eingefädelt. Wenn der Meißel nach mehreren hundert Metern Bohrarbeit abgenutzt, der Bohrstrang wieder an Deck des Schiffes gezogen ist, bleibt der Wiedereintrittstrichter am

Meeresboden über dem Bohrloch. Ist der alte Bohrmeißel durch einen neuen ersetzt, wird das Bohrgestänge erneut auf den Meeresboden herabgelassen. Dann wird ein Sender-Empfänger, ein Teil des Abtast-Sonarsystems, im Bohrrohr hinabgelassen, bis er durch die zentrale Öffnung im Bohrmeißel unten herausragt. Die Unterwasseranlage ist mit einem Kontrollsystem auf dem Schiff durch viele tausend Meter elektrischer Kabel verbunden. Von der elektronischen Unterwasseranlage werden Informationen in Form von Unterwasser-Schall-Echos empfangen; sie werden verstärkt und zum Kontrollgerät zur Bearbeitung und Darstellung auf einem Radarschirm geleitet. Das Bild auf dem Radarschirm zeigt dem Kapitän des Schiffes die Lage des Wiedereintrittstrichters im Verhältnis zum unteren Ende des Bohrstranges. Um in den Trichter hineinzutreffen, kann er das Schiff so manövrieren, bis es dicht genug heran ist; dann wird durch einen Wasserstrahl des Bohrstrang-Positionierungssystems das untere Ende des Bohrstrangs direkt in den Wiedereintrittstrichter gebracht. Der Strang kann nun in das Bohrloch gleiten.

Die Wiedereinführungstechnik wurde in den letzten zehn Jahren des Tiefseebohrprojektes viele Male angewandt, bis das Auswechseln des Bohrmeißels fast eine Routinearbeit war. So zeigte sich, daß ich mit meinen beiden Vorbehalten gegenüber dem Mohole unrecht hatte. Ein unvorhergesehenes Problem jedoch erwies sich als äußerst kompliziert, und zwar die Beseitigung des ausgebohrten Gesteinsmaterials aus dem Bohrloch. Bei Bohrungen an Land ist das kein Problem. Durch ein Zirkulationssystem wird eine besondere Bohrflüssigkeit, bestehend aus Wasser, Ton und anderen Zusätzen, zur Kühlung in das Bohrloch gepumpt. Die zirkulierende Flüssigkeit bringt das zerkleinerte Gesteinsmaterial mit an die Oberfläche zum Bohrpodest, wo es sich in Klärbecken absetzt. Das ist möglich, weil das Bohrloch an Land mit einem weiteren Rohr ausgekleidet ist, durch das der Bohrstrang hindurchgeführt wird. Die zirkulierende Bohrflüssigkeit, die durch den Bohrstrang hinuntergepumpt wird, steigt in dem Zwischenraum zwischen Bohrstrang und äußerem Rohr nach oben. Bei Tiefseebohrungen aber kann man unmöglich durch mehrere tausend Meter Wasser Auskleidungsrohre vom Meeresboden bis zum Bohrschiff setzen. Ausgebohrtes Gesteinsmaterial, das vom Boden des Bohrloches durch die Kühlflüssigkeit heraufgebracht wird, sammelt sich am Meeresboden um das Bohrloch und wird zu einem »Ameisenhaufen«. Dieser Haufen darf nur eine gewisse Höhe erreichen, sonst fällt das Gesteinsmaterial womöglich in das Bohrloch zurück. Die Reibung der losen Gesteinsbruchstücke am Bohrrohr könnte die Drehbewegung stoppen, so daß weitere Bohrungen nicht mehr ausgeführt werden können. Um diese Schwierigkeit zu überwinden, müssen die Ingenieure ein sogenanntes *riser system* (Aufsteige-System) entwickeln, durch das die

26

Kühlflüssigkeit in einem Kreislauf an Bord des Schiffes gepumpt werden kann. Beachtliche Fortschritte sind in den letzten Jahren erzielt worden. Bevor jedoch noch kein erfolgreicher Versuch gelungen ist, können wir nicht sicher sein, das Know-how für eine Bohrung zur Mohole zu besitzen.

Nach dem Guadeloupe-Test führte das Ausbleiben sichtbarer Erfolge in den sechziger Jahren und die ständig steigenden Kostenvoranschläge erneut zu energischem Widerstand gegen das Projekt. Die Opponenten hatten erkannt, daß bei entsprechendem Aufwand von Zeit und Geld das Ziel durchaus erreicht werden konnte. Die wesentliche Frage war also nicht so sehr, wie die Bohrung technisch durchzuführen war, sondern inwieweit es lohnte, sie weiterzuverfolgen, wenn es andere, mehr Erfolg versprechende Projekte gab, die weniger Geld kosteten.

Einige Geowissenschaftler wiesen darauf hin, daß der Erdmantel wahrscheinlich an den steilen Wänden der Tiefseetröge ansteht und ein Gesteinsstück des Mantels durch einen Greifer heraufgeholt werden könne. Inzwischen hatten sich in der marinen Geologie eine Reihe von wichtigen Fragen ergeben. Um sie zu beantworten, war finanzielle Unterstützung aus den Forschungsetats nötig. Die US *National Academy of Sciences* setzte schließlich ein Komitee ein, geleitet von Hollis Hedberg, das die Möglichkeiten und den wissenschaftlichen Stellenwert der Mohole-Bohrung prüfen sollte. Hedberg, Professor für Erdölgeologie in Princeton, besaß viele Jahre Erfahrung in der Erdölindustrie, die die Bohrtechnik in Meeresgebieten entwickelt hatte. Sein Komitee erwog zwei Alternativen: sollte man die Moho in einem einzigen groß angelegten Versuch erreichen oder das Projekt besser in zwei Stadien durchführen? Potente Investoren bevorzugten den Großversuch, dagegen hielt ihn die Mehrheit, geführt von dem Vorsitzenden, für zu risikoreich. Es erschien unklug, viele Millionen Dollar auszugeben, lediglich um einen Gesteinsklumpen zu erhalten, wenn man noch nicht einmal sicher sein konnte, ob dieses Unterfangen überhaupt gelang. Die Hedberg-Empfehlung schlug einen Kompromiß vor. Ein mit dynamischem Positionierungssystem ausgerüstetes Bohrschiff bescheidener Größe sollte eine Anzahl untiefer Bohrungen im Meeresboden vornehmen, um Erfahrungen zu sammeln. Danach erst wollte man sich an den endgültigen Angriff auf die Moho wagen, mit einem größeren Schiff und allen notwendigen technischen Ausrüstungen.

Die sogenannte Zwischenstufe des Hedberg-Komitees wurde schließlich in Form des JOIDES-Deep-Sea-Drilling-Projektes ausgeführt. Wie Hedberg mir aber einige Jahre später erzählte, nahmen einige Mitglieder der *National Academy* seinen Vorschlag nicht gerade wohlwollend auf. In der Zwischenzeit geriet das Mohole-Projekt auf das Feld der nationalen Politik. Der Abgeordnete Albert Thomas aus Houston/Texas war zu dieser Zeit Vorsitzender des *Appropriations Committee* des Kongresses.

Gewohnt, die Milliarden für die Raumforschung zu verteilen, war für ihn die Geldforderung für das Mohole-Projekt nur ein untergeordneter Posten in seiner Buchführung. In der Absicht, die Bohrindustrie in seiner Heimatstadt konzentriert zu fördern, entwickelte sich der Abgeordnete Thomas zu einem einflußreichen Förderer des Mohole-Projektes. Als der Versuch jedoch einer Konstruktionsfirma übertragen wurde, die seine Wahlkampagne finanziell unterstützt hatte, wurde Kritik in den Reihen seiner politischen Gegner laut. Sie benutzten die Gelegenheit, um gegen die Bewilligung von Kongreß-Geldern für das Mohole-Projekt zu opponieren. Im Jahr 1966 starb der Abgeordnete Thomas plötzlich an einem Herzanfall. Ohne seinen Protektor im Kongreß geriet das Mohole-Projekt bald in Vergessenheit.

Rückschauend sind wir Harry Hess und seinen AMSOC-Freunden für ihre Überzeugung dankbar, daß Tiefseebohrungen zu verwirklichen sind. Andererseits war das Mohole-Projekt verfrüht. Noch heute sind wir uns nicht sicher (nach mehr als einem Dutzend Jahren Erfahrung mit Tiefseebohrungen), ob wir selbst mit einem Milliarden-Dollar-Budget ein Loch bis zur Moho bohren könnten. Andererseits machten das System der dynamischen Positionierung und andere technische Neuerungen, die sich aus dem Mohole-Projekt ergaben, die Abenteuer der *Glomar Challenger* möglich.

II. Von LOCO zu JOIDES

Im Sommer 1958 war ich anläßlich einer Geschäftsreise in Miami/Florida. Mein Freund Bob Ginsburg arrangierte ein Essen und führte mich bei Cesare Emiliani ein. Ginsburg und Emiliani waren gute Freunde, und Ginsburg bestand darauf, daß ich seinen Freund kennenlernen müsse – er sei stets voller Ideen. Damals war das Mohole-Projekt bevorzugter Gesprächsstoff und wir vertieften uns bald in eine Diskussion über den Wert von Tiefseebohrungen. Emiliani sagte offen, was er von der Sache hielt. Es war ihm unverständlich, daß Millionen in ein undurchführbares Projekt investiert wurden. Statt dessen plädierte er für flache Bohrlöcher in Ozeansedimenten, um Proben zur Erforschung der Eiszeiten und der früheren Klimaveränderungen zu erhalten.

Emiliani hatte an der Universität von Bologna Paläontologie studiert. Er war sehr stolz auf das Land seiner Geburt und auf seine Alma mater; niemals versäumte er, die Schönheit der Toskana zu preisen oder zu betonen, daß Bologna die älteste Universität der Welt habe. In Bologna erforschte Emiliani Plankton-Foraminiferen. Diese kleinen Einzeller lebten einst schwimmend nahe der Meeresoberfläche, und ihre Kalkskelette sind nun als Mikrofossilien in den Sedimenten auf dem Ozeanboden erhalten. Nach dem Zweiten Weltkrieg erhielt Emiliani ein Stipendium, um nach der Promotion Forschungen an der Universität von Chicago zu treiben. Er lernte viel von Hans Geiss und Sam Epstein, jungen Wissenschaftlern, die im *Laboratory of Nuclear Chemistry* mit den Nobelpreisträgern Harold Urey, Willard Libby und Enrico Fermi zusammenarbeiteten. Urey erhielt den Nobelpreis, weil er das Deuterium entdeckte, auch schwerer Wasserstoff genannt. Ein normales Wasserstoffatom besitzt ein Proton im Kern und ein Elektron in der Schale und hat das Atomgewicht 1. Deuterium enthält ein zusätzliches Neutron zu dem Proton im Kern und dem Elektron und hat das Atomgewicht 2. Urey entdeckte ferner, daß unter den Sauerstoffatomen auch schwerere Varianten vorkommen. Ein normales Sauerstoffatom hat 8 Protonen und 8 Neutronen im Kern mit 8 Elektronen in der Schale. Das normale Atomgewicht ist darum 16. Seltene Sauerstoffatome (weniger als 1%) besitzen jedoch ein oder zwei zusätzliche Neutronen im Kern; sie weisen ein Atomgewicht von 17 oder 18 auf und werden als Sauerstoff-17 (O^{17}) oder als Sauerstoff-

18 (O^{18}) bezeichnet. Atome mit der gleichen Anzahl Protonen und Elektronen, aber einer unterschiedlichen Anzahl Neutronen, besitzen die gleichen chemischen Eigenschaften wie das normale Atom, haben aber ein unterschiedliches Atomgewicht. Sie werden Isotope genannt. Wasserstoff und Deuterium sind Isotope des Wasserstoffs, und Isotope des Sauerstoffs sind O^{16}, O^{17} und O^{18}.

Wenn sich Sauerstoff mit anderen Elementen verbindet, kann auch ein geringer Anteil der schwereren Atome Sauerstoff-17 und Sauerstoff-18 in den Verbindungen enthalten sein. Im allgemeinen sind die Sauerstoff-17-Atome zu selten, um exakt gemessen zu werden. Um die Isotopen-Zusammensetzung einer Verbindung anzugeben, genügt es, das relative Verhältnis von Sauerstoff-18 zu Sauerstoff-16 zu bestimmen. Normales Ozeanwasser ist so stark homogenisiert, daß das Verhältnis von O^{16}/O^{18} im Wassermolekül H_2O fast überall das gleiche ist. Wir können dieses Verhältnis als Standard wählen (Standard Mean Ocean Water, SMOW). Sauerstoff-Verbindungen mit mehr Sauerstoff-18-Atomen haben eine positive Anomalie δ O 18 und solche mit weniger haben eine negative Anomalie in bezug auf SMOW. Flußwasser enthält gewöhnlich weniger Sauerstoff-18-Atome als dem SMOW entspricht; es hat also eine negative δ O 18-Anomalie.

Urey trug seine Entdeckungen im Jahre 1946 in der Eidgenössischen Technischen Hochschule vor. Paul Niggli, Direktor des dortigen Instituts für Kristallographie und Petrographie, erkannte sofort, wie wichtig Ureys Forschungsergebnisse auch für die Geologie waren. Die Geologen hatten damals Schwierigkeiten, Kalksteine ($CaCO_3$), die in Süßwasser, von solchen, die in Meerwasser abgelagert worden waren, zu unterscheiden. Wenn Süßwasser eine negative δ O 18-Anomalie hat im Vergleich zum SMOW, dann müßte das Calciumcarbonat, das in einem Süßwassersee entstand, eine negative δ O 18-Anomalie aufweisen im Vergleich zu den Kalkskeletten mariner Organismen, die im Meerwasser ausgeschieden wurden. Nigglis Überlegungen waren in der Tat richtig. Schließlich wurde ein fossiler Belemnit, ein entfernter Verwandter unserer heutigen Tintenfische, als Standard gewählt. Die Isotopen-Zusammensetzung anderer Calciumcarbonate kann mit diesem feststehenden Standard verglichen und δ O 18-Anomalien können demgemäß auch in Teilen pro Tausend angegeben werden: P.D.B. (P.D. sind die Abkürzungen von der Pee-Dee-Formation in North Carolina/USA, wo der Standard-Belemnit gesammelt wurde; B steht für Belemnit). Wie Niggli voraussagte, haben Süßwasserkalke eine negative δ O 18-Anomalie im Vergleich zu P.D.B.

Die Regeln, nach denen sich die schweren Sauerstoff-Atome in einer Verbindung verteilen, sind jedoch sehr komplex. Durch eingehendere Studien fanden Urey und seine Mitarbeiter in Chicago heraus, daß

Kalkskelette, die in Standard-Ozeanwasser gebildet worden waren, nicht immer die gleiche Isotopen-Zusammensetzung haben. Unter normalen Bedingungen enthält eine Kalkschale, die aus Seewasser bei einer tieferen Temperatur ausgeschieden wurde, mehr Sauerstoff-18-Atome als eine aus wärmerem Meerwasser. Mit anderen Worten: Die Isotopenzusammensetzung eines marinen Fossils ist temperaturabhängig; Kalkschalen aus wärmerem Meerwasser haben geringere δ O 18-Werte. Urey kam 1949 nach Columbus/Ohio und sprach über die mögliche Anwendung der Sauerstoff-Isotopen-Bestimmung in der Geologie. Ich war damals Doktorand und sehr beeindruckt davon, daß wir erstmalig in der Geschichte der Geowissenschaften einen Weg fanden, den Temperaturbericht eines alten Ozeans zu lesen, indem man die Isotopen-Zusammensetzung fossiler Kalkschalen bestimmt. Wir hatten nun das Stadium der Vermutungen hinter uns gelassen und konnten quantitative Daten über den Klimaverlauf der Vergangenheit erarbeiten.

Was wußten wir überhaupt bislang von der Klimageschichte der Erde? Während der ersten Hälfte des 18. und zu Beginn des 19. Jahrhunderts war die herrschende Vorstellung von der Erde und ihrer Geschichte wesentlich bestimmt von Theologen und Philosophen, die ihre Meinung wiederum aus einer wörtlichen Auslegung der Bibel bezogen. Das Buch der Genesis wurde als absolut wahr angesehen und Noahs Flut als eine der Katastrophen ausgelegt, die von Gott gewollt waren, um die physische Welt und ihre Lebewesen zu verändern. Dann kam eine Zeit der Aufklärung, als die Naturphilosophen versuchten, die Wissenschaft vom theologischen Überbau zu befreien. Zwei britische Geologen, James Hutton und Charles Lyell, werden als die Gründer der Geologie angesehen, weil sie entscheidend dazu beitrugen, der Erforschung der Erde und ihrer Geschichte eine wissenschaftliche Basis zu geben. Sie wiesen aufgrund zahlreicher Feldbeobachtungen nach, daß die Gestaltung der Erde physikalischen Prozessen unterlag. Da physikalische Gesetze von der Zeit unbeeinflußt bleiben, sollten wir annehmen, daß geologische Prozesse der Vergangenheit sich seit undenklichen Zeiten nach den gleichen physikalischen Grundsätzen vollzogen haben. Mit anderen Worten: Die Naturgesetze, wie wir sie heute beobachten, galten auch in der Vergangenheit. Dieses philosophische Postulat wird als Aktualismus bezeichnet. Es ist seit Mitte des vorigen Jahrhunderts allgemein akzeptiertes Grundprinzip der Geologie und hob die göttlichem Eingreifen zugeschriebene Katastrophentheorie auf. Lyell ging aus Enthusiasmus für die neue Lehre ins andere Extrem und behauptete, die Verhältnisse auf der Erde hätten sich auch in den geologischen Zeitaltern nicht wesentlich verändert. Er setzte voraus, daß natürliche Prozesse in Vergangenheit und Gegenwart mit einem etwa gleichen Grad an Intensität verlaufen sind. Dieser aktualisti-

31

sche Ausblick veranlaßte Lyell anzunehmen, daß die vergangenen Klimaten den heutigen sehr ähnlich gewesen sein müssen. Er zögerte darum, die neue Theorie von den Eiszeiten zu akzeptieren, der man in den Schweizer Bergen auf die Spur kam.

Schweizer Bauern gruben Steine der verschiedensten Größe und Art aus ihrem Boden, gleich, ob ihre Äcker in Tälern oder auf Ebenen lagen. Einige große Blöcke wogen viele Tonnen. Sie bestanden aus gänzlich anderen Gesteinen als die Blöcke in unmittelbarer Nachbarschaft. Die Schweizer gaben ihnen den treffenden Namen *Findlinge,* um ihre Andersartigkeit zu kennzeichnen. Ende des 18. und zu Beginn des 19. Jahrhunderts machten sich die Naturforscher Gedanken über die Herkunft dieser Findlinge. Anhänger der Katastrophentheorie glaubten, auf Spuren der Sintflut gestoßen zu sein; zur Zeit der biblischen Sintflut sollten die Findlinge von starken Strömen und gewaltigen Fluten aus den Bergen heruntergeschwemmt worden sein. Diese Erklärung erschien so glaubhaft, daß selbst Lyell, Kämpfer an vorderster Front für den Aktualismus, einen Kompromiß mit dieser Deutung eingehen mußte. Er erkannte, daß die Wasserkraft viel zu schwach ist, um die mächtigen Findlinge über große Entfernungen zu transportieren. Darum nahm er an, daß es zu Noahs Zeiten Treibeis gegeben haben könnte. Steine und Felsblöcke, die in schwimmenden Eisbergen eingefroren waren, wurden durch die Sintflut verdriftet und als Findlinge abgelagert, als das Eis schmolz.

Lyell hatte noch nie Gletscher gesehen und deshalb keine Vorstellung von der Kraft der Eismassen. Schweizer Bauern und Bergführer dagegen kannten keine akademischen Hypothesen; dafür hatten sie die Wanderung der Gletscher schon oft beobachtet. Viele von ihnen waren davon überzeugt, daß die erratischen Blöcke zu einer Zeit die Ebenen erreichten, als es in der Schweiz viel kälter war als heute und Gebirgsgletscher aus den Tälern in die Ebenen vordrangen. Jean-Pierre Perraudin, Bergführer in der Westschweiz, diskutierte diese These mit seinen akademisch gebildeten Bekannten. Da einige Findlinge an Hängen mehrere hundert Meter über dem Talboden gefunden wurden, hatte Perraudin die kühne Idee, daß solche alpinen Täler einst vollständig mit Gletschereis gefüllt waren! Doch seine phantasievolle These stieß bei den Akademikern auf wenig Gegenliebe. Sie lehnten die Idee einfach als Hirngespinst eines Laien ab. Ignace Venetz, Ingenieur, hörte Perraudin aufmerksam zu und veröffentlichte 1821 als erster einen Artikel, der die Theorie vom Gletschertransport der Findlinge vertrat. In weniger als einer Dekade hatte Venetz genügend Beobachtungen gemacht, um vor einem Auditorium, das sich 1829 zur Sitzung der Schweizerischen Naturforschenden Gesellschaft im Hospiz St. Bernhard versammelt hatte, eine noch gewagtere Hypothese aufzustellen: Während einer Eiszeit vor – geologisch gesehen –

nicht allzu langer Zeit vereinigten sich riesige Gletscher und bildeten eine gewaltige Eisschicht, die praktisch die gesamte Schweiz bedeckte und sich auch in anderen Teilen Zentraleuropas ausbreitete. Diese ketzerische Theorie wurde von allen Anwesenden verworfen, allerdings mit einer Ausnahme: Jean de Carpenthier und sein Schüler Louis Agassiz, Professor für Geologie an der Universität Neuchâtel, wendeten in den folgenden Jahren viel Zeit und Energie auf, die Idee zu prüfen und eine Theorie über die Eiszeit zu formulieren.

Die Befürworter der neuen Theorie nahmen an, daß das Klima der Erde nicht immer so gewesen sei wie heute. Historische Berichte zeigten nämlich, daß die Gletscher vorrückten, sobald es kälter wurde. Während der »kleinen Eiszeit« des 17. Jahrhunderts etwa dehnten sich die Gebirgsgletscher so stark aus, daß ihre Stirn weit in die Täler hinunterreichte und dort Moränen bildete. In weiter zurückliegenden Eiszeiten war es sogar noch kälter. Der größte Teil der Schweiz war von einer Eisschicht bedeckt. Große und kleine Geröllblöcke wurden von den vorrückenden Gletschern in die Täler und Ebenen geschoben und blieben später, nachdem das Eis geschmolzen war und die Gletscher sich in die Berge »zurückgezogen« hatten, als Findlinge liegen.

Die Eiszeit-Theorie schien dem Aktualismus, von Lyell in Großbritannien gegen die traditionelle Katastrophentheorie aufgestellt, entschieden zu widersprechen. Zweifellos klang die Behauptung, die Schweiz sei einst vollständig unter Eis begraben gewesen, ja sehr nach Katastrophentheorie. Die Argumente der anderen Seite waren jedoch so überzeugend, daß auch Lyell seine Meinung ändern mußte: Agassiz war 1839 nach England gereist, um seine neue Theorie darzulegen. Später fuhr er nach Nordamerika. Seine Forschungen ergaben, daß auch ein großer Teil dieses Landes einst von Gletschereis bedeckt war.

In Deutschland wurde die neue Theorie von der Eiszeit nur langsam akzeptiert. Findlinge – hier *Geschiebe* genannt – kommen in Norddeutschland verhältnismäßig selten vor. Aber selbst die engagiertesten Vertreter der Theorie von der alpinen Vereisung wagten nicht zu behaupten, daß sie von Alpengletschern in diese Region transportiert worden waren. Die Alternative – eine Wanderung von Skandinavien über die Ostsee – schien gleichermaßen zweifelhaft. Professoren an norddeutschen Universitäten waren mit Eisbergen besser vertraut als mit Gebirgsgletschern. Die norddeutschen Ebenen sind sehr niedrig, und die Arktis liegt »nahe« genug, um sich vorstellen zu können, daß gelegentlich Eisberge in die norddeutsche Tiefebene gewandert sind. Ein weiterer Umstand begünstigt diese Tatsache: Der Meeresspiegel lag damals etwas höher als heute. Die deutschen Wissenschaftler modifizierten daher Lyells Vorstellungen vom Eisberg-Transport. Bis etwa 1880 wehrten sich die deutschen Professoren gegen die Agassizsche Vorstellung, als die »alten Kämpfer« gestorben waren und als Albrecht Penck, der in jungen Jahren viel Zeit in den bayrischen Bergen verbrachte, wo es zahlreiche Gletscher gibt, die letzten Widerstände durch seine meisterhafte Analyse der Geschichte der alpinen Vergletscherung überwand.

Penck war Geograph und beschäftigte sich mit Geländeformationen. Bei seinen Arbeiten im südlichen Deutschland stellte er fest, daß in Tälern, auf denen Kiesablagerungen ruhen, die Flüsse nur langsam fließen. Daraus schloß er, daß Flüsse heute nicht genügend Kraft besitzen, um Kies mitzuführen. Das grobe Geröll wurde in der Eiszeit flußabwärts getragen. Penck fand ferner heraus, daß Flußterrassen an beiden Talseiten von den gleichen Kiesschichten unterlagert werden wie die Täler. Derartige Kiesschichten müssen darum in früheren Eiszeiten abgelagert worden sein. Da Penck bei Flußterrassen vier Höhenlagen ausmachen konnte, ging er davon aus, daß es auch vier Eiszeiten gegeben haben muß. Penck und sein Mitarbeiter Brückner benannten die vier glazialen Stadien nach den Flüssen, an denen sie ihre Beobachtungen gemacht hatten: Günz, Mindel, Riss und Würm – Namen, die heute jedes Schulkind in Europa kennt. Dazwischen lagen die interglazialen Stadien oder Interglaziale, die zu Zeiten entstanden, als das Klima so warm war wie heute oder noch wärmer.

Geologen in Nordamerika gingen von anderen Voraussetzungen aus. Sie wiesen darauf hin, daß Gletscher auf ihrer Wanderung Gesteine und Schlamm zur Seite stoßen und dabei End-, Seiten- und Grundmoränen bilden. T. C. Chamberlin und seine Mitarbeiter von der Universität Chicago zählten die Eiszeiten anhand der Grundmoränen oder der Geschiebelehme, die auf den Ebenen Nordamerikas abgelagert wurden. Wie Penck stellten auch sie vier Eiszeiten fest, die nach den Staaten benannt wurden, in denen man die aufschlußreichsten Forschungsergebnisse erzielt hatte: Nebraskan (die älteste), Kansan, Illinoian und Wisconsin. Als ich in den vierziger und fünfziger Jahren Geologie studierte, nahm man allgemein an, daß die vier amerikanischen Stadien den vier europäischen entsprechen.

Weder die amerikanischen noch die europäischen Vorstellungen versprachen eine vollständige Übersicht über die Geschichte der Eiszeit zu geben. Moränen oder Geschiebemergel, die bei einer früheren Vereisung entstanden sind, können durch spätere Gletscher wieder abgetragen worden sein. In der Schweiz zum Beispiel scheinen die Riss-Gletscher die stärksten gewesen zu sein. Sie beseitigten viele Spuren der früheren glazialen Stadien. Auch die Untersuchung der Flußterrassen und ihrer Korrelation von einem Flußtal zum anderen war problematisch und widersprüchlich. Penck glaubte anfangs tatsächlich, daß es nur drei Terrassen gebe, entsprechend den drei glazialen Stadien, bevor er die Schichten in vier Gruppen unterteilte. Andere Wissenschaftler gliederten die Flußterrassen später in mehr als vier Stufen. Vielleicht gab es sogar mehr als vier Epochen kontinentaler Vereisung. Doch werden Theorien, stehen sie erst in Schulbüchern, selten angezweifelt.

Der Ozean ist ein Reservoir an Sedimenten. Sie repräsentieren gewissermaßen ein Archiv der Erdgeschichte. Problematisch ist allerdings die Gewinnung wissenschaftlich verwertbarer Proben. Als das Forschungsschiff *H. M. S. Challenger* von 1870 bis 1874 um die Welt fuhr, wurden Greiferproben vom Ozeanboden gesammelt. Mit ihrer Hilfe können wir zwar feststellen, wie der Ozeanboden heute beschaffen ist, aber sie geben uns wenig Informationen über die Geschichte der Ozeane. Während der deutschen *Meteor*-Expedition im Atlantik, von 1925 bis 1927, wurden Bohrkerne gezogen. Der älteste Kernbohrer-Typ war der Schwerkraftbohrer, ein am Ende eines Stahlseils hängendes Stahlrohr, das ins Meer hinabgelassen wird. Sobald es auf Grund trifft, dringt das Rohr in den Meeresboden ein und befördert einen Sedimentkern an Bord. Solche Schwerkraftkerne sind etwa einen Meter lang. Wolfgang Schott untersuchte die fossilen Foraminiferen in den *Meteor*-Kernen aus dem äquatorialen Atlantik und entdeckte Interessantes: Im obersten Teil der Kerne tritt zwischen den vielen Foraminiferenarten eine Spezies auf, die *Globorotalia menardii*, die typisch für tropische Gewässer ist. Das ist nicht überraschend, denn die Kerne stammen aus einem äquatorialen Gebiet. Diese Warmwasser-Art kommt jedoch in keinem der Sedimente des mittleren Teils der Kerne vor. Schott schloß daraus, daß die Sedimente dieses mittleren Teils während der letzten Eiszeit (Würm) abgelagert wurden, als nämlich der äquatoriale Atlantik viel kälter war als heute. Weiter unten in den Sedimenten, nahe dem Ende der Kerne, fand er die *Globorotalia menardii* wieder. Schott hatte offenbar den klimatischen Nachweis für ein Interglazial-Stadium vor der letzten Vereisung (Riss-Würm-Interglazial) gefunden.

Schotts Ergebnisse waren vielversprechend. Ozeansedimente werden jedoch in tausend Jahren nur in wenigen Zentimetern abgelagert. Ein Kern von einem Meter Länge ist also in etwa hunderttausend Jahren entstanden. Die Schwerkraft allein reicht nicht aus, einen Bohrer mehr als einen Meter in den Meeresboden zu senken. Wenn wir eine vollständigere Geschichte der Eiszeiten erhalten wollen, müssen wir längere Bohrkerne verwenden. Charles Piggot versuchte, mit Hilfe von Dynamit einen Bohrer in den Boden zu treiben, war jedoch nicht immer erfolgreich. Außerdem verletzte das schnelle Hineintreiben des Bohrrohres die Kernschichten des Sediments. Einen wesentlichen Durchbruch in der Erforschung der Ozeansedimente machte Börge Kullenberg, der einen Kolben-

Bohrer entwarf und ihn erfolgreich während der schwedischen Tiefsee-Expedition 1947–1948 verwendete. Das Prinzip kann mit dem einer Injektionsspritze verglichen werden. Wenn das Rohr in den Meeresboden eindringt, wird ein Kolben aus dem Kernrohr gezogen. Das Hochziehen des Kolbens im Rohr schafft Raum und saugt das eindringende Sediment ein. Mit diesem Bohrertyp, der zu Ehren seines Erfinders Kullenberg-Bohrer heißt, kann man wesentlich längere Bohrkerne erhalten und so unsere Kenntnisse auf viel weiter zurückliegende Klimate erweitern.

Schotts bahnbrechende Methode, die Schalen der *Globorotalia menardii* zu zählen, kann auch bei den langen Kullenberg-Kernen angewendet werden. An Hand der aus dem Atlantik und der Karibik stammenden Proben, die von dem *Lamont Geological Observatory* in Palisades, N.Y., besorgt wurden, fanden Ericson und Wollin, daß die *Globorotalia menardii* vier Episoden kälteren Klimas während der letzten zwei Millionen Jahre nachwiesen, entsprechend den vier Eiszeiten in Europa und Nordamerika.

Etwa zur gleichen Zeit überlegte Gustaf Arrhenius von der *Scripps Institution of Oceanography,* ob das Klima einen entscheidenden Einfluß auf die Zirkulation des Ozeanwassers ausüben könne. Dieser Einfluß wird belegt durch die chemische und mineralogische Zusammensetzung der Sedimente. Arrhenius fand zum Beispiel heraus, daß der Calciumcarbonat-Gehalt von Meeressedimenten stark schwankt. Mit Hilfe dieser zyklischen Schwankung wollte man die zyklischen Veränderungen der vergangenen Klimate entwirren. Arrhenius' Kollegen bei Scripps, Fred Phleger, Frances Parker und andere verwendeten diese Technik, um die Kerne aus dem Atlantischen Ozean, die von der schwedischen Tiefsee-Expedition gesammelt worden waren, zu untersuchen. Sie kamen zu dem Ergebnis, daß die klassische Einteilung in vier Eiszeiten überholt war und man von mindestens neun intensiv kalten Perioden ausgehen müsse.

Die widersprüchlichen Schlußfolgerungen aus zwei verschiedenen Untersuchungen erforderten eine Probe aufs Exempel durch eine dritte Methode. Emiliani lehrte damals an der Universität von Chicago. Er wandte Ureys Methode an, um die Ozeantemperaturen direkt zu messen. Dazu benutzte er einen Kern aus der Karibischen See, mit dem später auch Ericson und Wollin arbeiteten. Die Ergebnisse beider Schulen stimmten gut überein, was den oberen Teil des Kerns betraf. Aber signifikant voneinander abweichende Schlußfolgerungen ergab die Analyse des unteren Teils: An Stelle einer Kaltzeit, die das Fehlen der *Globorotalia menardii* in den Sedimenten des betreffenden Abschnitts vermuten ließ, zeigten die Isotopen-Daten die Geschichte einer klimatischen Schwankung an, die durch zwei Warm- und ein zwischenzeitliches Kalt-Stadium gekennzeichnet war. Auch wichen die Meinungen beträchtlich voneinander ab, als man daran ging, die Meeresklimate, wie sie sich aus den Tiefseesedimenten ergaben, mit dem Kontinentalklima, das durch Pencks Untersuchungen der Flußterrassen bekannt geworden war, zu vergleichen. Emiliani glaubte, Pencks Prämissen zufolge, daß alle vier Eiszeiten in den karibischen Kernen nachzuweisen waren. Dagegen nahmen Ericson und Wollin an, daß dieser Nachweis nur bis zum letzten Teil der zweitältesten Eiszeit (Mindel) Gültigkeit hätte (Abb. 2.1). Beide Parteien mißtrauten den Methoden der anderen Seite. Emiliani vermutete, daß andere als klimatische Faktoren die An- oder Abwesenheit der *Globorotalia menardii* beeinflußten, während Ericson und Wollin nicht an die Zuverlässigkeit der neu entwickelten Isotopen-Methode zur Bestimmung voraufgegangener Ozeantemperaturen glaubten.

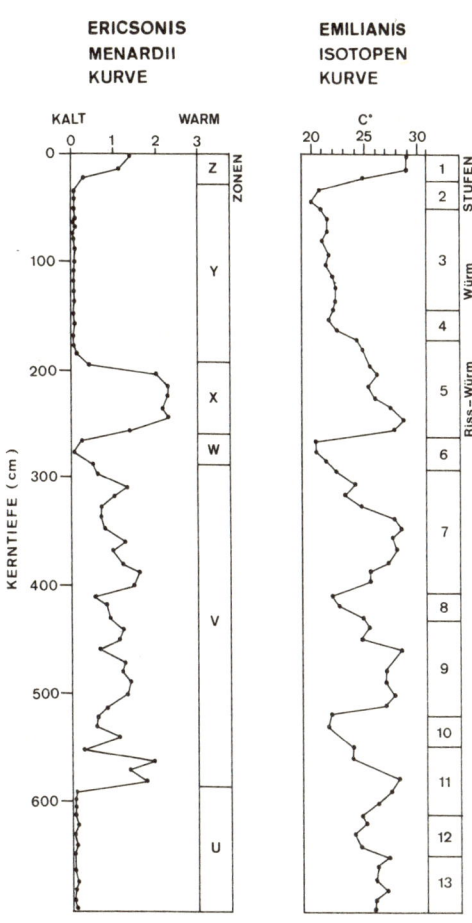

Abb. 2.1: Klimatische Veränderungen während des Eiszeitalters. Zwei unterschiedliche Methoden sind verwendet worden, um die Geschichte der vergangenen Klimaschwankungen auszuarbeiten, indem man die Sediment-Bohrkerne aus dem Tiefseeboden untersuchte. D. Ericson und G. Wollin benutzten eine paläontologische Methode. Sie stellten fest, daß die Foraminifere *Globorotalia menardii* warmes Klima liebt und in Sedimenten fehlt, die in den kälteren Ozeanen der Eiszeiten abgelagert wurden. C. Emiliani bestimmte die Temperatur des alten Ozeanwassers direkt mit Hilfe der Geochemie. Beide konnten die letzte Eiszeit nachweisen (Würm), aber ihre Interpretationen der älteren Geschichte weichen voneinander ab. Emilianis Theorie hat sich durchgesetzt, und seine Klimaepochen, von denen Nr. 1 bis 13 hier gezeigt werden, werden nun allgemein anerkannt.

Als ich Emiliani erstmalig 1958 traf, stand er mitten in dieser Kontroverse. Er war von Chicago gekommen und hatte einen Lehrstuhl an der Universität Miami angenommen. Doch beabsichtigte er, seine in Chicago begonnene Arbeit fortzusetzen. Um die Isotopen-Zusammensetzung des Sauerstoffs in Verbindungen zu messen, benötigt man ein Massenspektrometer. Emiliani hatte mit derartigen Bautechniken keinerlei Erfahrung; so überredete er seinen Freund Hans Geiss, heute Direktor des Physik-Instituts in Bern, zu helfen. Sie borgten Geld und experimentierten, bis sie endlich ein Massenspektrometer konstruiert hatten: Stolz führten mir beide Wissenschaftler ihr Laboratorium in Miami vor. Emiliani sprach begeistert von seinen neuen Entdeckungen. Schon seine Arbeit in Chicago hatte ihm gezeigt, daß es, entgegen der Behauptung Pencks, mehr als vier glaziale Stadien gegeben haben muß, aber er hatte noch nicht genug Beweise, um die Vertreter der herrschenden Lehrmeinung herauszufordern. Emiliani versuchte, seine Kälteperioden mit »Günz«, »Mindel«, »Riss« und »Würm« in Einklang zu bringen; er fühlte sich jedoch noch zu unsicher hinsichtlich der Korrelation und benutzte deshalb an Stelle von Namen für die Epochen der Klimaveränderungen einfach Nummern. Jetzt, in Miami, konnte Emiliani mit längeren Bohrkernen arbeiten und so sieben zyklische Veränderungen nachweisen. Pencks Chronologie war damit für ihn überholt. Offensichtlich standen wir vor einer revolutionären Veränderung, wenn es galt, die alten Konzepte zu revidieren. Um dieser Revolution gerecht zu werden, benötigten wir mehr Probenmaterial, insbesondere *lange Bohrkerne.*

Emiliani (Ausländer und vielleicht deshalb noch nicht voll anerkannt) war enttäuscht, daß Tiefsee-Bohrkapazitäten für das unnütze Mohole-Projekt vergeudet und wichtigere Forschungen ignoriert wurden. Ihm war es nicht wichtig, die Moho zu erreichen. Er wollte nur die Sedimente der Eiszeiten durchbohren, um die Geheimnisse der Klimaänderungen zu lüften. Ich kann mich lebhaft daran erinnern, wie er sagte: »Gebt mir einen Kern von 100 Metern Ozeansedimenten. Wir können damit mehr Wissenschaft treiben als mit einem Milliarden Dollar teuren Loch zur Moho.«

Wir teilten seine Ansicht. Die technischen Schwierigkeiten der Mohole-Bohrung erschienen unlösbar, die Kosten unabsehbar hoch. Überdies, so meinten wir, war es wichtig, gehen zu lernen, bevor man versuchte, das Matterhorn zu besteigen.

Der Anfangserfolg des Mohole-Projekts konnte Emiliani jedoch nicht von seinen Plänen abbringen. Mit der Vorstellung, Amerika sei das Land der unbegrenzten Möglichkeiten (eine für europäische Emigranten typische Haltung), sandte er Anfang der sechziger Jahre ein Forschungsgesuch an die *US National Science Foundation* und bat um Unterstützung.

Die Möglichkeit, ein Schiff mit dynamischer Positionierungseinrichtung zu verwenden, um Bohrkerne von Ozeansedimenten zu erhalten, wurde von den Befürwortern des Mohole-Projekts nicht übersehen. Der Leiter der *American Miscellaneous Society* (AMSOC), Gordon Lill, hatte der US *National Academy of Sciences* schon 1961 empfohlen, ein Programm zur Erforschung der Sedimente und oberen Krustenschichten in Ozeanbecken durchzuführen, und zwar bevor das Mohole gebohrt wird. Er mußte jedoch feststellen, daß die Initiative zur Aufstellung eines solchen Programms von den führenden ozeanographischen Institutionen ausgehen sollte, wissenschaftlich und finanziell unabhängig vom Mohole-Projekt. Sein Nachfolger Hollis Hedberg erklärte 1963 während eines Hearings im Kongreß, daß das Mohole-Projekt sich als teures Fiasko erweisen könne. Statt dessen empfahl Hedberg dem Kongreß untiefe Bohrungen an verschiedenen Stellen im Ozean vorzunehmen, bevor man das Risiko einging, ein einziges tiefes Loch bis zum Erdmantel zu bohren. Emilianis Initiative kam also zur rechten Zeit. Dennoch war klar, daß ein solch bedeutendes Unternehmen finanzielle Mittel erforderte, die weit über die Möglichkeiten eines einzelnen Forschers oder einer einzelnen Institution hinausgingen. Maurice Ewing, damals Direktor von Lamont, schloß sich dem Projekt an und warb 1963 für ein Bohrprogramm in Ozeansedimenten. Schließlich versammelten sich die Vertreter von Miami, Lamont, Scripps, Princeton und der *Woods Hole Institution of Oceanography* und bildeten ein LOCO-Komitee (LOCO = *LO*ng *CO*res, lange Kerne), um zu prüfen, wie man die erforderlichen Gelder für ein mit dynamischem Positionierungssystem ausgerüstetes Bohrschiff beschaffen könne.
Ende 1964 siedelte ich von New York nach Kalifornien über. Mein alter Freund aus Studententagen in Los Angeles, Jerry Winterer, besuchte mich an der Riverside. Nach seinem Studium hatte er sich auf Ozeanographie spezialisiert und war Vertreter von Scripps in den Komitees, die über die Durchführbarkeit von Tiefseebohrungen entscheiden sollten. Er erzählte mir von den Positionskämpfen in der Wissenschaftspolitik. Die Partnerschaft in diesem neuen Unternehmen wurde zu einem Gesellschaftsspiel. Als aus LOCO dann CORE wurde (*Consortium for Ocean Research and Exploration*) schieden Miami und Princeton als Kandidaten aus. Später vereinigte sich Miami wieder mit Lamont, Scripps und Woods Hole; sie wurden Gründungsmitglieder von JOIDES (*Joint Oceanographical Institutions Deep Earth Sampling*). Einige Zeit später wurde die Universität von Washington fünftes Mitglied von JOIDES, und zwar nachdem Kongreßpolitiker die *National Science Foundation* von der Notwendigkeit überzeugten, die regionale Vertretung des pazifischen Nordwestens zu verstärken. Während vom Mohole-Projekt ein geplanter Bohrplatz im Pazifik bekanntgegeben wurde, bohrte ein von JOIDES

gechartertes Schiff mit dynamischem Positionierungssystem, *Caldrill I,* im April und Mai 1965 vierzehn Löcher im Atlantik. Ihre eindrucksvollen Ergebnisse überzeugten immer mehr Leute davon, daß ein ozeanweites Programm der Sedimentbohrungen einem Unternehmen mit unsicherem Erfolg vorzuziehen sei. Als schließlich das Mohole-Projekt 1966 ad acta gelegt worden war, wurde ein Vertrag mit der *Scripps Institution of Oceanography* für ein Tiefseebohrprojekt (DSDP, *Deep Sea Drilling Project*) abgeschlossen. Die DSDP-Organisation hatte wissenschaftliche Programme durchzuführen, die von den Beratungsausschüssen von JOI-DES aufgestellt worden waren. Aufgrund der Erfahrungen bei den vorbereitenden Mohole- und JOIDES-Bohrungen sollte speziell für diesen Zweck ein neues Bohrschifff von der *Global Marine Inc.* gebaut werden. Das Schiff, die *D/V Glomar Challenger,* lief im März 1968 vom Stapel und wurde nach einem berühmten Vorläufer der Ozeanforschung *H. M. S. Challenger* genannt.

III. Einweihung der *Glomar Challenger*

Die *Glomar Challenger* hat mitschiffs einen 45 Meter hohen Bohrturm. Er ist ein Wahrzeichen in jedem Hafen und wir haben niemals Schwierigkeiten, das Schiff zu finden, wenn wir an Bord gehen wollen (Tafel II). Der Bohrturm ist für eine Last von 500 Tonnen entworfen worden oder für einen Bohrstrang, der 7000 Meter lang ist. Die Turmhöhe war so begrenzt, daß die *Glomar Challenger* unter den Brücken aller wichtigen Seehäfen der Welt hindurchfahren kann. Ich selbst hatte zweimal das faszinierende Erlebnis, den Turm unter einer Brücke hindurchgleiten zu sehen. Das erste Mal 1970, während des Leg XIII, als wir von Lissabon aus bei Nacht den Tejo hinabfuhren. Fünf Jahre später sah ich die *Glomar Challenger* durch den Bosporus ins Schwarze Meer hineinfahren. Diesmal war der Zwischenraum so eng, daß der Verkehr auf der Hängebrücke, die Europa mit Asien verbindet, gesperrt werden mußte. Von der Spitze des Bohrturms hat man eine ungewöhnliche Aussicht. Man konnte sie über mehrere eiserne Leitern erreichen. Ich bin niemals hinaufgestiegen, weil ich einen gesunden Respekt vor der Höhe entwickelt habe, nachdem ich einst vom Gran Sasso hinuntergefallen war und mir die Schulter gebrochen hatte. Die Spitze des Bohrturms ist ein ideales Versteck. Während des Leg VI entzog sich einer der wissenschaftlichen Ko-Chefs für einen Moment seinen Pflichten und kletterte hinauf. Als er dringend gesucht wurde, war er nirgends zu finden. Es wurde Alarm gegeben, aus Furcht, er könne über Bord gefallen sein. Es gab eine große Aufregung, als er wieder herunterkam. Seitdem ist es verboten, den Bohrturm ohne Genehmigung des Kapitäns zu besteigen.

Direkt unter dem Bohrturm befindet sich mitschiffs ein rundes Loch, der sogenannte »Moonpool« (Mondsee). Durch den Moonpool wird der Bohrstrang durch das Schiff hindurchgelassen.

Die *Glomar Challenger* ist eine sich vollständig selbstversorgende Einheit: sie führt ausreichend Wasser, Brennstoff und Geräte mit sich, um maximal 90 Tage auf See zu bleiben. Vermutlich aus diesem Grund werden die meisten Fahrten der *Glomar Challenger*, von der JOIDES-Gemeinschaft *Legs* (*mar.*; Fahrtabschnitt) genannt, für weniger als zwei Monate geplant. Die längste Reise, Leg XXXIX, von Amsterdam nach Kapstadt, dauerte 71 Tage, wurde aber für einen Zwischenhalt in Recife/Brasilien unterbrochen. Das Schiff hat 70 Kojen an Bord, mit einem zusätzlichen Bett in der Apotheke, das mehr als einmal benutzt worden ist, wenn ein weiterer Spezialist unentbehrlich war. Zwei Gruppen der Schiffsmannschaft entlasten einander nach jeder Fahrt, wobei jede Gruppe aus etwa 50 Leuten – Offizieren, Seeleuten und einer Bohrmannschaft – besteht. Die Mannschaft wird ergänzt von zehn Marinetechnikern, die beim DSDP angestellt sind, und von neun bis zwölf Wissenschaftlern. Die Wissenschaftler sind bekannte Spezialisten verschiedener akademischer, öffentlicher oder industrieller Organisationen; sie werden für jede Reise vom Planungsausschuß des JOIDES ausgewählt und durch den Chefwissenschaftler des DSDP berufen.

Das zum Schiff gehörende wissenschaftliche Team wird von zwei sogenannten Ko-Chefs geleitet. Sie sind verantwortlich für den wissenschaftlichen Erfolg. Oft haben sie die Fahrt selbst vorgeschlagen und an ihrer Planung teilgenommen. Das Team wird deshalb von zwei Leuten geleitet, weil an Bord rund um die Uhr an dem jeweiligen Projekt gearbeitet wird. Die Chefwissenschaftler müssen stets in Bereitschaft sein, um im Bedarfsfall jederzeit Entscheidungen fällen zu können. Sie tun gewöhnlich in Zwölf-Stunden-Schichten Dienst, wenn wichtige Dinge anfallen, sind aber beide Leiter anwesend. Wie Generäle in einem Feldzug müssen sie die Strategie und die Leitlinien, die von JOIDES und DSDP gegeben sind, befolgen, aber in den Anfangsphasen des DSDP hatten sie einen großen Spielraum bei den Entscheidungen über taktische Probleme. Sie wählten die genaue Lage für jede Bohrung aus. Sie entschieden, wieviel eines Bohrabschnittes gekernt werden sollte. Sie ordneten die Beendigung einer Bohrung an, in Abstimmung mit einem Einsatz-Manager, der das DSDP an Bord vertritt. Das hektische Leben eines Chefwissenschaftlers an Bord der *Glomar Challenger* ist in meinem Buch beschrieben: *When the Mediterranean dried up.* Zweifellos haben die Berichte über mehr als zehnjährige Bohrarbeit bewiesen, daß der Erfolg vieler Legs entscheidend von der Wahl der Ko-Chefs abhing. Doch auch der fähigste Wissenschaftler ist machtlos gegenüber technischen Pannen oder plötzlich eintretendem schlechtem Wetter.

Die *Glomar Challenger* ist auf Station nicht verankert. Das Schiff hält seine Position innerhalb eines Kreises mit geringem Durchmesser, und zwar mit Hilfe eines dynamischen Positionierungssystems. Das System wurde zuerst für die geplante Mohole-Bohrung entwickelt. Die Technik der Tiefseebohrung ist sonst dieselbe wie das Rotary-Bohrverfahren an Land. Zwei Bohrteams, jeweils in zwei Sechs-Stunden-Schichten, arbeiten täglich rund um die Uhr. Jedes Team hat drei Arbeiter, einen Werkzeugsteller und einen Bohrmeister, der beide Teams überwacht. Nachdem die *Glomar Challenger* eine Bohrlokation erreicht, beginnt das

Bohrteam den Bohrstrang zusammenzusetzen, sobald das Schiff seine Position stabilisiert hat. Siebentausend Meter Bohrrohre befinden sich im Rohrlager (Tafel I). Ein kurzes Rohr ist 9,5 Meter lang, die längeren sind zwei- oder dreimal so lang. Das untere Ende eines Bohrstranges besteht aus einem Rohr, das Schwerstange genannt wird. In dessen unteres Ende wiederum wird ein Bohrmeißel geschraubt. Die Schwerstange wird von einem Flaschenzug mit dem Bohrkopf aufgenommen, der am Bohrturm hängt, und durch den Moonpool ins Wasser hinabgelassen (Tafel IV). Dann gleitet ein anderes Rohrstück vom Rohrlager herunter, wird von einem Haken am Ende eines Stahlseils aufgenommen und in ein enges Loch im Deck (neben dem Moonpool) gestellt. Die Schwerstange wird nun im Drehtisch der Rotary-Anlage festgeklemmt, der Flaschenzug mit dem Bohrkopf der Schwerstange gelöst und in das obere Ende des Rohres in dem Bereitschaftsloch an Deck geschraubt. Das Rohr wird angehoben und sein unteres Ende mit der Schwerstange verschraubt. Der Bohrstrang mit dem neu hinzugefügten Rohrstück wird durch den Moonpool so weit hinabgelassen, daß das nächste Rohrstück angesetzt werden kann. Auf diese Weise wird ein Rohrstück an das andere gereiht und der Bohrstrang verlängert. Wenn man das mehr als einige hundertmal wiederholt hat, trifft der Bohrstrang in 3000 Meter Tiefe auf den Meeresboden, die Bohrung kann beginnen. Bohrarbeiter sind kräftige Leute, die mit der Präzision von Ballettänzern auf dem Turmboden arbeiten, während der Werkzeugsteller verschiedene mechanische Apparate bedient. Es ist natürlich wichtig, das obere Ende des Bohrstranges sehr fest zu verkeilen, sobald er vom Flaschenzug abgehakt ist. Bei einer unserer ersten Fahrten (Leg IV) geschah es, daß die Klammern nicht hielten, und mehr als viertausend Meter Bohrrohr waren unwiederbringlich verloren, ein Millionen-Dollar-Schaden!

Wie bereits erwähnt, bilden einige Spezialrohre, *bumper subs* genannt, den unteren Teil des Bohrstranges. Diese Pufferrohre können sich flexibel verlängern oder verkürzen, entsprechend den Auf- und Abbewegungen des Schiffes. Sie können die Drehbewegung übertragen, die erforderlich ist, um den Bohrmeißel am Ende des Bohrstranges zu betätigen. Unsere Bohrmannschaften haben viel Erfahrung; einige waren von Anfang an mit von der Partie. Sie sind schnell und tüchtig. Ein Rohrstück kann in etwa 6 Minuten eingebaut werden, und ein Bohrstrang von 4000 Metern Länge wird in weniger als zehn Stunden zusammengestellt. Die Arbeit auf dem Turmboden ist gefährlich, der Geschicklichkeit der Arbeiter ist es jedoch zu verdanken, daß schwere Unfälle bislang weitgehend vermieden wurden. Nur ein Mensch starb an Bord der *Glomar Challenger:* ein Arbeiter, der von einem herabfallenden schweren Metallgegenstand getroffen wurde.

Um Bohrkerne zu erhalten, wird ein Kernrohr von 9,3 Metern Länge in die Schwerstange eingefügt. Wenn der Bohrmeißel in den Boden dringt, wird das Sediment in das Kernrohr gepreßt. Da es etwa einen Tag dauert, einen 4000 Meter langen Bohrstrang aus- und einzubauen, wäre es unpraktisch, jedesmal die Schwerstange heraufzuholen, um einen Kern zu ziehen. Statt dessen wendet man eine Fangtechnik mit dem Namen *Wireline coring* an. Das Kernrohr hat einen Haken am oberen Ende. Sobald das Kernrohr gefüllt ist, wird eine Fangleine hinabgelassen, um das Rohr in der Schwerstange anzuhaken und heraufzuholen. Dann wird der Bohrstrang oben geöffnet, das Kernrohr herausgenommen (Tafel V) und ein leeres Kernrohr durch den Bohrstrang bis in die Schwerstange durch den Wasserdruck hinuntergepumpt. In der Regel dauert es etwa eine Stunde, weiche Sedimente in 3000 Meter Tiefe zu kernen. So kann jede Stunde ein Kern heraufgeholt werden, zum Leid der Wissenschaftler an Bord, die die Proben behandeln und untersuchen müssen.

Am 24. Juni 1966 erhielt die *Scripps Institution of Oceanography* der Universität von Kalifornien in San Diego, die mit dem Management des DSDP beauftragt war, für 18 Monate Tiefseebohrung einen 2,6 Millionen-Dollar-Kontrakt von der US *National Science Foundation*. Die erste Phase des DSDP begann, als die *Glomar Challenger* am 20. Juli 1968 von Orange/Texas, auslief, um Bohrungen im Meeresboden des Golfs von Mexiko durchzuführen. Die Phase I war in neun Legs aufgeteilt, und die ersten fünf wurden geführt von den Chefwissenschaftlern der fünf JOIDES-Institutionen, nämlich Lamont, Scripps, Woods Hole, Miami und Washington. Die Ehre, die Eröffnungsreise zu leiten, hatte Maurice Ewing, Direktor des *Lamont Geological Observatory,* der einer der Hauptförderer von JOIDES gewesen ist.

Maurice Ewing wurde von allen, die ihn kannten, liebevoll *Doc* genannt. Als ich ihn das erste Mal auf einer Fachtagung in Los Angeles 1951 sprechen hörte, hat er mich keineswegs sonderlich beeindruckt. Er nuschelte, stotterte und sprach abgehackt. Er ließ ein Dia auf einem Schirm aufleuchten und murmelte wieder etwas in seinem gedehnten Texasidiom. Ich saß in der hintersten Reihe und konnte nicht ein Wort von dem verstehen, was er sagte, und beschloß, mitten in seinem Vortrag hinauszugehen.

Ich kann deshalb nicht wiedergeben, worüber er sprach. Er erzählte uns vermutlich wunderbare Dinge, die er mit seinen neu entwickelten geophysikalischen Geräten vollbrachte. Ewing begann seine Pionierarbeit Anfang der dreißiger Jahre, noch vor dem Zweiten Weltkrieg. Ewing und seine Mitarbeiter bestimmten die Struktur der Erdkruste und die Tiefenlage der Moho im Atlantik, indem sie die Ankunftszeiten von Stoßwellen deuteten, die durch künstliche Explosionen erzeugt wurden, und ihre

Refraktion in den Gesteinsschichten des Untergrundes. Anfang der fünfziger Jahre wurden die Ergebnisse gleich reihenweise veröffentlicht. Wenn ich zurückdenke, muß Ewing auch bei der Tagung in Los Angeles über seine Atlantik-Untersuchungen gesprochen haben.

Zwei Schiffe sind erforderlich, um seismische Refraktionsmessungen zu machen. Auf einem Schiff werden Dynamitstangen wie Handgranaten gezündet und in regelmäßigen Abständen ins Meer geworfen. So kann man Stoßwellen erzeugen, die von den Hydrophonen auf dem anderen Schiff in einer gewissen Entfernung aufgenommen werden. Dieses Unterfangen war nicht ungefährlich, und es kam zu einigen Unfällen. Einmal wurde ein Assistent getötet: Er prüfte gerade die Reaktion der Zündschnur nach, als eine Dynamitstange in seiner Hand explodierte. Manchmal fragte ich mich, ob Doc vor dem Unfall übermütiger gewesen ist. Ich kannte Doc nur in seinen späteren Jahren; seine verhaltene Art strafte seinen jungenhaften Enthusiasmus und seine Hingabe an die Wissenschaft Lügen.

Mein zweites Zusammentreffen mit Doc fand in Tallahasse (oder war es Pensacola?) Anfang 1954 statt. Ich hatte gerade bei der Research Division der *Shell Oil Company* in Houston angefangen. Shell und andere Gesellschaften unterstützten Docs Arbeit und die seiner Mitarbeiter bei Lamont. Der Schoner *Vema* war zu einem ozeanographischen Schiff umgebaut worden und sollte zu einer neuen Forschungsexpedition im Golf von Mexiko starten. Doc sprach vor einigen Vertretern der Ölindustrie. Ich konnte ihn aus nächster Nähe beobachten, und ich bewunderte diesen pflichtbewußten Mann. Er erzählte uns, daß sie gerade *Salzstöcke* unter den Tiefsee-Ebenen im Golf von Mexiko entdeckt hätten!

Salzstöcke sind pfeilerartige Strukturen aus Salz, die von tiefer liegenden Salzschichten in darüber gelagerte Sedimentschichten eingedrungen sind. (Abb. 3.1) Salzstöcke sind an der Golfküste der Vereinigten Staaten nicht selten. Das konnte nicht überraschen, weil sich orthodoxen Theorien zufolge Salzschichten in Küstenlagunen abgelagert hatten. Man vermutete lagunäres Salz in Verbindung mit den Küstensedimenten der Golfküste. Die Existenz von Salzschichten unterm Tiefseeboden dagegen war spektakulär; man konnte sich nur schwer vorstellen, daß der Golf von Mexiko einmal ausgetrocknet war, so daß Salzschichten entstanden.

Ewing hatte seinen ersten Fund mit Hilfe des seismischen Refraktionsverfahrens gemacht; er wollte einige anormale Ergebnisse in der Laufzeit seismischer Wellen klären. Es gab beträchtliche Unsicherheiten in seinen Deutungen. Einige Jahre später kehrte die *Vema* 1961 in den Golf von Mexiko zurück, ausgerüstet mit einem neu eingebauten, kontinuierlichen Registriergerät für seismische Wellen. Diese Technik war aus dem Echolot-Prinzip entwickelt worden. Während der denkwürdigen Fahrten von

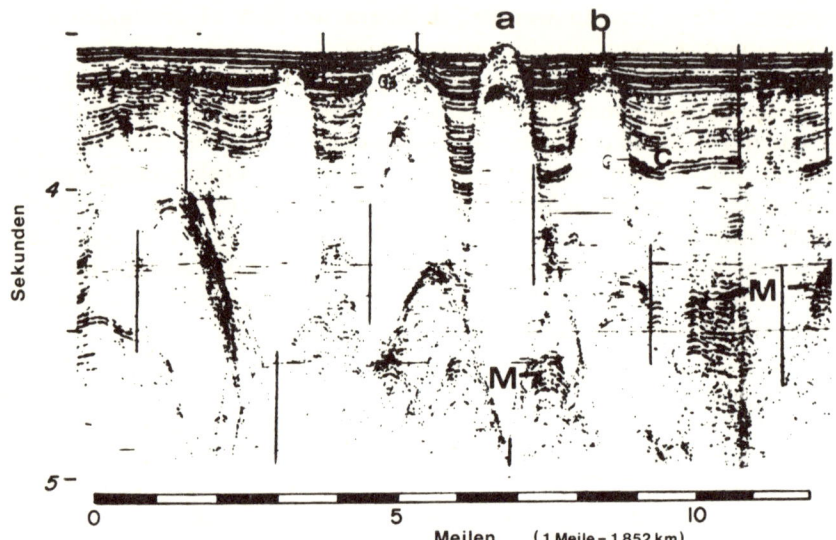

Abb. 3.1: Salzstöcke. Pfeilerartige Strukturen (etwa 2 Kilometer hoch), die in diesem Diagramm, das durch kontinuierliche seismische Profilaufnahme (CSP) gemacht wurde, zu sehen sind, stellen Salzstöcke dar. Die akustischen Signale, die von der CSP-Einrichtung ausgesandt werden, dringen in den Meeresboden ein und werden an harten Schichten (in diesem Falle kristallines Salz) reflektiert. Das CSP-Gerät wurde erstmalig von Doc Ewing und seinen Mitarbeitern entwickelt. Die Entdeckung solcher Strukturen durch Ewing im Golf von Mexiko gaben den ersten Hinweis, daß unter einem Ozeanboden große Salzablagerungen vorhanden sein können. Das hier gezeigte Profil wurde von französischen Ozeanographen im Mittelmeer angefertigt.

H. M. S. Challenger vor hundert Jahren wurde die Tiefe des Ozeanbodens nach der alten Methode gemessen: Man ließ ein 100 Kilogramm schweres Gewicht an einem Hanfseil hinunter; jeder Lotvorgang dauerte Stunden. 1913 wurde dann das Echolot erfunden: akustische Signale, vom Schiff ausgesendet, werden am Meeresboden reflektiert. Die Echos werden von einem Empfänger am fahrenden Schiff kontinuierlich aufgezeichnet und ergeben so ein Tiefenprofil des Meeresbodens.

Nach dem Zweiten Weltkrieg erkannte man, daß Signale mit längeren Wellenlängen, als sie für das Echolot verwendet werden, in den von Sedimenten bedeckten Ozeanboden eindringen und nur dann reflektiert werden, wenn sie auf eine harte Schicht im Untergrund stoßen. In den fünfziger Jahren wurden verschiedene Instrumente ausprobiert, um die erforderlichen Wellen zu erzeugen. Eines der erfolgreichsten Geräte war die *Luftkanone,* die hinter dem Schiff hergeschleppt wird. Komprimierte Luft wird periodisch freigesetzt, wodurch akustische Signale ausgesendet

46

werden. Diese Signale werden, nachdem sie vom Meeresboden und Untergrundschichten zurückgeworfen wurden, von einer Reihe von Hydrophonen, die an einer Leine ebenfalls hinter dem Schiff hergeschleppt werden, aufgenommen (Abb. 3.2). Das kontinuierliche Seismik-Registriergerät kann man als eine Art Super-Echolot ansehen; es kann nicht nur das Bodenprofil aufzeichnen, sondern auch die Strukturen im Untergrund. Salz ist erheblich dichter als die lockeren Sedimente. Die Nahtstelle zwischen Salz und Sedimenten ist eine reflektierende Oberfläche und wird vom Registriergerät aufgezeichnet. Die Auswertung dieser Diagramme räumte alle Zweifel an der Existenz domförmiger Strukturen unter dem Meeresboden aus dem Weg.

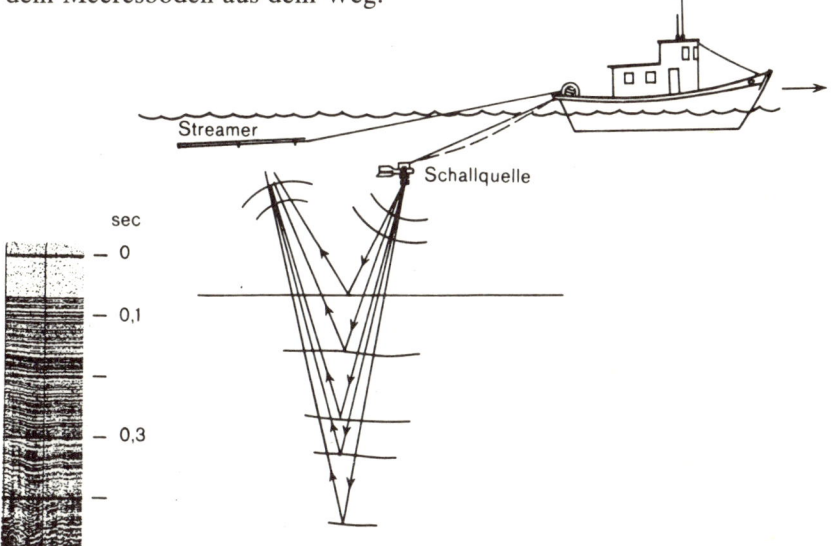

Abb. 3.2: Kontinuierliche seismische Profilaufnahme. Ein Schiff zieht eine Schallquelle hinter sich her, die akustische Signale aussendet, die vom Meeresboden und von harten Schichten (Reflektoren) im Untergrund des Meeresbodens reflektiert und von einem elektronischen Gerät, das hinter dem Schiff schwimmt, registriert werden.

Skeptiker entgegneten jedoch, daß die salzstockartigen Strukturen unter der Golfküste nicht immer von Salz unterlagert sind. Einige Bohrungen in diesen Strukturen stießen zwar auf Schlamm aber nicht auf Salz in den Domen. War es möglich, daß Ewings »Salzdome« in Wirklichkeit Schlammdome waren? Ewing schloß diese Möglichkeit nicht aus.
Endlich, am 19. August 1968, kam der Tag der endgültigen Abrechnung. Die *Glomar Challenger* hatte über einer der domartigen Strukturen, die als kleiner, runder Hügel über die Ebene des Sigsbee-Tiefs hinausragte,

Position bezogen. Die Struktur erhielt den Namen *Challenger-Hügel* zu Ehren des Schiffes, das hier seinen Forschungsauftrag erfüllte.

Da Gase unter hohem Druck unter den *Caprocks,* den Deckschichten zahlreicher Salzstöcke, vorhanden sind, ist es riskant, sie anzubohren. Im Jahre 1964 sank eine Bohrplattform 190 Meter tief ins Wasser, weil die Auftriebskraft des Meeres durch aufsteigendes Gas verringert wurde, das in einem unter hohem Druck stehenden Reservoir angebohrt worden war. Solch ein Unfall ist in tiefem Wasser weniger wahrscheinlich, denn das aufsteigende Gas kann abgedriftet werden, bevor es sich in einer gigantischen Blase unter dem Bohrschiff ansammelt. Beunruhigender war die Gefahr, daß Öl ins Meer auslaufen konnte: dann gäbe es keine Möglichkeit, das Loch wieder abzudichten und eine Verschmutzung des Golfes zu verhindern. Die Sedimente über dem *Challenger-Hügel* waren jedoch sehr dünn, und ein gefährlich hoher Druck war nicht zu erwarten. Dennoch wurde Ewing angewiesen, die Bohrung zu stoppen, wenn seine Leute auf eine harte Schicht träfen! Sie durften keinesfalls das Deckgestein des Salzdomes durchbohren.

Nachdem die Position der *Glomar Challenger* stabil war, wurde der Bohrstrang in 3600 Meter Tiefe auf den Meeresboden hinabgelassen. Als 136 Meter durchbohrt und vier 9 Meter lange Kerne gezogen waren, schien der Bohrmeißel auf etwas Hartes zu stoßen. Der Bohrstrang wurde unterbrochen, ein Kernrohr hinabgeschickt und dann der Strang erneut verbunden. Der Bohrmeißel schnitt einen Kern von eineinhalb Metern Länge. An Deck stellte man fest, daß der Kern zur Hauptsache aus porösem Kalkstein bestand, leicht ölhaltig war, aber nicht dicht genug, um eine unter hohem Druck stehende Gasansammlung abzudichten. Das Kernrohr wurde sehr vorsichtig wieder hinabgeschickt. Ein nur 30 Zentimeter langer Kern wurde geschnitten. Er war ausschließlich aus kristallinem Gips zusammengesetzt, einem typischen *Caprock*: Auch er war ölhaltig.

Doc und seine Mitarbeiter waren zufrieden. Die Bohrung hatte jeden Zweifel daran beseitigt, daß der *Challenger-Hügel* ein Salzstock war und daß Salzablagerungen unter dem Tiefseeboden des Golfs von Mexiko vorhanden sind. Um unnötige Risiken zu vermeiden und um das Glück nicht zu sehr herauszufordern, ordnete Doc an, den Bohrstrang heraufzuholen. Er hatte 15 Jahre gewartet, jetzt hatte er endlich seinen Beweis. Ewing mußte noch ein oder zwei Jahre warten, bis nach einer Tiefsee-Bohrung im Mittelmeer die Existenz von Salzstöcken unter Tiefseeböden erklärt werden konnte. Dennoch hat Ewing als erster die revolutionäre Entdeckung gemacht, daß sich Salzschichten über der ozeanischen Kruste ablagern konnten.

Am 23. September 1968 kehrte die *Glomar Challenger* nach Hoboken/

New Jersey zurück. Sie hatte elf Löcher an sieben verschiedenen Stellen gebohrt. Einige schon lange bestehende Rätsel wurden gelöst, und neue Fragen tauchten dafür auf. Die Abenteuer der *Glomar Challenger* begannen mit einem Aufsehen erregenden Erfolg: Doc Ewing und seine Kollegen wurden begeistert empfangen.

Doc verließ Lamont kurz vor seiner Pensionierung, um eine neue ozeanographische Institution in Galveston/Texas zu gründen. Ich traf bei verschiedenen Gelegenheiten in Verbindung mit dem JOIDES-Geschäft mit ihm zusammen. Ich hörte auch eine ganze Menge Geschichten von meinen Lamont-Freunden über ihn. Doc war geradezu fanatisch in seiner Hingabe an die Wissenschaft. Er war jeden Morgen um sieben Uhr in seinem Büro auf dem Hügel und arbeitete oft bis spät in die Nacht. Dieser Arbeitsstil galt als vorbildlich und ist eine Tradition bei Lamont geworden. Das letzte Mal traf ich Doc im Frühling 1974 in San Antonio. Die Entdeckung ölhaltiger Gesteine bei der ersten Reise warf die Frage nach der Sicherheit vor Gasausbrüchen bei Tiefseebohrungen auf. JOIDES gründete 1970 einen Sicherheitsausschuß, der alle Bohrvorhaben zu prüfen hatte. Er wollte sichergehen, daß keine Tiefseebohrung in ein Öl- oder Gasreservoir hineingeht und eine Verschmutzung des Meeres verursacht. Doc war Mitglied dieses Ausschusses. Dieser Anlaß führte mich nach San Antonio, gerüstet mit Vorschlägen für die zweite Bohrreise ins Mittelmeer. Ich war voller Zuversicht, aber schlecht vorbereitet. Ein jugendliches Mitglied des Sicherheitsausschusses vertrat eine der meinen genau entgegengesetzte Meinung und verteidigte sie aggressiv. Auch ich war gereizt. Doc sagte während der heißen Debatte, die den ganzen Abend dauerte, kaum ein Wort. Zum Ende hin kurz vor Mitternacht sprach er schließlich ein Machtwort und erwirkte einen Kompromiß in einer sehr unerfreulichen Situation. Ich war Doc dankbar und sehr betrübt, als ich eine Woche nach unserem Treffen in San Antonio von seinem Tod erfuhr. Er starb plötzlich – wie Harry Hess – an einem Herzanfall; er war überarbeitet. Walter Sullivan widmete sein Buch »*Continents in Motion*« Ewing und Hess; er erkannte richtig, daß sie eine bedeutendere Rolle als irgendein anderer mit ihren Beiträgen zu den modernen revolutionären Entdeckungen der Geowissenschaften gespielt haben.

IV. Eine Revolution kündigt sich an

Meine Dissertation an der Universität von Los Angeles befaßte sich mit kristallinen Gesteinen. Die hauptsächliche Arbeit daran besteht in der Herstellung von Dünnschliffen. Von einem Gesteinsstück wird eine schmale Scheibe abgesägt, auf eine kleine Glasplatte geklebt und geschliffen, bis sie nur noch 0,03 Millimeter dick ist und mit einem Durchlicht-Mikroskop untersucht werden kann. Als Doktorand verbrachte ich viel Zeit im Dünnschliff-Labor. Keith Runcorn, junger Wissenschaftler am *Institute of Geophysics*, kam oft, um unsere Gesteinssäge zu benutzen, weil sie in ihrem Institut keine hatten. Wir duldeten den Eindringling mit freundlichem Lächeln, bis er eines Abends mit seinen riesigen Gesteinsbrocken unser Sägeblatt zerbrach.

Im Frühling 1953, bevor er nach England zurückkehrte, hielt Runcorn eine Vorlesung zu seinen Untersuchungen. Er maß die Richtung der Magnetisierung in den Gesteinen, den sogenannten remanenten Magnetismus, und versuchte herauszufinden, ob die Magnetpole der Erde gewandert oder ob die Kontinente gedriftet waren. Wir glaubten damals nicht an die Kontinentaldrift und dachten, daß er seine Zeit an eine alte, inzwischen unglaubwürdige Idee verschwendete. Er überraschte uns mit einer Art Sensation. Seine Messungen hatten nämlich ergeben, daß die Magnetpole der Erde sich einst umgekehrt haben könnten. Wie konnte er das wissen?

Zwar wußten die Studenten über Gesteinsmagnetismus allgemein gut Bescheid, aber wir Geologen hatten uns in den fünfziger Jahren so sehr spezialisiert, daß wir die Forschungsergebnisse unserer Kollegen oft vernachlässigten. Gesteinsmagnetismus läßt sich mit Hilfe eines recht einfachen Prinzips untersuchen. Wenn man eine Magnetnadel an einem Faden irgendwo auf der nördlichen Halbkugel aufhängt, zeigt die Nordspitze der Nadel auf den magnetischen Nordpol. Dieses Ende der Nadel neigt sich auch nach unten und bildet einen Winkel mit der Horizontalen, der magnetische Inklination genannt wird. Das andere Ende der Nadel zeigt nach Süden und nach oben. Ihr Inklinationswinkel ist derselbe wie der der Nordspitze, aber er erhält ein negatives Zeichen, weil er nach oben weist. Der Winkel der magnetischen Inklination ändert sich mit dem Breitengrad: Im Polargebiet ist die Inklination groß, während der Winkel sich in äquatorialen Gebieten Null nähert.

Sobald Lava abkühlt, kristallisieren die ersten eisenhaltigen Mineralien aus; sie erhalten eine magnetische Eigenschaft, wenn die Temperatur unter einen gewissen Punkt, genannt die Curie-Temperatur des Minerals, gesunken ist. Für ein Mineral aus Eisenoxid, dem Magnetit, Fe_3O_4, liegt die Curie-Temperatur bei 600 °C. Wenn magnetische Mineralien den Magnetismus bekommen, weist der nordsuchende Pol des Minerals nach Norden und neigt sich mit dem Inklinationswinkel, wie die an einem Faden hängende Magnetnadel. Ferner wird die erworbene magnetische Orientierung, d. h. der natürliche remanente Magnetismus, im Gestein eingefroren, wenn die Lava sich zu Basalt verfestigt hat. Darum sollte die gemessene magnetische Orientierung eines Gesteins in situ genau die gleiche sein wie die vom Kompaß angegebene Orientierung an der Stelle, wo das Gestein gesammelt wurde.

Das ist jedoch nicht immer der Fall; es scheint, daß sich entweder die Lage der Magnetpole der Erde verändert oder die Lage des Fundplatzes verschoben hat. Die Annahme, daß sich die Pol-Positionen verändert haben, liegt der Hypothese von der Polwanderung zugrunde. Die Interpretation, daß die geographischen Positionen sich verlagert haben, ist von den Befürwortern der Kontinentaldrift vertreten worden.

Als die Techniken zur Untersuchung des Gesteinsmagnetismus noch primitiv waren, konnte nur die verhältnismäßig starke remanente Magnetisierung von Basalten gemessen werden. Als Runcorn seine Arbeit unter der Führung von Lord Patrick Blackett begann, wurden Instrumente zur Messung des Magnetismus von Sedimentgesteinen gebaut. Sedimentgesteine konnten wie kristalline Gesteine eine remanente Magnetisierung bekommen, weil feinkörnige magnetische Mineralien in den Sedimenten auch wie kleine Magnete vom Magnetfeld der Erde bei der Sedimentation orientiert abgelagert werden konnten. Runcorn arbeitete in den fünfziger Jahren über Rotsedimente. Seine Ergebnisse konnten als Polwanderung oder als Kontinentaldrift gedeutet werden. Damals neigte Runcorn eher der ersten These zu, wir aber waren gegenüber beiden Theorien skeptisch. Wir vermuteten, daß die geringen Unterschiede zwischen den gemessenen und den vorhergesagten Werten experimentelle Fehler sein könnten. Trotzdem waren die Daten über die Polumkehrung ein Ergebnis, über das man nicht so ohne weiteres hinweggehen konnte. In diesem Falle sind die kleinen Magnete im Gestein zwar nord-süd orientiert, wie man es in bezug auf das heutige Magnetfeld erwarten durfte. Aber das nordweisende Ende der Mineralkörner weist nach Süden und ist in einem Gestein, das auf der Nordhalbkugel gesammelt wurde, nach oben gerichtet, als ob der magnetische Nordpol zur Zeit der Sedimentation nahe dem geographischen Südpol gelegen habe, während der magnetische Südpol umgekehrt im Norden lag. Der natürliche remanente Magnetismus zeigt also, daß die Polarität der Magnetpole genau entgegengesetzt zu der heutigen gewesen sein muß. Es muß eine Polumkehrung stattgefunden haben. Von einem Gestein, das offensichtlich zur fraglichen Zeit magnetisiert wurde, sagt man, es hat eine negative Polarität oder umgekehrte Magnetisierung. Runcorn hatte viele umgekehrt magnetisierte Gesteine in seiner Sammlung.

Runcorn war aber nicht der Entdecker der umgekehrten Magnetisierung. Die Entdeckung machte bereits 1909 der französische Geophysiker Bernard Bruhnes. Bruhnes maß den natürlichen remanenten Magnetismus vulkanischer Gesteine im französischen Zentralmassiv und fand umgekehrte Magnetisierung bei Basalten, die – geologisch gesehen – vor nicht allzu langer Zeit aus heute erloschenen Vulkanen ausgeflossen waren. Die gleiche Beobachtung der Polumkehrung wurde 20 Jahre später von dem japanischen Wissenschaftler Motonorie Matuyama gemacht, als er japanische Vulkangesteine untersuchte. Anfangs suchte man nach einer glaubwürdigeren Erklärung für diese außergewöhnliche Tatsache, denn die Theorien von der Polumkehrung oder der Verlagerung der Magnetpole waren schwer vorstellbar.

Im Jahre 1954 trat ich in die Shell-Forschung ein. Wir beschäftigten uns mit einigen Öl-Explorationsproblemen, die gelöst werden konnten, wenn wir die *in situ*-Orientierung einer Gesteinsprobe aus einem Bohrkern wüßten. Diese Kenntnis zu erwerben ist schwierig, weil sich ein Bohrstrang beständig dreht, wenn ein Kern gezogen wird. Nachdem der Kern herausgeholt ist, kann man nicht mehr bestimmen, welche Richtung des Bohrkerns ursprünglich nach Norden wies. Darum begann ich mich für den Gesteinsmagnetismus zu interessieren, weil man die *in situ*-Orientierung eines Bohrkerns durch Messung seines natürlichen remanenten Magnetismus bestimmen kann, vorausgesetzt natürlich, daß weder Polwanderung noch Kontinentaldrift stattgefunden hat. Ich war Mitglied eines Teams, das Messungen an vielen tausend Proben machte. Wir fanden zahlreiche Beispiele für umgekehrte Magnetisierung, eine Tatsache, die wir nicht verstanden. So verdrängten wir die Bedeutung unserer Befunde, denn wir waren zu selbstgerecht, um eine Umkehrung des Magnetfelds der Erde überhaupt in Erwägung zu ziehen. Inzwischen hielt Runcorn auf nationalen und internationalen Tagungen Vorträge über seine Befunde. Auch er mied die heikle Frage der Polumkehrung, konzentrierte sich dafür aber auf die Interpretation neuer Daten, die die Kontinentaldrift bekundeten: Seine Messungen des natürlichen remanenten Magnetismus in Gesteinen verschiedenen Alters aus Europa und Amerika zeigten, daß sich zwei Kontinente in den letzten 200 Millionen Jahren Tausende Kilometer voneinander entfernt hatten.

Die Idee der Kontinentaldrift wurde inspiriert von der sich überraschend genau ergänzenden Küstenformation zu beiden Seiten des Atlantik (Abb. 4.1). Verschiedene Geologen machten sich im 19. Jahrhundert Gedanken darüber, bis ein deutscher Meteorologe, Alfred Wegener, den Gedanken aufgriff, ein Buch zum Thema schrieb und damit Anfang dieses Jahrhunderts eine handfeste Kontroverse auslöste. Die Idee war entwaffnend einfach und sprach deshalb besonders die Laien an.

Wegener ging davon aus, daß eine leichte Erdkruste auf einem schwereren, aber weichen Basaltuntergrund schwamm und daß die Kontinente sich über den ozeanischen Basalt hinwegbewegten, wie treibende Eisberge im Meerwasser. Nach Wegener waren vor 200 bis 300 Millionen Jahren alle heutigen Kontinente als ein einziger Superkontinent miteinander verbunden, der den Namen *Pangäa* erhielt. Beide amerikanischen Kontinente drifteten nach Westen, fort von Eurasien und Afrika, und verursachten die Entstehung des Atlantischen Ozeans. Wegener sammelte eine Vielzahl von Belegen, geologische, paläontologische, paläoklimatische und geodätische. Einige Messungen erwiesen sich als fehlerhafte, wie etwa der behauptete geodätische Nachweis, daß sich Grönland angeblich mit einer Geschwindigkeit von 35 Metern pro Jahr nach Westen bewege. Andere Argumente ließen sich nicht so leicht ignorieren; so war es besonders schwierig, die Verbreitung fossiler Faunen und Floren und die Verteilung der alten Eiszeitablagerungen zu erklären, ohne von einer Kontinentaldrift auszugehen.

Ich wurde 1944 erstmalig mit dieser Hypothese konfrontiert, als »Frischling« an einer Hochschule in China. Als ich dann zu einer Universität in den Vereinigten Staaten wechselte, war ich überrascht, daß ein durchaus ernsthafter Geologiestudent sie nicht einmal für wert befand, näher darüber nachzudenken. Dennoch widmete ich in den ersten Studienjahren den Arbeiten von J. J. Joly, Emile Argand, Rudolf Staub, Arthur Holmes und anderen europäischen Geowissenschaftlern viel Zeit. Sie alle verwendeten die Theorie von der Kontinentaldrift, um die Geschichte der Erde und den Ursprung der Gebirge zu deuten. Ich war jedoch verwirrt, als mein Professor an der Ohio State University mir sagte, daß Wegeners Theorie überholt sei: Sie erhielt einen vernichtenden Schlag, als bekannt wurde, daß der Schmelzpunkt von Granit tiefer liegt als der von Basalt. Nach den Gesetzen der Physik kann eine granitische Kruste nicht gleichzeitig fest bleiben und driften, wenn die Temperatur hoch genug ist, den Basaltuntergrund ausreichend geschmolzen zu halten, um die Drift zu ermöglichen. Physikalische Gesetze sind unwandelbar, folglich mußte Wegener sich geirrt haben.

Ein weiteres Grundproblem war, einen Antriebsmechanismus für die driftenden Kontinente zu erkennen. Wegener – gezwungen, eine Antwort zu finden – ging von einer Polfliehkraft und einem Gezeitenschub aus.

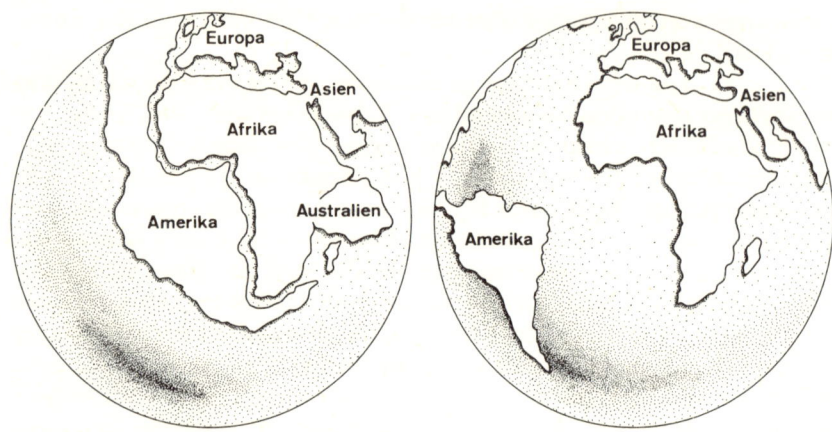

Abb. 4.1: Kontinentaldrift. Auf die Idee von der Kontinentalverschiebung kamen mehrere Wissenschaftler, weil die Küstenlinien zu beiden Seiten des Atlantik eine charakteristische Paßform aufweisen. Antonio Snider zeichnete 1858 die obige Karte, um seine Vorstellungen zu demonstrieren. Dennoch wird Alfred Wegener von modernen Historikern als Urheber der Theorie von der Kontinentalverschiebung angesehen, weil er sie wissenschaftlich begründen konnte.

Wegener war Meteorologe und daher stark beeindruckt vom Einfluß der Erdrotation auf die Bewegungen der Luftmassen. Treuherzig nahm er an, daß dieselben Rotationskräfte die Kontinente in höheren Breitengraden sich gegen den Äquator hin bewegen ließen (Polflucht) und sie veranlaßten, westwärts zu driften (Gezeitenschub). Anhand dieser etwas leichtfertigen These gelang es dem berühmten Geophysiker Sir Harold Jeffrey dann auch, Wegeners Idee zu widerlegen. Sir Harolds Berechnungen bewiesen, daß die angenommenen Kräfte um mehrere Größenordnungen zu klein waren, um Kontinente zu bewegen. Wiederum hatte ausgerechnet ein Geophysiker die Theorie von der Kontinentaldrift in den Bereich der Spekulation verwiesen, ja, sie sogar für unmöglich erklärt.

Was ist zu Wegeners Argumenten über die Verbreitung fossiler Organismen zu sagen? Während der Perm-Karbon-Periode vor 250 bis 300 Millionen Jahren schien es, als gehörten die fossilen Pflanzen in zwei Hauptgruppen. Die *Gigantopteris-Flora* hinterließ ihre Fossilien in vielen Teilen Eurasiens, die Fossilien der anderen, der *Glossopteris-Flora,* in Indien, in Afrika und anderen Teilen der südlichen Hemisphäre. Die Verbreitung der *Glossopteris-Flora* war rätselhaft, weil eine Landflora sich, wenn überhaupt, nicht leicht von einem Kontinent zum anderen über Tausende Kilometer Ozean hinweg verbreiten kann. Wegener sah keine andere Erklärung für diese Tatsache, als daß Indien, Afrika, Australien, Südamerika und Antarktika einst alle in einem gigantischen Kontinent

54

Gondwana vereinigt waren; ihre heutige Lage verdanken sie der Kontinentaldrift.

Die Verbreitung der Landtiere ist auch zum Beweis der Kontinentaldrift herangezogen worden. Während der Perm-Trias-Zeit vor 220 bis 250 Millionen Jahren schien die Verbreitung der Reptilien weltweit zu sein. Reptilien konnten frei von einem Teil des Superkontinentes *Pangäa* zum anderen kriechen. Später wurden die Faunen etwas differenzierter, aber sie hatten noch vieles gemeinsam, vor allem die der südlichen Kontinente. Das Vorkommen von *Lystrosaurus* in den 200 Millionen Jahre alten Trias-Formationen von China, Afrika und Antarktika enthüllen eine spannende Geschichte: Diese Tiere lebten wie Flußpferde in Seen und Sümpfen der warmen Regionen; von ihnen war kaum anzunehmen, daß sie Tausende Kilometer weite Ozeane durchschwimmen konnten. Dagegen war es weit weniger schwer, von Afrika nach Antarktika zu gelangen, als diese Erdteile noch zu *Gondwana* oder *Pangäa* gehörten.

Die Stabilisten-Schule der Geologen konnte sich nicht überwinden, die Hypothese von der Kontinentaldrift zu akzeptieren. Sie bevorzugte weniger phantasievolle Deutungen. Um die Jahrhundertwende wurde eine Idee favorisiert: Die Vorstellung von Isthmen oder Landbrücken, die die Kontinentalmassen verbanden. Zwischen Asien und Nordamerika bestand während der letzten Eiszeit mit an Sicherheit grenzender Wahrscheinlichkeit eine Landbrücke, als nämlich der Meeresspiegel so niedrig war, daß die flache Beringstraße austrocknete. So konnten nordasiatische Stämme in den amerikanischen Kontinent einwandern, Vorfahren der amerikanischen Indianer. Doch es ist unwahrscheinlich, daß einige tausend Kilometer Landbrücken sich quer über die Weltozeane gezogen haben sollen. Anfang des Jahrhunderts waren die geophysikalischen Techniken so weit verbessert, daß man kontinentale von ozeanischer Kruste unterscheiden konnte. Alle Bemühungen jedoch, frühere Landbrücken in Form versunkener Kontinente zu finden, schlugen fehl. Schon 1950 sprachen nur noch orthodoxe Biologen und Laien, die an »Atlantis« glaubten, von Landbrücken oder versunkenen Kontinenten.

In den späten vierziger und frühen fünfziger Jahren stellte George Gaylord Simpson, Harvard-Professor für Paläontologie, eine andere Theorie für die Verbreitung von Landtieren und Pflanzen zur Diskussion. Er sprach von Zufallswanderungen. Die Unermeßlichkeit geologischer Zeiträume hätte es dementsprechend ermöglicht, daß Tiere und Pflanzen über das Wasser zu einem anderen Kontinent gelangten. Treibendes Holz etwa hätte Landtieren als Fähre dienen können. Häufige interkontinentale Vogelwanderungen sollen Pflanzensamen über den Ozean gebracht haben, darüber hinaus war die Existenz einiger weniger Landbrücken ja noch nicht widerlegt. Simpson war ein überzeugender Redner. Ich hörte

1950 einen seiner Vorträge und ließ mich vollständig davon überzeugen, daß es absolut überflüssig war, derart extreme Ideen wie die Bewegung von Kontinenten zu verfolgen, wenn simples Treibholz schon für die Verbreitung fossiler Organismen verantwortlich gewesen sein konnte.

Wegener erbrachte einen weiteren Nachweis, um seine Theorie zu stützen: die Verteilung der Eiszeit-Sedimente, die in der Perm-Karbon-Zeit vor etwa 300 Millionen Jahren entstanden sind. Diese Eiszeit-Ablagerungen sind nicht nur in der Antarktis oder in den höheren Breitengraden von Australien gefunden worden, sondern auch in den mittleren Breiten Afrikas und Südamerikas und in den niederen nördlichen Breitengraden Indiens. In verschiedenen Regionen stieß man auf durch die Gletscherbewegungen abgeschliffenen Gesteinsuntergrund mit Gletscherschrammen. Das sind gewöhnlich parallel liegende Rillen und Streifungen, die durch scharfkantige, im Eis eingefrorene Steine bei der Bewegung der Gletscher entstanden sind. Durch diese Gletscherschrammen kann man die Richtung des Eises bestimmen. Eine Überraschung folgte auf die andere: Man entdeckte, daß die Perm-Karbon-Gletscher Indiens nicht von Norden kamen (aus der Richtung des Himalaja), sondern aus einem flachen Gebiet im Süden, wo sich heute tropisches Tiefland befindet. Wegeners Theorie lieferte eine perfekte Erklärung. Indien, Afrika, Südamerika, Australien und Antarktika bildeten damals den Südkontinent *Gondwana,* und dieser Kontinent lag während der Perm-Karbon-Zeit nahe dem Südpol. (Abb. 4.2) Er war wiederholt von einer riesigen Eiskappe bedeckt, wie auch Europa und Nordamerika während der letzten Eiszeit. Nachdem der *Gondwana*-Kontinent auseinandergebrochen war, drifteten alle Landmassen nach Norden, nur Antarktika behielt seine Lage bei. Indien wanderte am schnellsten und kollidierte mit Eurasien: So entstand der Himalaja. Die Eiszeit-Ablagerungen Indiens drifteten innerhalb weniger hundert Millionen Jahre von einer Position nahe des Südpols zu einer nördlich des Äquators!

Wegeners faszinierende Theorie war einfach zu gut, um wahr zu sein, dachte ich, obgleich ich keine andere Theorie finden konnte, um die Perm-Karbon-Vereisung zu erklären. Ich hatte das Vorurteil meines Lehrers gegen diese logische Erklärung übernommen, und Tatsachen, die ich nicht verstand, waren wohl nicht wichtig. Ich redete mir einfach ein, daß diese Fakten nicht existierten.

Die Zeit ging dahin, und neue Probleme tauchten in der Geologie auf. Harry Hess etwa beschäftigte sich, wie bereits erwähnt, mit dem Ursprung der abgesunkenen Tafelberge im Pazifik. Er war nicht zufrieden mit der einfachen Erklärung, daß die Guyots unter ihrem eigenen Gewicht abgesunken waren, und ging daran, eine neue Theorie zu entwickeln, die uns Wegeners Thesen wieder in Erinnerung rufen sollte.

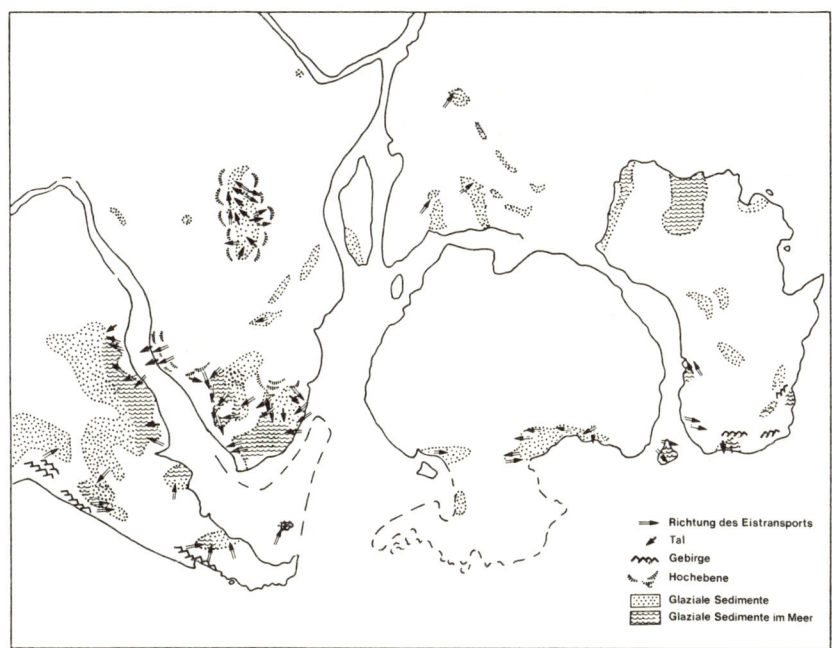

Richtung des Eistransports
Tal
Gebirge
Hochebene
Glaziale Sedimente
Glaziale Sedimente im Meer

Abb. 4.2: Perm-Karbon-Vereisung und Kontinentaldrift. Ablagerungen von Inlandeisgletschern wurden in Südamerika, Afrika, Indien, Antarktika und Australien gefunden. Ihre Verteilung steht in keiner Beziehung zu den Klimazonen der heutigen Welt. In Indien zeigen zum Beispiel die Gletscherschrammen auf dem Untergrund, daß die Gletscher aus südlichen Richtungen kamen, von dort, wo heute der Äquator liegt. Die Verteilung bekommt jedoch einen Sinn, wenn man sich vorstellt, daß alle südlichen Kontinente um den Südpol herum lagen, als ein Superkontinent, Gondwanaland genannt. Dieser Superkontinent brach später auseinander, und die verschiedenen Kontinente bewegten sich in den letzten 200 Millionen Jahren auf ihre heutigen Positionen. Dieser geologische Nachweis wurde von Alfred Wegener verwendet, um seine Theorie der Kontinentalverschiebung zu begründen.

Hess war junger Assistent bei Vening-Meinesz. In den dreißiger Jahren begleitete er den Holländer, um die Gravitationsbeschleunigung der Erde in einem Unterseeboot zu messen. Hess glaubte wie sein Mentor, daß der Wärmetransport aus dem geschmolzenen Erdkern in Form von Konvektionsströmungen stattfinden muß.

Die Konvektion von Flüssigkeiten ist eine wohlbekannte Erscheinung, verursacht durch thermische Spannungen infolge von Temperaturunterschieden. Wer einmal ein Kaminfeuer angezündet hat weiß, daß er durch die Fenster kalte Luft hereinlassen muß, um heißen Rauch in den Schornstein zu treiben. Es ist schwer vorstellbar, daß sich feste Gesteine im Erdmantel auch durch Konvektion, also wie eine Flüssigkeit bewegen könnten, insbesondere, nachdem uns die Seismologen gesagt haben, daß der Erdmantel aus festem Material besteht, das in der Lage ist, kurze Stöße von Erdbebenwellen zu übertragen. Experimente haben aber gezeigt, daß die gleichen festen Gesteine sich wie Flüssigkeiten verhalten. Sie kriechen oder verhalten sich plastisch, wenn sie hohem Druck und hoher Temperatur ausgesetzt werden oder unter lang anhaltendem Druck stehen. Die Bewegungen des Gletschereises sind ein typisches Beispiel dafür.

Vening-Meinesz ging davon aus, daß der Erdmantel von unten durch den heißen, geschmolzenen Erdkern aufgeheizt wird. Die Wärmeleitung durch die festen Gesteine im Mantel reicht nicht aus, die Hitze von der Kern-Mantel-Grenze wegzubringen. Die Ansammlung thermischer Energie müßte die Temperatur des Mantels so weit steigern, daß schließlich die gesamten Mantelgesteine schmelzen. Der Mantel ist aber aufgrund der Konvektionsübertragung der Wärme nicht geschmolzen (Abb. 4.3). Berechnungen haben gezeigt, daß die Mantelgesteine von Konvektionsströmen dazu angeregt wurden, sich zu bewegen, lange bevor sich genügend Hitze angestaut hatte, um die Mantelgesteine aufzuschmelzen.

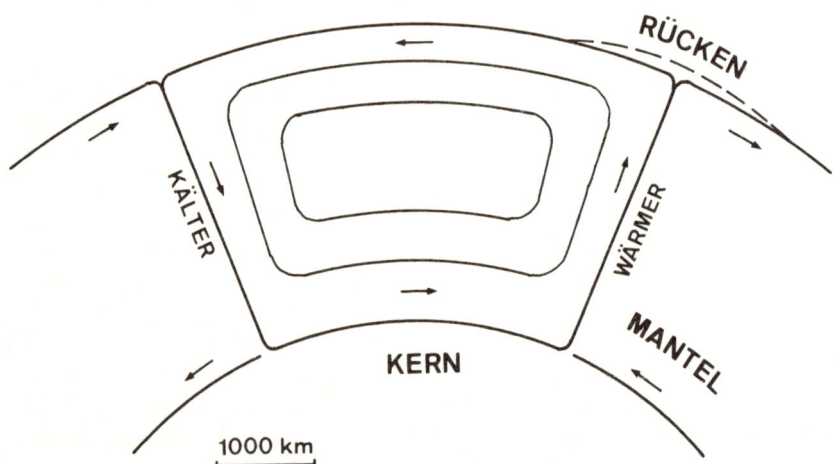

Abb. 4.3: Konvektionsströmungen im Erdmantel. Feste Gesteinsmassen, die im unteren Mantel durch die Hitze im Erdkern aufgeheizt werden, können sehr langsam aufsteigen wie eine zähe Flüssigkeit und wieder absinken, wenn sie nahe der Oberfläche abgekühlt sind. Viele Geologen nehmen an, daß dieses Fließen der Mantelgesteinsmassen die grundlegende, treibende Kraft ist, die die Kontinente bewegt und Gebirge auftürmt.

Man könnte die Idee dadurch testen, indem man die Wärmemenge mißt, die aus dem Erdinnern strömt, nämlich den Wärmefluß, der in Mikrokalorien pro Quadratzentimeter pro Sekunde gemessen wird. Wo ein Konvektionsstrom bis nahe an die Oberfläche der Erde steigt, muß mehr Wärme vorhanden sein, die als Wärmefluß durch die Wärmeleitung der Erdkruste an die Oberfläche befördert wird.

Kurz nach Ende des Zweiten Weltkriegs verließ ein junger Seeoffizier den aktiven Dienst im Pazifik: Art Maxwell. Er suchte an der Westküste eine Möglichkeit, wissenschaftlich zu arbeiten. Maxwell hatte Physik studiert und wollte sich in Berkeley bewerben, dem Mekka für Kernphysik. Auf seinem Weg dorthin machte er in San Diego halt, um seine ehemaligen Navy-Kumpel zu treffen. Bei dieser Gelegenheit besuchte er das Institut für Ozeanographie in La Jolla, eine großzügige Stiftung der Verlegerfamilie Scripps. Maxwell traf Teddy Bullard, später Sir Edward, von der Cambridge University. Bullard war Geophysiker und zu Scripps gekommen, um an Messungen des Wärmeflusses aus dem Erdinneren zu arbeiten.

Das physikalische Prinzip ist sehr einfach. Der Wärmefluß, oder die Wärmeleitung, wird bestimmt durch den Temperaturgradienten und die Wärmeleitfähigkeit durch die Beziehung Wärmefluß = Temperaturgradient x Thermische Leitfähigkeit. Die Wärmeleitfähigkeit kann an Proben im Labor gemessen werden, und der Temperaturgradient wird durch Temperaturmessungen in verschiedenen Tiefen eines Bohrloches bestimmt. Francis Birch und seine Studenten hatten vor dem Krieg eine Anzahl Wärmeflußmessungen an Land gemacht; Bullard wollte nun versuchen, einige Messungen zu bekommen, die unter dem Meeresboden gemacht worden waren. Versuche hatten bisher zu der Annahme geführt, daß der Wärmefluß weitgehend auf den Zerfall radioaktiver Elemente in Graniten zurückzuführen sei. Da die Kontinente eine dicke Kruste haben und Granite reichlich vorhanden sind, andererseits die Ozeankruste dünn ist und aus Basalt besteht, der nur sehr wenig radioaktive Wärme produziert, war zu erwarten, daß der Wärmefluß, der den Ozeanboden erreichte, sehr viel geringer sein sollte als an Land. Es sei denn, es entstünden unerwartete Wärmequellen durch Konvektion im Erdmantel.

Bullard erklärte dem jungen Maxwell das Projekt, und der entschied sich für ein Leben als Ozeanograph, das ihm weit spannender erschien als eine Karriere in irgendeinem Laboratorium. Mit Unterstützung des Scripps-Direktors Roger Revelle entwickelten Bullard und Maxwell einen Wärmeflußmesser, eine Stahlstange oder ein Kolbenbohrer mit Temperaturmeßeinrichtungen daran. Das Gerät konnte auf den Meeresboden hinabgelassen werden und dort eindringen, um den Temperaturgradienten zu bestimmen. Proben, die man zur Leitfähigkeitsmessung benötigte, erhielt man mit Hilfe des Kolbenbohrers. In wenigen Jahren veröffentlichten Bullard, Maxwell und Revelle ihre überraschenden Ergebnisse, die zeigten, daß Wärme, die aus dem Erdinneren durch die Ozeankruste des Pazifischen Ozeans austrat, etwa der auf den Kontinenten entspricht, ungefähr zehnmal mehr, als man erwartet hatte. Diese Wärmemenge ist zu groß, als daß sie von den radioaktiven Elementen in den Basalten der Kruste stammen könnte; sie muß aus dem heißen, flüssigen Kern der Erde gekommen sein. Der Temperaturgradient im Mantel ist nicht steil genug, um eine solche Wärmemenge durch Wärmeleitung zu übertragen. Darum zeigten einfache geothermische Überlegungen, daß es einen Wärmetransport durch Konvektion unter dem Ozean gegeben haben muß. Später machten junge Wissenschaftler von Scripps, Richard von Herzen und Seiya Uyeda aus Japan, noch sehr viele Messungen des Wärmeflusses im Pazifik und im Atlantik. Dabei erkannten sie, daß der ozeanische Wärmefluß in bestimmten, höherliegenden Gebieten, wie der Ostpazifischen Erhebung und dem Mittelatlantischen Rücken, sogar höher ist. Die Wärmefluß-Werte sind geringer als normal in den Regionen der Tiefseegräben. Die Verteilung des Wärmefluß-Musters zeigt, daß Konvektionsströme unter ozeanischen Rücken aufsteigen und unter Tiefseetrögen absinken.

Vening-Meinesz, Hess und mein Mentor an der UCLA, David Griggs, veröffentlichten in den dreißiger und vierziger Jahren Arbeiten, in denen sie die Konvektionsströmungen als treibende Kräfte der Gebirgsbildung darstellten. Arthur Holmes aus Edinburgh ging noch einen Schritt weiter. Er behauptete, daß die Konvektionsströmungen Motor für die Kontinentaldrift sein könnten: Konvektionsströme im Mantel, die unter einem Kontinent aufsteigen, könnten die kontinentale Kruste auseinanderziehen; zuerst entsteht eine Spalte wie das Rote Meer oder der Golf von Kalifornien, und schließlich könnte sich diese Spalte zu einem Ozean ausweiten. Mit einer solchen Vorstellung waren Holmes und seine Studenten in Edinburgh der Wegenerschen Theorie gegenüber weit aufgeschlossener als ihre Zeitgenossen in Amerika. Ich erinnere mich vieler Diskussionen, die ich mit meinem Freund Max Carman an der UCLA hatte. Carman war ehemaliger Fullbright-Stipendiat an der Universität von Edinburgh. Auf der anderen Seite des Atlantik war man offenbar nicht so engstirnig: Carman konnte die Hysterie nicht verstehen, mit der das Establishment der amerikanischen Wissenschaftler auf Wegeners ketzerische Hypothesen reagierte.

Mit den Blüten von hundert Blumen – so eine chinesische Metapher – machten die Ozeanographen nach dem Zweiten Weltkrieg mehr als nur geothermische Messungen. Routinemäßig machten alle Forschungsteams Echolotaufzeichnungen. Präzisionstiefenmesser wurden zum unerläßlichen Werkzeug eines jeden ozeanographischen Schiffs. Eine gewaltige Datenmenge wurde zusammengebracht. Bruce Heezen von Lamont begann mit der Hilfe von Marie Tharp die Tiefenlage der Ozeanböden zu kartieren.

Anhand von Tiefseelotungen, die von der *H. M. S. Challenger* im vorigen Jahrhundert gemacht wurden, wußte man bereits, daß es einen breiten mittelozeanischen Rücken gab, der den Atlantik zweiteilte. Die *Meteor*-Fahrten in den zwanziger Jahren zeigten dann, daß die Oberfläche des Mittelatlantischen Rückens zerklüftet war. Etwas später entdeckte eine dänische Expedition einen mittelozeanischen Rücken im Indischen Ozean; nach dem Förderer des Unternehmens wurde er Carlsberg-Rücken genannt. (Es ist ein Insider-Witz in Dänemark, daß Naturwissenschaftler Carlsberg-Bier trinken, die Sozialwissenschaftler dagegen Tuborg – um ihre entsprechenden Forschungen zu unterstützen.) Mitte der dreißiger Jahre entdeckte das britische Schiff *John Murray* durch Echolotung, daß der Carlsberg-Rücken durch eine tiefe Rinne von wenigen hundert Metern Tiefe in der Mitte aufgespalten ist. Ein entsprechender Senkungsgraben befindet sich auf dem Murray-Rücken. Er ist die Verlängerung des Carlsberg-Rückens in die Arabische See. Nachdem Heezen und Tharp in den fünfziger Jahren mit der Kartierung des Meeresbodens begannen, fanden sie bald heraus, daß der Mittelatlantische Rücken eine zusammenhängende Unterseekette darstellt. Er beginnt bei Spitzbergen im Norden und vereinigt sich mit dem mittelozeanischen Rücken des Indischen Ozeans im Südwesten von Afrika. Der mittelozeanische Rücken erhebt sich zwei- oder dreitausend Meter über die angrenzenden Tiefsee-Ebenen. Der Mittelatlantische Rücken ist wie der Carlsberg-Rücken durch einen Scheitelgraben aufgespalten. Solch ein steilwandiger Scheitelgraben erinnerte Heezen und Tharp an den Oberrheintalgraben und den Ostafrikanischen Graben, die Zerrungsstrukturen darstellen und von denen die Geologen annehmen, daß sie durch Dehnungskräfte, die auf die Erdkruste wirkten, auseinandergezogen wurden. Offensichtlich wirkt die Kraft, die die mittelozeanischen Rücken heraushebt im Gleichklang mit der Kraft, die sie auseinanderzieht. Diese Kräfte verursachen in der gesamten Region des mittelozeanischen Rückens seismische Aktivitäten, gekennzeichnet von häufigen Erdbeben mit untiefem Hypozentrum. (Abb. 4.4)

Heezen glaubte anfangs, daß die Scheitelgräben der mittelozeanischen Rücken Anzeichen für Erdexpansionen seien, mit denen der Australier J. W. Carey das Zerbrechen und Driften der Kontinente erklärte. Aber Harry Hess erinnerte sich an die Seminare seines Mentors und sprach sich für den Mechanismus der Konvektionsströmung im Erdmantel aus. Wie ich bereits erwähnte, konnte diese Annahme in der Tat die Wärmefluß-Daten am besten erklären.

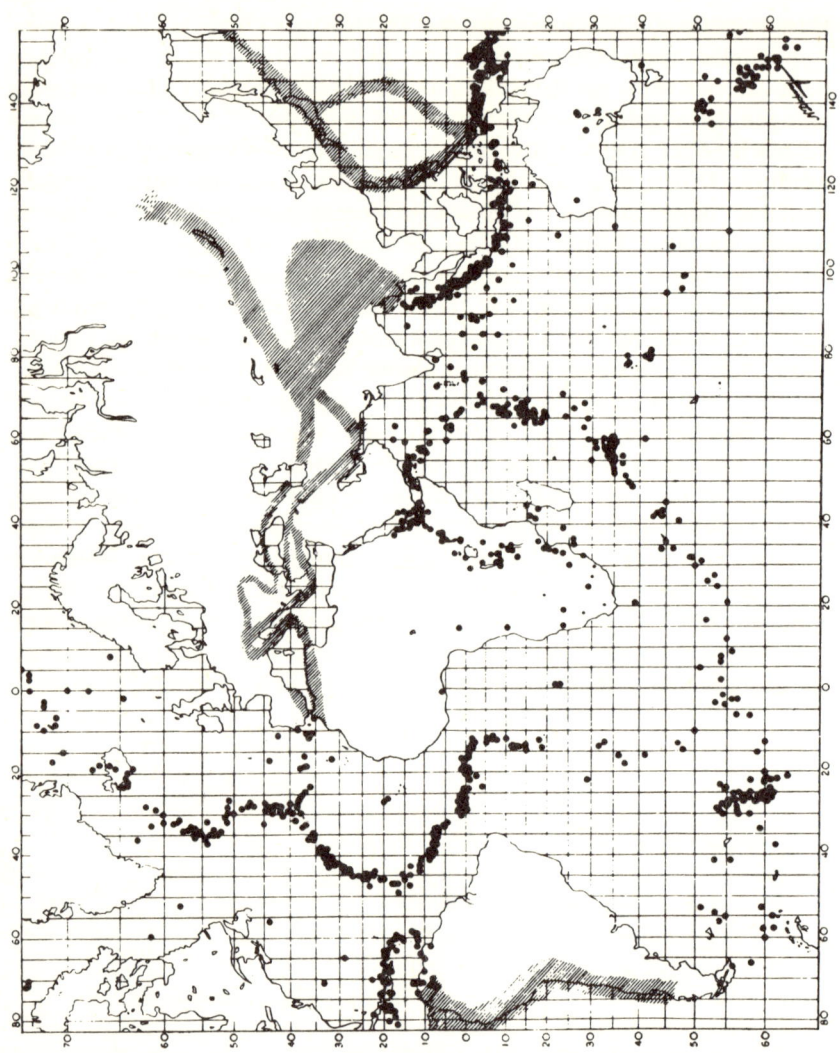

Abb. 4.4: Erdbeben und Mittelozeanische Rücken. J. P. Rothe stellte 1954 eine Karte her, um die Verteilung der Erdbebenherde auf der Erde zu zeigen. Die Karte zeigt eine Zone seismischer Aktivität, die den Atlantik und den Indischen Ozean in der Mitte teilt. Etwa zur selben Zeit sammelten Bruce Heezen und Maria Tharp Daten über Meerestiefen; sie konnten schließlich nachweisen, daß die Zone der mittelozeanischen Erdbebentätigkeit auf einem submarinen Höhenzug, einem mittelozeanischen Rücken, liegt.

62

Hess nahm einen Mechanismus der Mantelkonvektion zu Hilfe, um die Topographie des Meeresbodens zu deuten. Mittelozeanische Rücken befinden sich dort, wo Konvektionsströme aufsteigen. Die von den Strömungen herangetragene Wärme reicht aus, den Erdmantel teilweise aufzuschmelzen. Die verflüssigten Teile finden ihren Weg zur Oberfläche, wenn die Kruste auseinandergezerrt wird. Es bilden sich untermeerische Vulkane; einige steigen bis über den Meeresspiegel auf und werden zu Inseln, wie etwa Island. Mit der Zeit werden die vulkanischen Inseln durch die Konvektionsströmungen fortgerissen und bewegen sich vom mittelozeanischen Rücken fort, dabei werden ihre Spitzen abgebaut. Sie sinken dort ab, wo die Strömungen absteigen, und werden zu Guyots. (Abb. 4.5) Diese weitgehend spekulative Idee wurde 1962 in einer Festschrift veröffentlicht, die anläßlich der Pensionierung des verdienten A. F. Buddington erschien, eines Kollegen von Hess. Hess bezeichnete seinen Beitrag als ein Stück Geopoesie, gerade passend für eine Festschrift und für eine Fachzeitschrift eher ungeeignet. Ein Jahr darauf erregte Hess' »Geopoesie« mehr Aufsehen. Dafür sorgte sein Freund Robert Dietz vom *Naval Electronics Laboratory* in San Diego. Immerhin wäre die Idee wohl den Weg vieler anderer Spekulationen gegangen, wenn es Fred Vine nicht gelungen wäre, eine elegante Synthese herzustellen, die das Seafloor Spreading mit den jüngsten Daten über die Magnetisierung der Gesteine unter dem Meeresboden in Verbindung brachte.

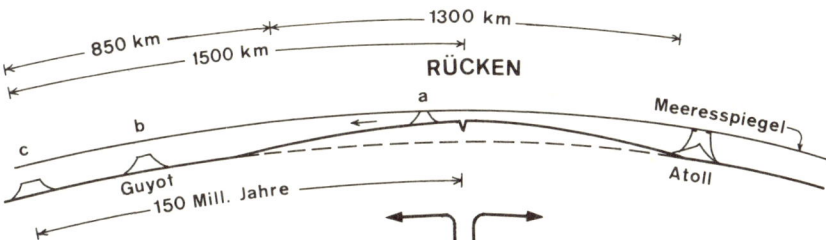

Abb. 4.5: Seafloor Spreading. Harry Hess behauptete, daß sich die mittelozeanischen Rücken dort befinden, wo sich der Ozeanboden durch aufsteigende Konvektionsströmungen im Mantel teilt und die Eruption von Gesteinsschmelzen ermöglicht, die neuen Ozeanboden bilden. Diese Idee wurde später von Robert Dietz als die Theorie vom Seafloor Spreading, des sich ausbreitenden Meeresbodens, bezeichnet und von Fred Vine und Drum Matthews weiterentwickelt. Die endgültige Bestätigung der Theorie wurde bei den Leg-III-Bohrungen im Südatlantik erzielt. Die hier gezeigte Skizze wurde nach Hess' Originalzeichnung abgeändert; sie zeigt den Ursprung der Guyots als submarine Vulkane (a) und das Absinken der Guyots (b, c), nachdem sich der Ozeanboden von der Achse des mittelozeanischen Rückens entfernt hat.

Wir haben erwähnt, daß Bruhnes und Matuyama auf Fakten gestoßen waren, die auf die Möglichkeit einer Polumkehrung hindeuteten. Diese Möglichkeit ist gar nicht so weit hergeholt, wenn wir uns den Ursprung des Magnetfeldes der Erde vergegenwärtigen. Das Feld wird nicht durch einen gewaltigen Magneten erzeugt, der irgendwo im Untergrund verborgen liegt. Die Erde hat ein Magnetfeld als Folge der Bewegungen von geschmolzenem Eisen im Erdkern. Lord Patrick Blackett, Nobelpreisträger für Physik, war der erste, der sich Gedanken über den Ursprung des erdmagnetischen Feldes machte – in Verbindung mit seinen Studien über kosmische Strahlen. Er griff eine Idee von Albert Einstein auf, die besagt, daß das erdmagnetische Feld durch die Bewegung von Materialmassen erzeugt werden könne, die mit der Erdrotation verknüpft sind. Blackett lieh Gold von der Bank von England und konstruierte daraus einen Zylinder, der 15,2 Kilogramm wog. Es war ihm jedoch nicht möglich, in Verbindung mit der Rotation des Goldzylinders ein magnetisches Feld zu entdecken. Später entwickelten Bullard von Cambridge und Walter Elsasser von Princeton – unabhängig voneinander – die Dynamo- oder magnetohydrodynamische Theorie vom Erdmagnetfeld. Sie legten das Prinzip zugrunde, das wir im Physikunterricht in der Schule lernen: die Bewegung von Elektronen, d. h. elektrischer Strom erzeugt ein Magnetfeld, wenn er durch einen Draht geleitet wird. Die Dynamotheorie ging davon aus, daß sich elektrisch geladene Partikel im Erdkern bewegen. Da das Feld durch Bewegung erzeugt wird, die auf die Rotation der Erde zurückzuführen ist, schloß Elsasser, daß die beiden Magnetpole immer in der Nähe der Drehungsachse (oder der geographischen Pole) liegen müßten. Seine Theorie beinhaltete, daß die Magnetpole sich nicht allzu weit von den geographischen Polen der Erde entfernen könnten, da die sich die gesamte Erdgeschichte hindurch etwa an derselben Stelle befunden haben. Ich habe erwähnt, daß die Messungen des natürlichen remanenten Magnetismus der Gesteine in den fünfziger Jahren zu der Annahme führten, daß entweder die Magnetpole gewandert oder die Kontinente gedriftet seien. Da Elsassers Theorie den Polwanderungen widersprach, mußten die Kontinente gedriftet sein. Die Dynamotheorie trug wesentlich dazu bei, daß Blackett und sein Schüler Runcorn begeistert die Idee von der Kontinentaldrift verfochten. Aber immer noch stand das Establishment der amerikanischen Geologie fest gegen die Wegenersche Theorie. Sagte uns nicht der Geochemiker Goranson, daß Granit bei einer tieferen Temperatur schmilzt als Basalt? Sagte nicht der Geophysiker Jeffreys, daß die Gezeitenkräfte zu schwach seien, um Kontinente zu bewegen? Der entscheidende Angriff auf die Zitadelle der konservativen Stabilisten kam von zwei jungen Wissenschaftlern von der Universität Cambridge/England, Fred Vine und Drum Matthews. Grundlage dafür war ihre

Erforschung des Gesteinsmagnetismus unter dem Meeresboden.

Kehren wir zur Polumkehrung zurück. Elsassers Dynamo- oder magneto-hydrodynamische Theorie vom Ursprung des Erdmagnetfeldes hatte eine Anzahl Geophysiker ermutigt, mathematische Modelle zu entwerfen. Verschiedene Versuche wurden gemacht; einer verband die Umkehrungen des Erdmagnetfeldes mit Konvektionsbewegungen der turbulenten und leitfähigen Flüssigkeit im Erdkern. Die Konvektionszellen sind danach vergleichbar mit Zyklonen in der Erdatmosphäre. Es konnte mathematisch bewiesen werden, daß die Gestalt solcher zyklonartigen Zellen im Erdkern und ihre starken Intensitätsschwankungen zeigten, ob eine Polumkehrung des Magnetfeldes der Erde bevorstand. Die Geophysiker waren sich noch nicht einig über die genaue Ursache der Polumkehrung, aber sie hatten Anfang der sechziger Jahre genug Modelle entwickelt, um sich zu vergewissern, daß solche Umkehrung physikalisch durchaus möglich ist. Den Zweiflern, ich gehörte auch dazu, unfähig, die magnetohydrodynamische Theorie zu verstehen, erschien die Vorstellung, daß die Magnetpole der Erde umkippen könnten, weiterhin absurd. Die Experten des Gesteinsmagnetismus begannen jedoch bereits die Frage nach den Zeiten der Polumkehrungen zu stellen: Wann wanderten die Pole zu ihrem heutigen Standort; wie oft kehrten sich die Pole um? Wie schnell ging die Umkehrung vor sich?

Um eine chronologische Übersicht über ein natürliches Phänomen aufzustellen, mußten wir weiterhin Gesteine erforschen oder, genauer gesagt, den natürlichen remanenten Magnetismus in Gesteinsfolgen. Wo Gesteine datiert werden konnten, erzählten uns die magnetischen Meßergebnisse die Geschichte von den Polumkehrungen des Magnetfeldes. Es gab damals zwei wichtige Methoden, das Alter eines Gesteins zu bestimmen. Fossilien oder paläontologische Datierung ergeben ein relatives Alter; das sind die geologischen Zeitalter, wie Jura, Kreide usw. Nach der Entdeckung der radioaktiven Elemente wurde es möglich, das absolute Alter eines Gesteins zu bestimmen, das radioaktive Mineralien enthält, indem man die relativen Verhältnisse der Mutter- und Tochter-Elemente des radioaktiven Zerfalls bestimmte.

Viele vulkanische Gesteine enthalten kaliumhaltige Mineralien. Eines der Kalium-Isotope, K^{40}, ist radioaktiv und zerfällt zu Argon A^{40}. Die Bestimmung des Verhältnisses K^{40}/A^{40} in einem vulkanischen Gestein gibt ein Maß für die Zeit, die seit der Lava-Erstarrung vergangen ist. Das Verhältnis sinkt exponentiell mit der Zeit des Zerfalls von K^{40}. Die Kalium-Argon-Methode, zuerst 1940 von Robert Evans vom *Massachusetts Institute of Technology* (MIT) empfohlen, ist eine von mehreren, das absolute Alter eines Gesteins zu bestimmen.

Anfang der sechziger Jahre arbeiteten zwei Gruppen, Allan Cox, Richard

Doell und G. B. Darymple in Kalifornien, Jan McDougall und Don Tarling in Australien, an der radiometrischen Datierung normal und umgekehrt magnetisierter Gesteine. Die Resultate beider Gruppen wurden 1963 veröffentlicht. Daraus ging hervor, daß sich das Magnetfeld der Erde nicht nur einmal, sondern wiederholt umgekehrt hat. 1969 wurde die magnetische Zeitskala für die letzten fünf Millionen Jahre aufgestellt, so, wie wir sie heute kennen.

Wenn Hunderttausende oder Millionen Jahre ohne Polumkehrung vorübergingen, wird das Zeitintervall *magnetische Epoche* genannt. Die gegenwärtige normale Epoche wurde nach Bruhnes benannt, die letzte umgekehrte Epoche nach Matuyama. So wurden zwei Wissenschaftler geehrt, die zuerst die umgekehrte Magnetisierung in Gesteinen entdeckt hatten. Kurze Episoden (einige zehntausend Jahre) schneller Veränderungen der Polarisation in einer magnetischen Epoche werden Ereignisse (events) genannt. Zwei solcher Geschehnisse während der Matuyama-Epoche sind das Jaramillo- und das Olduvai-Ereignis, die zuerst in den entsprechenden vulkanischen Gesteinen des Jaramillo Creek/Neu-Mexiko und in der Olduvai-Schlucht/Ostafrika entdeckt wurden (Abb. 4.6).

Neben den Messungen der Polarität kann auch die Intensität der Magnetisierung von Gesteinsproben bestimmt werden. Ein Gestein, das reichlich magnetische Mineralien enthält, ist stark magnetisiert. Diese Eigenschaft ist von den Geophysikern erfolgreich benutzt worden, um verborgene magnetische Massen, wie etwa große Eisenerzlager, im Untergrund zu lokalisieren. Während der frühen fünfziger Jahre, als an allen Fronten Ozeanforschung betrieben wurde, entwickelte A. D. Raff von Scripps ein Schiffsmagnetometer, das die Magnetisierung von Gesteinen unter dem Meeresboden aufzeichnete. Er überredete dann die Verwaltung der US-Küstenwache, ihr Schiff *Pioneer* benutzen zu dürfen und führte 1955 eine Messung durch, um die Intensität der Meeresboden-Magnetisierung zu kartieren. Magnetische Messungen beruhen auf dem Prinzip, nach dem magnetische Kraftlinien eines verborgenen magnetischen Körpers in hohen nördlichen Breitengraden nach oben weisen, parallel zu den normalen magnetischen Kraftlinien des Erdmagnetfeldes; allerdings nur, wenn dieser magnetische Körper positiv magnetisiert ist, wie wir normalerweise annehmen. Die Summe der beiden sollte an der betreffenden Stelle eine Feldstärke ergeben, die größer als normal ist und eine positive Anomalie hat. Die Messungen der *Pioneer* vor der Küste des pazifischen Nordwestens am Juan-de-Fuca-Rücken ergab einige interessante Resultate. Die magnetischen Anomalien sind in regulären Mustern aufgereiht: Offensichtlich sind sehr starke und sehr schwache Magnetisierungen des Ozeanbodens auf sich abwechselnde Streifen beschränkt (Abb. 4.7). Ein derartiges Muster wird seitdem als magnetische Streifung des Ozeanbodens

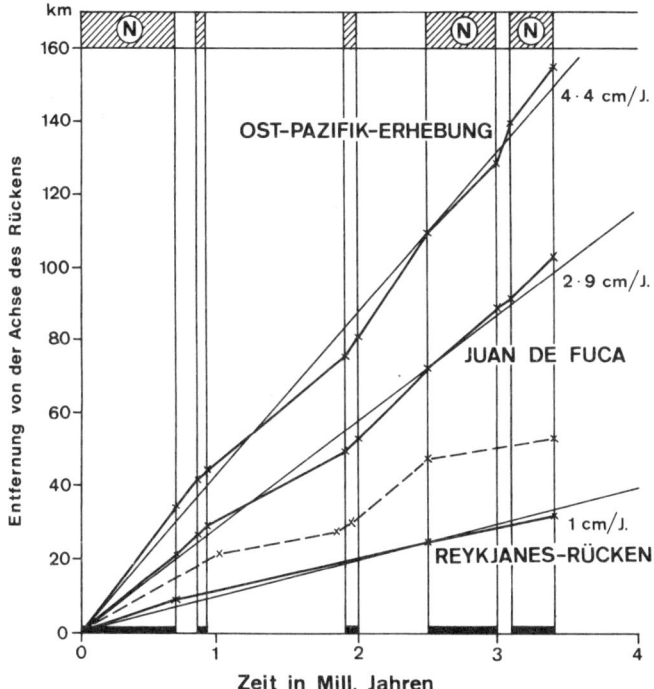

Abb. 4.6: Polumkehrung des erdmagnetischen Feldes und Seafloor Spreading. Auf der horizontalen Skala ist der Polaritätswechsel des erdmagnetischen Feldes mit der Zeit angegeben. Mit N schattierte Bereiche geben Zeiten normaler Polarität an, wie sie heute besteht. Alternative Epochen (weiß) mit umgekehrter Polarität waren Zeiten, in denen der nordmagnetische Pol nahe dem südlichen geographischen Pol gelegen hat.
Die vertikale Skala zeigt die Entfernung der gestreiften magnetischen Anomalien auf dem Meeresboden an. Das Diagramm wurde nach dem Original von Fred Vine und Tuzo Wilson abgeändert, um den konstanten Betrag der Ausdehnung des Ozeanbodens zu demonstrieren. Die Beträge sind in Zentimeter pro Jahr von der Achse der mittelozeanischen Rücken entfernt angegeben.

bezeichnet. Daß die Anomalien selbst streifenförmig sein können, kann nicht so sehr überraschen, aber die Anomalien sind viel größer, als man sie aufgrund der Untersuchungen an Land erwarten konnte. Erklärungen für dieses Phänomen wurden heftig diskutiert: Basalte enthalten beispielsweise unterschiedliche Mengen magnetischer Mineralien. Ungewöhnlich eisenreiche Gesteine können positive Anomalien hervorrufen. Aber die chemischen Variationen von Basalten sind begrenzt, und selbst der am intensivsten magnetisierte Basalt kann nicht Ursache für die beobachtete Größenordnung der Meeresboden-Anomalien sein. Man könnte diese

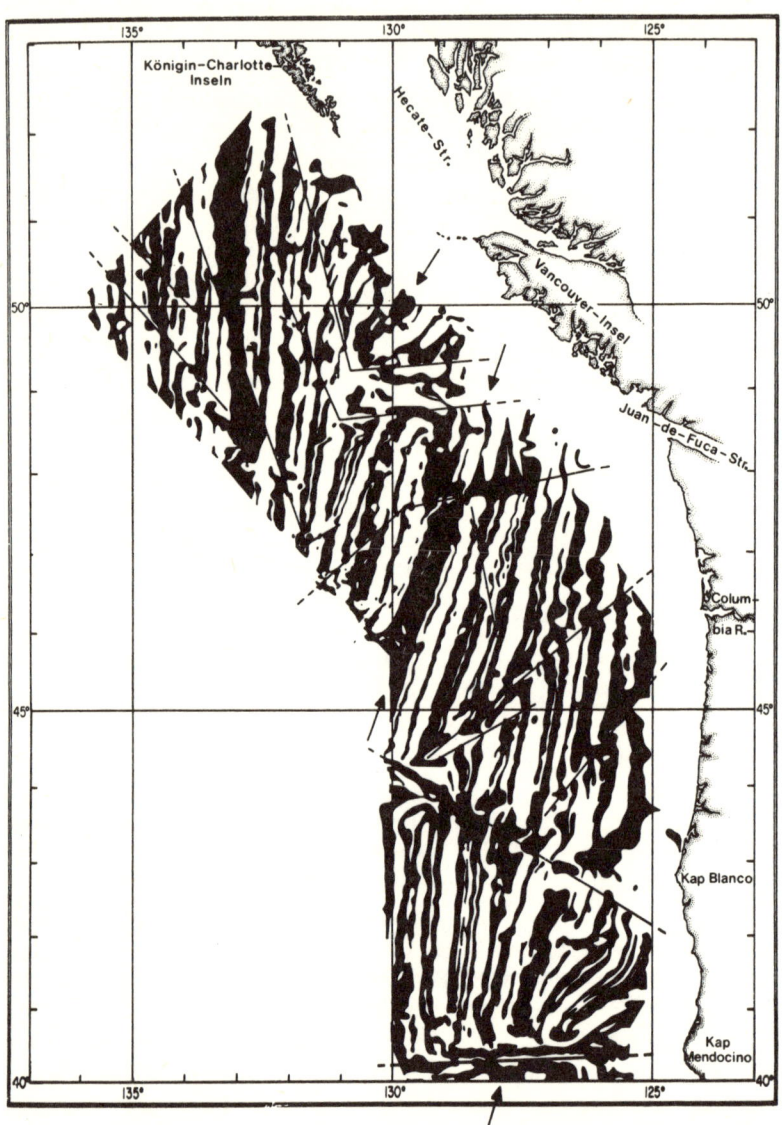

Abb. 4.7: Magnetische Streifungen auf dem Meeresboden. A. D. Raff und seine Mitarbeiter führten vor der Westküste von Nordamerika Messungen mit einem Schiffsmagnetometer durch, und sie waren die ersten, die die Anomalie-Streifen auf dem Meeresboden entdeckten. Schwarz sind die Streifen mit positiven Anomalien, abwechselnd mit Streifen negativer magnetischer Anomalien. Westlich der Juan-de-Fuca-Straße liegt die Region des Juan-de-Fuca-Rückens, wo Fred Vine und Tuzo Wilson zuerst die Breite der magnetischen Streifen mit der Dauer der Polumkehr-Epochen in Beziehung setzten (siehe Abb. 4.6).

68

Anomalien auch zur Struktur des Ozeanbodens in Bezug setzen; magnetische Streifen könnten durch parallele Rücken aus stark magnetisierten Gesteinen entstehen. Es besteht jedoch keine Beziehung der magnetischen Anomalien zur Topographie in der Juan-de-Fuca-Region. Der Ursprung magnetischer Streifen unter dem Ozeanboden blieb weiterhin unbekannt. Schiffsmagnetometer wurden zur Standardausrüstung auf ozeanographischen Schiffen und viele Tausende Kilometer Profile wurden aufgenommen. Magnetische Streifen fand man in allen Ozeanen. Im Jahre 1962 nahm Fred Vine, nun Doktorand an der Universität Cambridge, an der Reise des Schiffes *H. M. S. Owens* teil und machte detaillierte Messungen über einem zentralen Teil des Carlsberg-Rückens im Indischen Ozean. Er stieß denn auch auf magnetische Streifen und konnte keine Beziehung der magnetischen Anomalien zur submarinen Topographie feststellen. Tatsächlich schien es eher ein örtlich bedingtes Anzeichen für eine negative Korrelation zu geben: Zum Beispiel sollte ein untermeerischer Vulkan mit einem Übermaß an magnetisierten Gesteinen auf einem niedrigen südlichen Breitengrad das erdmagnetische Feld dort verstärken und eine große negative Anomalie erzeugen (Abb. 4.8). Statt dessen fand Vine eine positive Anomalie über diesem Berg. Viele Jahre später erzählte mir Vine von seinen Überlegungen an Bord der *H. M. S. Owens*. Wenn die vulkanischen Gesteine, die sich in dem untermeerischen Berg angesammelt hatten, wie beispielsweise die Lavagesteine des französischen Zentralmassivs, die von Bernard Bruhnes untersucht wurden, negativ polarisiert waren, entspräche eine geringe positive Anomalie genau der wissenschaftlichen Erwartung (Abb. 4.6). Fred Vine wurde später für diesen genialen Einfall mit der Arthur Day-Medaille der *Geological Society of America* ausgezeichnet, eine mehr als verdiente Anerkennung. Seine Gedanken waren der Schlüssel zur Lösung vieler Rätsel. Vines Arbeit, die er gemeinsam mit seinem Berater Drum Matthews zum Thema magnetische Anomalien über Ozeanrücken verfaßte, zündete *den* Funken in der Geophysik. Ende der sechziger Jahre gab sie den Startschuß für eine wissenschaftliche Revolution. Die Entdeckung der magnetischen Streifen fügte alles zu einem sinnvollen Ganzen. Vine und Tuzo Wilson machten sich daran, die magnetischen Anomalien des Juan-de-Fuca-Rückens zu deuten. Nun ging man davon aus, daß der Scheitelgraben eines mittelozeanischen Rückens ein Zerrungsriß ist, der entstand, als der Ozeanboden durch Zerrungskräfte aufbrach, die mit Konvektionsströmungen im Erdmantel in Zusammenhang standen. Laven, die in den Spalt hineinflossen, wurden von der magnetischen Polarisierung geprägt, die zur Zeit ihres Austretens bestand. Wenn das alte Mitteltal in der Mitte wieder aufreißt, wenn sich eine neue Generation von Laven in den neuen Spalt ergießt und neuen Meeresboden bildet

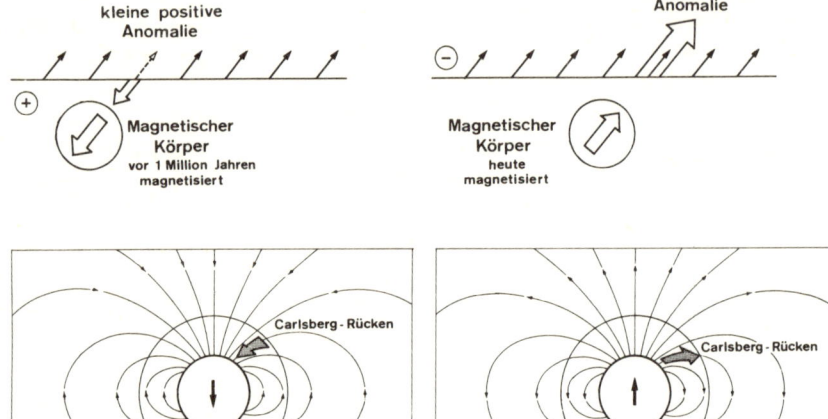

Abb. 4.8: Magnetische Anomalien. Die Kraftlinien eines magnetischen Körpers zeigen auf der nördlichen Halbkugel nach unten und auf der südlichen Halbkugel nach oben, wenn die Magnetisierung positiv ist oder in einem normalen Feld, wie es heute besteht, stattfand. Die rechte Seite der Abbildung zeigt die magnetischen Anomalien auf der südlichen Halbkugel, wo die aufwärts weisenden Kraftlinien eines positiv magnetisierten Körpers die regional aufwärts weisenden Kraftlinien verstärken und eine große negative Anomalie erzeugten. Wenn jedoch der magnetische Körper vor einer Million Jahren magnetisiert wurde, als das Magnetfeld umgekehrt war, würden die abwärts weisenden (positiven) Kraftlinien die regional aufwärts weisenden Kraftlinien mehr als kompensieren und eine geringe positive magnetische Anomalie hervorbringen. Als Fred Vine herausfand, daß ein großer magnetischer Körper auf dem Carlsberg-Rücken im Indischen Ozean (südliche Halbkugel) eine geringe positive an Stelle einer großen negativen Anomalie verursachte, kam er zu dem Schluß, daß das erdmagnetische Feld umgekehrt gewesen sein muß, als der magnetische Körper entstand.

(nachdem sich das Magnetfeld der Erde umgedreht hat), sollte der zentrale Streifen der magnetischen Lineation von zwei Streifen flankiert sein, die eine entgegengesetzte Polarisation aufweisen. Dieser Prozeß muß sich mehrmals wiederholt und so die Streifen mit abwechselnd positiven und negativen magnetischen Anomalien erzeugt haben, wie Raff sie in den fünfziger Jahren kartierte. Vine und Wilson wiesen nach, daß dieser Prozeß magnetische Anomalien mit einer Symmetrie zur Achse des Scheitelgrabens hervorbringen muß, unter der Voraussetzung, daß der Boden des alten Scheitelgrabens stets genau in der Mitte aufgespalten wurde (Abb. 4.9). Weiterhin sollte die Breite eines jeden Streifens der

70

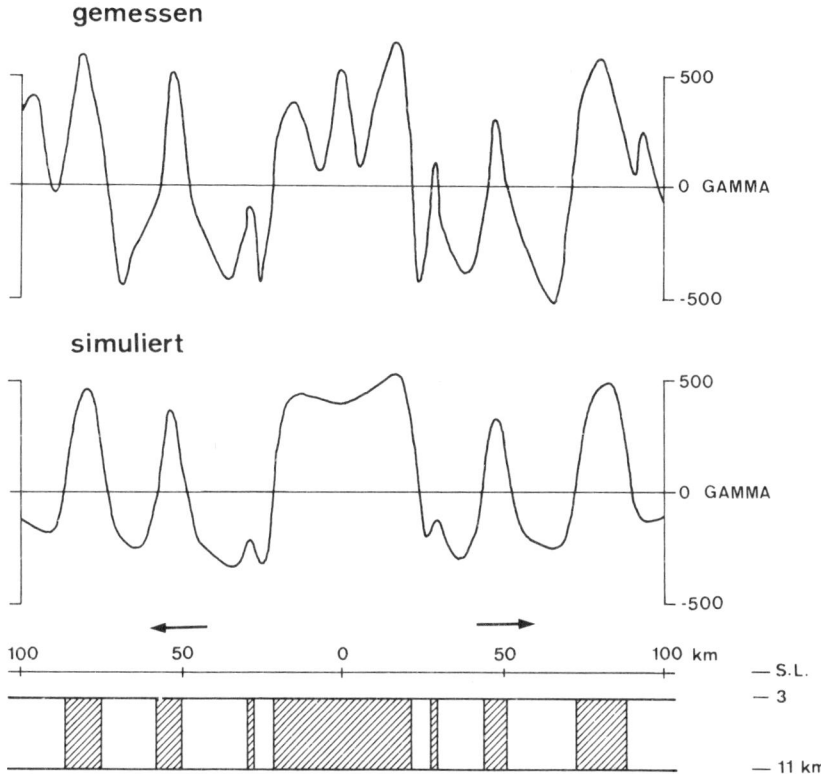

gemessen

500

0 GAMMA

-500

simuliert

500

0 GAMMA

-500

100   50   0   50   100 km

— S.L.
— 3

— 11 km

Abb. 4.9: Ursprung der Meeresboden-Streifungen. Vine und Wilson gingen davon aus, daß die magnetischen Streifungen, die von Raff und anderen kartiert worden waren, durch Basalte entstanden waren, die auf einem mittelozeanischen Rücken während aufeinanderfolgender Epochen normaler und umgekehrter Polarität aufgedrungen waren. Die gute Übereinstimmung zwischen den gemessenen Werten und der Computersimulation zeigte, daß sie recht hatten.

magnetischen Anomalien proportional der Dauer der magnetischen Epoche sein, während der die Laven ausflossen, wenn der Meeresboden sich mit einem konstanten Betrag ausbreitete. Um 1966 hatten Cox und seine Mitarbeiter die Dauer der vier jüngsten magnetischen Epochen bestimmt (Bruhnes, Matuyama, Gauss und Gilbert). Sie fanden heraus, daß die Bruhnes-Epoche etwa 0,7 Millionen Jahre währte und die Dauer der vier Epochen 0,7 – 1,7 – 0,9 – 1,7 war. Vine sammelte die Daten vom Juan-de-Fuca-Rücken, von der Ostpazifischen Erhebung und vom Reykjanes-Rücken im Atlantik, und er fand das vorhergesagte lineare Verhältnis. Um die Sache einen Schritt weiter zu führen, wies Vine darauf hin, daß man die Breite der magnetischen Streifen benutzen könne, um den Betrag

71

abzuschätzen, um den sich der Meeresboden ausgebreitet hatte. So beträgt etwa die Breite der einen Hälfte des magnetischen Streifens, der während der Bruhnes-Epoche im Reykjanes-Gebiet magnetisiert wurde, 7 Kilometer oder 700 000 Zentimeter, die in 700 000 Jahren entstanden; der Meeresboden muß sich also mit einer durchschnittlichen Geschwindigkeit von 1 Zentimeter pro Jahr von der zentralen Achse entfernt haben. Jede Hälfte des magnetischen Streifens der Matuyama-Epoche ist 17 Kilometer breit oder 1 700 000 Zentimeter, die in 1,7 Millionen Jahren entstanden; das ergibt wieder eine Rate von einem Zentimeter pro Jahr. Die magnetischen Streifen der Ostpazifischen Erhebung sind viel breiter, jeder etwa 4,4mal so breit wie am Reykjanes-Rücken, und zwar weil sich der Ostpazifische Meeresboden viel schneller (4,4 Zentimeter pro Jahr) von der zentralen Achse entfernte. Vines und Matthews' Interpretationen der magnetischen Anomalien des Meeresbodens bestätigten nicht nur Hess' Theorie vom Seafloor Spreading; sie lieferten auch ein mechanisches Modell für die Kontinentaldrift, nach dem Wegener vergeblich gesucht hatte. Kurz gesagt, Jeffreys hatte recht: Die Kontinente können nicht durch Ozeane wandern, aber sie wurden doch bewegt: sich ausbreitender Meeresboden drängte sie zur Seite. Die Theorie vom Seafloor Spreading war die Grundlage für die Theorie von der Plattentektonik, die, wie ich in einem späteren Kapitel erklären werde, die Bewegungen der Kontinente in den geologischen Zeitaltern erklärt.

Genieblitze hochbegabter Leute werden nicht immer mit Begeisterung aufgenommen. Hess, Tuzo Wilson, Bullard und wenige andere aber setzten sich mit großem Engagement für Vines und Matthews' Idee ein. Doc Ewing und seine Kollegen bei Lamont dagegen akzeptierten diesen kühnen, ihnen absurd erscheinenden Gedanken nur zögernd. Sie arbeiteten weiterhin an vielen magnetischen Messungen. Vines Forschungsgrundlage, die überaus wichtigen Daten von der Reykjanes-Rücken-Region, hatte Jim Heirtzler (Lamont) gesammelt. Sie dienten Vine zur Unterstützung der Theorie vom Seafloor Spreading.

Endlich setzte sich diese Theorie aufgrund eines Zufalls durch: Mitte der sechziger Jahre wurden die magnetischen Messungen, die das Schiff *Eltanin 19* (Lamont) im Südpazifik vornahm, als Diagramm aufgezeichnet. Ein Techniker legte zwei Kopien desselben Profils auf einen Tisch. Walter Pitman bemerkte, daß die zwei Kopien Vorderseite an Vorderseite aufeinander lagen. Da die zweiseitige Symmetrie perfekt ist, sahen beide Profile fast genau gleich aus, ungeachtet dessen, ob die Vorderseite oben oder unten liegt. Pitman rief seine Kollegen zusammen. Die von Vine vorausgesagte Symmetrie war nun für alle unübersehbar. Die *Eltanin-19*-Profile überzeugten nicht nur die Lamont-Wissenschaftler. Als sie 1966, während der Tagung der *American Geophysical Union*, gezeigt wurden, rief der Leiter der Sitzung Allan Cox aus: »Mein Gott! Vine hat ja doch recht!« Die Wissenschaftler bei Lamont gingen schnell daran, die Vine- und Matthews-Theorie zur Auswertung ihrer gewaltigen Mengen gespeicherter Daten anzuwenden. Im Jahre 1968 veröffentlichten Jim Heirtzler, G. O. Dickson, E. M. Herron, Walter Pitman und Xavier Le Pichon einen wichtigen Beitrag mit dem Thema: *Marine magnetische Anomalien, geomagnetische Feldumkehrungen und Bewegungen des Ozeanbodens und der Kontinente.* Sie zeigten, daß alle magnetischen Profile im Pazifik, Atlantik und im Indischen Ozean eine bilaterale Symmetrie zur Achse des mittelozeanischen Rückens haben. Auf der Basis der Breite der jüngsten magnetischen Streifen kann die Rate des Seafloor Spreading in verschiedenen Gebieten geschätzt werden, wie Vine es 1966 für den Reykjanes-Rücken getan hatte. Die Streifen der magnetischen Anomalien am Meeresboden erhielten die Nummern 1–34: diese Anomalien konnten aufgrund ihrer Entfernung von der Achse des mittelozeanischen Rückens datiert werden, unter der Voraussetzung, daß die Ausdehnungsrate in den letzten 80 Millionen Jahren konstant gewesen ist (Abb. 4.10). Weiterhin konnten Heirtzler und seine Mitarbeiter an Hand der Meeresboden-Daten eine Zeitskala aufstellen, die die zeitliche Folge der Polumkehrungen des Erdmagnetfeldes aufzeigte (Abb. 4.11). Mit Hilfe dieser geomagnetischen Zeitskala, jetzt als Heirtzler-Skala bekannt, konnten die Bewegungen des Meeresbodens und der Kontinente bestimmt werden. Die Berechnungen bewiesen einleuchtend die Wegenersche Annahme, daß sich Afrika während der letzten 100 Millionen Jahre von Südamerika entfernt hat. Dabei entstand der Atlantische Ozean durch Seafloor Spreading.

Mit der Etablierung der Theorie vom Seafloor Spreading brach in den Geowissenschaften eine Revolution aus. Die Arbeit von Vine und Matthews galt vielen als Revolutionsmanifest. Die wissenschaftliche Revolution war notwendig, weil viele verschiedene Methoden der Untersuchung von Ozeanböden neue Daten ergeben hatten, die sich nicht in die klassischen Doktrinen der Geologie einfügen ließen – unser neues Wissen über die Formation der Meeresböden, unsere neuen Kenntnisse der Geschichte des magnetischen Erdfeldes oder des geothermischen Zustandes der Erde. Die meisten dieser neuen Methoden sind der Geophysik zuzuordnen. Geologen, die an Land arbeiteten, tendierten dazu, wichtigen Diskussionsbeiträgen im *Journal of Geophysical Research* kaum Interesse zu schenken, wenn sie sie nicht gar ganz ignorierten – wenn diese Beiträge von unbekannten jungen Leuten veröffentlicht wurden.

Besagte Revolution hätte wohl kaum Erfolg gehabt oder eine langjährige Spaltung in den Geowissenschaften ausgelöst, wäre nicht die *Glomar*

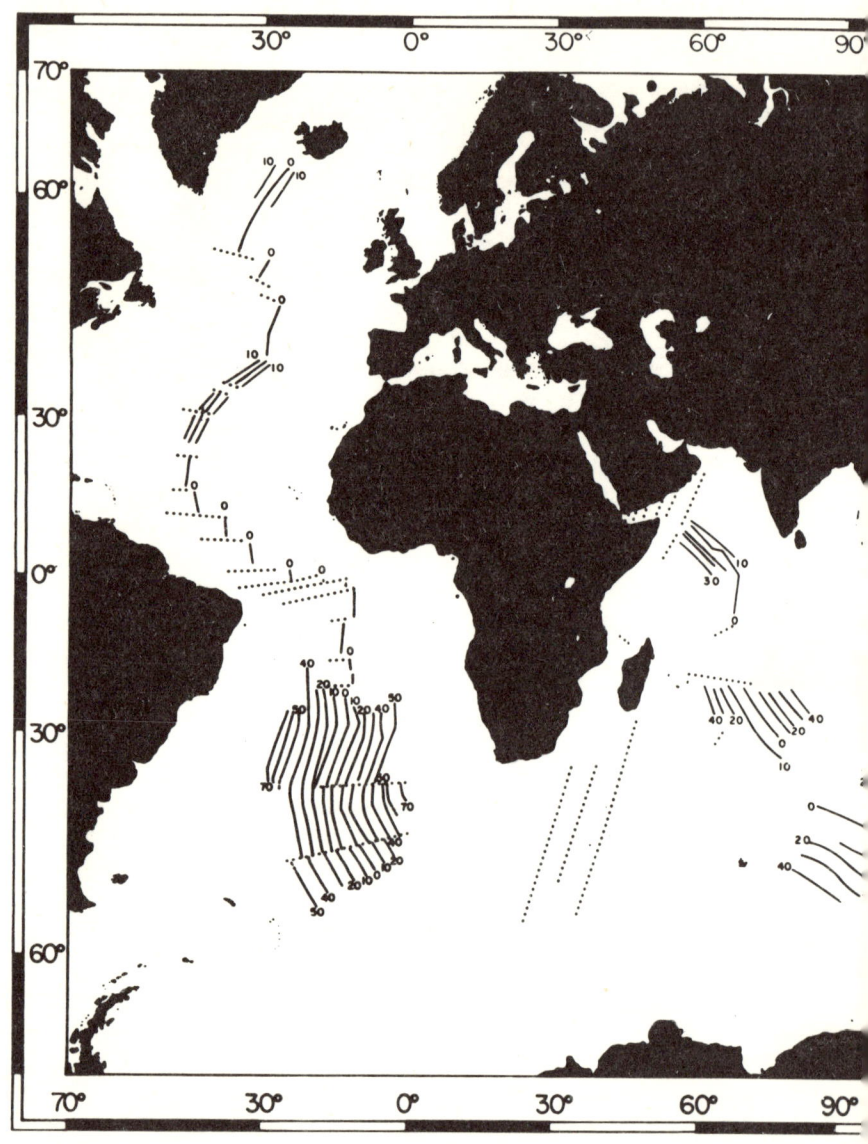

Abb. 4.10: Die magnetischen Streifungen geben das Alter des Meeresbodens an
Jim Heirtzler und andere faßten die Daten der magnetischen Lineation der
Ozeane zusammen, die man bis 1968 gesammelt hatte, und nahmen an, daß der
Meeresboden sich mit einer konstanten Rate ausgebreitet hatte. Sie veröffentlich-

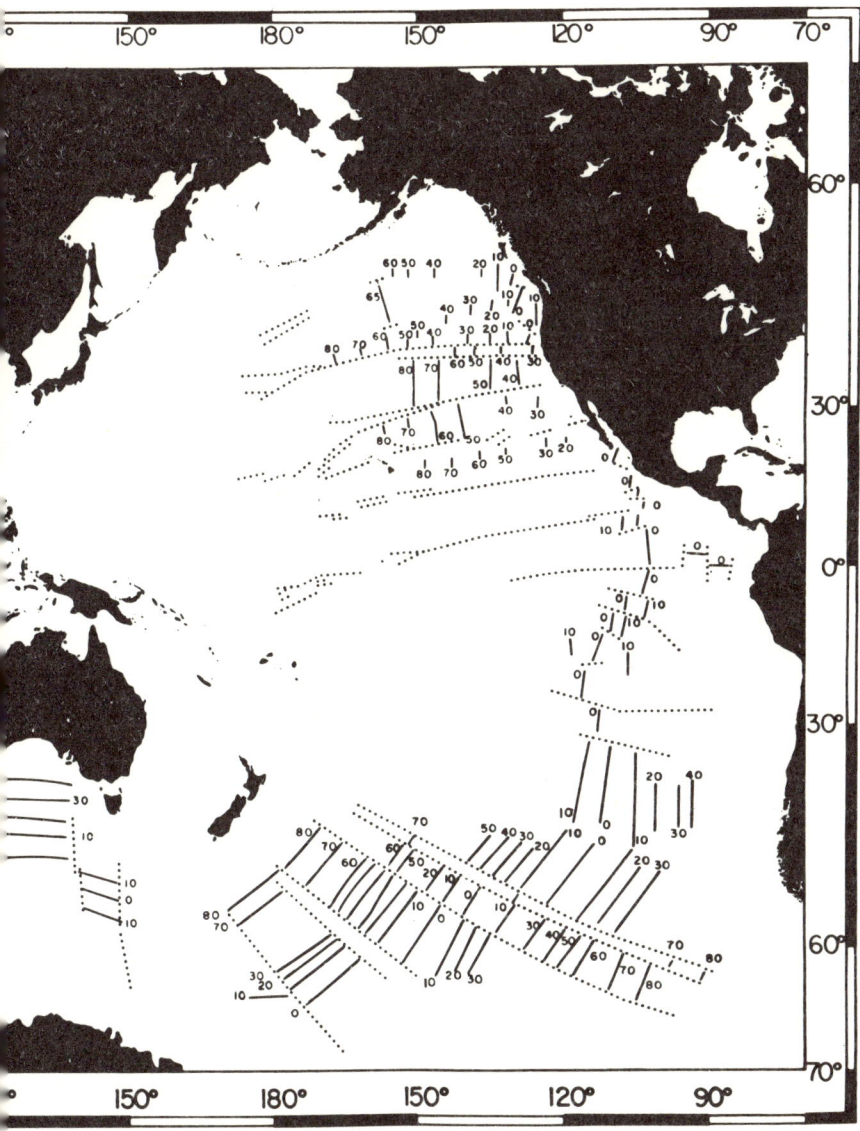

en diese Karte, die das Alter des Meeresbodens angibt (angegebene Zahlen in Millionen Jahren). Die Erfahrungen aus mehreren Jahren Tiefseebohrungen bestätigten die allgemeine Gültigkeit ihrer Annahme.

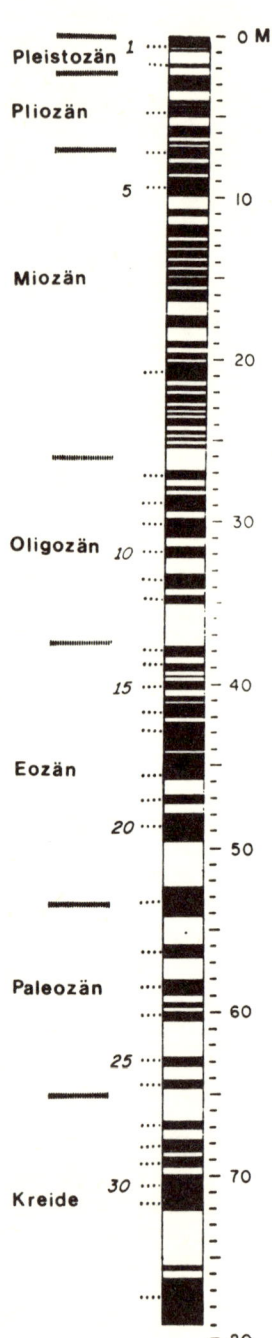

Abb. 4.11: Polumkehrungen während der letzten 80 Millionen Jahre. Magnetische Streifungen des Meeresbodens zeigen die Geschichte der Umkehrungen des erdmagnetischen Feldes. Heirtzler und andere stellten 1968 diese Zeitskala auf. Die Zahlen rechts geben das Alter in Millionen Jahren an (M. J.), und die Zahlen links sind Nummern, mit denen die Meeresboden-Anomalien bezeichnet wurden. Die Anomalie 15 ist zum Beispiel 40 Millionen Jahre alt.
Am linken Rand sind die geologischen Epochen aufgeführt.
Die 1969 während des Leg III durchgeführten Bohrungen bestätigten die allgemeine Gültigkeit der Zeitskala, und sie hat den Test von mehr als einer Dekade Tiefseebohrungen bestanden; nur geringe Korrekturen waren notwendig.

Challenger gebaut worden, um die Seafloor-Spreading-Theorie gründlich zu prüfen. Die Zeitskala von Heirtzler und anderen war dazu die Herausforderung. Man erwartete von den Geophysikern, daß sie etwas über den physikalischen Zustand der Erde aussagten. Wir Geologen waren die Leute mit dem historischen Sinn, die eine Vorstellung von der Zeit hatten. Nun waren es die Geophysiker, die uns etwas über das Alter des Meeresbodens sagten. Schließlich konnten wir sie nicht ignorieren. Wir hatten entweder unsere bewährten geologischen Methoden anzuwenden, um ihre Aussagen als falsch zu entlarven, oder wir hatten die bittere Pille zu schlucken und dem neuen revolutionären Regime zu dienen. Um Meeresboden geologisch zu datieren, benötigten wir Proben der ältesten Sedimente auf dem Meeresboden. Dazu mußten wir Löcher in den Meeresboden bohren, und die *Glomar Challenger* war das einzige Werkzeug, das uns dafür zur Verfügung stand. Die Gemeinschaft der Wissenschaftler war sich ihrer Mission durchaus bewußt. Wir können sagen, daß sich der Schwerpunkt der JOI-

76

DES-Arbeit schnell verlagert hatte von LOng COres oder vom Proben-sammeln in tiefer Erde zur Erforschung der tiefen Erde, und zwar bevor die *Glomar Challenger* ihre erste Reise begann. Nachdem Doc einen ersten Versuch im Golf von Mexiko durchgeführt hatte, war die zweite Fahrt dem Deep-Sea-Drilling-Projekt gewidmet, um die revolutionäre Theorie zu testen. Leiter der Expedition war der Chefwissenschaftler vom DSDP, Mel Peterson. Unglücklicherweise hatte das neugebaute Schiff technische Mängel. Die Reparatur dauerte lange Zeit, die dem Leg II verlorenging. Peterson und seine Mannschaft warteten mehrere Wochen ungeduldig in einem Hotel in New Jersey, bevor sie endlich ihre Reise nach Dakar antreten konnten. Sie bohrten einige Löcher im Nordatlantik, aber deren Ergebnisse waren nicht von großer Bedeutung. Daß die Mannschaft der dritten Fahrt des Deep-Sea-Drilling-Projekts damit be-auftragt wurde, das wichtigste Experiment in der Geschichte der Geowis-senschaften durchzuführen, war eher Zufall. Es war auch Zufall, daß ich gerade an dieser Fahrt teilnahm und Zeuge des Experiments wurde.

V. Maxwells Zahlenspiel im Südatlantik

In einer Wissenschaft, in der die Anzahl der Gleichungen oft geringer ist als die der Variablen und definitive Lösungen nicht immer möglich sind, spielt subjektives Denken oft eine entscheidende Rolle. Wenn jedoch neue Gleichungen aufgestellt werden und die Lösung alter Probleme möglich machen, werden sie oft ignoriert, weil die Wissenschaftler in ihrem hochspezialisierten Denken gefangen sind. Wir alle sind wohl etwas träge. Wenn die neue Erkenntnis auf einer Methode beruht, mit der wir nicht vertraut sind oder deren Prinzip wir nicht verstehen, zögern wir, ihren Wert anzuerkennen. Manchmal sind wir einfach emotional festgelegt, und Polemik ersetzt Logik. Wir sind nicht bereit, der Wahrheit ins Auge zu schauen. Ich war mit der klassischen Ausbildung aufgewachsen und von Lehrern unterrichtet worden, die die Kontinentaldrift als ernstzunehmende Hypothese ablehnten: Es war eine schmerzliche Erfahrung, meine Meinung zu ändern und zuzugeben, daß ich unrecht gehabt hatte. Aber durch diese Metamorphose hindurchzugehen, ist vielleicht der Prozeß des Erwachsenwerdens für einen Wissenschaftler. Dieses Kapitel erzählt die Geschichte des heute berühmten Leg III des Deep-Sea-Drilling-Projekts; es ist auch die autobiographische Zusammenfassung einer Veränderung, die in mir während der Reise vorging.

Ich war ein Geologe, der ausschließlich an Land gearbeitet hatte, und fast stolz darauf, mich nicht mit mariner Geologie befaßt zu haben. Ich las natürlich, aber wissenschaftliche Arbeit, die andere Forscher auf See leisteten, und die Daten, die sie bekanntgaben, beeindruckten mich nicht gerade tief. Meine Ansichten über die Geowissenschaften waren die Gesamtsumme meiner eigenen Erfahrungen in der kontinentalen Geologie. Ich arbeitete während der sechziger Jahre über die Geologie der Küstenketten in Kalifornien. Ich glaubte, eine sehr wichtige Beobachtung zu machen, als ich entdeckte, daß die Gesteinsserie, die als Franciscanisches Grundgebirge bezeichnet wurde, kein Grundgebirge war, sondern ein Gemisch aus großen und kleinen Brocken, die durch die Verformung in einer gigantischen Abscherungszone zerbrochen und durcheinander gemischt worden waren. Wir werden auf diese Geschichte in einem späteren Kapitel zurückkommen. Inzwischen – es war im Herbst 1966 – gab die *Geological Society of America* neue Richtlinien heraus. Von nun an

sollten einige Forscher ausgesucht werden, um auf der nächsten Jahres-
tagung über den Fortschritt ihrer Arbeiten zu berichten, von denen man
hoffte, daß sie von großer Bedeutung für die Geologie sein würden. Ich
war unbescheiden genug, eine Zusammenfassung meiner jüngsten Entdeckungen dem Auswahlkomitee zur Berücksichtigung vorzulegen. Es
war nicht gerade angenehm, später zu erfahren, daß ich ein erfolgloser
Kandidat war; ich mußte meinen Vortrag in einer allgemeinen Sitzung
halten. Die ehrenvolle Aufgabe fiel Fred Vine zu. Er durfte seine Theorie
vom Seafloor Spreading vertreten.

Im November besuchte ich die Tagung in San Francisco, um seine
Ausführungen anzuhören. Wilson und er interpretierten erneut Raffs und
Masons magnetische Daten vom Juan-de-Fuca-Rücken und fanden, daß
die Breite der alternierenden Anomalien zu beiden Seiten des sich ausbreitenden Rückens mit der Dauer der magnetischen Epochen der letzten
vier Millionen Jahre übereinstimmt. Da ich die Vielfalt der damit verbundenen Zwischenbeziehungen nicht richtig einschätzte, hielt ich das Ergebnis für zufällig und lehnte die daraus entwickelte Theorie ab. Ich machte
mir nicht einmal die Mühe, ihn bis zum Schluß anzuhören. Für mich war
er zum dreisten, sensationslüsternen jungen Mann abgestempelt. War ich
zu stolz oder wollte ich nicht zugeben, daß ich tatsächlich nur der
zweitbeste in einem Wettbewerb war? Ich konnte keine falschere Vorstellung von Fred Vine haben. Mehrere Jahre später lernte ich ihn kennen,
und wir wurden Freunde. Ich fand ihn ruhig, zurückhaltend, intelligent
und mit einem reifen Urteilungsvermögen gesegnet: er entsprach ganz
und gar nicht einem der anderen »Teddy-Boys« – den Studenten von Sir
Edward Bullard in Cambridge, deren Brillanz intellektuelle Intoleranz
einschloß.

Im Frühling 1967 verließ ich Kalifornien, um in die Fakultät der Eidgenössischen Technischen Hochschule in Zürich einzutreten. Einer meiner
ehemaligen Professoren von der California University gab eine Abschiedsparty für mich. Jerry Winterer, ein UCLA-Komilitone, der nun in der
Meeresgeologie bei Scripps arbeitet, hielt gewissermaßen Hof und pries
die Leistungen von Vine und Matthews. Ich drängte mich in die Gruppe
hinein, unterbrach ihn und brachte meine Kritik vor. Jerry blieb freund-
lich und sagte lächelnd, daß ich eines Tages meine Worte bereuen würde:
er wollte darauf warten. Das wird nicht sein, rief ich zurück. Die Sache
hätte man auf sich beruhen lassen können, abgesehen von der Sowjet-
Invasion in der Tschechoslowakei.

Meine Frau Christine und ich waren auf dem Internationalen Geologen-
Kongreß in Prag, als die Sowjets am 23. August 1968 einmarschierten. Es
war eine erschütternde Erfahrung, die Unterdrückung des Prager Früh-
lings zu erleben. Wir alle taten unser Bestes, solchen tschechischen

Wissenschaftlern zu helfen, die fliehen wollten. Herr und Frau S., zwei Geologen aus Bratislava, die vorübergehend Aufnahme in der Schweiz fanden, suchten nach einer Beschäftigung. Ich schrieb eine Anzahl Anfragen an meine Freunde in den USA. Ein Angebot kam dann vom Deep-Sea-Drilling-Projekt: Meine tschechischen Kollegen sollten an einer unmittelbar bevorstehenden Forschungsreise teilnehmen. Das Angebot kam jedoch zu spät. Sie hatten bereits eine Dauerstellung in Australien angenommen. Ich schrieb meinem Freund Jerry Winterer von Scripps, um ihm zu danken; er hatte sich sehr bemüht, die Anstellung zu erreichen. Ich entschuldigte mich und deutete an, daß ich bereit sei, freiwillig die Arbeit zu übernehmen, falls die DSDP durch die unerwartete Wendung der Ereignisse in eine Zwangslage geraten sei. Ich wollte nur höflich sein und erwartete nicht, daß Winterer mich beim Wort nehmen würde. Anfang November 1968 erhielt ich ein Telegramm von Scripps und wurde aufgefordert, zur *Glomar Challenger* in Dakar/Senegal zu kommen, um an dem Leg III – einer Fahrt über den Südatlantik – teilzunehmen. Es war diese Kette von Zusammenhängen, die mich dazu brachte, meine Aufmerksamkeit auf die bislang ignorierte marine Geologie zu richten, und die schließlich meine gesamte Einstellung änderte. Vielleicht aber war es kein Zufall; vielleicht hatte mein Freund Winterer unsere Debatte bei der Abschiedsparty nicht vergessen und wollte mich Bescheidenheit lehren.

Am 1. Dezember 1968 reiste ich nach Dakar und fand die *Glomar Challenger* sofort an der Pier. Der 45 Meter hohe Bohrturm des Schiffes war über Nacht zu einer Landmarke für die Taxifahrer geworden. Die meisten meiner Schiffskameraden waren bereits eingetroffen. Chefwissenschaftler für Leg III war Art Maxwell, und der Ko-Chef war Dick von Herzen; beide hatten bei Scripps an Wärmefluß-Untersuchungen gearbeitet, und beide waren dann nach Woods Hole gegangen. Jim Andrews, der gerade seinen Ph. D. von Miami erhalten hatte, und ich waren Sedimentologen. Gene Boyce sollte die physikalischen Eigenschaften der Sedimente erforschen. Auch Paläontologen waren an Bord: Tsuni Saito von Lamont, Steve Percival von der *Mobil Oil Company* und Dean Milow von Scripps.

Der wissenschaftliche Stab auf der *Glomar Challenger* würde sechs bis acht Wochen zusammenbleiben, die normale Dauer eines »Leg«. Nach Leg IX waren der Chefwissenschaftler und sein Stellvertreter durch zwei Ko-Chefwissenschaftler ersetzt worden, die beide gleiche Verantwortung tragen. Sie übernehmen die Verantwortung für die wissenschaftliche Durchführung der Bohrungen, wie sie von dem JOIDES-Planungskomitee vorgeschrieben werden. An Bord arbeiten sie eng mit dem Kapitän zusammen, um das Schiff an den vorgesehenen Zielort zu bringen. Sie geben dem Betriebsleiter Anweisungen und beaufsichtigen die Arbeit der

Bohrmannschaft. An manchen Stellen werden kontinuierlich Kerne gezogen, so daß man lückenlose Informationen erhält. Andernorts werden nur hier und da Kerne gezogen, um Zeit zu sparen, nämlich dann, wenn nur einige wichtige Informationen von vorher festgelegten Abschnitten gewünscht werden. Die Ko-Chefs entscheiden auch, nach Beratung mit dem Betriebsleiter, wann die Bohrung bei jedem Loch zu beenden ist. Wie der Dirigent in einem Orchester spielen sie selbst kein Instrument, aber ihre koordinierenden Bemühungen sind unentbehrlich. Oft hängt der Grad des Erfolges einer Kreuzfahrt sehr stark von dem Urteilsvermögen der Ko-Chefs ab.

Die Kerne werden an Deck von Sedimentologen und Technikern behandelt. Sie sind in Plastikhüllen in dem Stahlrohr eingeschlossen; sie werden aus dem Kernrohr herausgezogen und in 1,5 Meter lange Stücke zerschnitten. Jedes Stück wird der Länge nach aufgetrennt: die eine Hälfte wird beschrieben, fotografiert und bei konstanter Temperatur (4 °C) luftdicht als Archivmaterial gelagert, zuerst an Bord des Schiffes und dann eventuell bei Lamont (Kerne aus dem Atlantik) oder bei Scripps (Kerne aus dem Pazifik und dem Indischen Ozean). Alle Proben, die man für wissenschaftliche Untersuchungen benötigt, werden von der anderen Hälfte genommen (der »Arbeitshälfte«).

Die Arbeit der Sedimentologen beim Leg III war sehr eintönig, weil die Ozeansedimente sich nicht sehr voneinander unterscheiden. Andrews und ich schnitten die Kerne auf, notierten die Farbe der Sedimente, untersuchten sie unter dem Mikroskop, indem wir Sedimentproben auf einen Objektträger (eine kleine Glasplatte) strichen und ihre Zusammensetzung bestimmten. Diese Ozeansedimente bestehen zur Hauptsache aus den winzigen Skeletten einzelliger Pflanzen, Nannoplankton genannt; diese winzigen stab- oder sternförmigen Fossilien bilden etwa 95 % eines Sediments. (Tafel VI, VIII) Andere Bestandteile werden aus den Skeletten einzelliger Tiere, den Foraminiferen, und auch aus Spuren von Tonmineralien oder anderem Detritus mit kontinentalem Ursprung gebildet.

Die Spezialisten für die physikalischen Eigenschaften mußten eine Anzahl Routinemessungen machen, etwa Dichte, Gammastrahlung, Schallgeschwindigkeit, Wärmeleitfähigkeit, Festigkeit usw. Das sind nützliche Daten, aber sie führen gewöhnlich nicht zu aufsehenerregenden Resultaten. Die spektakulären Ergebnisse von Leg III waren den Paläontologen zu verdanken. Sie konnten Ozeansedimente datieren. Während der Leg-III-Fahrt waren wir von den Paläontologen abhängig, die zu prüfen hatten, ob das Alter des Ozeanbodens tatsächlich das nach der Hypothese von Vine und Matthews vorhergesagte war.

Es sollte keine Schwierigkeit sein, das relative Alter einer Sedimentfolge an irgendeiner beliebigen Bohrstelle zu bestimmen. Eine Sedimentschicht ist jünger als die Fläche, auf der sie abgelagert wurde. Diese Selbstverständlichkeit wurde zuerst von Nicolas Steno im 16. Jahrhundert als das »Stratigraphische Grundgesetz« formuliert, eines der wenigen Gesetze in der Geologie! Aber wie vergleichen wir – oder, um den geologischen Ausdruck zu verwenden, wie korrelieren wir das Alter von zwei Sedimentfolgen zweier verschiedener Lokalitäten oder zweier verschiedener Bohrlöcher? Der Durchbruch, mit dem die historische Geologie sich als Wissenschaft etablierte, gelang dem Geometer William Smith in England gegen Ende des 18. Jahrhunderts. Er entdeckte zu seiner Überraschung, daß eine bestimmte Sedimentformation stets die gleiche oder doch eine sehr ähnliche Fossilienzusammensetzung enthielt. Daraus schloß er, daß Sedimente mit der gleichen Fossilienzusammensetzung, auch wenn sie weit voneinander entfernt liegen, zur selben Zeit entstanden sein müssen.

William Smiths experimentelle Entdeckung wurde schließlich durch Darwins Theorie der Evolution erklärt. Die Organismen entwickelten sich mit der Zeit. Neue Arten entstanden durch Mutation, während alte Arten ausstarben. Nach etwa 200 Jahren Fossilienstudien konnten die Paläontologen verschiedene Gemeinschaften unterscheiden, deren jede ein bestimmtes geologisches Zeitalter repräsentierte. Schon im vorigen Jahrhundert wurde eine Anzahl Namen erfunden, um das relative Alter der Fossiliengemeinschaften oder der Sedimentbildungen zu bezeichnen, die solche Fossilgemeinschaften enthielten. Die Hauptunterteilungen, die in diese Zeit zurückgehen, sind Känozoikum, Mesozoikum, Paläozoikum, Proterozoikum und Archaikum (Abb. 5.1). Sie repräsentieren die heutige, die mittelalterliche, die alte und zwei sehr alte Ären der biologischen Evolution. Zu Zeiten des Archaikums und des Proterozoikums bestand der größte Teil der lebenden Organismen aus Bakterien oder einzelligen Pflanzen. Der paläozoische Ozean war zur Hauptsache von wirbellosen Tieren und Fischen bevölkert; auf den Kontinenten entwickelten sich Landpflanzen. Die mesozoische Ära ist als das Zeitalter der Reptilien bekannt, damals bevölkerten Dinosaurier die Erde. Die känozoische Ära ist als Zeitalter der Säugetiere gekennzeichnet, die Evolution erreichte ihren höchsten Stand.

Die geologischen Ären werden in einzelne Perioden unterteilt. Die Karbon- und die Perm-Periode sind die zwei letzten der paläozoischen Ära. Das Mesozoikum umschließt die Trias-, Jura- und Kreide-Periode, während das Känozoikum aus Tertiär und Quartär besteht. Die Namen dieser Perioden wurden zur Hauptsache von Geologen des 19. Jahrhunderts gegeben, die zuerst Fossilienstudien dieser Zeitalter anstellten. Das Karbon heißt so, weil die Sedimentbildungen dieser Periode die bedeutendsten Kohleablagerungen Europas enthalten. Das Perm wurde nach einer kleinen russischen Stadt am Ural benannt. Die Trias war eine alte Bezeich-

ÄRA	PERIODE	EPOCHE	EPOCHENBEGINN IN MILL. JAHREN
KÄNOZOIKUM	QUARTÄR	HOLOZÄN	0,01
		PLEISTOZÄN	1,7
	TERTIÄR	PLIOZÄN	5,0
		MIOZÄN	23
		OLIGOZÄN	37
		EOZÄN	59
		PALEOZÄN	65
MESOZOIKUM	KREIDE		135
	JURA		195
	TRIAS		220
PALÄOZOIKUM	PERM		
	KARBON		
	DEVON		
	SILUR		
	ORDOVIZIUM		
	KAMBRIUM		600
PRÄKAMBRIUM	PROTEROZOIKUM		
	ARCHAIKUM		

Abb. 5.1: Geologische Zeittafel

nung, weil die Formationen dieses Zeitalters in Westdeutschland dreigeteilt werden können, in Buntsandstein, Muschelkalk und Keuper – Namen, die deutschen Bergleuten in früheren Zeiten wohlbekannt waren. Jura wurde zuerst nach den Jura-Bergen in der Schweiz und in Frankreich beschrieben. Kreide-Fossilien wurden erstmalig in den Kreideschichten zu beiden Seiten des Englischen Kanals gefunden. Das Tertiär und das Quartär sind Relikte einer heute nicht mehr gebrauchten Klassifizierung geologischer Zeiten, die das Paläozoikum und Mesozoikum als Primär- und Sekundärzeit bezeichnete.

Die geologischen Perioden werden weiter in Epochen unterteilt. Jura und Kreide erstrecken sich beide über mehr als zehn Epochen, deren Namen nur Spezialisten kennen. Die Tertiär-Epochen heißen Paleozän, Eozän, Oligozän, Miozän und Pliozän; die beiden Quartär-Epochen sind Pleistozän und Holozän. Die Namen wurden im Laufe der Zeit variiert. Um 1820 sammelte Charles Lyell Fossilienschalen in Frankreich und Italien und verglich die Fossiliengemeinschaften mit den heute lebenden. Die Namen Pliozän, Miozän und Eozän waren ursprünglich von ihm vorgeschlagen worden, um Fossiliengemeinschaften zu kennzeichnen, die – mehr (plio), weniger (mio) oder die erst begannen (eo) – eine gewisse Ähnlichkeit mit heute lebenden (rezent, cene) Tiergemeinschaften zeigen. Eingehendere Studien mit Hilfe besserer Techniken ermöglichten es, eine feinere Untergliederung der Fossiliengemeinschaften vorzunehmen, so daß vier weitere Namen hinzukamen: Die Paleozän-Fossilien sind älter als die Eozän-Fossilien, die Lyell zuerst gesammelt hatte, aber jünger als die Kreidezeit des Mesozoikums. Das Oligozän (oligo = wenig) lag zwischen Eo- und Miozän. Das Pleistozän (pleisto = das meiste) wurde vom Pliozän getrennt. Die Pleistozän-Fossilien aus dem Mediterrangebiet – dort trug Lyell seine Sammlungen zusammen – enthielten viele Einwanderer aus Nordeuropa, zu Beginn der letzten Eiszeit. Der Zeitabschnitt, den das Pleistozän umfaßt, entspricht etwa der Dauer der Vereisung in der nördlichen Hemisphäre, aber das Pleistozän sollte nicht als gleichbedeutend mit Eiszeit angesehen werden.

Die Bestimmung der geologischen Perioden und Epochen läßt nur relative Altersangaben zu. Das absolute Alter von Gesteinen wird aufgrund radiometrischer Datierung der darin enthaltenen radioaktiven Mineralien bestimmt. So wissen wir heute zum Beispiel, daß die Tertiär-Periode vor 65 Millionen Jahren begann oder das Pleistozän vor 1,7 Millionen Jahren.

Auf dem Lande verwenden die Geologen große Fossilien, beispielsweise die Schalen von Weichtieren oder die Knochen von Dinosauriern, um das geologische Alter zu bestimmen. Auf See dienen Nannoplankton und Foraminiferen demselben Zweck. Saito war Spezialist für Foraminiferen und Percival für Nannoplankton.

Foraminiferen und Nannoplankton haben gewöhnlich ein Skelett aus Calciumcarbonat, also kalkige Rückstände. In einigen Bereichen des Ozeanbodens, insbesondere in äquatorialen und polaren Regionen, weisen Mikroorganismen manchmal Skelette aus Kieselsäure, SiO_2, auf. Solche kieseligen Fossilien sind als Diatomeen und Radiolarien bekannt. Dean Milow war Spezialist für Kieselfossilien. Da wir nur sehr wenige dieser Fossilien während des Leg III fanden – wir bohrten in mittleren Breitengraden – hatte Milow wenig zu tun.

Ursprünglich waren zwei Atlantik-Fahrten geplant, um die Theorie vom Seafloor Spreading nachzuprüfen. Nach dem Mißerfolg von Leg II wurden alle Hoffnungen auf die Leg-III-Fahrt gesetzt. Wir hatten eine Serie von Bohrungen an Plätzen nahe 30° südlicher Breite niederzubringen. Wir verließen Dakar am 3. Dezember. Nachdem wir ein Loch westlich von Sierra Leone gebohrt hatten, kreuzten wir den Äquator am 12. Dezember und erreichten die Lokalität 14 acht Tage später.

Die magnetischen Streifen wurden numeriert, um die Bezugnahme zu erleichtern. Wir sollten die Heirtzler-Zeitskala bei der Lokalität 14 zum erstenmal testen, wo die Anomalie 13 leicht festzustellen war. Der Vine- und Matthews-Theorie nach sollte älterer Meeresboden, der durch ältere Anomalien gekennzeichnet ist, immer weiter zur Seite gedrängt worden sein, als sich neuer Meeresboden entlang der Achse der mittelozeanischen Rücken ausbreitete. Wenn der Betrag des Seafloor Spreading konstant geblieben ist, können wir mit einem linearen Verhältnis rechnen: Alter des Meeresbodens = Entfernung zur Rückenachse, geteilt durch die Hälfte des Ausdehnungsbetrags. Die halbe Ausdehnungsrate für diesen Teil des Atlantik ist 2 Zentimeter pro Jahr, wie sich aus der Breite der jüngsten magnetischen Streifen bekannten Alters schließen läßt. Der Bohrplatz 14 lag 760 Kilometer von der Achse des Mittelatlantischen Rückens entfernt; der Formel nach sollte der Meeresboden bei Nr. 14 38 Millionen Jahre alt sein (Abb. 5.2). Es war eine Zahl errechnet worden, und Saito oder Percival sollten uns sagen, ob die Voraussage richtig war.

Es war ein aufreizend langsamer Prozeß, einen Bohrmeißel, eine Schwerstange und einige Teleskoprohre zusammenzufügen, die Bohrrohre zusammenzusetzen und schließlich den Bohrstrang durch den Moonpool in der Mitte des Schiffes hinabzulassen. Wir blieben Tag und Nacht wach und warteten mit Ungeduld. Der Bohrmeißel traf am frühen Nachmittag des 21. Dezember in 4346 Meter Tiefe auf den Boden. Nachdem ein Kern geschnitten worden war, ließen wir ein Stahlseil mit einem Haken am Ende im Bohrstrang hinab, um den Kernbohrer herauszufischen. Dann folgte eine weitere Stunde Wartezeit. Schließlich wurde der neun Meter lange Kernbohrer heraufgebracht. Er enthielt Schlick von blaßbrauner Farbe. Percival nahm eine winzige Probe, rannte ins paläontologische Labor hinunter und untersuchte die Probe unter dem Mikroskop. In weniger als fünf Minuten kam er mit der Antwort herauf.

»Das Alter ist frühestes Miozän.«

»Wie alt ist das in Millionen Jahren ausgedrückt?« fragte Art Maxwell.

»Etwa 20 oder 25 Millionen Jahre.«

Alle machten ein langes Gesicht, nur ich nicht. Das bedeutet eine

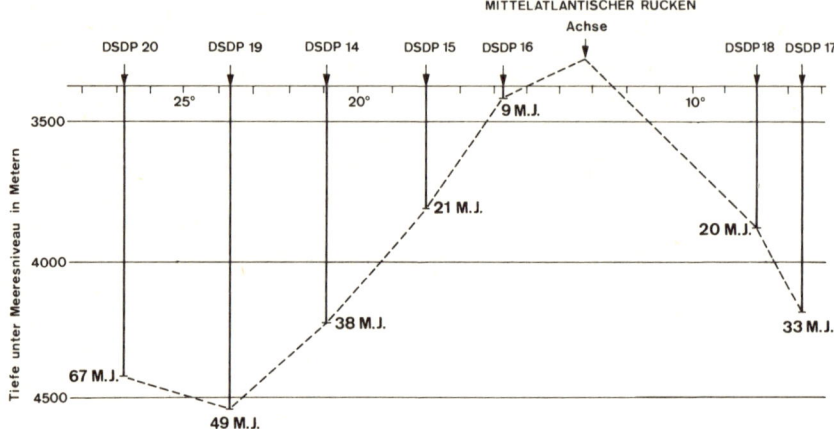

Abb. 5.2: Bestätigung der Seafloor-Spreading-Theorie. Jim Heirtzler und andere sagten anhand der Seafloor-Spreading-Theorie voraus, daß das Alter des Ozeanbodens direkt proportional zur Entfernung von der Achse eines mittelozeanischen Rückens sein muß. Die Bohrungen von Leg III bestätigten die Vorhersage der Theorie.

Sedimentationsrate von weniger als 0,5 Metern in einer Million Jahren (= neun Meter in 20 Millionen Jahren). Seismische Untersuchungen zeigten, daß wir mehr als 100 Meter Sedimentschichten zu erwarten hatten. Wenn das Sediment in neun Metern Tiefe schon älter als 20 Millionen Jahre war, konnte das Alter des Meeresbodens unter den Sedimenten 200 Millionen Jahre sein, nicht zwischen 38 und 40 Millionen. Fünfzehn Minuten später kam Saito ebenfalls herauf; die Proben auf Foraminiferen zu untersuchen erforderte etwas mehr Zeit. Aber Saito bestätigte die »falsche Zeit« von Percival, das Sediment stammte tatsächlich aus dem Miozän.

Glücklicherweise behielt ich meine Befriedigung für mich, denn die nächsten Kernserien sollten eine ganz andere Geschichte erzählen. Ich begann mich tatsächlich unwohl zu fühlen, als der zweite Kern analysiert wurde. Er stammte aus dem späten Oligozän. Wahrscheinlich war die Sedimentationsrate in den früheren Schichten gar nicht so langsam vorangegangen! Dann wurde in regelmäßigen Abständen von drei Stunden ein Kern nach dem anderen heraufgezogen. Wir schienen keine Fortschritte zu machen. Wir stießen immer nur auf spätes Oligozän. Jedesmal, wenn ein Kern heraufkam, hatte ich die durchschnittliche Sedimentationsrate zu revidieren. Wenn dieser Trend sich fortsetzen sollte, würde sich die Voraussage trotz allem als richtig erweisen. Etwas entmutigt ging ich kurz nach Mitternacht zu Bett. Wir waren schon die halbe Strecke zum Basalt-Untergrund vorgedrungen, aber wir schienen in späten Oligozän-Sedimenten steckenzubleiben, die etwa 30 Millionen Jahre alt waren.

Ich versuchte etwas Ruhe zu finden, konnte aber nicht schlafen. So stand ich wieder auf und ging zurück in das Kernlabor, um zu warten. Ich fühlte mich jetzt wie ein Spieler, der verliert; mein Herz sank mit jeder neuen Sedimentladung, als die revidierte Abschätzung der Sedimentationsrate zeigte, daß die Voraussage von der Seafloor-Spreading-Theorie kaum abweichen würde. Wir stießen auf Mittel-Oligozän, frühes Oligozän und schließlich, mit dem letzten Kern, auf spätes Eozän, etwa 38 Millionen Jahre alt – genau wie die Theorie vorausgesagt hatte. Saito und Percival stimmten mit dieser kritischen Altersbestimmung überein. Die Freude der Schiffsbesatzung war groß. Ich selbst war bedrückt und murmelte vor mich hin: »Wartet bis zum nächsten Loch, ihr glücklichen Burschen!«

Ich glaubte noch, daß das Ergebnis des ersten Tests auf ein unwahrscheinliches Zusammentreffen zurückzuführen sei, und wartete gespannt auf den nächsten Versuch. Der Bohrplatz 15 lag über Anomalie 6, 420 Kilometer von der Rückenachse entfernt; das Alter der ältesten Sedimente sollte 21 Millionen Jahre betragen.

Das Experiment begann am Weihnachtsabend 1968. Die Tiefe des Untergrundes unter den Sedimenten war auf 150 Meter geschätzt worden. Der erste Kern kam am Nachmittag herauf. Es war quartärer Schlick, ebenfalls blaßbraun gefärbt. Die Fossiliengemeinschaften zeigten an, daß das Sediment während der letzten Eiszeit vor etwa 1 Million Jahren entstanden war. Ich begann wieder zu hoffen, weil die Sedimentationsrate zu groß zu sein schien. Als der fünfte Kern heraufkam – aus etwa 100 Metern Tiefe unter dem Meeresboden – schmunzelte ich. Die Sedimente waren noch spätes Miozän, 6 oder 7 Millionen Jahre alt. Bei der bestehenden Rate, überlegte ich, könnten die ältesten Sedimente nicht älter als 10 Millionen Jahre sein oder die Hälfte dessen, was vorausgesagt worden war.

Durch meinen ewigen Optimismus fühlte ich mich wie ein Spieler im Kasino. Das Rollen der Trommel, die das Stahlseil mit dem Kernrohr am Ende aufspulte, erinnerte mich an das sich drehende Rouletterad. Als das »Rad« stoppte, der Kern herauskam, gaben Saito und Percival ihm eine Nummer. Ich konnte mit jedem Roulettespiel gewinnen. Das Spiel sollte gewonnen sein, wenn das nächste Kernrohr oder das übernächste eine Zahl bringen würde, die die »absurde« Idee vom Seafloor Spreading widerlegt. Ich hatte viele Chancen! Nun, der nächste Kern kam am Nachmittag des Weihnachtstages 1968 herauf. Unter etwas rotem Ton befand sich ein wenig Ozeanschlick. Zu meinem Leidwesen erhielt ich nicht meine Zahl. Es schien, als habe der Kasinoinhaber betrogen. Anstelle von 7 oder 8, wie man aus der Sedimentationsrate hätte entnehmen können, war die Zahl 18! Das Sediment am Boden des Kernrohres war 17 oder 18 Millionen Jahre alt. Nun hatte ich meine Chancen verloren, wir waren gerade 20 Meter über dem Untergrund. Meine Hoffnung war durch diese unerwartete Lücke in der Sedimentfolge, die etwa 10 Millionen Jahre »fraß«, zerstört. Die Differenz war gerade groß genug, um meine Opponenten das Spiel gewinnen zu lassen.

Es war kein Glücksspiel für meine Schiffskollegen; sie waren bereits überzeugt von der Richtigkeit des Seafloor Spreading und warteten zufrieden auf ihren Sieg. Der letzte Kern an dieser Bohrstelle kam um 9 Uhr abends herauf: frühes Miozän, 21 Millionen Jahre alt, genauso wie die Theorie es voraussagte. Dieser Erfolg am Weihnachtstag gab doppelten Anlaß zum Feiern. Der Koch buk einen riesigen Kuchen für uns, und der Chefwissenschaftler öffnete eine Flasche Whisky. Wir tranken alle auf die Theorie vom Seafloor Spreading und auf viele abwesende Kollegen, die unseren Erfolg erst möglich gemacht hatten. Ich ging mit einem gezwungenen Lächeln umher.

Aber ich wollte noch nicht aufgeben. Vine hatte nur Glück gehabt. Warten wir bis zum nächsten Mal!

Der Bohrplatz 16 lag auf Anomalie 5, 190 Kilometer von der Achse des sich ausbreitenden Rückens entfernt. Das Alter des Basaltuntergrundes sollte neuneinhalb Millionen Jahre betragen und ins späte Miozän gehören. So startete ich erneut mein Roulettespiel. Die Mächtigkeit des Sediments ist hier etwa 200 Meter. Mit den ersten vier Kernen trieben wir das Bohrloch in 60 Meter Tiefe und stießen schon auf frühes Pliozän, etwa 4 oder 5 Millionen Jahre alt. Ich schöpfte wieder Hoffnung. Bei der bestehenden Rate mußte das Bodensediment etwa doppelt so alt sein wie das eigentlich vorhergesagte Alter. Ich hatte bis jetzt meinen Optimismus zurückgehalten, aber meine Hoffnungen stiegen, als der nächste Kern aus 90 Meter Tiefe (unter dem Meeresboden) eine Fossiliengemeinschaft aus dem späten Miozän enthielt. Wir hatten die geschätzte Zeit fast erreicht, und dennoch waren weitere 100 Meter Sediment zu durchbohren. Ich war sicher, diesmal zu gewinnen. Was jedoch in den nächsten 24 Stunden geschah, erschütterte meine Hoffnung endgültig. Die sieben nächsten Kerne entstammten alle dem späten Miozän! Siebenmal verkündete Percival das Alter des gekernten Sedimentes: spätes Miozän! Siebenmal gab auch Saito das Alter des gekernten Sediments bekannt: spätes Miozän!

»Könnt ihr euch nicht irren? Könnte es nicht mittleres oder frühes Miozän sein?« fragte ich zaghaft.

»Nein, auf keinen Fall. Wir können uns nicht irren. Du kannst selbst sehen. Du siehst, daß die Fossiliengemeinschaften der letzten sieben Kerne praktisch identisch sind.«

Mir war, als hätte ich am Roulettetisch 14mal hintereinander verloren. Ich hatte immer auf die gerade Zahl gesetzt, aber die Kugel ging stets auf eine ungerade Nummer. Als der letzte Kern am frühen Morgen des 28. Dezember gehoben war, teilten Percival und Saito dem Chefwissenschaftler mit, daß das Alter des Meeresbodens am Bohrplatz 16 etwa 9 Millionen Jahre betrug. Vine hatte wieder gewonnen!

Als die *Glomar Challenger* am Silvesterabend 1968 zum nächsten Bohrplatz fuhr, beschloß ich, mich aufs Ohr zu legen und eine Seelenprüfung vorzunehmen.

»Was ist Wissenschaft?« fragte ich mich.

Wissenschaft ist ein menschliches Unterfangen, das Ordnung in ein Chaos bringen soll, sagte ich, um mit einer einfachen Relation eine Vielfalt von Fakten ohne Relation zu deuten und *Vorhersagen* zu treffen.

Ja, die Fähigkeit der Vorhersage ist das Wesentliche des wissenschaftlichen Prinzips. Obwohl ich nicht alle Zusammenhänge der Seafloor-Spreading-Theorie voll erfaßte, war ich denn doch sehr beeindruckt von ihrer Fähigkeit, eine Vorhersage zu treffen. So faßte ich zum neuen Jahr einen guten Vorsatz: Ich wollte mich zwingen, eine positive Einstellung zu der neuen Theorie zu gewinnen oder sie wenigstens an meinen eigenen geologischen Problemen ausprobieren, wenn die Ergebnisse am nächsten Bohrplatz wieder die Vorhersage bestätigen sollten.

Ja, die Vorhersage wurde an der nächsten Lokalität bestätigt, an der übernächsten, an der darauffolgenden und so fort. Die Vorhersage bestätigte sich an allen unseren Leg-III-Bohrstellen und bei fast allen Tiefseebohrungen! Zunächst war das Roulettespiel noch eine Versuchung, aber ich spielte nicht sehr ernsthaft und wettete nicht zu hoch, um mich vor weiteren heftigen Enttäuschungen zu bewahren. Vines wiederholte Triumphe überzeugten mich schließlich. Meine Bekehrung war vollkommen, als unsere Reise Anfang Februar 1969 in Rio de Janeiro endete.

Die Bohrkampagne des Leg III war einer der größten Triumphe in der Geologie. Ich war froh, dabeigewesen und von einem nörgelnden Widersacher zu einem vernünftigen, konstruktiven Wissenschaftler geworden zu sein. Später warfen mir einige Kollegen vor, ich sei ein Verräter an der konservativen Sache. Ich wurde sogar als Opportunist bezeichnet, der verspätet auf einen Zug in modisches Neuland gesprungen sei. Meine Kritiker wußten nichts von den schmerzlichen Erfahrungen, die ich auf der *Glomar Challenger* während der Weihnachtstage machen mußte. Hätte ich mich jedoch geweigert, die überwältigenden Beweise zu akzeptieren, wäre ich nichts besseres als ein eingebildeter Fanatiker, der nicht zugeben konnte, sich in seinem wissenschaftlichen Urteil jemals geirrt zu haben.

VI. Atlantik und Tethys, Zwillinge mit verschiedenem Schicksal

Meine verstorbene Frau stammte aus Basel. Sie war ein Stadtkind, sie hatte nicht viele Gelegenheiten zum Bergsteigen. Ich selbst wurde auf den Ebenen des Jangtse-Flusses in China geboren. Bevor ich zwanzig Jahre alt war und auf einer Reise in den amerikanischen Westen über die Rocky Mountains fuhr, hatte ich niemals schneebedeckte Gipfel gesehen. Im Jahre 1961 machten wir Sommerferien in Saas Fee im Wallis. Das Wetter war gut. Jeden Tag konnten wir aus dem Wohnzimmerfenster das Allaninhorn sehen. Die Versuchung war groß, diese weiße Pyramide aus der Nähe zu betrachten. Schließlich siegte Ruths Unternehmungsgeist über meine Trägheit. Sie suchte einen guten Bergführer, der uns auf diesen Viertausender hinaufbringen sollte. Wir umgingen die Anfängerroute über die Gletscher. Statt dessen übernachteten wir in der Britannia-Hütte und erstiegen das Allaninhorn vom Allaninpaß aus. Auf unserem Weg mußten wir ein Felsriff ersteigen. Es war kaum zu übersehen, daß dieses Gelände zum Klettern nicht gerade gut geeignet war. Die Felsen waren massig, und man hatte wenig Halt. Sie waren auch stark verwittert, und unser Führer warnte uns, dem bröckligen Material allzu sehr zu vertrauen.

Die Gesteine des Allaninhorns sind Gabbros. Sie haben die gleiche chemische und mineralogische Zusammensetzung wie die Meeresboden-Basalte, aber die Mineralkörner der Gabbros sind gröber als beim Basalt. Basalte, Gabbros und eine andere Gesteinsart, Serpentinite genannt, kommen zusammen an verschiedenen Stellen der Alpen vor. Sie werden zusammengefaßt Ophiolithe genannt, weil diese Gesteine in verschiedenen Schattierungen grün gefleckt sind wie Schlangen. Die Sedimentbedeckung der Ophiolithe besteht in den Alpen fast stets aus rotem oder grünem Hornstein oder Flint und weißem Kalkstein. Die Flinte enthalten Fossilskelette von den einzelligen Organismen »Radiolarien«, während die Kalke zur Hauptsache aus Nannofossilien bestehen. Von der Reise der *H. M. S. Challenger* im vorigen Jahrhundert wurden Sedimentproben vom Ozeanboden mitgebracht; verschiedene österreichische und deutsche Geologen stellten eine bemerkenswerte Gleichartigkeit der Alpengesteine mit den heutigen Tiefseesedimenten fest. Gustav Steinmann, Eduard Suess und andere vermuteten, daß die alpinen Flinte und Kalke Sedimente eines alten Ozeans seien und daß die Ophiolithe die Kruste unter dem alten Ozeanboden bildeten. Es mußte etwas Bemerkenswertes geschehen sein, daß die Ozeansedimente und alten Meeresböden, die einst unter mehr als 4000 Metern Wasser lagen, zu Gebirgen von mehr als 4000 Metern Höhe über dem Meeresspiegel aufgestiegen waren. Dieser Prozeß der Heraushebung des Meeresbodens zu Gebirgen wird von den Geologen Orogenese oder Gebirgsbildung genannt. Die Geologen zweifeln nicht länger, daß Gebirge im Laufe der Erdgeschichte entstanden sind, aber sie sind sich nicht einig über den Ursprung der Gebirge. Warum entstanden sie? Welche Kräfte wirkten auf die Erdkruste, die zu solchen Heraushebungen führten? Warum sind die Gebirge dort, wo sie sind?

Vulkane schaffen Gebirge; aber die großen Gebirgsketten der Erde sind gekennzeichnet durch ihre zerbrochenen und gefalteten Sedimentformationen. Im vorigen Jahrhundert glaubten die Physiker noch, daß die Erde ein geschmolzener Feuerball war, der sich abgekühlt hat, und daß die äußere Schale der Erde durch die Volumenverringerung geschrumpft und verschrumpelt ist. Nach der Entdeckung der Radioaktivität um die Jahrhundertwende wurde die einfache »Kontraktionshypothese« angezweifelt. Einige Geophysiker, zum Beispiel Vening-Meinesz, Hess und Griggs, gingen von einem stabilen thermischen Zustand aus, der durch Konvektionsströmungen im Mantel gekennzeichnet ist; auch hielten sie die Mantel-Konvektionen für die treibende Kraft bei der Gebirgsbildung.

Geologen interessieren sich weniger für physikalische Kräfte, die auf die Gebirgsbildung einwirken. Dagegen wollen sie unbedingt wissen, warum Gebirgsketten gerade dort stehen, wo sie sind. Mehr als ein Jahrhundert war das Denken der Wissenschaftler von der orthodoxen »Geosynklinal-Theorie der Gebirgsbildung« beherrscht, die erstmalig von dem bekannten amerikanischen Geologen James Hall aufgestellt wurde. Hall war Paläontologe, und die Erforschung von Fossilien gehörte zu seinem Beruf. Anhand von Fossilien können Sedimentschichten datiert werden. Als Staatspaläontologe von New York arbeitete Hall über die paläozoischen Gesteine der Appalachen und dem Plateau-Gebiet im Westteil des Gebirges. Die Gesteine sind einander absolut gleich: in den Bergen, wo sie gefaltet sind, und auf dem Plateau, wo sie flach liegen. Hall erkannte, daß die Gesteinsbildungen eines bestimmten Alters in den Bergen um ein Mehrfaches dicker sind als die entsprechenden Schichten auf dem Plateau. Offenbar hatten die Schichten sich gefaltet, weil sie so dick waren. Bevor die Sedimentschichten sich während der Gebirgsbildung falteten, hatten sie flach gelegen. Der Boden eines Sedimentpaketes war an der dicksten Stelle des Pakets am stärksten gepreßt. Eine derart verformte Fläche nennen die Geologen *Synkline*. James Hall fügte das Wort *Geo* hinzu, um ihre eindrucksvolle Größe hervorzuheben (Kapitel I, Abb. 1.1). Nachdem Hall die Beobachtung gemacht und den Begriff geprägt hatte, ließen sich auch andere Wissenschaftler davon überzeugen, daß mächtige Pakete alter Sedimente stets in Sedimentbecken abgelagert wurden, die man »Geosynklinalen« nannte. Da Sedimentschichten großer Mächtigkeiten in vielen Gebieten gefaltet und zerbrochen und zu Gebirgen herausgehoben worden waren, wurde eine geologische Doktrin aufgestellt, nach der »Geosynklinalen« dazu bestimmt waren, Gebirge zu werden. »Geosynklinalen« wurden so als die Vorläufer von Gebirgen angesehen – mit anderen Worten, Gebirge sind dort, wo einst Geosynklinalen waren. Mit dieser »Geosynklinal-Theorie von der Gebirgsbildung« wurde der Schwerpunkt der geologischen Untersuchungen von den Gebirgen zu den mythischen »Geosynklinalen« in der ersten Hälfte dieses Jahrhunderts verlegt. Das war faktisch ein Schritt rückwärts; die Geologie war nun nicht mehr beobachtende Wissenschaft, sondern unterlag einem akademischen Dogma. Nach hundert Jahren Theorie wird über viele verschiedene Arten von Geosynklinalen diskutiert, ohne daß jemand eigentlich genau definieren könnte, was Geosynklinalen eigentlich wirklich sind. So gab es die Tendenz, die Sedimente aller Gebirge als geosynklinal zu bezeichnen, auch wenn sie nicht wesentlich mächtiger waren, als Hall zuerst in den Appalachenbergen beobachtet hatte.

In Wegeners Vorstellung hatte die Geosynklinal-Theorie keinen Platz. Die Gebirgsbildung war eine Folge der Kontinentaldrift. Alpine Gebirge befanden sich dort, wo Kontinente aufeinandertrafen; zirkumpazifische Gebirge entstanden durch den Widerstand von Meeresboden gegen die driftenden Kontinente. Diese Idee war tatsächlich schon vor Wegener geäußert worden. Eduard Suess, einer der bedeutenden Wissenschaftler des vorigen Jahrhunderts, war schon von der Existenz eines riesigen Ozeans zwischen Eurasien und Afrika ausgegangen, dem er den Namen Tethys gab (Abb. 6.1). Die Sedimente dieses Ozeans sind in den Radiolariten und Nannofossil-Kalksteinen der Alpen und des Himalaja zu finden. Die Erdkruste unter der Tethys bestand aus Ophiolithen, wie die Gabbros am Allalinhorn. Mit der Vorstellung, daß die Ophiolithe aufgepreßte Reste des alten Seebodens sind, war es nicht schwierig für viele Anhänger von Suess, wie Emile Argand oder Rudolf Staub, Wegeners Theorie über den Ursprung der Alpen zuzustimmen: Diese gewaltige Gebirgskette entstand, als Afrika mit dem Stoßkeil Italien, das damals das nördliche Vorgebirge eines südlichen Kontinents war, auf Europa in einer gigantischen Kollision der driftenden Kontinente traf.

Bevor die Seafloor-Spreading-Theorie eine wissenschaftliche Revolution in Gang setzte, hatten die meisten amerikanischen Geologen gelernt, daß die Geosynklinalsedimente ausschließlich in Flachmeeren oder in Inlandbecken abgelagert worden waren. Sie glaubten nicht an die Existenz alter ozeanischer Sedimente in den Gebirgen, da wenige von ihnen je einen

Abb. 6.1: Tethys und Pangäa. Eduard Suess ging 1893 von der Existenz eines alten Tethys-Ozeans zwischen Afrika und Eurasien aus, weil in den Alpen alte Tiefsee-sedimente gefunden worden waren. Später glaubte Alfred Wegener, daß alle Kontinente auf der Erde einst einen Superkontinent gebildet hatten, den er *Pangäa* nannte. Die obige Karte wurde 1958 von Warren Carey hergestellt, um seine Idee von der Tethys und Pangäa zu illustrieren. Die Bohrungen der *Glomar Challenger* haben nachgewiesen, daß vor etwa 200 Millionen Jahren eine Vertei-lung von Kontinenten und Ozeanen bestand, wie die Karte sie zeigt, bevor das Seafloor Spreading begann. Die Punkte auf der Karte geben die Lage der frühen Bohrlöcher an, die in Sedimente hineingerieten, welche in dem neu sich öffnenden Atlantischen Ozean abgelagert wurden: Das eine, von uns beim Leg XIII gebohr-te Loch lag westlich von Portugal, und die drei vom Leg XI befanden sich östlich von Nordamerika.

Radiolarit oder einen Nannofossil-Kalk gesehen hatten. Sie konnten sich mit der Idee von der Zerstörung alter Ozeane durch Kontinent-Kollision nicht befreunden, weil sie nicht daran glaubten, daß jemals ein Ozean zerstört wurde. War ich auch selbst lange ein Anhänger der orthodoxen Lehre, so hatte ich doch genug von den Alpen gesehen, um mir die Tethys und die Tiefseenatur einiger »geosynklinaler« Sedimente vorstellen zu können. Mit meinem Vortrag auf der von Hess geleiteten Tagung 1958 hatte ich versucht, die »Geosynklinal-Theorie« zu widerlegen. Es gibt keine Geosynklinalen, sondern lediglich Absenkungen in der Erdoberfläche oder untermeerische Sedimentationsbecken. »Geosynklinal«-Sedimente sind in intramontanen Becken, in Delten, auf Kontinentalhängen oder auf Tiefsee-Ebenen abgelagert worden. Ich wies auch auf den tautologischen Trugschluß hin, der besagt, daß »Geosynklinalen« Vorläufer der Gebirge seien, wenn die alten Sedimente der Gebirge durch die Definition als »geosynklinal« eingeordnet werden. Wenn ich auch den kühnen Gedankensprung, daß ein weiter Ozean durch Kontinentaldrift verschlungen werden könnte, noch nicht wagte, teilte ich dennoch die Ansicht, daß die sogenannte »Alpine Geosynklinale« ein altes Mittelmeer war. Als ich 1968 endlich von den Vertretern der neuen Schule an Bord der *Glomar Challenger* bekehrt wurde, beschäftigten sich meine Gedanken wieder mit geologischen Fragen an Land. Ich fragte mich, ob der Tethys-Ozean, wie heutige Ozeane, auch auf ein Seafloor Spreading zurückzuführen sei. Ich wollte in den letzten Tagen des Leg III keine Zeit verlieren und versuchte Maxwell zu einer Bohrexpedition im Mittelmeer zu überreden.

Maxwell war damals Generalsekretär des JOIDES-Exekutiv-Komitees und Vorsitzender des Planungskomitees. 1969 gehörten der JOIDES fünf Institutionen an, zu den anfänglichen vier kam noch das Oceanographic Institute der Universität von Washington in Seattle. Jede Institution war im Exekutiv- und im Planungskomitee vertreten. Wissenschaftliche Vorschläge für Tiefseebohrungen wurden dem JOIDES Advisory Panel zur Prüfung und Auswahl vorgelegt, bevor sie vom Planungskomitee gebilligt wurden. Es gab drei Komitees, die jeweils Bohrplätze im Atlantik, im Pazifik und im Indischen Ozean auswählten. Nach dem ersten Kontrakt über 18 Monate Tiefseebohrung wurde ein weiterer über zweieinhalb Jahre abgeschlossen. Fünfzehn zusätzliche Legs wurden den ursprünglich neun hinzugefügt. Die JOIDES war dann bereit, neue Experimente zuzulassen. Mein Vorschlag kam gerade im richtigen Moment. Im August 1969 entschied JOIDES, ein Mittelmeer-Beratungskomitee einzurichten, um die Bohrvorschläge für dieses Binnenmeer zu prüfen. Ich wurde zum Mitglied dieses Komitees ernannt.

Der Vorsitzende unseres Komitees war Brackett Hersey. Er war langjähriger Leiter verschiedener Woods-Hole-Reisen ins Mittelmeer, war aber nun Verwaltungsbeamter im US *Naval Oceanographical Research*; der größte Teil der Planung wurde darum seinem Studenten Bill Ryan und mir überlassen. Wir organisierten zwei informelle Zusammenkünfte in Zürich und suchten Rat bei erfahrenen Wissenschaftlern von europäischen Institutionen; wir erstellten ein siebenwöchiges Bohrprogramm über 15 Bohrungen im Mittelmeer. Das Programm wurde von JOIDES angenommen, und das erste Mittelmeer-Projekt erhielt die Bezeichnung Leg XIII des DSDP. Ryan und ich wurden zu Ko-Chefwissenschaftlern für diese Kreuzfahrt ernannt.

Ich reiste am 9. August 1970 nach Lissabon. Tags darauf empfingen mich alte Freunde von der Schiffsmannschaft der *Glomar Challenger*. Wir hatten einen internationalen wissenschaftlichen Stab. Sedimentologen waren Vladimir Nesteroff/Universität Paris; Guy Pautot, Centre Océanographique Brest/Frankreich, und Forese Wezel, Universität Catania/Italien. Als Paläontologen waren an Bord Maria Bianca Cita, Universität Mailand; Herb Stradner, Geologische Forschungsanstalt, Wien; und Wolf Maync als Gutachter aus Bern. Jenny Lort, eine Doktorandin von Cambridge, hatte die physikalischen Eigenschaften zu prüfen.

Ryan kam am 10. August nach Lissabon. Terry Edgar, neuer Chefwissenschaftler von DSDP, kam auch, um uns in letzter Minute noch Instruktionen zu geben. Am 12. August zog Ryan plötzlich einen neuen Vorschlag für eine Bohrung westlich von Lissabon aus seiner Brieftasche, um die Bruchzone im Atlantik zu untersuchen. Meine europäischen Kollegen und ich waren begierig darauf, ins Mittelmeer zu fahren; wir weigerten uns, Zeit für eine Bohrung im Atlantik zu verschwenden. Aber Ryan und Edgar sagten mir, daß kürzlich bei der Leg-XI-Bohrreise an der Westseite des Atlantik eine Sedimentfolge entdeckt worden war, die der uns aus den Alpen bekannten sehr ähnlich ist. Tatsächlich erforschte mein Schweizer Kollege Daniel Bernoulli aus Basel solche Sedimente. Es schien, daß die Geschichte der Alpen und des Mittelmeeres sehr eng mit der Geschichte des Seafloor Spreading im Atlantischen Ozean verknüpft war.

Da ich mit dem Problem nicht vertraut war, weigerte ich mich. Am Freitag, dem 13. August, dem Abend vor unserer Abreise, gab Edgar ein Abschiedsessen für einige Wissenschaftler an Bord. Anschließend besuchten wir ein Lokal, um den örtlichen Portwein zu probieren. Edgar und Ryan brachten erneut den Vorschlag zur Sprache, der mir als verspäteter Einfall in letzter Minute erschien – geschwind von Le Pichon in seiner schwer zu entziffernden Schrift auf zwei gelbe Notizblätter gekritzelt. Le Pichon hatte viel getan, um Ryan und mir bei der Planung der Reise zu helfen, und sein Institut hatte uns einige unentbehrliche seismische Profile der vorgesehenen Bohrplätze gegeben. Endlich wollte ich Bill Ryan nicht unnötig enttäuschen, und um unsere Zusammenarbeit nicht mit einem unguten Gefühl zu beginnen, gab ich nach, aber wir setzten uns eine Frist von 36 Stunden Bohrzeit für dieses besondere Loch.

Die *Glomar Challenger* verließ Lissabon um Mitternacht des 13. August und fuhr westsüdwest zu unserer ersten Bohrstelle. Unser Ziel war ein untermeerischer Rücken, Gorringe-Bank genannt; sie erhebt sich von einer Ebene in 5000 Meter Tiefe zu einer flachen Bank in 800 Meter Tiefe (Abb. 6.2). Das Relief der Bank läßt sich gewissermaßen mit einem Viertausender in den Alpen vergleichen. Geophysikalische Studien ließen darauf schließen, daß der Rücken Teil eines emporgehobenen Meeresbodens ist. Das Muster der magnetischen Streifung zeigte, daß der Meeresboden dort vor etwa 140 Millionen Jahren entstanden war, kurz nachdem Afrika sich von Nordamerika getrennt hatte. Der umgebende Meeresboden war von jungen Sedimenten bedeckt, die mehrere Kilometer mächtig sind, aber der Untergrund der Gorringe-Bank war nur von einer dünnen Sedimentdecke überlagert. So bot sich eine Gelegenheit, die Sedimentdecke zu durchbohren und den Untergrund zu erreichen.

Es war meine erste Reise im Dienst als Ko-Chef, und ich hatte nie zuvor ein Schiff navigiert. Der ausgewählte Bohrplatz lag an der steilen Nordflanke des Rückens, und eine genaue Positionsbestimmung war notwendig. Unglücklicherweise versagten beide Präzisionstiefenmesser und die Satellitennavigation schon am ersten Tag auf See. Ryan und ein Techniker versuchten, die defekten Geräte zu reparieren. Kapitän Clarke und seine Mannschaft griffen auf die klassischen Methoden zurück und navigierten mit dem Sextanten. Ihre Messungen waren nicht sehr genau. Ich fühlte mich hilflos wie ein tauber und blinder Mann, der eine Nadel in einem Heuhaufen sucht. Glücklicherweise wurde die Satelliten-Navigation schließlich repariert, gerade rechtzeitig, ehe wir zu sehr von unserem Kurs abgekommen waren. Die Präzisions-Tiefenmesser verweigerten weiterhin ihren Dienst; wir mußten uns eines alten Tiefenlots aus der Vorkriegszeit bedienen, um das Schiff zu führen. Mit etwas Glück fanden wir die Stelle, ließen die Bake hinab und begannen mit der Arbeit.

Der Bohrstrang traf auf junge Tertiär-Sedimente und dann auf schwarze Schiefer aus der Kreide-Zeit. Es gab keinen Nachweis über die Sedimentation der Zeit von vor 20 bis 100 Millionen Jahren. Eine solche Lücke wird ein Hiatus oder eine Diskordanz genannt. Anhand von Tiefseebohrungen hat man gelegentlich nachweisen können, daß dieser Hiatus an beiden Rändern des Atlantik weit verbreitet ist; er ist auf die Erosion durch starke Strömungen am Boden der Ozeane in der Nähe der Kontinentalränder zurückzuführen. Dank dieses Hiatus waren wir jedoch in der Lage, auf der Gorringe-Bank in 36 Stunden Bohrzeit den Untergrund zu erreichen. Wir planten, das Loch aufzugeben und ins Mittelmeer zu

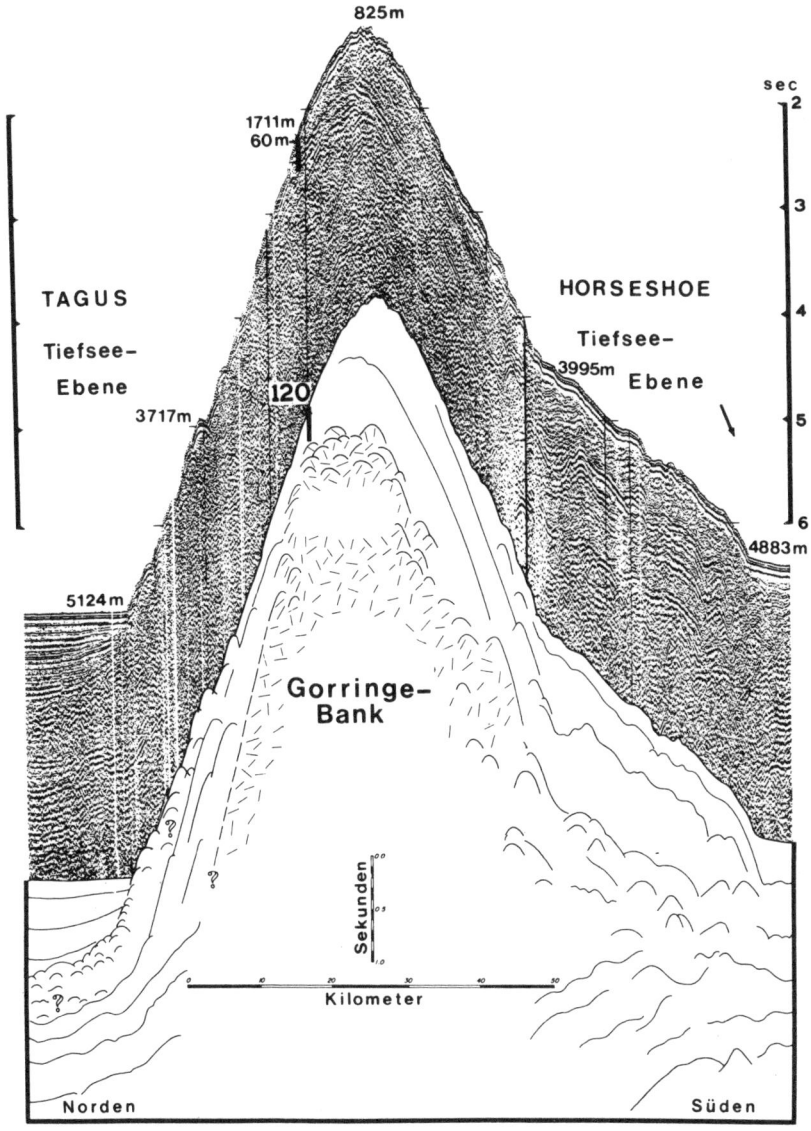

Abb. 6.2: Ein submariner Berg, der sich mehr als 4000 Meter über eine Tiefsee-Ebene erhebt. Die dunklen, gekräuselten Linien geben die Aufzeichnungen der akustischen Reflektionen wieder, die vom Ozeanboden und von harten Schichten darunter zurückgeworfen werden. Wir konnten eine Probe der Ozeankruste erhalten, indem wir an der steilen Böschung des Berges bohrten, wo die Sediment-bedeckung dünn war. Die Probe der Ozeankruste sieht genauso aus wie die Gabbros auf der Spitze eines 4000 Meter hohen Berges in den Alpen.

gehen, wenn wir davon ausgehen mußten, unser Ziel nicht in der dafür angesetzten Zeit zu erreichen. Wir saßen dort und debattierten, als der letzte Kern das heraufbrachte, was wir ersehnten – ein Gesteinsstück vom Untergrund. Zu unserer großen Freude war das Untergrundgestein ein Ophiolith, genau wie der Gabbro, den ich auf meinem Weg zum Allaninhorn gesehen hatte.

Die Sedimentfolge an der Gorringe-Bank ist sehr ähnlich derjenigen, die bei der Leg-XI-Reise nordöstlich der Bahama-Inseln und nordwestlich Bermuda aufgebohrt wurde. Die ältesten Sedimente bestehen aus dunklen Schiefern, weißen Kalken, Radiolarien, die sich vor etwa 120 Millionen Jahren auf dem Meeresboden gebildet hatten. Die *Glomar Challenger* kehrte in den Nordatlantik zurück. Mehrere Bohrungen stießen auf frühe Kreide-Sedimente, und zwar während der DSDP-Legs XIV, XLI, XLIII, XLVII, L, LI, LII, LIII: Man fand überall die gleiche Folge. Wie ähnliche Gesteine in den Alpen, bestehen die Radiolarite fast ausschließlich aus den Kieselskeletten von Radiolarien, und die weißen Kalke enthalten unzählige Skelette von Nannoplankton. Diese kleinen Organismen schwammen oder trieben zu Lebzeiten in den Ozeanen, deswegen nennt man Sedimente, die daraus entstanden sind, pelagische Sedimente. Warum finden wir Ophiolithe und pelagische Sedimente der gleichen Art und etwa desselben Alters sowohl im Atlantischen Ozean wie auch in den Alpen? Dieses Geheimnis wurde von Walt Pitman und Manik Talwani gelüftet, als sie die Daten der magnetischen Streifung am atlantischen Ozeanboden verwendeten, um die Bewegungen der Kontinente zu deuten.

Die Bohrungen des Leg III bestätigten die Theorie vom Seafloor Spreading. Der nächste Schritt hieß nun, das Alter der Streifen magnetischer Anomalien auf dem Meeresboden zu bestimmen. Die Bohrungen der Legs II, IV, XI, XIV und XV hatten 1970 viele solcher Daten erbracht; die magnetischen Streifen wurden durch die paläontologische Bestimmung des Alters der ältesten Sedimente über dem Basalt-Untergrund datiert, der Ursache für die unterschiedlichen Anomalien ist. Da die geologischen Epochen radiometrisch an Land bestimmt wurden, konnte das Alter der magnetischen Anomalien ebenfalls in Millionen Jahren angegeben werden. So ist etwa die magnetische Anomalie 5 neun Millionen Jahre alt; die Anomalie 13 etwa 37 Millionen Jahre usw. (Abb. 5.3). Diese Zahlen und die Angaben über die Entfernung der magnetischen Streifen von der Achse des sich ausbreitenden Rückens sollten eine Abschätzung der Rate des Seafloor Spreading ergeben, wie Fred Vine 1966 in einem Aufsatz angab. Die Ergebnisse der JOIDES-Bohrungen (sie dienten zur Feststellung des Alters der magnetischen Anomalien am Meeresboden) haben nicht nur bewiesen, daß sich die Kontinente zu beiden Seiten des Atlantik voneinander fortbewegten. Darüber hinaus haben wir die einmalige Chance, mit Hilfe von Computern die Kinematik der Bewegungen festzustellen. Die Arbeiten von Pitman und Talwani zeigten, daß die Rate des Seafloor Spreading im Atlantik in den letzten 200 Millionen Jahren nicht immer konstant war. Der nördliche Zentralatlantik zum Beispiel breitet sich heute nur um etwa 1,5 Zentimeter pro Jahr aus. In der Vergangenheit lagen die Beträge dagegen zwischen 2,6 und 1,0 Zentimeter pro Jahr. Wichtiger für das Verständnis der geologischen Struktur Europas ist die Tatsache, daß verschiedene Teile des Atlantischen Ozeans sich zu verschiedenen Zeiten unterschiedlich stark ausgebreitet haben. Wenn wir in die Permzeit, also in die Zeit von Wegeners Pangäa zurückgehen, als alle Kontinente vereinigt waren, dann zeigen uns die neuen Bohrdaten, daß die Pangäa als der eine Superkontinent der Erde bis in die späte Trias-Periode vor etwa 180 Millionen Jahren bestanden hat (Abb. 6.1). Natürlich gab es Zerrungen, als die Kontinentalkruste der Pangäa in einzelne Teile zerbrach. Depressionen entstanden, die die gleiche Struktur aufweisen wie der Rheintalgraben, in dem die triassischen Schichten des Buntsandsteins abgelagert wurden. Solche terrigenen Sedimente sind heute stellenweise noch zu beiden Seiten des Atlantik erhalten. Von Zeit zu Zeit kamen Basaltergüsse an die Oberfläche oder drangen als Schichten heißer Lava in Sedimentablagerungen ein und bildeten Sills oder Lagergänge. In der frühen Jurazeit begann der afrikanische Kontinent, sich von der Pangäa zu trennen. In einem engen Spalt, der etwa so wie das Rote Meer heute ausgesehen haben mag, flossen submarine Laven aus und bildeten den ältesten atlantischen Meeresboden. Durch die Umkehr der Magnetpole erhielten die Laven abwechselnd positive und negative Magnetisierung und bildeten so eine Serie magnetischer Streifen, die jetzt die M-Serie genannt werden, von M-29 bis M-0. Pitman und Talwani fanden diese Serie im nördlichen Zentralatlantik zwischen Amerika und Afrika, aber nicht im nördlichen Nordatlantik zwischen Europa und Grönland oder zwischen Grönland und Nordamerika. Diese Beobachtung ließ den Schluß zu, daß Europa noch mit Nordamerika verbunden war, als Afrika sich schon fortbewegte (Abb. 6.3). Die älteste magnetische Anomalie, die man zwischen Europa und Nordamerika identifizieren konnte, war die Anomalie 34, offensichtlich weil sich Europa nicht früher als vor 81 Millionen Jahren losgelöst hatte.

Diese Zeittafel für die Öffnung des Nordatlantik hatte für die Geologie sehr weitreichende Konsequenzen. Als sich vor 180 Millionen Jahren Afrika abgespalten hatte, bewegte es sich nicht nur von Nordamerika fort und bildete den heutigen nördlichen Zentralatlantik; es muß sich auch von Europa entfernt haben. Darum muß ein Ozean zwischen Europa und

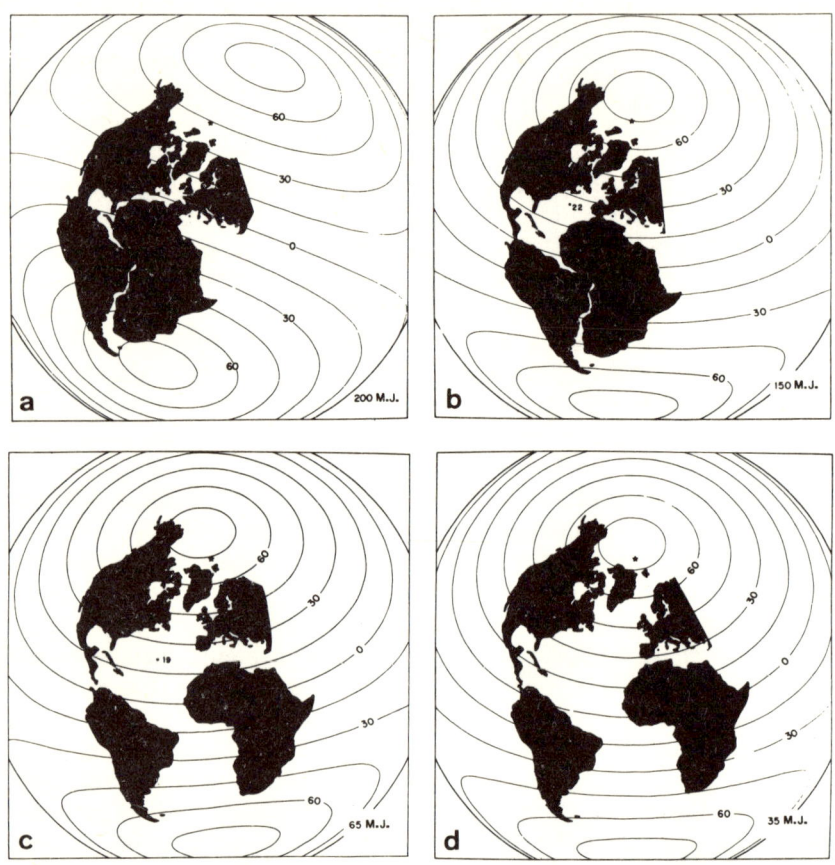

Abb. 6.3: Die Geschichte des Atlantischen Ozeans. Die Geschichte des Atlantik ist verbunden mit den Bewegungen von vier Kontinenten: Eurasien, Afrika, Nord- und Südamerika. Zu Beginn hingen alle vier zusammen und bildeten einen Teil der Pangäa (a). Die erste Bewegung machte Afrika, seine Ostwanderung schuf den Zentral-Atlantik (b). Afrika setzte seine Wanderung fort, während Eurasien noch bis vor 81 Millionen Jahren mit Nordamerika verbunden blieb, so daß sich der Abstand zwischen Afrika und Europa während dieser Zeit schnell vergrößerte; dabei entstand der Tethys-Ozean (c). Nachdem Eurasien begann, sich von Nordamerika zu entfernen und dabei den Nordatlantik schuf, war seine Ostwärts-Bewegung schneller als die Afrikas (c). Europa und Afrika kollidierten, die Alpen entstanden (d). Die Positionen der vier Kontinente sind in Millionen Jahren angegeben; die Ziffern geben Breitengrade an.

Afrika bestanden haben, der mit dem nördlichen Zentralatlantik gleichaltrig war, die ältesten Sedimente in diesem Ozean müßten demzufolge auch aus dem Jura stammen. Es handelte sich offenbar um den Tethys-Ozean von Suess. Die alpine Tethys entstand zu derselben Zeit wie der älteste Atlantik, nämlich als Afrika sich nach Osten von Nordamerika und von Europa wegbewegte. Der mesozoische Atlantik und die mesozoische Tethys bildeten einen Ozean! Kein Wunder, daß die Gabbros, die wir an der Gorringe-Bank entdeckten, denen, die wir an den Klippen des Allaninhorn gesehen hatten, haargenau glichen. Kein Wunder auch, daß die ältesten Sedimente, die wir bei den JOIDES-Bohrungen an beiden Rändern des Atlantik bei unserem Leg XI nahe den Bahamas und bei unserem Leg XIII westlich von Portugal bekamen, genauso aussahen wie die Radiolarite und weißen Kalke der Schweizer Alpen. Der Atlantik und die Tethys waren Zwillinge!

Warum sollte ein Zwilling in der Tiefe bleiben, während der andere zu hochragenden Bergspitzen aufstieg? Pitmans und Talwanis Zeittafel lieferten die Antwort. Europa hatte sich also während der späten Mesozoischen Ära von Nordamerika getrennt, zu einer Zeit, als Afrika längst fortgedriftet war. Aber die jüngere Schwester bewegte sich sehr viel dynamischer und entfernte sich von Nordamerika viel schneller als das behäbige Afrika. Der nördliche Nordatlantik entstand durch die Bewegung Europas; der Ozean zwischen Europa und Afrika, nämlich die Tethys, wurde immer schmaler, als sich der Abstand zwischen beiden Kontinenten durch die schnellere Bewegung Europas verringerte.

Vorher waren die Sedimente in einem sich dauernd weitenden und dauernd vertiefenden Tethys-Ozean abgelagert worden. Danach verschwand der Ozean, wie ist allerdings noch ungeklärt. Der Ozeanboden wurde aufgebrochen und die Sedimente zusammengepreßt. Endlich, während der Eozän-Epoche vor etwa 40 Millionen Jahren, zog Europa mit Afrika gleich. Das Spiel war aus. Die Kollision der beiden Kontinente führte zur Entstehung der Alpen, wie es Altmeister Argand einst dargestellt hatte. Die Tethys starb. Diese Folge der Ereignisse, wie sie aufgrund der Deutung der Meeresboden-Streifung vermutet wurde, entsprach genau den Vorhersagen, die Geologen anläßlich ihrer Arbeiten in den Bergen Frankreichs, der Schweiz und Österreichs gemacht hatten. Inzwischen vergrößert sich weiterhin der Abstand zwischen Afrika und Nordamerika. Der nördliche Zentralatlantik wuchs und wurde zu einem richtigen Ozean mit einer Ozeankruste von 6000 Kilometern Breite, die in 180 Millionen Jahren durch Seafloor Spreading entstanden ist!

Die JOIDES-Bohrungen lüfteten ein Geheimnis: den Ursprung der Geosynklinalen. Die sogenannte Alpine Geosynklinale war der Tethys-Ozean, entstanden, als Afrika sich von Europa entfernte. Die JOIDES-Bohrungen haben auch die Voraussage erlaubt, daß die Alpen sich wahrscheinlich bildeten, weil Europa und Afrika sich einander näherten. Wie aber geschah das genau?

VII. Plattentektonik im Mittelmeer

Im Winter 1969 fuhr ich zum Flugplatz Kloten bei Zürich, um Dan McKenzie zu treffen. Aber wir verpaßten uns. Ich war damals Vorsitzender eines Komitees, das einen neuen Direktor für das Geophysikalische Institut der Eidgenössischen Technischen Hochschule (ETH) suchen sollte. McKenzie war uns als hervorragend geeigneter Kandidat empfohlen worden. So wurde er eingeladen, um einen Vortrag zu halten. Als er durch den Zoll kam, sahen wir uns zwar, kamen aber beide nicht auf die Idee, der andere könne der Gesuchte sein. Er ließ sich von dem Umlaut in der deutschen Umschreibung meines chinesischen Namens irreführen und erwartete einen Schweizer! Ich ließ mich von seiner Jugend täuschen; er war damals gerade 27 oder 28 Jahre alt!

McKenzie nahm den Ruf nach Zürich nicht an. Er hatte viele gute Gründe. Einer davon war, daß er sehr an Cambridge und der akademischen Atmosphäre dort hing. Mitte der sechziger Jahre war Cambridge Zentrum wissenschaftlicher Revolutionen. Spannung lag in der Luft. Orthodoxe Lehrmeinungen konnten Fragen nicht einmal der Festland-Geologie befriedigend beantworten und sicher nicht das Rätsel der Weltmeere, die drei Viertel der Erdoberfläche bedecken, lösen.

Das Geophysics Institute von Cambridge, viele Jahre geleitet von Sir Harold Jeffreys, war einst ein Bollwerk gegen die Wegenersche Ketzerei. Jeffreys leugnete, daß die beiden Seiten der atlantischen Küstenlinien zusammenpassen könnten. Vielleicht hatte er dieses Vorurteil von dem bekannten Physiker Lord Kelvin, der ebenfalls in Cambridge lehrte, übernommen. Jeffreys war davon überzeugt, daß etwas, das sich nicht quantifizieren ließ, auch keine wissenschaftliche Bedeutung haben könne! Der Vergleich zweier Küstenlinien war von Zahlen unabhängig; das war Kinderspiel, keine Wissenschaft. Sir Edward Bullard, Jeffreys Nachfolger in Cambridge, war entschlossen, sich von dieser Zahlengläubigkeit endgültig frei zu machen. Er erhielt Unterstützung von zwei seiner Studenten: J. E. Everett und Alan Smith. Mit Hilfe eines Computers gelang es ihnen zu beweisen, daß die Küsten beiderseits des Atlantik zusammenpaßten. Sie veröffentlichten ihr erstaunliches Resultat 1965 (Abb. 7.1). Dieses Zusammenpassen, heute als »Bullard Fit« bekannt, war zu genau, als daß es zufällig sein konnte. Bullard selbst zweifelte nicht länger, daß sich die

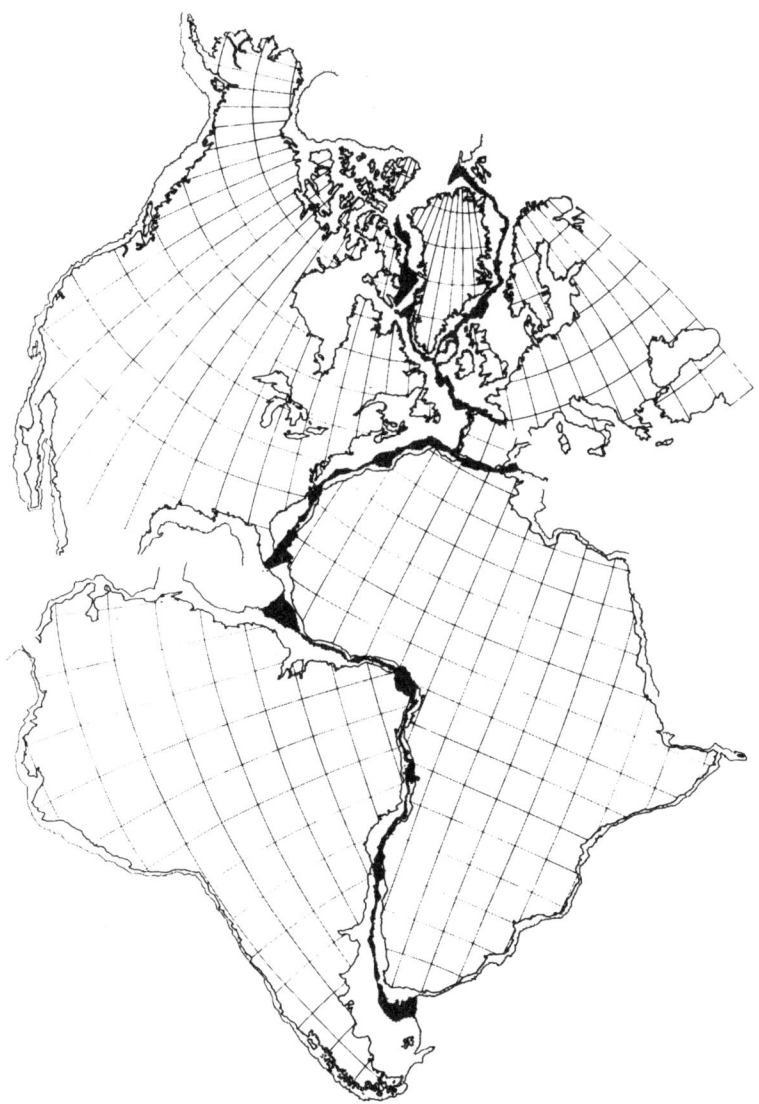

Abb. 7.1: Das »Zusammenpassen« der Kontinente – der Bullard Fit. Warren Carey demonstrierte die Paßform der Kontinente, indem er Plastikmodelle auf einem Globus zusammenschob. Bullard und seine Assistenten führten das Zusammenpassen mit einem Computer vor. Die Ergebnisse sind gleich, aber Zahlen sind eindrucksvoller als das Kinderspiel mit einem Puzzle. Die Kontinente in Bullards Fit sind von einer 500 fathom (= ca. 900 Meter) Tiefenlinie umrandet. Schwarz gezeichnete Gebiete überlappen sich, graue weisen einen Zwischenraum auf.

Kontinente bewegt hatten, und lehrte seine Studenten die Theorie von der Kontinentaldrift.

Wenn ein Computer Kontinente »zusammenfügen« kann, kann er sie auch »auseinanderziehen«. Le Pichon tat genau das, 1968 wertete er gewaltige Mengen ozeanographischer Daten aus, die bei Lamont gespeichert sind. Jedoch anders als Wegener ging Le Pichon nicht davon aus, daß die Kontinente gedriftet waren. Er stützte sich auf die neue Theorie von der Plattentektonik, als er sein Computerprogramm aufstellte. Le Pichon setzte diese Theorie ein, um die Bewegungen der sechs »Platten« und den Betrag ihrer Bewegungen zu berechnen (Abb. 7.2). Anhand seiner Ergebnisse konnte er vorhersagen, wo und wann neuer Meeresboden, aber auch neue Gebirge entstehen werden. Die Theorie von der Plattentektonik liefert uns Zahlen, mit deren Hilfe wir Quantitäten angeben können. Darüber hinaus läßt sie Vorhersagen zu. Sogar Lord Kelvin hätte zugeben müssen, daß die Geologie eine physikalische Wissenschaft geworden ist.

Die Theorie von der Plattentektonik entstand, als die Geologen unter die Kruste und den Mantel sahen und die Lithosphäre und Asthenosphäre entdeckten. McKenzie, mein Gast in Zürich, hatte zusammen mit seinem Klassenkameraden Bob Parker in Cambridge die neue Idee formuliert. Das Paar aus Cambridge und Jason Morgan von Princeton kamen unabhängig voneinander auf die Idee und publizierten die Theorie nahezu gleichzeitig im Jahre 1968: Die äußere feste Schale der Erde, die Lithosphäre, war demzufolge in Teile zerbrochen, die sogenannten lithosphärischen Platten. Wo die Platten sich voneinander entfernen, entsteht durch ihre Bewegung neuer Meeresboden; die austretenden Basaltmassen bilden magnetische Streifen, anhand derer man die kontinuierliche Bewegung der Platten beweisen kann. Wo die Platten sich aufeinander zubewegen, entstehen Tiefseegräben oder Gebirgsketten.

Die Begriffe Lithosphäre und Asthenosphäre waren nicht etwa neu; der amerikanische Geologe Joseph Barrell hatte sie schon zu Anfang dieses Jahrhunderts geprägt. Barrell verwendete sie, um die Ergebnisse einer eingehenden Untersuchung zur Messung der Gravitationsbeschleunigung der Erde – Auftraggeber war die amerikanische Regierung – zu deuten.

Diese Geschichte geht zurück bis in den Anfang des vorigen Jahrhunderts, als die englischen Kolonialherren in Indien das Land vermaßen und kartierten.

Unentbehrliches Gerät eines Landvermessers ist das Bleigewicht. Wenn das Gewicht am Ende einer Schnur aufgehängt wird, bildet es eine Lotlinie, die senkrecht zum Zentrum der Erde weist. Bei geodätischen Vermessungen werden Winkel und Strecken gemessen. Die Entfernung zwischen zwei Punkten, die in Nord-Süd-Richtung auf der Erdoberfläche

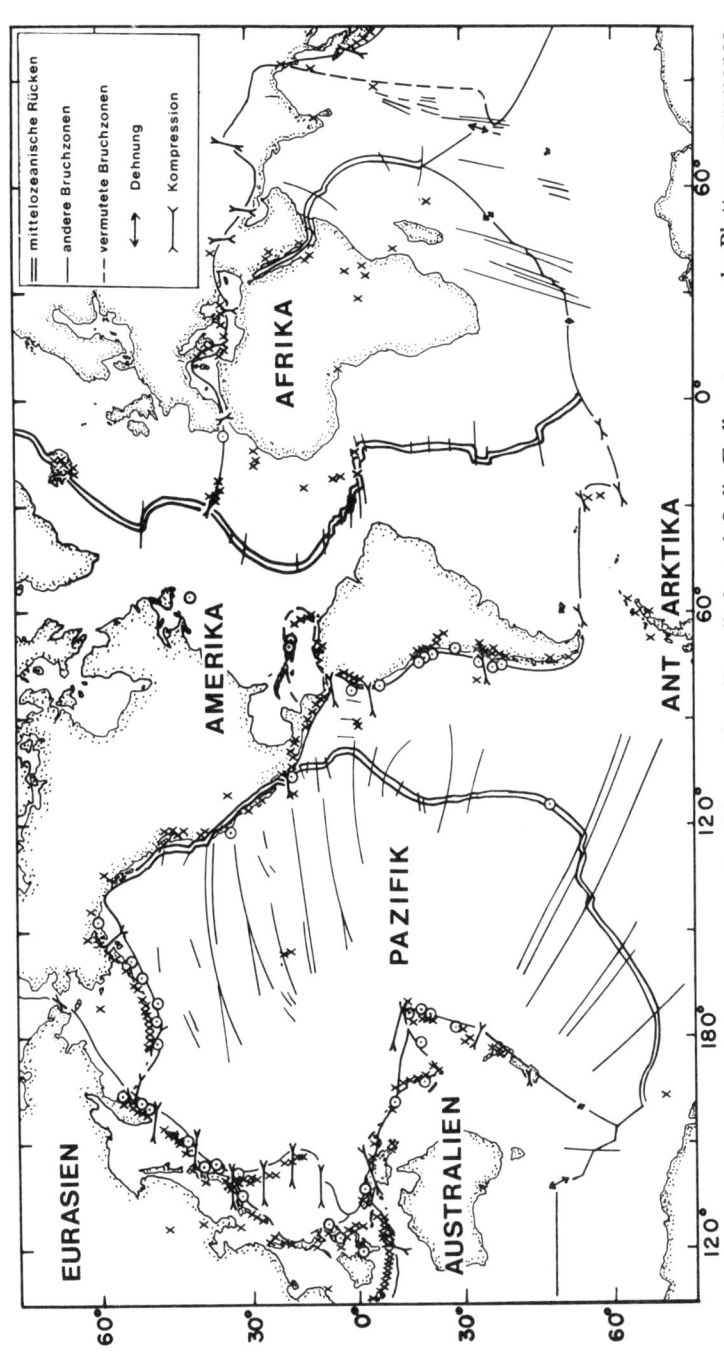

Abb. 7.2: Plattentektonik. Die Theorie von der Plattentektonik stellt fest, daß die Erdkruste aus sechs Platten zusammengesetzt ist und daß der Ursprung der Ozeane und der Gebirge auf die relativen Bewegungen der Platten untereinander zurückzuführen ist. Xavier Le Pichon errechnete den Betrag der Bewegungen und zeichnete diese Karte, wobei er die magnetischen Meßdaten, die bis 1968 zur Verfügung standen, verwendete. Kreise auf der Karte bedeuten große Erdbeben, Kreuze sind historisch aktive Vulkane.

liegen, bilden einen Bogen. Der Winkel dieses Bogens ist die Breitengrad-Differenz zwischen den beiden Punkten; diese Differenz wird durch den Winkel zwischen den Lotleinen an beiden Punkten bestimmt. Der Winkel kann auch durch eine astronomische Methode bestimmt werden. Es wurde festgestellt, daß die Resultate der Bestimmung der Breitengraddifferenz zwischen Kaliana und Kalianpur aufgrund von zwei verschiedenen Vermessungsarten nicht ganz übereinstimmten. Die Unstimmigkeit von 5,23 Bogensekunden – das entsprach einem Unterschied von 150 Metern zwischen den beiden Stationen – schien eigentlich harmlos. Weniger pedantische Vermesser, als es die Briten waren, hätten die Differenz glatt ignoriert.

Es gab eine unvermeidliche Fehlerquelle. Schon zur Zeit Isaac Newtons war bekannt, daß es eine gravitative Anziehung zwischen zwei Körpern gibt. Die Anziehungskraft des mächtigen Himalaja-Massivs hatte womöglich die Lotleine in Kaliana, das am Fuße des Gebirges liegt, leicht abgelenkt, so daß die Lotlinie nicht genau senkrecht verlief. J. H. Pratt, britischer Erzbischof und, wie viele seiner Zeitgenossen, Amateurwissenschaftler, interessierte sich für das Problem. Ohne Hilfe eines Computers mußte Pratt sehr umfangreiche Berechnungen anstellen. Seine Ergebnisse zeigten, daß die Lotleine sowohl in Kaliana wie auch in Kalianpur tatsächlich abgelenkt worden war, wenn auch im ersteren (wegen der Nähe zum Himalaja) wesentlich stärker. Der durch die Ablenkung der Lotleinen hervorgerufene Fehler betrug demnach 15,885 Bogensekunden, mehr als das Dreifache der Unstimmigkeit von 5,23 Sekunden, wie sie bei der Landvermessung bestimmt worden war (Abb. 7.3). Da weder die Vermesser noch der Erzbischof einen Fehler in ihren Berechnungen finden konnten, mußte für diese signifikante Abweichung eine Erklärung gefunden werden.

Pratt hatte bei seinen Berechnungen vorausgesetzt, daß die Dichte des Materials in der Außenschale der Erde stets gleich war. Wenn also das Material unter dem Himalaja eine etwas geringere Dichte aufweist, müßte auch die Masse des Gebirges geringer sein und dementsprechend die Anziehung auf das Bleigewicht an der Lotleine. Er konnte die Daten der Vermesser zugrunde legen und so die durchschnittliche Dichte des Materials errechnen, das unter dem Himalaja liegt.

Warum sollte die Dichte des Gesteinsmaterials unter den Gebirgen geringer sein als das unter den Ebenen Indiens? Pratt erklärte dies zunächst mit Volumenausdehnungen oder -verringerungen. Geht man davon aus, daß die Außenschale der Erde eine einheitliche Mächtigkeit und eine einheitliche Dichte aufwies, haben sich dort, wo die Schale sich ausdehnte, Plateaus oder Gebirge erhoben und dort, wo die Schale sich zusammenzog und dichter wurde, Ozeanbecken gebildet (Abb. 7.4).

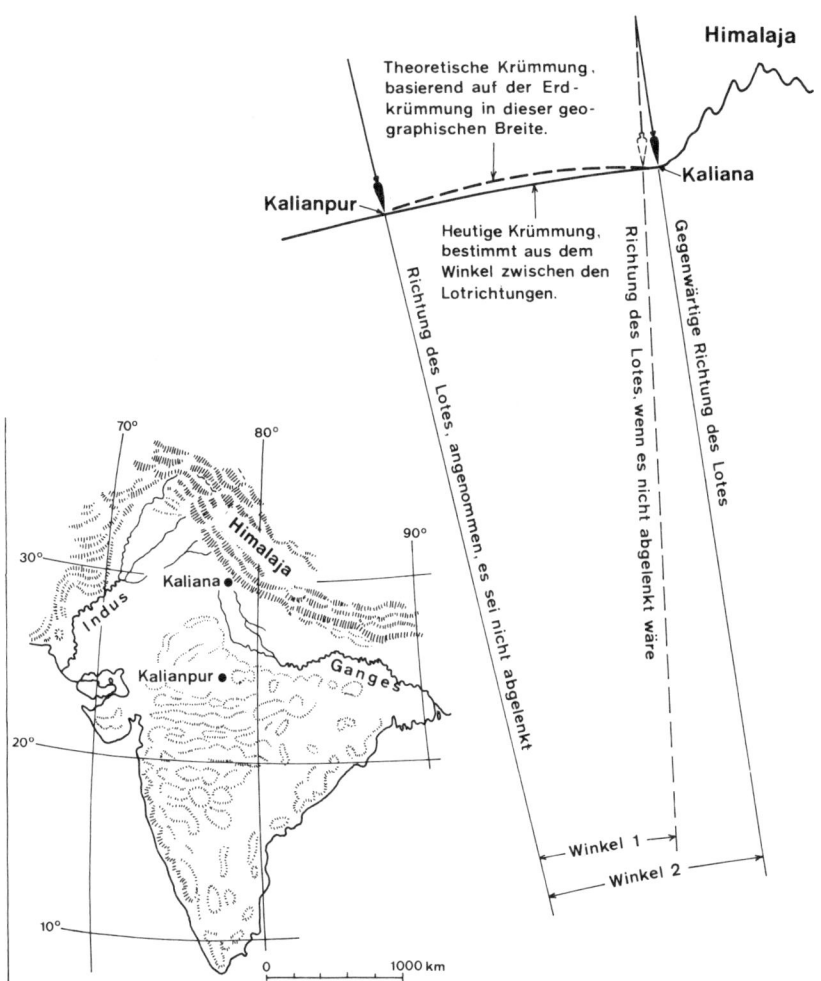

Abb. 7.3: Die gravitative Anziehungskraft des Himalaja. Die astronomisch bestimmte Breitengraddifferenz zwischen Kaliana und Kalianpur in Indien zeigt der Winkel 1. Da der Himalaja eine Anziehungskraft auf das Bleigewicht am Ende einer Lotleine ausübt, wird das Gewicht zu dem Gebirge hin abgelenkt, so daß der Winkel 2, der durch die Messung mit einem Bleigewicht erzielt wurde, einen anderen Wert als den astronomisch bestimmten ergab. J. H. Pratt schätzte die theoretische Anziehungskraft des Himalaja ab, wobei er davon ausging, daß die Dichte der Materie im Untergrund überall die gleiche ist, und er kam zu dem Ergebnis, daß die Ablenkung zum Gebirge hin dreimal so groß sein müßte. Die tatsächliche, geringere Ablenkung, die aus den Meßergebnissen errechnet wurde, zeigte ihm, daß das unter dem Himalaja befindliche Gesteinsmaterial weniger dicht sein mußte als das unter Indien liegende.

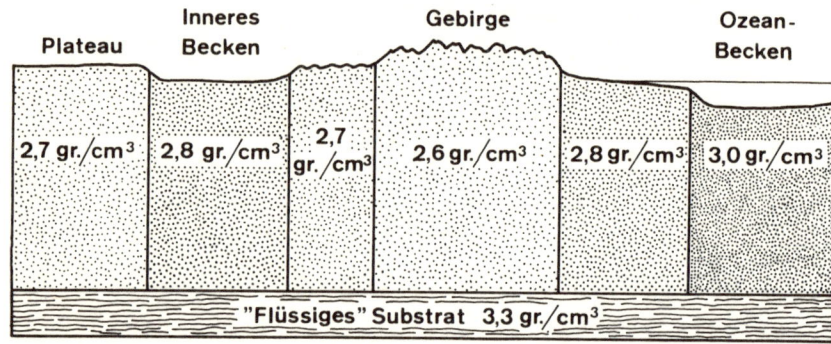

Abb. 7.4: Pratts Modell des isostatischen Gleichgewichts. Pratt nahm an, daß die Erdkruste unter dem Himalaja eine geringere Dichte hat als unter Indien; ursprünglich erklärte er den Dichteunterschied durch die Annahme, daß Materie unter den Gebirgen weniger dicht ist als diejenige unter den Ozeanen. Später wurde die Idee des Schwimmgleichgewichts Pratts Modell hinzugefügt, wie es das Diagramm illustriert.

Sir George Airy, königlicher Astronom am britischen Hof, wurde vermutlich von dem Herausgeber der *Transactions of the Royal Society* gebeten, zu Pratts interessanter Idee Stellung zu nehmen. Airys kurzer Kommentar wurde in derselben Ausgabe (1855) der *Transactions* veröffentlicht, in der auch Pratts umfängliche Arbeit erschien. Airy war von den Beobachtungen der Naturalisten des frühen 19. Jahrhunderts beeinflußt. Er glaubte deshalb, das Erdinnere sei flüssig und nur von einer dünnen äußeren Schale umgeben. Diese äußere Schale wird, wie bereits erwähnt, Kruste genannt, und sie sollte eine geringere Dichte, aber viel größere Festigkeit besitzen als die darunter liegende flüssige Masse. Das Himalaja-Gebirge weist eine geringere Masse als ursprünglich angenommen auf, nicht weil die Kruste unter dem Gebirge weniger dicht ist als unter den Ebenen. Airy stimmte nicht mit Pratt überein. Das Gebirge ist leichter, als es sein sollte, weil die leichtere Kruste darunter viel dicker ist.
Warum erheben sich Gebirge ausgerechnet dort, wo die Kruste dicker ist? Airy bot eine sehr einfache Erklärung an. Er sprach vom sogenannten Schwimmgleichgewicht, eine Theorie, von der sich die Geologen mehr als

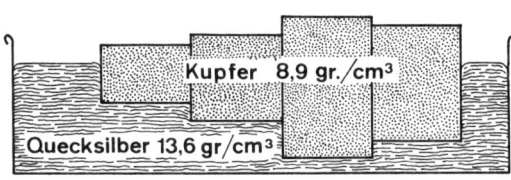

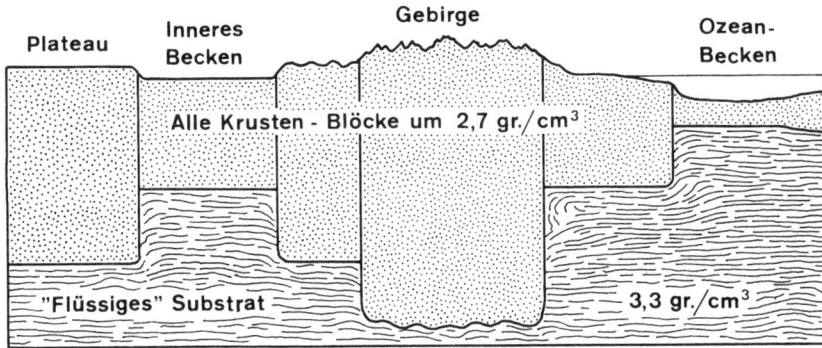

Abb. 7.5: Airys Modell vom isostatischen Gleichgewicht. George Airy ging davon aus, daß die Erdkruste überall die gleiche Dichte hat, doch ist der Überschuß von leichtem Material unter dem Himalaja darauf zurückzuführen, daß die dickere Kruste eine Unterschicht mit größerer Dichte verdrängt hat. Das Airy-Modell ist mit dem Schwimmgleichgewicht von Eisbergen in Meerwasser verglichen worden; Gebirgszonen mit dickerer Kruste und Ozeangebiete mit dünnerer Kruste befinden sich im Isostatischen Gleichgewicht; sie schwimmen auf einem flüssigen Untergrund wie große oder kleine Eisberge im Meer.

ein Jahrhundert lang täuschen ließen: Die feste Kruste sollte danach auf einem flüssigen Untergrund schwimmen wie Eisberge im Meer; dickere Krustenteile reichen – wie größere Eisberge – höher heraus und bilden so die Gebirge (Abb. 7.5).

Die Idee vom Schwimmgleichgewicht kann auf Airys Modell, aber auch für die Darstellung von Pratt angewandt werden. Teile mit unterschiedlicher Dichte können ebenfalls auf einem flüssigen Untergrund schwimmen, und die höchsten Gebirge sind dort, wo die Krustenteile aus weniger dichtem Material bestehen. Der wesentliche Unterschied zwischen den Auffassungen Pratts und Airys besteht darin, daß nach Pratt die Fläche, die die feste äußere Schale vom flüssigen Untergrund trennt, eine Ebene sein soll, die von einigen Wissenschaftlern auch als die Ebene des isostatischen Ausgleichs bezeichnet wird. Nach Airy ist dagegen die Fläche, die beide Bereiche trennt, ein vergrößertes Spiegelbild des Oberflächenreliefs: Je höher die Berge sind, um so tiefer reichen ihre »Wurzeln« hinab.

Die Ebene des isostatischen Ausgleichs muß darum die Ebene der tiefsten »Wurzel« sein, da das Gewicht der Krustenteile plus dem Gewicht des flüssigen Untergrundes über dieser Ebene addiert überall dasselbe sein sollte.

Die gravitative Anziehung eines Gebirges kann auch als die Schwerebeschleunigung eines dort fallenden Körpers bestimmt werden. Wir wissen aus dem Schulunterricht, daß die Schwerebeschleunigung ein »konstanter« Wert von 9,81 Meter pro Sekunde Quadrat ist. Die Beschleunigung wäre tatsächlich konstant, wenn wir die wenigen Millionstel eines Meters pro Sekunde Quadrat vernachlässigen würden. Bei sehr genauen Messungen müßten wir aber feststellen, daß die Beschleunigung an jedem Punkt der Erdoberfläche unterschiedlich ist. In unserem Jahrhundert wurden Instrumente konstruiert, die derartig winzige Unterschiede in der Schwerebeschleunigung messen können. Mit den Ergebnissen solcher Schweremessungen kann man dann das Schwimmgleichgewicht der äußeren Erdschale bestimmen. Die im Auftrag der US-Regierung zu Anfang dieses Jahrhunderts durchgeführten Messungen haben nun ergeben, daß die Masse unter den Gebirgen offenbar ein gewisses »Defizit« aufweist, und zwar entweder weil das Krustenmaterial weniger dicht ist, wie Pratt annahm, oder weil die Kruste dicker ist, wovon Airy ausging. Es war jedoch schwierig, anhand der Meßdaten sicher zu sagen, ob Pratts Vermutung zutraf oder die Airys. Barrell favorisierte Pratts Modell. Inzwischen hatten die Untersuchungen der Leitung von Erdbebenwellen bereits die Annahme eines flüssigen Untergrundes entkräftet. Darum verwendete Barrell den Begriff der Asthenosphäre (Schwächezone) als Ersatz. Das Material in der Asthenosphäre ist sehr schwach. Bei sehr geringem Druck, der langsam einwirkt, kann es sich wie eine Flüssigkeit verhalten. Dagegen reagiert das Material elastisch auf schnell wirkenden Druck, wie er bei Erdbebenwellen auftritt. Die äußere Schale über der Asthenosphäre wird Lithosphäre genannt. Sie verhält sich in jeder Hinsicht wie ein fester Körper.

Studien der Übertragung von Erdbebenwellen erlauben ein Abschätzen der Materialdichte der Erdkruste. Wie ich im Anfangskapitel anführte, fand Mohorovičić eine Diskontinuität, die Gesteinsmaterial unterschiedlicher Dichte trennt, weil Erdbebenwellen mit erheblichen Geschwindigkeitsunterschieden übertragen werden. Diese Diskontinuitätsfläche ist die Moho. Das Erdmaterial über der Moho bildet die Kruste, das darunter den Mantel. Daten über die Wellenfortpflanzung zeigen, daß das Krustenmaterial leichter und das Mantelmaterial schwerer ist. Auch ist die Kruste unter den Gebirgen dicker, dort liegt die Moho tiefer; unter den Ozeanen ist die Kruste dünner. Die Seismologen haben also wesentlich dazu beigetragen, daß Airy seinen Rivalen Pratt besiegen konnte.

Einer der schwerwiegendsten Fehler, der die Revolution der Geowissen-schaften um Dekaden verzögert hat, war die Annahme, daß die Krustenteile über der Moho, wie es von den Seismologen definiert wurde, sich in einem Status des Schwimmgleichgewichts über dem Mantel befinden, entspre-chend Airys Krustenteilen über einem flüssigen Untergrund. Wendete man Airys Modell zur Deutung der seismischen Ergebnisse an, würde das bedeuten, daß der Mantel unterhalb der Moho praktisch keine Festigkeit besitzt. Nun sind in den dreißiger Jahren zahlreiche Versuche zur Bestim-mung der Festigkeit von Gesteinen durchgeführt worden; die Pionierarbeit wurde zur Hauptsache von meinem Mentor an der UCLA, David Griggs, geleistet, der unter Percy Bridgeman am College of Fellows der Harvard University tätig war. Es wird angenommen, daß die Mantel-Gesteine zur Hauptsache aus Eisen- und Magnesiumsilikaten bestehen; man stellte fest, daß sie bei eher niedrigen Temperaturen, wie sie unter der flachen Moho unter den Ozeanen herrschen, sehr fest sind. Nur wenn sie auf Temperaturen bis dicht unter ihrem Schmelzpunkt erhitzt werden oder sehr langsam einwirkendem Druck unterliegen, verhalten sich diese Gesteine wie eine Flüssigkeit. Die Versuche brachten keine großen Überraschungen. Überra-schend war, daß viele Geowissenschaftler weiterhin annahmen, daß die Mantelgesteine unmittelbar unter der Moho den flüssigen Untergrund unter einer schwimmenden Kruste bildeten.

Seismische Wellen können künstlich erzeugt werden. In den fünfziger Jahren wurden viele Untersuchungen zur Bestimmung der Tiefenlage der Moho durch künstliche Explosionen durchgeführt. Die Ergebnisse waren allgemein ermutigend. Anläßlich einer Tagung der *American Geophysical Union* im Jahre 1957 besuchte ich eine ausgezeichnete Ausstellung. Dort war ein Profil dargestellt, das die letzten Forschungsergebnisse über die Erdkruste unterhalb des nordamerikanischen Kontinents wiedergab. Wie Airy vorausgesagt hatte, ist die Kruste unter der Sierra Nevada, unter den Rocky Mountains, unter den High Plains, unter den Appalachen dicker. Dünn ist sie dagegen unter den Kontinentalrändern und sehr dünn unter dem Atlantischen und dem Pazifischen Ozean. Die Tiefenlage der Moho, wie sie anhand seismischer Messungen bestimmt wurde, bestätigte also Airys Theorie von der Massenverteilung der Erdkruste. Aber da gab es noch einen kleinen Schönheitsfehler. Das Colorado-Plateau, das sich etwa 2 Kilometer über dem Meeresspiegel erhebt, hätte eigentlich eine Kruste von etwa 40 Kilometern haben müssen; H. E. Tatel und M. A. Tuve kamen zu einem anormalen Ergebnis. Sie maßen eine Tiefe von 30 Kilometern (Abb. 7.6). Auch bei einer zweiten Messung kam man zu demselben Ergebnis. Schließlich waren viele Geologen – unter ihnen auch ich – davon überzeugt, daß die Krustenteile über der Moho nicht auf einem dichten, flüssigkeitsähnlichen Mantel schwimmen. Wir mußten uns also noch einmal gründlicher mit Pratts Modell beschäftigen, das Dichteunterschiede in der Lithosphäre der Erde annahm. Man war von zwei falschen Voraussetzungen ausgegangen: Man glaubte, der obere Mantel unter der Moho sei weich und homogen. Wir mußten jetzt zu Barrells alter Annahme zurückkehren, daß eine feste und starre äußere Schale bis etwa 100 Kilometer hinabreicht; solch eine Lithosphäre umfaßt sowohl die Kruste als auch den obersten Teil des Mantels. Weiterhin kann das Mantelmaterial in der Lithosphäre keine einheitliche Dichte haben, und eine Ungleichheit der Manteldichte ergibt neue Varianten, um die vertikalen Bewegungen der Erdkruste zu erklären. Unter der Lithosphäre befindet sich der weiche Mantel der Asthenosphäre. Nach modernen Erkenntnissen ist die Fläche, die die Lithosphäre von der Asthenosphäre trennt, zur Hauptsache eine Festigkeitsdiskontinuität. Das Material oben ist fest. Die starre Platte kann sich verschieben, das Material unten ist weich und kann kriechen wie eine Flüssigkeit bei geringen, langsam einwirkenden Druckdifferenzen, wie sie etwa durch Konvektionsströme im Mantel entstehen.

Die Lithosphäre ist keine perfekte Kugelschale ohne sogenannte Fehlstellen: große Störungen und Bruchzonen in der Oberfläche des Globus. Untiefe Erdbeben mit Hypozentren in 10 oder 20 Kilometer Tiefe geschehen zur Hauptsache in den Gebieten der mittelozeanischen Rücken; die mittlere Bruchzone der Rücken ist meistens als Grabenbruch ausgebildet (Abb. 7.6). Eine Karte, auf der die Zentren dieser flachen Erdbeben verzeichnet waren, hat uns denn auch erstmals ein Bild der geographischen Verbreitung des Mittelatlantischen Rückens und der mittelozeanischen Rücken im Indischen Ozean gegeben. Ein Bild, das nachträglich durch Tiefenmessungen bestätigt wurde.

Nicht alle Erdbeben ereignen sich in geringer Tiefe. Im Bereich der Ränder des Pazifischen Ozeans treten Erdbeben auch in größerer Tiefe häufig auf und können sich bis zu 700 Kilometer ausdehnen. Hugo Benioff (Cal Tech) beobachtete, daß die Hypozentren dieser Beben überwiegend auf enge Zonen beschränkt sind, die von der Oberfläche in verschiedenen Winkeln zur Horizontalen abtauchen. Eine geneigte Zone im Erdinnern, in der sich Erdbeben mit tiefliegendem Hypozentrum ereignen, wird deshalb Benioff-Zone genannt (Abb. 7.7).

Es ist noch eine dritte Klasse von Erdbeben mit den großen Bruchzonen der Ozeane verknüpft. Diese Bruchzonen wurden zuerst durch Jacques Vacquier (Scripps) entdeckt, als er die magnetische Streifung des Ozeanbodens im Pazifik (Kapitel XII) eingehend untersuchte. Deutlich erkennbare magnetische Anomalien schienen an Tausende Kilometer langen parallelen Brüchen versetzt zu sein. Gleichartige Brüche hat man seither auch in anderen Ozeanen beobachtet.

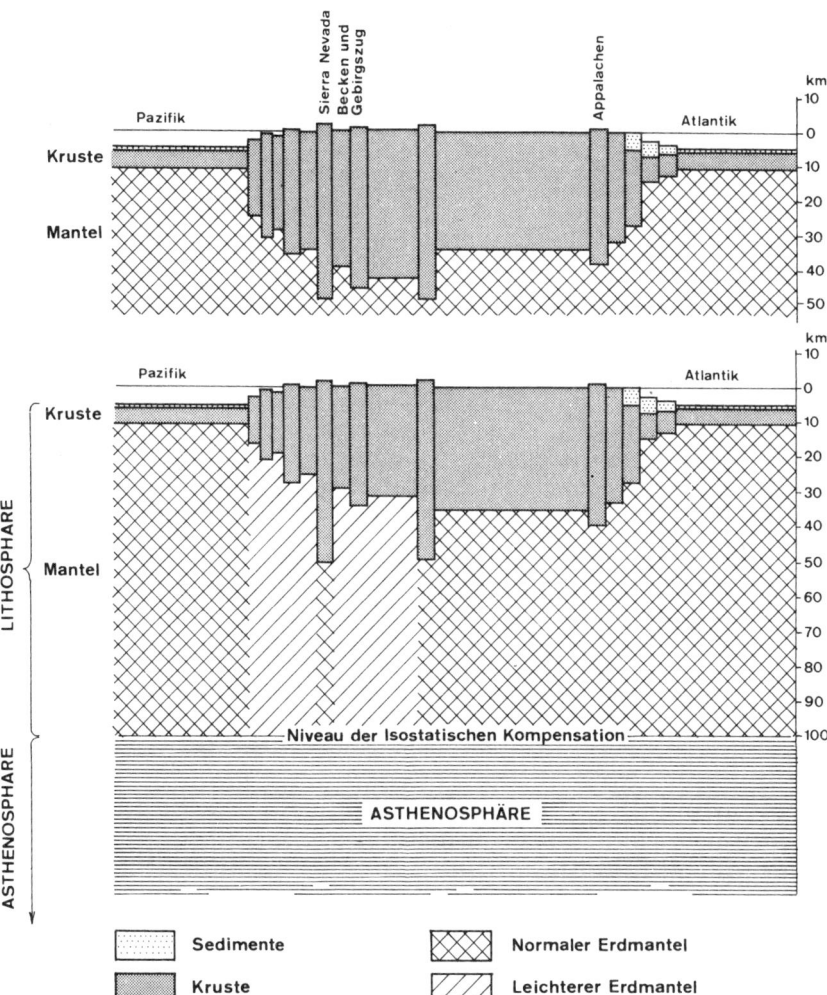

Abb. 7.6: Lithosphärische Isostasie. In den frühen fünfziger Jahren glaubten die meisten Geophysiker, daß Airy recht habe. Der obere Teil der Abbildung zeigt die unterschiedlichen Mächtigkeiten der Erdkruste unter Nordamerika, wie Airys Modell sie demonstrierte (oberes Diagramm). Seismische Untersuchungen zeigten, daß die Erdkruste im Westen der Vereinigten Staaten im ganzen dünner ist als vorhergesagt, und auch, daß die Dichte des Mantels dort geringer ist. So scheint es, daß beide, Pratt und Airy, teilweise recht hatten. Es gibt laterale Unterschiede in der Krustenmächtigkeit und in der Manteldichte, wie sie das untere Diagramm illustriert.

113

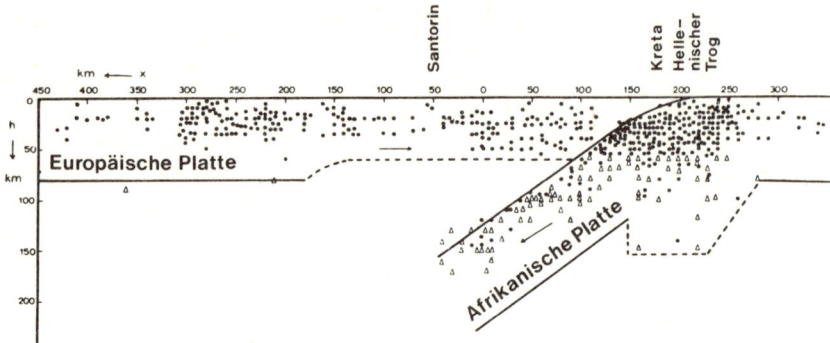

Abb. 7.7: Die Benioff-Zone. Hugo Benioff erkannte erstmalig im Jahre 1955 eine Zone von Erdbeben mit tiefliegendem Hypozentrum, die sich von der inneren Wand eines Tiefseegrabens bis zu einer Tiefe von maximal 700 Kilometern hinabzieht. Seitdem sind solche Zonen mit tiefliegenden Erdbeben rings um den Pazifik gefunden worden. Man nennt sie Benioff-Zonen. Die Theorie von der Plattentektonik erklärt, daß die Erdbeben durch die Abwärtsbewegung der ozeanischen Lithosphäre in den Mantel verursacht werden. Die Abbildung zeigt eine Benioff-Zone im Mittelmeer, wo die ozeanische Lithosphäre am Nordrand der afrikanischen Platte unter die europäische Platte abtaucht. Das Aufschmelzen des Gesteinsmaterials von der abtauchenden Kruste ist die Quelle für den Vulkanismus auf der Insel Santorin und ihrer Umgebung.

Das Verteilungsmuster der Erdbeben hat bei den Neuerern der Plattentektonik-Theorie zu der Vorstellung geführt, daß die Lithosphäre der Erde in sechs große Platten zerbrochen ist (Abb. 7.2). Diese Platten bewegen sich 1) aufeinander zu, 2) voneinander weg, oder 3) gehen seitlich aneinander vorbei. Als Bullard einige Jahre zuvor versuchte, die Kontinente an beiden Seiten des Atlantik »zusammenzufügen«, vergegenwärtigte er sich, daß die Verlagerung sphärischer Segmente auf einer Kugel dem Eulerschen Theorem entspricht: Die Bewegung eines beliebigen Punktes auf einer Kugeloberfläche kann als Rotation um eine Achse definiert werden, wobei die Bewegung einen Kreisbogen oder einen kleinen Kreis auf der Kugeloberfläche beschreibt. Nun schien für Morgan, McKenzie und Parker das Rätsel gelöst zu sein. In den Bereichen der mittelozeanischen Rücken registrierte Erdbeben sind identisch mit den Erschütterungen, die beim Zerbrechen der starren Krustenplatten auftreten, wenn die Platten sich voneinander fortbewegen. Sobald Laven aus den Bruchspalten dringen, bedecken sie den Boden des Spaltentales und verbreitern den Rand der sich voneinander entfernenden Platten. Die fortgesetzte Anlagerung neuer Ozeankruste an »sich ausbreitenden« Platten erweitert den Ozeanboden, vergleichbar dem fortgesetzten Anfrieren von Wasser in einer Eisspalte. Offensichtlich werden die Kontinente zu beiden Seiten eines sich ausdehnenden Ozeans auf diese Weise auseinandergedrängt. Sie sind nicht etwa weggeschwommen. Die Kontinente gehören zu den gleichen lithosphärischen Platten wie die Böden des sich ausdehnenden Ozeans. Sie sind versetzt worden, weil sich durch die Anlagerung neuen Materials zum Meeresboden entlang der Achse eines mittelozeanischen Rückens der Meeresboden ausgeweitet hat.

Die Rückkehr zu Barrells Konzept der Lithosphäre öffnete die Sackgasse, in die Wegeners Theorie von der Kontinentaldrift geraten war. Uns standen alle erdenklichen physikalischen Daten zur Verfügung, um nachzuweisen, daß die Kontinente nicht auf einem flüssigen Mantel schwammen; und nicht wie Eisberge, die durchs Meer driften, ihren Weg durch den Mantel pflügen können. Wir haben auch alle möglichen Belege dafür, daß die Kontinente im Verlauf der letzten wenigen hundert Millionen Jahre ihre relative Lage veränderten. Die Kontinente können nicht gedriftet sein, dennoch bewegten sie sich. Wir wissen jetzt, daß die Kontinente oben auf den lithosphärischen Platten sitzen – wie Container auf Lastwagen – und sich bewegten, weil die Platten sich bewegt haben. Die Platten spielten, um im Bild zu bleiben, gewissermaßen die Rolle fahrender Lastwagen. Wenn sich ein Kontinent auf einer lithosphärischen Platte von einem mittelozeanischen Rücken fortbewegt, kann seine Vorderkante mit einer anderen lithosphärischen Platte zusammenstoßen. Wenn die angestoßene Kante der anderen Platte aus ozeanischem Boden besteht, wird sie unter die Kontinentalplatte geschoben. Es wird angenommen, daß sich genau dieser Vorgang entlang den Rändern des Pazifik ereignet hat. Der nordamerikanische Kontinent zum Beispiel ist auf der Nordamerika-Platte nach Westen getragen worden, als sich der nordatlantische Ozean durch Seafloor Spreading ausweitete. Die westliche Kante des Kontinents trifft auf die Pazifik-Platte, die unter der Nordamerika-Platte abtaucht. Die Abwärtsbewegung, die man Subduktion nennt, verursacht Reibung und führt zu Spannungen. Diese Spannungen lösen Erschütterungen entlang einer Benioff-Zone aus, die sich bis 700 Kilometer tief hinabzieht. Unterhalb dieses Bereichs wird die Platte so stark aufgeheizt, daß sie mit dem Material der Asthenosphäre verschmilzt und von dieser nicht mehr zu unterscheiden ist. Durch einen solchen Subduktionsprozeß kann der Boden eines Tausende Kilometer breiten Ozeans im Erdinneren aufgeschmolzen oder *verkonsumiert* werden.

Wenn das Krustenmaterial der abtauchenden Platten schmilzt, entstehen flüssige Schmelzen, die wegen ihrer geringen Dichte aufsteigen. Diese Schmelzen oder Magmen können in Gesteinsbildungen nahe der Erdbebenfläche eindringen und in Form großer Granitkörper erkalten. Manchmal finden sie auch ihren Weg an die Oberfläche und fließen aus Vulkanschloten aus; so entstanden u.a. die Andesite in den Anden Südamerikas.

Bildet die vordere Kante einer lithosphärischen Platte einen Kontinent und stößt dieser Kontinent mit einem anderen auf der rückwärtigen Kante einer anderen Platte zusammen, geschieht ein Zusammenstoß der Kontinente. Wir haben erwähnt, daß der große Tethys-Ozean hauptsächlich aufgrund des Zusammenstoßes von Afrika und Europa verschwand und daß die Kollision beider Kontinente zur Bildung der Alpen geführt hat. Wie aber ist die Existenz des Mittelmeers zwischen beiden Kontinenten zu erklären? Ist das Mittelmeer ein Überbleibsel der großen Tethys?

Emile Argand, einer der phantasievollsten Geologen seiner Generation, schrieb 1924, das Mittelmeer sei kein Überbleibsel der Tethys. Die gesamte Tethys wurde ausgelöscht, als Afrika mit Europa während des späten Oligozäns zusammenstieß. Das Mittelmeer ist ein junges Binnenmeer und erst nach dieser Kollision entstanden. Das Mittelmeer bildete sich, als Korsika und Sardinien sich von Frankreich und Spanien wegbewegten, Italien sich von diesen Inseln abspaltete und Afrika sich vom südlichen Europa entfernte. Das alles geschah – nach Argand – vor etwa 25 Millionen Jahren. Die Ergebnisse der Tiefseebohrungen während des Leg XIII im Jahre 1970 und später während des Leg XLII-A im Jahre 1975 bestätigten Argands Annahme weitgehend. Die ältesten Sedimente über dem Untergrund des westlichen Mittelmeeres (Ligurisches und Tyrrhenisches Meer) stammen aus dem frühen Miozän, sind also etwa 20 oder 25 Millionen Jahre alt, wie Argand es vorausgesagt hatte. Wir glauben auch, daß diese westlichen Becken in der Art entstanden sind, wie Argand es beschrieben hat. Als sich die Kontinente voneinander fortbewegten, wurden die Brüche mit submarinen Laven gefüllt und bildeten eine neue ozeanische Kruste. Das Balearen-Becken beendete seine Ausdehnung während der letzten wenigen Millionen Jahre; eine Sedimentdecke auf dem Meeresboden des Beckens verbirgt die alten und erloschenen submarinen Vulkane; einige davon konnten wir bei unseren Tiefseebohrungen erforschen. Das Tyrrhenische Becken dehnt sich auch heute noch aus, und der Tiefseeboden ist dort mit alten und jungen Vulkanen gefleckt, von denen einige sich bis über den Meeresspiegel erheben und Inseln bilden, wie der berühmte Stromboli und die anderen Liparischen Inseln vor der Nordküste Siziliens (Tafel XIV).

Das östliche Mittelmeer hat eine ganz andere Geschichte.

Wir können den Annahmen Argands nicht zustimmen. Berechnungen von Le Pichon haben gezeigt, daß Afrika sich im östlichen Mittelmeer während der letzten 100 Millionen Jahre auf Europa zubewegt hat. Das östliche Mittelmeer dehnt sich nicht aus, es wird von den Landmassen der Umgebung zusammengepreßt. Die Sedimente des östlichen Mittelmeeres sind sehr mächtig; sie erreichen in einigen Teilen mehr als 10 Kilometer Mächtigkeit. Schätzt man das Alter anhand der Sedimentationsrate, liegt der Schluß nahe, daß der Ursprung des Beckens bis in die mesozoische Ära zurückreicht, einige hundert Millionen Jahre. Geologische Untersuchungen auf der Insel Cypern und Tiefseebohrungen auf einem submarinen Rücken 170 Kilometer westlich von Cypern weisen darauf hin, daß die Insel einst ein Teil des östlichen Mittelmeerbodens war, der durch Gebirgsbildung aus der Tiefsee herausgehoben worden ist. Die ältesten Sedimente von Cypern sind Radiolarite und weiße Kalke. Sie liegen auf einem Ophiolith-Untergrund. Die Gesteinsfolge ist der Tethys-Folge ähnlich, wenn auch etwas jünger. Es scheint, daß das östliche Mittelmeer in der Tat eine jüngere Schwester der Tethys ist, die noch nicht in den Klemmbacken zwischen Afrika und Europa zertrümmert wurde. Doch ist ihr Schicksal vorauszusehen. Der Mittelmeer-Rücken, der sich zwei- bis dreitausend Meter über die Tiefsee-Ebenen des östlichen Mittelmeeres erhebt, ist eine gewaltige untermeerische Gebirgskette, den Alpen in Zentraleuropa vergleichbar (Tafel XIV). Cypern ist der höchste Punkt dieser Gebirgskette. Seismische Untersuchungen ließen den Schluß zu, daß die Sedimentbildungen des Rückens gefaltet und zerbrochen sind wie die der Alpen. Offensichtlich werden die letzten Reste Ozeanboden von der sich nordwärts bewegenden Afrika-Platte verschlungen; das Mittelmeer zwischen dem nordostafrikanischen Land und dem Balkan wird sich zu einer Fortsetzung der Alpenkette auffalten. Weil sich die afrikanische Platte unter die europäische Platte schiebt, verschwindet das östliche Mittelmeer (Abb. 7.7). Wie können wir diese Behauptung nachprüfen? Unter anderem unternahmen wir unser Leg XIII, um mit Hilfe von Bohrungen die neue Geschichtsinterpretation des östlichen Mittelmeeres auf der Grundlage der Theorie von der Plattentektonik zu prüfen.

Vor unserer Reise hatten Ryan und seine Kollegen bei Lamont eine beachtliche Menge geophysikalischer Daten gesammelt. Der Mittelmeer-Rücken ist im Norden von einer Reihe von Tiefseetrögen umsäumt, von denen der Hellenische Trog der bedeutendste ist. Im Norden wird der Hellenische Graben von einer steilen Felswand begrenzt. Beobachter in einem tieftauchenden Unterseeboot fanden vertikale Kliffs an den Grabenwänden. Nördlich des Hellenischen Grabens befindet sich ein Inselbogen, seine größten Inseln sind Rhodos und Kreta, und die Halbinsel Peloponnes.

Vening-Meinesz gehörte zu den ersten Wissenschaftlern, die Inselbögen erforscht haben. Er fand heraus, daß die Schwerebeschleunigung an der inneren Wand des Java-Troges im Süden des Inselbogens von Indonesien geringer war als erwartet. Diese negative Anomalie war als ein Zeichen des Massendefizits gedeutet worden, weil leichtere Kruste in den Mantel hinuntergezogen worden war. Der Theorie von der Plattentektonik folgend nehmen wir an, daß ein Ozeantrog dort entsteht, wo eine ozeanische

Platte sich unter einen Kontinent schiebt. Die innere Wand des Troges liegt dort, wo die leichtere Kontinentalkruste wegen des Abtauchens der Ozeanplatte hinabgedrückt wird, wodurch das Massendefizit entsteht oder die deutlich negative Anomalie der Gravitation, wie Vening-Meinesz herausgefunden hatte.

Ryan stellte fest, daß der Bogen der negativen Anomalie der Gravitation sich über dem inneren Rand des Hellenischen Troges befand. Er fand eine Benioff-Zone, die mit 30° bis 40° vom Hellenischen Graben unter den Inselbogen nördlich des Troges am Südrand des Ägäischen Meeres nach Norden abtauchte. Die Erdbeben, die die Minoische Kultur auf Kreta zerstörten, hatten ihren Ursprung in dieser Benioff-Zone. Er stellte weiterhin die Existenz verschiedener vulkanischer Inseln im Ägäischen Meer fest: Santorin/Thira war darunter die bekannteste. Die Quelle der vulkanischen Laven sollte nach der neuen Theorie von den aufgeschmolzenen Mittelmeersedimenten stammen, die durch die Subduktion der afrikanischen Platte auf der Benioff-Zone hinabbefördert worden waren (Abb. 7.7). Wiederum wiesen alle Anzeichen darauf hin, daß der Hellenische Graben die Front darstellte, an der die afrikanische Platte unter die europäische Platte abtaucht. Unser Ziel beim Leg XIII war es, ein Loch in die nördliche innere Wand des Hellenischen Grabens zu bohren, wo, wie wir annahmen, junge Trogsedimente der afrikanischen Platte unter älteren Gesteinen der europäischen Platte eingeklemmt sein könnten.

Setzen wir die Beschreibung unserer Leg-XIII-Expedition mit der *Glomar Challenger* fort: Wir verließen unseren Bohrplatz über der Gorringe-Bank am 17. August 1970 und fuhren am 18. im Morgengrauen ins Mittelmeer. Das Schiff stoppte südlich von Malaga in der Straße von Gibraltar, um eine Bohrung niederzubringen. Dort mußten wir ein Verkehrshindernis ganz besonderer Art überwinden: Seit wir Lissabon verlassen hatten, war uns ein sowjetischer Fischdampfer gefolgt. Unser Bohrturm mag Neugier erregt haben. Der Dampfer war offenbar vom KGB beauftragt worden, uns auszuspionieren. Der Fischdampfer mußte uns verlassen, als wir in die Straße von Gibraltar abdrehten. Statt seiner näherten sich uns nun andere sowjetische Schiffe bis auf Schußweite, wenn wir auf Station waren. Mehrmals mußte Kapitän Clarke befürchten, daß wir gerammt würden. Tatsächlich drehten sie stets erst in letzter Minute ab. Nach dem Wagnis in der Straße von Gibraltar fuhren wir die spanische Küste hinauf und bohrten eine Anzahl Löcher im Golf von Valencia. Die Strömung war stark und tückisch, aber mit Hilfe des dynamischen Positionierungssystems gelang es der *Glomar Challenger* ihre Position zu halten. Von dort umfuhren wir die Balearen und bohrten die JOIDES-Lokalität 124. Am 27. August zogen wir einen Kern, der seitdem die »Säule von Atlantis« heißt und uns den ersten Hinweis darauf gab, daß vor etwa fünf Millionen

Jahren das Mittelmeer einmal ausgetrocknet gewesen sein muß. Ein Augenblick von historischer Bedeutung in der Geschichte der Geologie (Kapitel XV)!

Die *Glomar Challenger* erreichte um Mitternacht des 1. September das östliche Mittelmeer, nachdem wir die Straße von Sizilien passiert hatten. Wir bohrten an zwei Stellen auf dem Mittelmeerrücken, der sich von Kalabrien in Süditalien südlich von Griechenland und Kreta bis nach Cypern hinzieht. Am frühen Morgen des 6. September gelangte die *Glomar Challenger* an das südliche Ende des Hellenischen Troges; er umsäumt die Nordostseite des Mittelmeerrückens und liegt im Südwesten von Griechenland. Durch Echolotungen stellten wir fest, daß wir uns über dem Trog befanden, der von einer mächtigen Decke flachliegender Sedimente abgedeckt ist (Abb. 7.8). Wir planten, das Bohrloch nahe der Nordkante des Troges anzusetzen, erst die Trogsedimente zu durchbohren, dann die älteren Sedimente der europäischen Platte zu durchstoßen, bis wir schließlich die untergepreßten Trogsedimente der afrikanischen Platte erreichen würden.

Die Bohrkapazität der *Glomar Challenger* war ebenso begrenzt wie die uns verfügbare Zeit. Wir mußten unser Ziel mit einem Loch in weniger als 1000 Meter Tiefe erreichen. Darum mußten wir die Lage des geplanten Bohrplatzes sehr genau treffen und äußerst exakt navigieren.

Nach vier Wochen auf See bekamen Ryan und ich gute Übung in diesem Spiel. Unser Ziel lag so nahe an der Trogkante, daß nun bald die Echos von der steilen Trogwand auf unserem Präzisionstiefenanzeiger erscheinen mußten, denn das Schiff konnte von der gewünschten Position nicht mehr weit entfernt sein. Sobald wir sie erreicht hatten, mußten wir die akustische Bake herablassen; die Bake, die durch ihre Signale die dynamische Positionierung steuert, würde dann die genaue Lage des Bohrloches anzeigen. Die ersten Seitenechos des nördlichen Hanges erschienen wie vorausgesagt um 11.30 Uhr, aber die flachen Echos setzten sich unter den Seitenechos fort. Das Schiff war nun direkt über dem Trog. Es war noch zu früh; wir hätten die mächtigen Trogsedimente niemals durchbohren können. Wir mußten nahe an die Kante heranfahren; dort ist die Sedimentdecke dünner. Die Spannung stieg. Minuten verstrichen. Der Zweite Maat kam zweimal, um sich mit uns abzustimmen. Mit äußerster Konzentration, aber zuversichtlich warteten wir vier Minuten, während die Seitenechos von der steilen Wand immer stärker wurden. Endlich wurde das Signal gegeben und die Bake wurde fallengelassen. Dreißig Sekunden später zeigte uns das Echolot an, daß wir die Kante des Troges erreicht hatten. Wir fanden genau die richtige Stelle; spätere Berechnungen zeigten, daß die Bohrstelle nur 473 Meter von der Basis der Gesteinswand entfernt war. Wir hatten unser 11 000-Tonnen-Schiff »auf einer Münze«

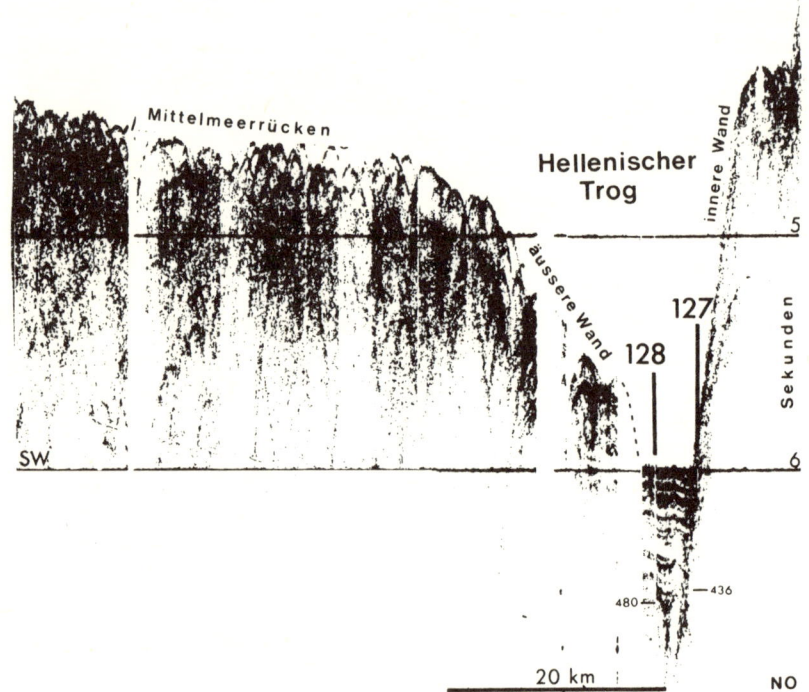

Abb. 7.8: Der Hellenische Trog. Der Hellenische Trog befindet sich dort, wo die ozeanische Lithosphäre unter Kreta abtaucht. Der Trog oder Graben ist mit hundert Metern sehr junger Sedimente aufgefüllt. Der vertikale Maßstab ist überhöht; die wahre Hangneigung der inneren Wand beträgt etwa 30°. Die Sekunden geben die Zeit an, die ein akustisches Signal, das am Meeresboden reflektiert wird, benötigt, um zum Schiff zurückzukehren. Der Graben ist hier etwas weniger als 5 000 Meter tief, so daß die Laufzeit etwas mehr als 1 Sekunde pro Kilometer beträgt. Dieses Diagramm wurde durch kontinuierliche seismische Profilaufnahme während einer *Glomar-Challenger*-Reise gewonnen.

gestoppt, wie die Amerikaner eine solche Präzisionsarbeit salopp nennen. Jahre später schätzten wir uns glücklich, daß wir diese Stelle gefunden hatten. Ja, es war sehr viel Glück dabei – aber genaues Navigieren war das Geheimnis des Erfolges!

Nach dem »Spitzentanz« der Navigation war die Bohrung beinahe nur noch Routine. Sehr schnell durchbohrten wir eine Folge von Trogsedimenten, die fast 500 Meter mächtig waren. Alle diese Sedimente stammten aus dem Quartär, der jüngsten geologischen Ära. Die obersten Sedimente enthielten gröbere Anteile, die von der steilen, nördlichen Wand des Troges heruntergekommen sein müssen. Aber die untersten Sedimente sind feinkörniger Mergel, eine Mischung aus terrigenem

Schlamm und den Skeletten abgestorbenen Nannoplanktons. Diese Sedimente sind fast die gleichen, wie sie sich heute am südlichen Rand des Hellenischen Grabens ansammeln, von denen wir Proben an unserer nächsten Stelle erbohrten. Dieser Wechsel im Typus der Sedimentation von fein zu grob erfüllt die Vorhersage der Plattentektonik-Theorie. Le Pichon hatte geschätzt, daß sich die afrikanische Platte mit einem Betrag von ein oder zwei Zentimetern pro Jahr nach Norden bewegt. Legt man den vorsichtigen Schätzwert von einem Zentimeter pro Jahr zugrunde, dann müssen die am ersten Bohrplatz gefundenen Sedimente vor 1 Million Jahren 10 Kilometer weiter südlich gelegen haben. Die dort abgelagerten Sedimente mußten dann außerhalb der Reichweite des groben Hangmaterials liegen; nur Schlamm, fossile Skelette von Nannoplankton und Foraminiferen, die von oben herabregnen, könnten sich hier ansammeln. Die grobe Sedimentschicht über dem feinkörnigen Mergel weist offenbar darauf hin, daß der Meeresboden sich nordwärts Richtung Trogwand bewegt hat.

Am Mittag des 8. September traf der Bohrmeißel auf etwas Hartes: Der Bohrfortschritt sank stark. Wir baten den Bohrmeister, einen Kern zu ziehen, weil wir die vergrabene Felswand des Troges erreicht haben mußten. Der Kern zeigte uns, daß die Trogwand hier von einem Dolomit unterlagert wird, einem Calcium- und Magnesiumcarbonat. Das Gestein ist gebrochen und hat sich wieder verfestigt, wie man es an der Stelle erwartet hatte, an der die afrikanische Platte unter die europäische taucht. Cita und Stradner, unsere Mikropaläontologen, waren darin geübt, das Alter der weichen Schlicke vom Ozeanboden durch die Untersuchung der Foraminiferen und des Nannoplanktons zu bestimmen. Sie konnten uns nicht das Alter dieses Dolomitgesteins nennen. Wir beschlossen, einen Dünnschliff des Gesteins herzustellen, und schliffen es bis zu einer Dicke von 0,03 Millimeter ab, so daß der Dünnschliff unter dem Durchlicht-Mikroskop untersucht werden konnte. Den ganzen Abend saß ich im Labor und suchte nach Spuren von Fossilien. Gegen Mitternacht sah ich schließlich etwas. Unsere Mikropaläontologen kamen, und Wolf Maync sagte, daß er vielleicht das Fossil identifizieren und uns das Alter datieren könne. Doch mußten mehr Gesteinsstücke gesägt und Dünnschliffe davon hergestellt werden. Maync ging ans Werk und sagte mir am nächsten Morgen, daß der Dolomit ein Kreidegestein und etwa 100 Millionen Jahre alt sei.

Der Dolomit verriet noch mehr. Das Sediment war ursprünglich aus Fossilienskeletten von Organismen entstanden, die in Flachmeeren gelebt hatten, vielleicht an Korallenriffen. Ähnliche Sedimente hat man in den Alpen gefunden, in den Karpaten und in den Gebirgen Griechenlands. Die sogenannte Urgon-Fazies aus Flachmeer-Carbonaten ist von den

Geologen seit langem als eine Sedimentfolge gedeutet worden, die nahe den Nordküsten des großen Tethys-Ozeans abgelagert wurde. Jetzt sind die Sedimente zu Kalken und Dolomiten verfestigt, die die Felsspitzen vieler Berge in Alpen und Karpaten bilden. Sie sind durch die Kollision der Kontinente von ihrem ursprünglichen Entstehungsort in geringer Meerestiefe zu einige tausend Meter hohen Gebirgen hochgepreßt worden. Wie kam ein solches Gestein in den Hellenischen Tiefseegraben hinunter? Antwort gibt uns wiederum die Theorie von der Plattentektonik. Die Dolomit-Sedimente wurden am Rand des europäischen Kontinents im Norden des Tethys-Mittelmeer-Ozeans abgelagert. Als die afrikanische Platte nordwärts zu wandern begann, wurde der Tethys-Mittelmeerboden unter den Südrand Europas gedrückt. Durch dieses Abtauchen wurden der Rand der nördlichen Platte und die Sedimente darauf in ihre heutige Tiefenlage hinabgezogen. Dieser Teil der Tethys-Küste wurde so durch die Subduktion des Ozeanbodens unter den Kontinent in 5000 Meter Tiefe hinabgedrückt, während andere Teile dort, wo Kontinente zusammenstießen, Tausende von Metern aufstiegen.

Die Bohrung durch das Dolomitgestein war zunächst sehr mühselig, doch in den frühen Stunden des 9. September kamen wir plötzlich flott voran. Als der Kern heraufkam, fanden wir eine Lage von weichem Ozeanschlamm unter dem kretazischen Dolomit, der die Grabenwand bildet. Cita und Stradner datierten das Alter der Sedimente ins Mittel-Pliozän. Wir hatten nun den Beweis, nach dem wir hier gesucht hatten. Wir hatten einen Kern mit dem älteren Kreidegestein der europäischen Platte über jüngeren Grabensedimenten der afrikanischen Platte (Abb. 7.8). Die Begeisterung war groß. Die revolutionäre Theorie hatte erneut triumphiert. Die *Glomar Challenger* erfüllte voll und ganz die Erwartungen und führte ihre Aufgabe zur Zufriedenheit durch.

Weitere Bohrungen auf dem Mittelmeerrücken bestätigten unseren Erfolg. Wir konnten nachweisen, daß die Sedimente auf dem Mittelmeerrücken auf einer Tiefsee-Ebene entstanden waren, bevor sie ein paar tausend Meter zu ihrer heutigen Lage in den submarinen Höhenzügen aufgepreßt wurden. Sie sind Beispiel für ein embryonales Gebirge, gefangen zwischen den kollidierenden Kontinenten Afrika und Europa – ein »Kind« noch unter dem Meer, aber dafür ausersehen, höher als die Alpen aufzusteigen.

VIII. Der Ozeanboden wird »verschluckt»

Als ich 1958 heiratete, arbeitete ich in der Forschungsabteilung der *Shell Oil Organization* und lebte in Texas. Meine Frau Ruth fühlte sich dort fremd. So versuchte ich, meine Vorgesetzten davon zu überzeugen, daß es günstig sei, die Geologie der kalifornischen Küstenketten, insbesondere der Gesteinsfolge der sogenannten Franciscanischen Serie, zu erforschen. Die Franciscanische Serie ist an der malerischen Küste zwischen San Francisco und Los Angeles gut aufgeschlossen. Zur Durchführung der geplanten Untersuchungen konnten wir den Frühling und Sommer 1963 an der Küste verbringen und hatten dort mit unseren drei Vorschulkindern eine idyllische Zeit.

Die Franciscanischen Gesteine waren den Geologen lange Zeit ein Rätsel. Anders als andere Sedimentformationen, die man von einem Aufschluß zum anderen verfolgen und auf viele Kilometer kartieren kann, scheinen die Franciscanischen Gesteinsbildungen absolut willkürlich angeordnet. Die grünen Gesteine auf dem Nob Hill in San Francisco etwa sind ganz anders als die roten Schichten am Twin Peak nebenan. Die grünen Gesteine sind Teil einer Ozeankruste, Ophiolithe, die roten dagegen ein Tiefseesediment, ein Radiolarit. Beide lagen einst unter einem Tiefseeboden. Durch bislang unbekannte Naturkräfte wurden sie an Land geworfen. Was waren das für Kräfte? Wie gelangten diese Gesteine vom Tiefseeboden aufs Land und bildeten hochragende Hügelspitzen?

Als Doktorand war ich fasziniert von diesem Problem, und wir machten mehrere Exkursionen, um die Franciscanischen Gesteine zu untersuchen. Die Berge sind voll mit Blöcken aus unterschiedlichen Gesteinen, grün, grau, rot. Jahrzehntelang haben die Geologen dieses Phänomen ignoriert und das seltsame Gestein einfach »Grundgebirge« genannt. Sie hätten sich die Mühe machen und es näher betrachten sollen. Denn diese »Grundgebirge« enthielten oft Fossilien, und an manchen Stellen waren diese sogar jünger als die Sedimentschichten, die darüber lagen.

In jenem glücklichen Jahr 1963 wanderte ich täglich am Strand entlang, werktags allein, um die Franciscanischen Gesteine zu betrachten, sonntags mit der Familie, um Muscheln zu sammeln. Eines Tages erkannte ich, daß die Franciscanischen Gesteine ein aufregendes Schicksal hinter sich hatten: Sie bestanden, wie ganz normales Gestein, aus Laven, verfestigten

Sanden, Schlamm und Ozeanschlick, die ordentlich übereinander abgelagert worden waren. Auf noch ungeklärte Weise wurden sie in Millionen Stücke zertrümmert, einige davon nur wenige Zentimeter groß, andere mit einer Ausdehnung von mehreren Kilometern. Die Fragmente der verschiedenen Gesteinsarten haben sich dann, unabhängig von ihrer Größe, mit einer Grundmasse aus Gesteinsmehl wirr vermischt, wurden übereinandergepreßt und von irgendeiner gewaltigen Kraft zusammengeschoben.

Das war das Geheimnis der Franciscanischen Gesteine. Sie sind weder normal liegende, geschichtete Gesteine noch sind sie Grundgebirge. Sie sind eine Melange – das war der Name, den ich gebrauchte –, eine Mischung aus vielen unterschiedlichen Gesteinsarten, alle abgeschert, zerbrochen und bis zur Unkenntlichkeit verformt (Tafel XV).

Ich war über meine Entdeckung natürlich sehr erfreut. Ich schrieb meine Schlußfolgerungen nieder. 1968 trug ich sie, wie schon erwähnt, auf der Tagung der *Geological Society of America* vor in der vergeblichen Hoffnung, damit eine Sensation auszulösen. Ich hatte keine Chance, denn Vine hielt während dieser Tagung seinen epochemachenden Vortrag über die Theorie vom Seafloor Spreading.

Weder Vine noch ich waren uns bewußt, daß wir beide die verschiedenen Seiten einer Münze betrachteten. Er sprach über die Ausbreitung des Pazifischen Ozeans, und zwar in einem Ausmaß von etwa 100 Kilometern in 1 Million Jahren. Die Erde hat jedoch eine endliche Größe, und die Ausdehnung des Pazifischen Ozeans kann nicht bis ins Unendliche gehen. Was ist mit dem Ozeanboden geschehen, der sich während der letzten 200 Millionen Jahre gebildet hatte? Zu Teilen ist er dort immer noch unter Sedimentdecken verborgen. Meine Untersuchungen der Küstenketten gaben Antwort auf die Frage, wohin der Rest verschwunden war: Der größte Teil des alten Pazifikbodens wurde aufgebrochen und an die westliche Kante des nordamerikanischen Kontinents geklebt, er bildete die Franciscanische Melange.

Im Pazifik gibt es, im Gegensatz zum Atlantik oder Indischen Ozean, keinen mittelozeanischen Rücken. Die Achse, an der der pazifische Meeresboden aufreißt, liegt nahe dem amerikanischen Doppelkontinent und wird Ostpazifische Erhebung genannt.

Dieser Mangel an Symmetrie läßt sich erklären, wenn wir uns vergegenwärtigen, daß die Ostseite des Pazifik unter den Kontinenten Nord- und Südamerika abtaucht. Geologen sprechen davon, daß die Pazifikplatte unter der Nordamerikaplatte »verschluckt« wird, und zwar entlang einer Benioff-Zone.

Das war die Erklärung von Morgan, McKenzie und anderen Theoretikern der neuen Schule. Wo aber war der Beweis? Erdbeben entlang der

Benioff-Zone! Wo ist der geologische Nachweis? Die Franciscanische Melange der kalifornischen Küstenketten! Aber kehren wir ins Jahr 1966 zurück: Damals ahnte ich nicht, daß es mit Hilfe der von mir entdeckten Küstenmelange gelingen sollte, zu beweisen, daß die geometrischen Voraussetzungen für die Theorie von der Plattentektonik erfüllt waren.

Im Dezember 1969 veranstaltete die *Geological Society of America* in Monterey/Kalifornien eine interdisziplinäre Konferenz, um die neue Theorie von der Plattentektonik zu diskutieren. Dort trafen sich etwa 90 Geologen, Geophysiker und Ozeanographen aus aller Herren Ländern. Auch ich wurde eingeladen und reiste aus der Schweiz nach Kalifornien. Dort sollte ich eine Exkursion an die Strände mit der Franciscanischen Melange führen. Diesmal traf ich auf spontane Zustimmung, und der Begriff Melange ist inzwischen in die geologische Literatur eingegangen. Melangen wurden überall dort gefunden, wo der pazifische Ozeanboden unter den Kontinenten verschluckt wird, auch in den Alpen und im Himalaja, wo ein alter Ozean zwischen kollidierenden Kontinenten verschlungen wurde.

Bei der Monterey-Konferenz traf ich Roland von Huene. Er studierte an der UCLA, zur selben Zeit als ich dort Assistent war. 1957 trafen wir uns dann in Europa. Er war Fullbright-Stipendiat, und wir liefen zusammen Ski in der Umgebung von Innsbruck. Nach seiner Promotion arbeitete er am *Geophysics Branch* des *US Geological Survey* und machte mit seiner Erforschung der Tiefseegräben, besonders derjenigen, die die amerikanischen Kontinente umrahmen, eine steile Wissenschaftlerkarriere. Wie ich war auch von Huene skeptisch gegenüber der neuen Theorie. Er hatte einige Daten erarbeitet, die gegen die Theorie von der Plattentektonik zu sprechen schienen: Von den Gräben oder Trögen wird angenommen, daß sie zusammengepreßt und unter die Kontinente geschoben werden; aber von Huenes seismische Profile zeigten, daß die Trogsedimente nicht deformiert sind.

In Monterey verbrachten wir einige wenige, ruhige Minuten zusammen, abseits der allgemeinen Hektik. Inzwischen hatte ich mich zu der neuen Theorie bekehren lassen. Ich sagte ihm, wie andere es wohl auch schon getan hatten, daß die Trogsedimente nicht deformiert sind, weil sie noch nicht weit genug verschluckt waren. Die verschluckten Grabensedimente und der darunterliegende Ozeanboden, argumentierte ich weiter, seien verformt. Sie bilden Melangen unter der steilen Grabenwand, wo sie bei der seismischen Profilnahme nicht wahrzunehmen sind. Von Huene stimmte einer solchen Möglichkeit zu, wollte aber gern noch mehr Beweise haben. Seismische Methoden können den Beweis nicht erbringen. Doch mit der *Glomar Challenger* konnte es gelingen.

Ein Jahr später, nachdem wir im Hellenischen Graben gebohrt hatten und ältere Gesteine über den untergeschobenen Grabensedimenten fanden, waren Ryan und ich endgültig überzeugt. Andere blieben weiterhin skeptisch und machten sarkastische Bemerkungen: etwa, daß wir nur einen gigantischen Felsbrocken im Graben durchbohrt hätten! Sie konnten in der Tat recht haben, weil wir zu wenig Zeit hatten und die Bohrtechniken damals noch zu primitiv waren, um eine gründliche Prüfung der kritischen Frage vorzunehmen. Das Problem war jedoch viel zu wichtig, als daß man es lange übersehen konnte.

Anfänglich plante die JOIDES mehrere Reisen in den Pazifik, später, als die Tiefseebohrungen ein internationales Stadium erreicht hatten, einige weitere. Sie sollten die Verschluckung von Ozeanboden erforschen. Von Huene war Ko-Chefwissenschaftler auf der ersten dieser Fahrten, dem Leg XVIII im Jahre 1971. Er mußte auf dieser Reise seine wissenschaftliche Philosophie einem radikalen Wandel unterziehen, ähnlich wie ich es zwei Jahre zuvor erlebt hatte. Von Huene wurde ein energischer Verfechter der Plattentektonik-Theorie und leitete viele Jahre lang das JOIDES-Aktiver-Rand-Komitee (Active Margin Panel), das die Pläne für die Bohrungen auf den pazifischen Rändern aufstellte.

Die *Glomar Challenger* verließ Honolulu/Hawaii am 29. Mai 1971 und fuhr zur Nordwestküste des Pazifik. Vor der Küste von Washington und Oregon heißt die Ostpazifische Erhebung Juan-de-Fuca-Rücken. Dort hatten Raff und Mason zuerst die magnetische Streifung des Meeresbodens entdeckt und Fred Vine und Tuzo Wilson die Breite dieser Streifen zu der Dauer einer Epoche der magnetischen Polumkehrung in Beziehung gesetzt. Entsprechend der Theorie von der Plattentektonik soll der pazifische Meeresboden an der Ostseite des Juan-de-Fuca-Rückens unter den Nordamerika-Kontinent untertauchen und verschlungen werden. Mehrere Anzeichen sprechen für diese Vorhersage: Eine Benioff-Zone der Erdbeben ist an der entsprechenden Stelle nachgewiesen worden. Melangen aus verformten Gesteinen einer alten Benioff-Zone sind an der Küste von Washington aufgeschlossen, sehr ähnlich den Franciscanischen Gesteinen, die ich selbst untersucht hatte. Schließlich sind die Laven, die den Mount Rainier bei Seattle bilden, von der Art, wie man sie beim Aufschmelzen eines verschluckten Ozeanbodens erwartet. Das einzige Problem war, daß ein Trog fehlte, der fast immer dort vorhanden ist, wo ein Ozeanboden unter einem Kontinent verschwindet. Statt dessen befindet sich dort ein Haufen mariner Sedimente, die sich vor einem submarinen Canyon als Sedimentfächer ausbreiten, dem Astoria-Fächer (Abb. 8.1). Eine Erklärung wäre, daß der Columbia genug Sedimente in den Ozean getragen hat, um den Graben, der dort eigentlich hätte sein müssen, aufzufüllen. An dieser Stelle befindet sich nun also ein submariner Fächer.

126

Anwachskeil-Modell

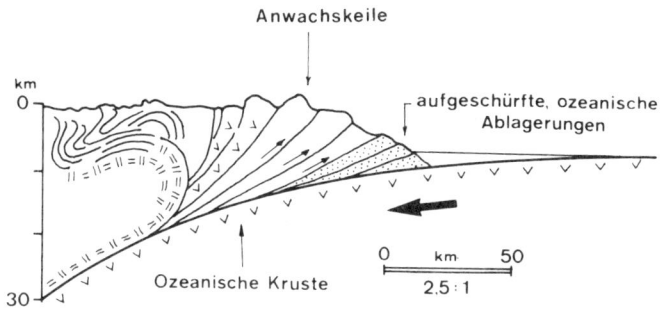

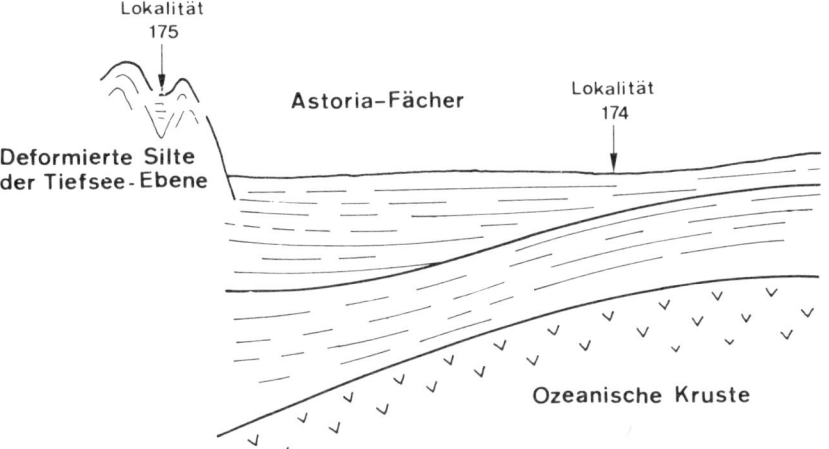

Abb. 8.1: Aufgepreßte Anwachskeile. In einem Tiefseegraben können sehr mächtige Sedimente angesammelt werden, wenn der Meeresboden in eine Benioff-Zone abtaucht, aber sie müssen sehr schnell abgelagert werden und sehr jung sein, wie es die Bohrung an Lokalität 174 des Leg XVIII zeigte. Im Bohrloch 175 wurden deformierte Sedimente eines Anwachskeils durchbohrt, wie es oben ein theoretisches Modell zeigt. Neue Keile pressen alte Keile hoch, bis sie in Küstengebirgen anstehen, wie die Franciscanischen Melangen von Kalifornien.

Seismische Profile lassen sich dahingehend interpretieren, daß die pazifische Platte wohl nach Osten unter die mächtigen Fächersedimente abtaucht. Aber die Fächersedimente liegen flach, sie sind nicht verformt. Die einzigen verformten Sedimente befinden sich am Fuß des Kontinentalhanges.
Skeptiker gegenüber der Theorie von der Plattentektonik wiesen denn auch auf eine offene Frage hin: Wie konnte es geschehen, daß die weichen

127

Sedimente des Astoria-Fächers nicht zu einer chaotischen Melange verschmiert wurden, wenn die pazifische Kruste stetig unter dem nordamerikanischen Kontinent abtaucht. Die Theoretiker hatten darauf eine simple Antwort: Die Sedimente eines älteren Astoria-Fächers verformten sich tatsächlich, als die darunterliegende Kruste verschluckt wurde: Es sind die deformierten Sedimente am Fuße des Kontinentalhanges. Die flachliegenden Sedimente des Fächers sind so jung, daß sie sich noch nicht verformen konnten. Wenn die Theoretiker recht haben, dann muß sich die Ansammlung der Fächersedimente in erstaunlich kurzer Zeit vollzogen haben. Nun wurde an mehreren Stellen gebohrt, um die Vermutung zu überprüfen. Bei Lokalität 174 wurde das Alter der Sedimente unter dem Astoria-Fächer mit Hilfe einer Bohrung bestimmt. Wie die Theoretiker vorhergesagt hatten, lag eine dicke Serie junger Sedimente auf einem Tiefseeboden über junger, neu gebildeter Kruste. Als die Kruste sich ostwärts auf Nordamerika zu bewegte, wurde sie hinabgebogen und bildete einen Trog. Dann jedoch wurde diese Depression durch die vom Kontinent stammenden noch jüngeren Sedimente aufgefüllt. Anhand der in den Sedimenten enthaltenen Fossilien ließ sich bestätigen, daß der Astoria-Fächer tatsächlich sehr jung ist: Die Fächersedimente hatten hier vor etwa 1 Million Jahren begonnen, sich anzusammeln. Die Ablagerungsrate war unglaublich hoch und erreichte ein Maximum von fast 1000 Metern pro Million Jahre: etwa das Hundertfache der normalen Sedimentationsrate in den Ozeanen.

An zwei weiteren Lokalitäten wurde gebohrt, um nachzuweisen, daß die verformten Sedimente am Fuße des Kontinentalhanges ältere Tiefseesedimente sind, die von ihrer darunterliegenden Kruste abgeschabt wurden, als diese vor ein oder zwei Millionen Jahren unter Nordamerika abtauchte. Die Theoretiker hatten recht, die Sedimente unter dem Astoria-Fächer liegen flach, weil auch sie noch zu jung sind, um sich schon verformt zu haben. Aber das Schicksal dieser Sedimente steht fest: In nicht allzu ferner Zukunft werden auch sie eine chaotische Melange sein wie die Franciscanischen Gesteine, die ich in den kalifornischen Küstenketten gesehen hatte!

Das nächste Ziel der *Glomar Challenger* war der Alaska-Graben im Norden. Dieser Graben oder Trog war erhalten geblieben, weil die Aleuten-Inseln nicht genügend Sedimente »lieferten«, um ihn aufzufüllen. An vier Stellen wurde gebohrt. Und wieder ergab sich das gleiche Bild: Der Boden des Grabens bestand aus ozeanischer Kruste, die sich an einem entfernten, sich ausbreitenden Rücken gebildet hatte. Wie auf einem Förderband wurde der Meeresboden stetig etwa 6 Zentimeter pro Jahr nach Norden befördert. Dabei ging ein Regen von Foraminiferen-Skeletten, Nannoplankton und Radiolarien auf ihn nieder und bedeckte den Basaltuntergrund. Endlich, nach einer Reisedauer von etwa 50 Millionen Jahren, erreichte die Kruste unter Bohrplatz 180 die äußere Kante der Aleuten und wurde schnell durch die Sedimente von den Kontinenten mit einer Rate von 100 bis 200 Metern pro Million Jahre aufgefüllt. Während dieser ganzen Zeit wurden die Trogsedimente an der inneren Kante zusammengepreßt, und zwar als sie sich von ihrer Krustenunterlage trennten (Verschluckungsvorgang). Bei Bohrplatz 181, am inneren Hang des Troges, drang der Bohrstrang der *Glomar Challenger* in verformte Sedimente ein. Sie waren einige tausend Meter vom Grabenboden heraufgehoben worden, genau an der Stelle und in der Form, die der Vorhersage der Theoretiker entsprachen (Abb. 8.1). Von Huene, Kulm (der andere Ko-Chef) und ihre Kollegen kehrten am 20. Juli nach Kodiac/Alaska zurück. Sie hatten ihre Taufe auf der *Glomar Challenger* erhalten und bekannten sich nun zu der Theorie von der Plattentektonik.

Es erübrigt sich zu sagen, daß die Leg-XIII-Bohrungen im Hellenischen Trog und die Leg-XVIII-Studien am Nordamerikarand erst der Anfang einer Reihe wichtiger Entdeckungen waren.

Die *Glomar Challenger* fuhr 1971 zum Tonga-Graben (Leg XXI) und 1972 zum Timor-Graben (Leg XXVII), 1973 zum Neue-Hebriden-Trog (Leg XXX) und zum Nankai-Trog (Leg XXXI). Nach einem Umweg in den Atlantik kehrte sie während der internationalen Phase der Tiefseebohrungen wieder in den Pazifik zurück, um den Japangraben (Legs LVI, LVII, 1977), den Marianen-Graben (Legs LIX, LX, 1978) und den Mittelamerika-Graben (Legs LXVI, LXVII) zu erforschen. Wir fragten uns nicht mehr, ob es eine Verschluckung von Ozeanboden unter den Kontinenten der Pazifik-Ränder gegeben hatte. Wir wollten nun wissen, wo sich heute derartige Verschluckungen abspielen.

Im Jahre 1970, wir bohrten gerade an der inneren Wand des Hellenischen Grabens, schlossen Ryan und ich eine Wette ab: Er meinte, wir würden junge Tertiärsedimente unter der Grabenwand finden. Ich behauptete dagegen, wir würden auf Gesteinsbildungen treffen, die jenen auf Kreta vergleichbar wären. Ryan verlor die Wette.

Er ließ sich von Vorstellungen irreleiten, die das Denken der Geologen mehr als eine Dekade lang beherrscht hatten. Meine Arbeit über die Franciscanischen Melangen an der kalifornischen Küstenkette mag diese Schulmeinung noch bestätigt haben. Dort sahen wir einen Gürtel chaotisch deformierter Gesteine, einst Sedimente auf dem Meeresboden, 100 bis 200 Kilometer breit und einige tausend Kilometer lang. Der Theorie von der Plattentektonik zufolge deuten wir die Melangen zwischen den Kanten eines Kontinents und eines abtauchenden Ozeans in einer alten Benioff-Zone als verformte Gesteinsschichten. Während des Verschluckungsprozesses sollte die Ozeankruste, die eine höhere Dichte als die

Kontinentalkruste hat, in den Mantel absinken. Da aber die Sedimente nur von geringer Dichte sind, würden sie wahrscheinlich abgeschabt und aufgerichtet und zwischen dem Boden des Kontinents und dem abtauchenden Ozeanboden eingekeilt werden. Die Sedimente werden in dem dichten Zwischenmittel in tausend Stücke zerbrochen und bilden eine Melange, die untergeschuppt oder an die Unterseite eines Kontinents angeschweißt wird. Die Bohrergebnisse von Leg XVIII schienen dieses Denkmodell zu bestätigen. Verformte Sedimente gehörten zu einem eingeklemmten Keil, wie er wiederholt am Fuß des inneren Hanges in einem Graben gefunden wurde.

Wie konnten solche eingeklemmten Melange-Keile an die Oberfläche und in die Küstenketten gelangen?

Die Erklärung lautet einfach: Die Keile wurden von sich darunterschiebenden anderen Keilen nach oben gepreßt (Abb. 8.2). Demnach müßte man ältere Melangen weiter oben an den inneren Wänden eines Grabens finden und die jüngsten Melangen am Fuß der Wände. Die Bohrungen auf dem Mittelamerika-Trog während des Leg LXVI im Jahre 1979 schienen die Voraussage zu erfüllen: Eine Trasse mit acht Löchern wurde gebohrt. Davon wurden drei in mögliche eingeklemmte Keile unter der inneren Wand des Grabens niedergebracht. Der eingeklemmte Keil bei Bohrplatz 492 in weniger als 2000 Meter Tiefe stammt aus dem Miozän und ist etwa 10 Millionen Jahre alt, der bei Bohrplatz 491 in etwa 3000 Meter Tiefe aus dem Pliozän, 4 Millionen Jahre alt, und der von Platz 488, nahe dem Fuß der Grabenwand in 5000 Meter Tiefe, ist Pleistozän, etwa 1 Million Jahre alt (Abb. 8.3). Wie die Theorie voraussagte, liegen die älteren Keile höher; sie wurden mit einer durchschnittlichen Rate von mehreren hundert Metern pro Million Jahre nach oben gepreßt. In weiteren 10 Millionen Jahren wird der Miozän-Keil aus dem Meer herausgehoben sein, erodiert werden und wie die alten Franciscanischen Melangen der kalifornischen Küstenkette einen Bergzug bilden.

Schelf

Abb. 8.2: Anwachskeile an der Innenwand des Alaska-Grabens. Die Bohrungen von Leg XVIII bestätigten das Aufpreß-Modell (siehe Text).

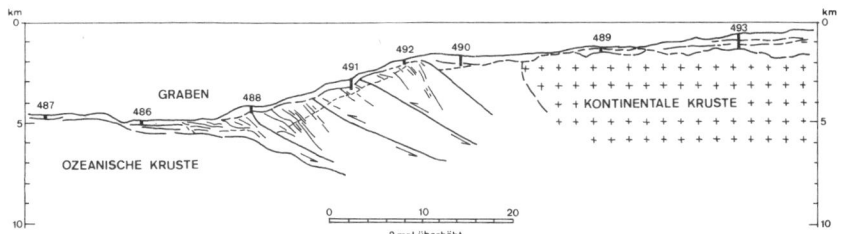

Abb. 8.3: Anwachskeile an der Innenwand des Mittelamerika-Grabens. Die Bohrungen von Leg LXVI bestätigten das Aufpreß-Modell (siehe Text).

Dieses Modell der Krusten-Verschluckung ist nicht immer übertragbar. Ich hatte mit Ryan gewettet, weil ich wußte, daß eingeklemmte Keile wie die Franciscanischen Melangen nicht in allen Küstengebirgen der Länder um den Pazifik zu finden sind. Gesteine, die den Franciscanischen ähnlich sind, aber ein geringfügig anderes Alter haben, findet man in Oregon und Washington. Weiter nördlich jedoch, an der Küste von Britisch-Kolumbien, sind Fjorde in massive Granite eingeschnitten. Weiter im Süden, etwa in Niederkalifornien, findet man unter der Halbinsel überwiegend kristalline Gesteine; Melangen wie die Franciscanischen gibt es nur auf einigen der Küste vorgelagerten Inseln. In den kolumbianischen Anden und auf den Falkland-Inseln tief im Süden trifft man auf Melangen aus älteren Ozeansedimenten, vermischt mit Ophiolithen. Aber die Zentral-Anden sind zum größten Teil aus Graniten und Vulkangesteinen entstanden. Solche Gesteine können keine eingekeilten Keile sein, die unter Kontinentalrändern eingeklemmt wurden. Dagegen behauptet die Platten-tektonik-Theorie, daß die vulkanischen Gesteine auf die Sedimente der ozeanischen Lithosphäre zurückzuführen sind, die durch die Verschluk-kung in den inneren Mantel gelangten, aufgeheizt wurden, geschmolzen sind und ihren Weg durch Brüche in der Kontinentalkruste wieder nach oben fanden. Sie flossen als andesitische Laven aus den Vulkanen. Die Granite waren Gesteinsschmelzen oder Magmen, die 10 oder 20 Kilometer unter den Vulkanen erstarrten; sie wurden herausgehoben, erodiert und stehen nun in den Anden-Küstenketten an. Die Geologie der Zentral-Anden hat uns gezeigt, daß es dort an Land keine eingeklemmten Melangen gibt. Die Kante des Kontinents ist auch nicht hochgepreßt, sondern beim Untertauchen des Ozeanbodens hinabgezogen worden.

An der gegenüberliegenden Seite des Pazifik ist die Situation ähnlich. Melangen findet man in einigen Küstenketten oder auf einigen Inseln, etwa den Kurilen, auf Neukaledonien usw. An anderen Orten aber fehlen sie ganz.

131

Mir waren diese Tatsachen bekannt, als ich mit Ryan wettete. In einer meiner Arbeiten wies ich denn auch darauf hin, daß es zwei verschiedene Arten von Verschluckungsrändern gab: den Franciscanischen Typ mit hochgepreßten, eingeklemmten Keilen und den Anden-Typ mit herabgezogenen Kontinentalrändern. Ryan verlor seine Wette, weil der Rand des Hellenischen Grabens zum letzteren Typ gehört. Wir bohrten in den Kreide-Dolomit hinein, der auf einem alten Kontinentalschelf nahe der Meeresoberfläche entstanden war. Diese Gesteine werden 5000 Meter unter dem Meeresspiegel gefunden, denn der südliche Rand des europäischen Kontinents wurde dort hinabgezogen, so, wie ich es für das Anden-Modell beschrieben habe.

Unglücklicherweise wurden unsere Schlußfolgerungen über die Genese des Hellenischen Grabens von einer anderen Entdeckung auf unserer Reise überschattet: Unsere Untersuchung der Plattentektonik wurde kaum beachtet. Das Modell von der Subduktionstektonik wurde nicht näher überprüft, und die Theorie von den eingeklemmten Keilen etablierte sich. Sie erhielt ihren Anstoß bei den Leg-XVIII-Bohrungen und wurde durch die Untersuchung der seismischen Profile des Mittelamerika-Grabens bestätigt. Das Denken der JOIDES-Wissenschaftler war von diesem Modell beherrscht. Doch würden von Huene und seine Kollegen nachdenklich, wenn sie wüßten, daß Bill Ryan seine Wette gegen mich verlor.

Von Huene war wieder Ko-Chefwissenschaftler und leitete Leg LVII. Er wollte eine Trasse über den Japan-Graben legen. Sieben Löcher wurden gebohrt, von denen sechs in den inneren Hang des Grabens niedergebracht wurden. Nach dem Aufpreß-Modell sollten die Löcher in chaotisch deformierte Melangen der eingeklemmten Keile hineingehen. Statt dessen trafen wir auf flachliegende, nicht deformierte Sedimente in ihrer natürlichen Lagenanordnung. Nur bei Bohrloch 434, am Fuß der Grabenwand, fanden wir Anzeichen dafür, daß die Bohrung in die verformten Sedimente eines sehr kleinen eingeklemmten Keils geraten war.

Eine größere Überraschung erwartete uns an den Bohrstellen 438 und 439 im oberen Bereich des inneren Grabenhanges. Dort endeten die Bohrungen in Kiesen und vulkanischen Gesteinen, die vor 25 bis 30 Millionen Jahren auf dem Land abgelagert worden waren. Die darüberliegende Sedimentfolge gab Aufschluß über die Geschichte der Absenkung. Eine alte Landmasse, die mehr als 100 Kilometer seewärts vor der heutigen Küstenlinie der Insel Hondo/Japan gelegen hatte, sank langsam ab. Bis vor etwa 20 Millionen Jahren war sie auf circa 1000 Meter Wassertiefe abgesunken, und vor etwa 5 Millionen Jahren erreichte der Meeresboden dort schließlich die heutige Tiefe von 2000 Metern. Das Ergebnis spricht ganz klar für das Schlepp-Modell, nicht für das Aufpreß-Modell, wie die

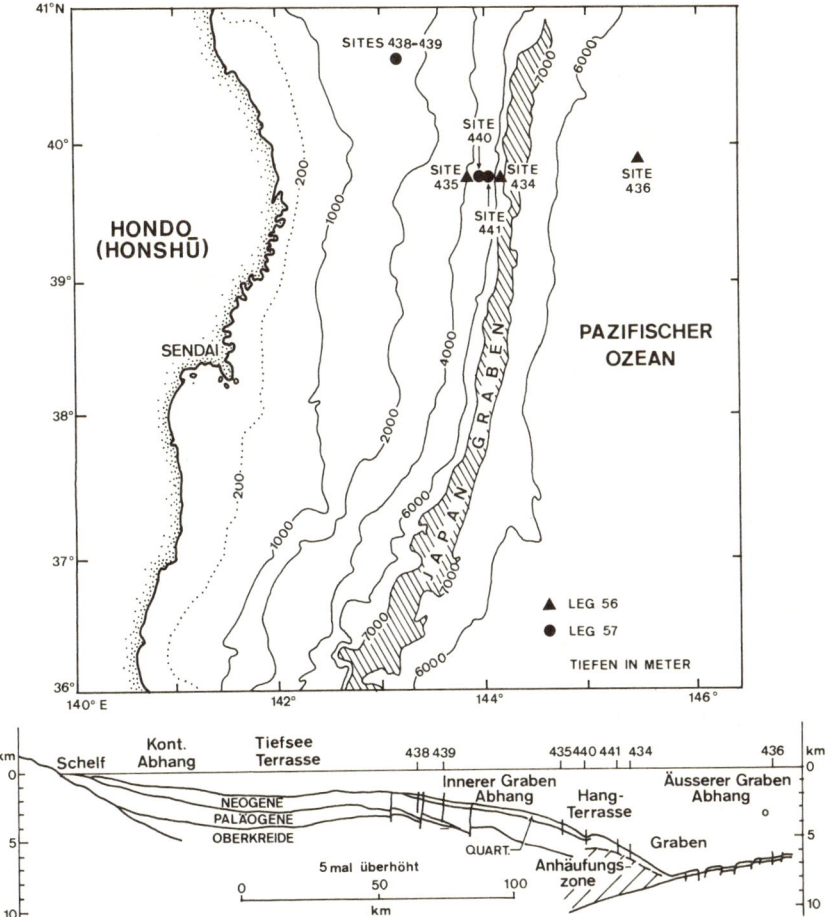

Abb. 8.4: Das Verschluckungsmodell. Bei den Bohrungen der *Glomar Challenger* während der Fahrten Leg LVI und LVII wurden keine ausgeprägten Anwachskeile gefunden. Statt dessen zeigten die Ergebnisse, daß der Rand des asiatischen Kontinents nach unten gezogen ist und die innere Wand des Japan-Grabens bildet, wo die Pazifik-Platte unter Asien abtaucht.

Planer des Projekts ursprünglich angenommen hatten (Abb. 8.4). Wenn überhaupt vorhanden, ist ein eingeklemmter Keil auf einen sehr kleinen Bereich an der tiefsten Basis am Innenhang des Grabens begrenzt.

Die Ergebnisse anderer Bohrfahrten sprachen ebenfalls für das Schlepp-Modell. Weder während des Leg LVI im Japan-Graben, der Legs LIX und LX im Marianen-Graben oder des Leg LXVII im Mittelamerika-Graben wurden große eingeklemmte Keile gefunden. Zusammenfassend kann man sagen, daß während der internationalen Phase der Tiefseebohrungen die Chancen im Pazifik 5 zu 1 für einen Sieg des Schlepp-Modells sprachen. Dennoch – eingeklemmte Keile, alte und neue, gibt es. Man könnte fragen, warum der Kontinentalrand an einer Stelle aufgestiegen und an einer anderen nach unten gebogen ist. Zuallererst benötigt ein eingeklemmter Keil Material, nämlich eine Menge Sedimente im Graben. Die Franciscanischen Melangen beispielsweise enthalten mehrere tausend Meter mächtige Sandsteine und Schiefer, die aus grobem und feinem Material entstanden sind und die sehr schnell in den Trog geschüttet wurden.

Derartige Sedimente konnten unter die Kante des nordamerikanischen Kontinents geschoben werden und ihn aufpressen. Die Pazifikküste von Washington wurde offensichtlich auch von den deformierten Sedimenten eines alten Astoria-Fächers aufgepreßt.

Andererseits ist der Chile-Peru-Trog, der parallel zu den Anden liegt, fast ohne Sedimente. Die Flüsse, die die südamerikanischen Wüsten entwässern, bringen nur wenige Sedimente zur Küste, und das Wenige, was sie mitbringen, wird in flachen Becken oberhalb des Grabens gefangen. Wo eine Ozeankruste, die nur von wenigen oder gar keinen Sedimenten bedeckt ist, unter die Kante eines Kontinents abtaucht, wird nur geringer Zuwachs sein. Es können im Gegenteil Stücke der Kontinentalkruste abbrechen und durch die sinkende Platte der ozeanischen Lithosphäre in den Mantel hinunter getragen werden. Von Huene und seine Kollegen haben diesen Prozeß »Subduktions-Erosion« genannt. Eine Kontinentalkruste, bei der die liegenden Schichten von einer solchen Erosion beseitigt wurden, muß absinken, wie wir es bei unseren Bohrungen an der Innenwand des Hellenischen Grabens entdeckt haben und wie von Huene und andere es bei Bohrungen auf dem inneren Hang des Japan-Grabens feststellten.

IX. Randmeere

»Die Geowissenschaftler sind lange fasziniert gewesen von dem Komplex Randmeere, Vulkanische Inseln und Tiefseegräben. Tatsächlich hat jede Geologengeneration seit Beginn des Jahrhunderts wiederholt die Dreiheit der Erscheinungen in verschiedenen Modellen des Gebirgsbildungsprozesses umgestaltet.«

So heißt es in der Einleitung des Reiseberichts des DSDP.Leg XXXI, der von Dan Karig und Jim Ingle, Ko-Chefwissenschaftler, und ihrer wissenschaftlichen Mannschaft gemeinsam verfaßt wurde.

Wir haben den Triumph der Plattentektonik-Theorie beschrieben, der mit Hilfe der *Glomar Challenger* erreicht werden konnte. Nun war das Bohrschiff aufgerufen, die dritte der »Dreiheit der Erscheinungen« anzugehen.

Der Ursprung der Becken unter den Randmeeren war zweifellos beliebter Gegenstand von Spekulationen. Der bekannte sowjetische Geologe V. V. Beloussow, unnachgiebiger Gegner aller revolutionären Ideen, war offenbar immer noch einem Dogma verhaftet: Es besagt, daß die Erdkruste sich nur auf und ab bewegen könne, aber nicht (oder nur wenig) seitwärts. Beloussow berief sich dabei auf die Idee von der »Ozeanisierung«, die erstmalig der holländische Geologe van Bemmelen aufgestellt hatte, und begann damit, Randmeere zu deuten. Er war überzeugt davon, daß diese Becken ursprünglich Kontinentalränder waren, dann aber, als sie »ozeanisiert« waren, absanken, wie das mythische Atlantis! Seine Vorstellungen verfocht er diktatorisch, wenngleich sein Modell näherer Prüfung nicht standhielt.

Randmeere liegen in der Regel über tiefen Becken hinter Inselbögen. Das Ägäische Meer ist ein solches Beispiel; es liegt hinter dem Inselbogen, der sich vom Peloponnes zu den Inseln Kreta und Rhodos hinzieht, dem Hellenischen Bogen. Die Karibische See ist ein anderes; sie wird durch den Bogen der Antillen vom Atlantik getrennt. Randmeere kommen im Pazifik verhältnismäßig häufig vor: das Beringmeer hinter den Aleuten, das Ochotskische Meer hinter Kamtschatka, das Japanische Meer hinter den japanischen Inseln, das Ostchinesische Meer hinter dem Riukiu-Archipel, die Philippinensee hinter dem Marianen-Bogen, um nur einige zu nennen. Die jetzt herrschende Theorie über den Ursprung von

Randmeeren war, wie viele andere neue Ideen, die zur Revolutionierung der Geowissenschaften führten, die Idee eines Doktoranden. Er hieß Dan Karig und studierte damals an der *Scripps Institution of Oceanography.* Karig war ein bescheidener junger Mann und geschickt wie ein Jongleur in der Handhabung von Werkzeug aller Art. Meine Frau Christine war besonders dankbar für dieses Talent. Im Jahre 1972 konnten Jerry Winterer und ich ein halbes Jahr Urlaub nehmen. Deshalb planten wir einen Tapetenwechsel: Er kam mit seiner Familie nach Zürich und wohnte in unserem Haus, wir zogen nach La Jolla und lebten in dem seinen. Ich bin einzigartig unbegabt für technische und handwerkliche Dinge im Haushalt. Nach sechs Monaten hatten wir so ziemlich alles kaputtgemacht. Der Kühler des Autos kochte stets, und kein Automechaniker konnte den Fehler finden. Die Spülmaschine blieb stehen. Eine Kühlschranksicherung brannte durch. Am Gartentor brach das Scharnier usw. usw. Wir waren sehr bedrückt, alles in so schlechtem Zustand zu hinterlassen, als unsere Heimreise bevorstand. Just im rechten Moment tauchte dann aber ein junger Mann auf und stellte sich als Dan Karig vor. Er wollte nach unserer Abreise zwei Wochen in Winterers Haus wohnen. Christine überfiel ihn sofort mit unseren Sorgen. Karig besah sich die Schäden und machte sich an die Arbeit. Alle Reparaturen waren in zwei Stunden erledigt, wir konnten abreisen, und alles war in schönster Ordnung!

Karigs Geschicklichkeit im Umgang mit Handwerkszeug war auf den ozeanographischen Reisen eine große Hilfe. Doch um das Rätsel der Randmeere zu lösen, mußte er andere Fähigkeiten einsetzen. Als Doktorand ging er mit einer Scripps-Expedition in das Tonga-Kermadec-Gebiet. Karig selbst befaßte sich zur Hauptsache mit dem Aufnehmen seismischer Profile, aber nebenher wurden zahllose andere Untersuchungen durchgeführt; die Tiefenlage der Moho mußte bestimmt werden, der Temperaturgradient unter dem Meeresboden und die magnetischen Anomalien mußten gemessen werden. In den späten sechziger Jahren lag eine gewisse Spannung in der Luft. Die neue Theorie über die Verschluckung von Ozeanboden hatte gerade die Existenz von Tiefseegräben und Inselbögen erklärt. Karig vollzog den nächsten logischen Schritt und erkannte, daß Randbecken an der konkaven Seite der Bögen der dritte Teil einer Dreiheit waren, die bei einer Subduktion entsteht.

Karig stellte fest, daß sich unter dem Boden des Tonga-Beckens hinter dem Tonga-Bogen nur eine dünne Kruste befand, wie die Ergebnisse der seismischen Refraktionsmessungen durch seinen Lehrer und Kollegen George Shaw zeigten. Außerdem fand Karig heraus, daß der Temperaturgradient unter dem Becken hinter dem Bogen insgesamt ungewöhnlich steil war. Endlich zeigten seine Reflektionsprofile typische Merkmale einer Region, die sich unter Zerrung ausdehnt. Alle diese Merkmale sind charakteristisch für sich ausbreitende Rücken. Karig hatte den kühnen Gedanken, daß Inselbögen Streifen kontinentaler Kruste sein könnten, die von einem Kontinent losgerissen wurden. Laven und vulkanisches Lockermaterial, die die Brüche hinter den Bögen auffüllen, bilden den neuen Meeresboden der Randbecken. Während sich die Becken hinter den Bögen weiter öffneten, wurde der Meeresboden an der Frontseite der Bögen unter den Inselbögen verschluckt, und es entstanden Tiefseetröge (Abb. 9.1). Eine Kette von Ereignissen wurde in Gang gesetzt, und zwar weil das Abtauchen der kalten ozeanischen Lithosphäre den Wärmezustand des Erdmantels im Gebiet hinter den Inselbögen störte. Es bildeten sich lokale Konvektionszellen. Konvektionsströme im Erdmantel stiegen hinter den Bögen auf und breiteten sich seitlich aus. Die Zugbeanspruchung, die durch die seitliche Bewegung der Strömungen entstand, riß Streifen der Lithosphäre von den Kontinenten fortschreitend ab, aus denen sich die Inselbögen bildeten und dabei Tiefseebecken in den Brüchen hinter den Bögen schufen.

Wenn eine Lithosphärenplatte verschluckt wird, entsteht Druck, die Öffnung der Becken hinter den Bögen aber weist auf Zerrung hin. Die Geologen wußten noch nicht, daß eine durch Zerrung entstandene geolo-

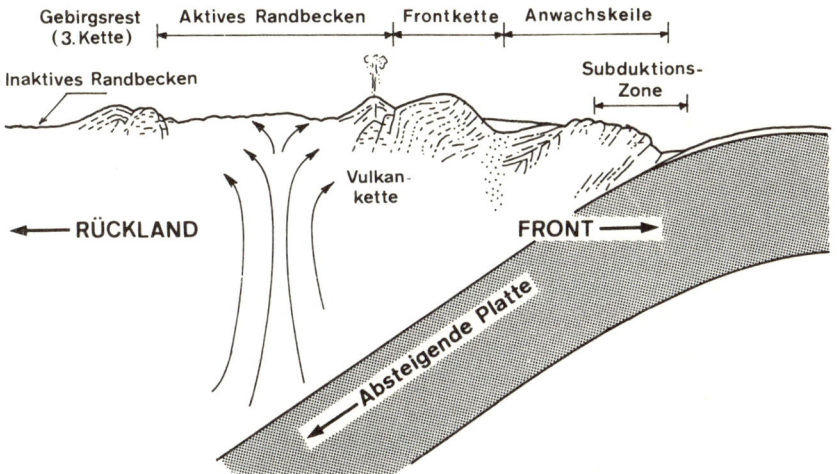

Abb. 9.1: Der Ursprung der Randbecken. Das Abtauchen der Ozeanplatte verursachte Konvektionsbewegungen im Mantel hinter dem Inselbogen. Das Aufsteigen der Konvektionsströmung führt zum Abbruch der Kontinentalplatte, und der Spalt wird von Lavaflüssen bedeckt, so entsteht eine neue Ozeankruste. Diese Theorie, die ursprünglich von Dan Karig aufgestellt wurde, ist mit Hilfe der Bohrungen der *Glomar Challenger* bestätigt worden.

gische Erscheinung einer benachbart sein kann, die sich durch Druck gebildet hat. Auch konnte Karig keine definierbaren magnetischen Streifen – das typische Merkmal des Seafloor Spreading – bei seinen ersten Untersuchungen im Tonga-Becken nachweisen. Endlich kam man zu dem Schluß, daß es offenbar keinen zentralen Grabenbruch, vergleichbar dem eines mittelozeanischen Rückens, gab. Ich war unter den Zuhörern, als Karig 1968 seinen Vortrag anläßlich der Tagung der *American Geophysical Union* in Washington D.C. hielt. Seine Ideen stießen auf großes Interesse und gaben Anlaß zu vielen Diskussionen, doch wußte man nicht, mit welchen geophysikalischen Methoden man Karigs Aussagen hätte kritisch testen können. Wir waren erneut auf die Hilfe der *Glomar Challenger* angewiesen.

Karigs Theorie sagte voraus, daß wir in Randmeerbecken eine ozeanische Kruste finden würden, die durch submarinen Vulkanismus entstanden war, und nicht etwa einen versunkenen Kontinent. Karigs Theorie behauptete auch, daß die Kruste der Becken sich von der Kruste an der Frontseite der Inselbögen unterscheidet; das Alter der Beckenböden sollte wesentlich geringer sein als das des Meeresbodens, der im Ozeangraben verschluckt wird. Schließlich sollte ein Becken hinter einem Inselbogen, das durch Seafloor Spreading entstanden ist, symmetrisch zu einer Achse sein; das Alter des Meeresbodens und der darüberliegenden Sedimente sollte an den Rändern des Beckens, am weitesten vom Zentrum des Seafloor Spreading entfernt, am ältesten sein, ähnlich dem Modell, das wir bei unseren Leg-III-Bohrungen zu beiden Seiten des Mittelatlantischen Rückens aufgestellt hatten.

Kurz nach Karigs Vortrag in Washington D.C. ergab sich im Sommer 1969 die Möglichkeit, seine Idee während der Leg-VI-Kreuzfahrt im Pazifik zu testen. Bruce Heezen von Lamont und Al Fischer von Princeton fungierten als Ko-Chefs. Heezen war in den frühen fünfziger Jahren einer von zwei Geologieassistenten bei Doc Ewing. Er war auch der erste bei Lamont, der die Bedeutung der mittelozeanischen Grabenbrüche erkannte, und seine Entdeckung inspirierte Vine zur Formulierung der Theorie vom Seafloor Spreading.

Leg VI, unter der Leitung von Heezen und Fischer, war vom Unglück verfolgt. Das Schiff hielt sich nie lange an einer Stelle auf, und die Mannschaft wurde von technischen Pannen daran gehindert, tief genug zu bohren.

Während der Anfangszeit des JOIDES-Projektes waren wir mit falschen Bohrmeißeln ausgerüstet. Bei der allerersten Reise schon entdeckte Doc Ewing zu seinem Mißvergnügen, daß der Bohrstrang der *Glomar Challenger* nicht in harte Flintschichten eindringen konnte. Der Flint oder Hornstein ist ein versteinertes Ozeansediment. Ursprünglich war es ein

Schlamm, der sich ausschließlich aus den Skeletten abgestorbener einzelliger Radiolarien gebildet hatte (Tafel VII). Die Skelette bestehen aus amorpher Kieselsäure. An einigen Stellen hatte sich diese amorphe Kieselsäure verändert und sich Opal oder Quarz gebildet. Durch eine solche Umkristallisation der amorphen Skelett-Kieselsäure wurden weiche Schlämme zu harten, kompakten Hornsteinen umgewandelt.

Während unserer Leg-III-Reise in den Atlantik begegneten wir diesem Problem, als wir bei Bohrplatz 13 westlich von Sierra Leone in einen Hornstein bohrten. Gewöhnlich trifft man auf dünne Lagen Hornstein, wenn man viele Meter weicher Sedimente durchbohrt. Um jedoch einen Meter Hornstein zu durchbohren braucht man mehr Zeit als für 100 Meter Schlamm. Ferner wird der Bohrmeißel sehr schnell abgenutzt. Wir mußten unsere Bemühungen auf Bohrplatz 13 aufgeben, weil wir in die Hornsteinschicht nicht hineinkamen. Viele andere frühere Bohrungen mußten abgebrochen werden, weil die Bohrmeißel am Hornstein versagten.

Um derart harte Gesteine zu durchbohren, muß ein starker Druck auf den Bohrmeißel ausgeübt werden, so daß er mit der erforderlichen Kraft eingetrieben werden kann. Andernfalls dreht sich der Meißel nur wie die Räder eines Autos, das im Sand oder Schnee festsitzt. Der Druck auf den Bohrmeißel, den der Bohrstrang überträgt, wird normalerweise durch den Gegendruck ausgeglichen, den die Wand auf das Bohrloch ausübt. Wenn jedoch der untere Teil des Bohrstranges noch nicht im Schlamm steckt, übt das Ozeanwasser nur geringen Gegendruck aus, um ein Verbiegen oder Brechen der Bohrrohre zu verhindern. So lernten wir endlich, daß man kein Loch in den Ozeanboden bohren konnte, wenn der Bohrmeißel in einer Tiefe von weniger als 100 Metern unter dem Meeresboden auf eine harte Gesteinsschicht stößt. Hätten wir versucht, einen Hornstein in geringer Tiefe gewaltsam zu durchbohren, noch bevor der untere Teil des Bohrstranges sicher in Schlamm eingebettet war und von der Bohrlochwand gehalten wurde, wären technische Komplikationen aufgetreten. Das hatten wir aus den Versuchen von Heezen und Fischer gelernt.

Die erste Aufgabe der Leg-VI-Reise war die Altersbestimmung des Seebodens im Nordpazifik. Die Ozeankruste ist an vielen Stellen unter einem Hornstein begraben, und der Hornstein ist in der Regel nur mit einer dünnen Schicht weicher Sedimente bedeckt. Der Bohrstrang konnte ohne Schwierigkeiten in das weiche Material eindringen. Wenn aber der Bohrmeißel höher belastet wurde, um eine Hornsteinschicht zu durchbohren, war der Druck zu hoch. Der Unterteil des Bohrstranges brach und wurde abgedreht. Beim Leg VI ging der Bodenteil auf diese Weise neunmal verloren – bei 34 Löchern an 17 Stellen. Auch die Baken, für die dynamische Positionierung notwendig, kamen abhanden. Ersatz für beides mußte von Saipan aus mit einem Schiff zur *Glomar Challenger* gebracht werden.

Heezen und seine Kollegen bestätigten das der allgemein herrschenden Theorie entsprechende Alter des Meeresbodens. Auf ihrer Fahrt nach Westen hatten sie Erfolg: Sie trafen auf ältere Kruste im Westpazifik. Bei Bohrplatz 52 in tiefem Wasser nordwestlich vom Marianen-Bogen erbohrten sie Hornstein aus der Kreidezeit, mehr als 100 Millionen Jahre alt. Nun hatten sie die Chance, die Kontroverse über den Ursprung der Randbecken zu beenden. Wenn Beloussow recht hatte, mußte der Meeresboden westlich des Bogens von älteren Gesteinen der Kontinentalkruste unterlagert sein. War aber die Idee des jungen Karig richtig, mußten die Löcher in der Philippinensee in junge Ozeankruste gebohrt werden. Nur noch mit den zwei letzten Baken versehen – Nachschub wurde erst erwartet –, entschloß man sich auf der *Glomar Challenger,* den Marianen-Graben zu kreuzen und das entscheidende Experiment durchzuführen.

Diese Reise war ein ausgezeichnetes Beispiel für die zwanglose Art, mit der in den frühen Tagen der *Glomar-Challenger*-Bohrungen Wissenschaft betrieben wurde. Heute muß jedes geplante Bohrprojekt dem JOIDES-Komitee zur Prüfung vorgelegt werden. Erst dann wird entschieden, ob die US *National Science Foundation* die Expedition finanziell unterstützt. Im Wettbewerb um das Bohrschiff wäre kaum eine Institution chancenreich, die nicht Mitglied des JOIDES ist. Wenn die Unterstützung gesichert ist, werden die im Programm enthaltenen Vorschläge von den JOIDES-Subkomitees und den JOIDES-Arbeitsgruppen im Detail geplant. Denn jedes Subkomitee hat für seinen Vorschlag gegen die Konkurrenz der anderen Subkomitees zu kämpfen. Das JOIDES-Planungskomitee wird vermitteln. Manchmal können Überlegungen der Wissenschaftspolitik in den Entscheidungsprozessen nicht ausgeschlossen werden. Das Executive Committee hat die letzte Entscheidung, doch gelangen nur wenige Streitfälle bis auf diese Ebene. Nachdem das Bohrprogramm geprüft und den Bohrfahrten zugeordnet ist, untersucht ein JOIDES-Komitee für die Verhinderung von Öl- und Gas-Pollutionen die Bohrplätze sorgfältig, um jedes Risiko auszuschalten. Das endgültige Programm wird dann der *National Science Foundation* vorgelegt. Das Programm kann geändert werden, wenn international Einwände erhoben werden. Wenn die Bohrfahrten schließlich organisiert sind, ist alles genau festgelegt, nicht nur die geographischen Koordinaten der Bohrplätze, sondern auch die geplante Tiefe, der Kernplan usw. Die Ko-Chefwissenschaftler haben wenig Möglichkeiten, das Programm zu ändern, es sei denn, das Wetter oder nautische Bedingungen erfordern dies. Während meiner Dienstzeit mußte ich mehrmals um Erlaubnis für derartige Änderungen bitten. Das erforderte telegraphische Mitteilung an das Deep Sea

Drilling Project, und der Chefwissenschaftler des Projektes muß sich auch die kleinste Programmänderung genehmigen lassen. Aus diesem Grunde halten sich die Leiter eines derartigen Projekts meist penibel an die Vorschriften. Spontane Entscheidungen – etwa an nicht autorisierten Plätzen zu bohren – wären in der Regel auch zu gefährlich.

Der bürokratische Aufwand war am geringsten, als das Projekt noch in den Kinderschuhen steckte. Heezen und Fischer trafen eine schnelle Entscheidung. Sie nahmen Verbindung auf mit Dan Karig, der Chefwissenschaftler auf einem Scripps-Schiff, *R/V Argo,* in dem betreffenden Gebiet war. Auf der *Glomar Challenger* gab es nur wenige geologische Daten; die *Argo* mußte den Weg zeigen und in letzter Minute einige potentielle Bohrplätze untersuchen. Karig übermittelte einen Teil seiner Daten durch Radio, Zeichnungen durch Bildfunk und Schlüsselinformationen mündlich. Zwei Bohrplätze wurden ausgewählt.

Diese Improvisation war erfolgreich. Zwei Bohrungen westlich des Marianen-Bogens stießen auf vulkanische Gesteine des Oligozäns, etwa 30 Millionen Jahre alt. Nichts wies auf einen alten, versunkenen Kontinent hin. Karig hatte recht. Das Becken hinter dem Inselbogen ist ein junges Becken: Es entstand offensichtlich, als der Marianen-Bogen von Asien abgerissen wurde; der Beckenboden wurde mit submarinen Vulkaniten gepflastert. Sie füllten die Brüche hinter dem Bogen aus. Das Forschungsteam von Leg VI blieb aber zurückhaltend. Ihr Bohrstrang hatte kaum die oberen vulkanischen Schichten berührt. Vielleicht handelte es sich nur um einen Lavaerguß auf einem alten Meeresboden. Vielleicht wurde das Becken von einer Kontinentalkruste unterlagert, tief begraben unter vulkanischen Ausflüssen und einem mächtigen Stapel älterer Sedimente. Vielleicht hatten die oligozänen Vulkangesteine nur eine viel ältere pazifische Kruste bedeckt. Die Erkundungsfahrt brachte sehr interessante Anzeichen, aber der endgültige Beweis blieb einer späteren Reise vorbehalten. In der Zwischenzeit ausgeführte geophysikalische Untersuchungen zeigten, daß die Geschichte des Philippinenseegebietes weit komplizierter ist als bislang angenommen. Man war nämlich davon ausgegangen, daß sich ein einfaches Becken hinter einem Bogen befindet. Tatsächlich scheint das im Osten durch den Marianen- und den Bonin-Graben und im Westen von dem Riukiu- und dem Philippinen-Graben begrenzte Gebiet aus drei Becken hinter drei Bögen zu bestehen. Die Insel Guam liegt auf dem Marianen-Rücken, an der konvexen Seite umrahmt vom Marianen-Graben und an der konkaven Seite vom Marianen-Trog. Als die *Glomar Challenger* zu Beginn ihrer Leg-XXXI-Fahrt von Guam Richtung Westen fuhr, kreuzte sie zuerst den Marianen-Rücken, dann das Marianen-Becken, den West-Marianen-Rücken, das Parece-Vela-Becken, den Palau-Kyushu-Rücken und das West-Philippinen-Becken (Abb. 9.2). Die

Rücken sind abgesunkene Bögen, die Becken sind hinter den Bögen liegende Depressionen.

Nach der Erkundungsfahrt im ersten Abschnitt der Tiefseebohrungen wurde der Ursprung der rückwärtigen Becken hinter den Bögen von den Experten nicht mehr in Frage gestellt. Die Wissenschaftler von Leg XXXI konnten sich nun auf den Versuch konzentrieren, die geologische Geschichte von Inselbögen und rückwärtigen Becken unter der Philippinensee auszuarbeiten. Die Theorie besagt, daß sich Becken bilden, wenn Bögen abgerissen werden und wenn vulkanische Laven ausfließen und die Brüche hinter den Bögen auffüllen. Wann sind die Bögen abgerissen worden? Wie alt ist der Vulkanismus? Diese Fragen können nur beantwortet werden, wenn man diesen Bögen und Becken Proben entnimmt.

Auf Karigs Reise wurden acht Löcher gebohrt, die meisten im Meeresboden des West-Philippinen-Beckens. Am Bohrplatz 292 beendete man das Bohrloch im Basalt des Ober-Eozäns, von dem man annimmt, daß er der älteste Meeresboden des West-Philippinen-Beckens ist. Als Karig die geologischen Daten aus dieser Region zusammenstellte, kam er zu dem Schluß, daß der Meeresboden im Westen des Marianen-Bogens von drei Becken verschiedenen Alters unterlagert wird. Das West-Philippinen-Becken ist davon das älteste. Dieses rückwärtige Becken entstand vor 40 bis 45 Millionen Jahren, als der pazifische Ozeanboden vor einem alten Marianen-Bogen abtauchte. Mit der fortgesetzten Verschluckung des Meeresbodens wurde der alte Marianen-Bogen in zwei aufgespalten, den Palau-Kyushu-Rücken an der Westseite und einen neuen Marianen-Bogen im Osten. Zwischen diesen beiden Rücken bildete sich vor 30 Millionen Jahren das Parece-Vela-Becken. Das Marianen-Becken ist das jüngste, und es entstand vor 10 Millionen Jahren, als sich der neue Marianen-Bogen wiederum in zwei Bögen aufteilte: den West-Marianen-Rücken und den Marianen-Rücken. Der zuletzt genannte ist der aktive Inselbogen. Guam und die Marianen-Inseln liegen auf dem Bogen; die Verschluckung des pazifischen Ozeanbodens geht weiter unter der inneren, das heißt der dem Inselbogen anliegenden Wand des Marianen-Grabens vor sich. Der Palau-Kyushu-Rücken und der West-Marianen-Rücken sind nun abgetaucht und werden als Restbögen angesehen. Die Becken hinter den Restbögen entstanden durch Seafloor Spreading während der vergangenen geologischen Epochen; der submarine Vulkanismus ist in diesen älteren rückwärtigen Becken seit langem erloschen (Abb. 9.2).

Eine endgültige Analyse der Marianen-Geologie war erst nach internationalen Bemühungen während der IPOD-Phase der Tiefseebohrungen möglich. Von Huenes Komitee plante die DSDP-Legs LIX und LX, bei denen Bohrungen auf einer Ost-West-Trasse ausgeführt werden sollten,

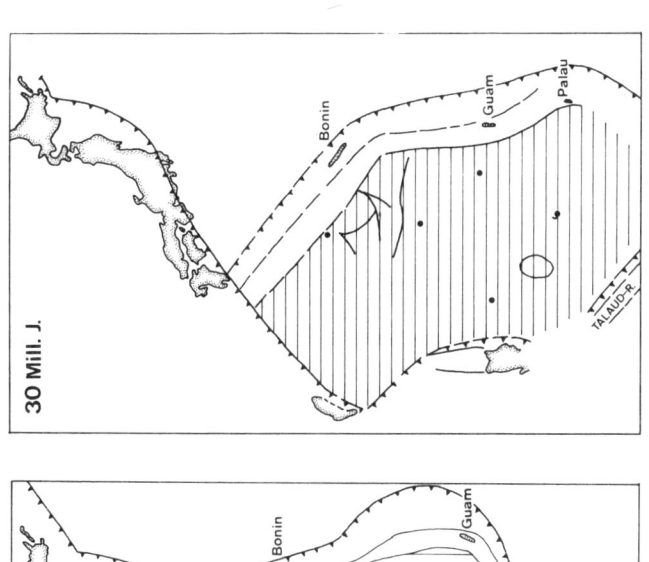

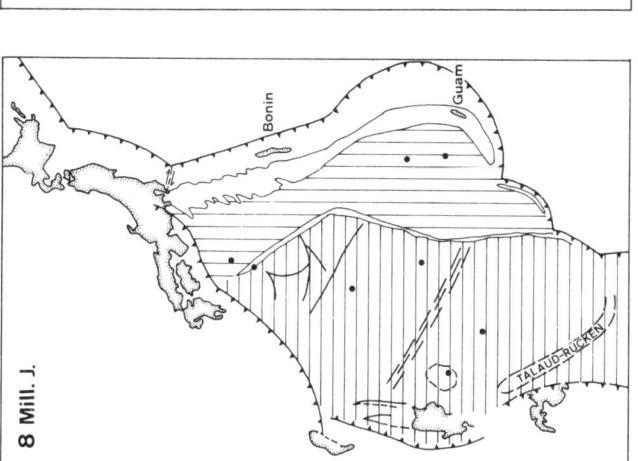

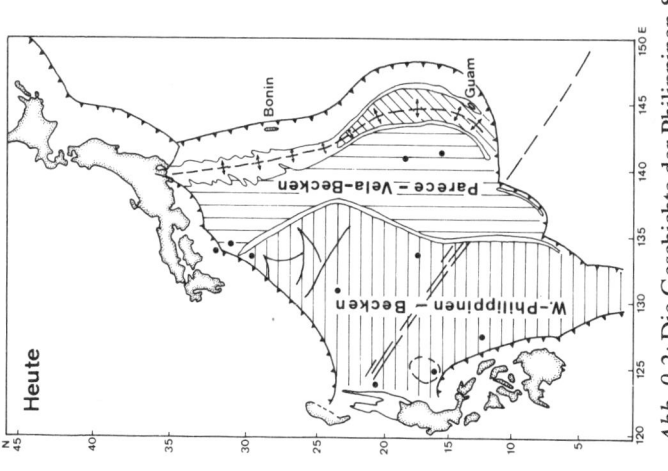

Abb. 9.2: Die Geschichte der Philippinen-See. Der Marianen-Graben ist durch die gezähnte Linie östlich von Bonin und Guam angegeben. Der Marianen-Trog ist durch die schräg schraffierte Fläche westlich der Inseln dargestellt; er ist das gegenwärtige Zentrum des Seafloor Spreading. Das Zentrum der Ausweitung lag vor 8 Millionen Jahren im Parece-Vela-Becken und vor 30 Millionen Jahren im West-Philippinen-Becken. Die verwickelte Geschichte der Region wurde durch die Bemühungen mehrerer Bohrfahrten entwirrt.

143

die die Philippinensee kreuzt. Mehrere tiefe Löcher wurden in die Rücken und Becken hinter den Bögen gebohrt; eine Bohrung ging in mehr als 600 Meter Tiefe in eine Ozeankruste. Der submarine Vulkanismus, der den neuen Meeresboden eines rückwärtigen Beckens bedeckt, ist, von seinem eher explosiven Charakter einmal abgesehen, nicht grundsätzlich verschieden von dem eines mittelozeanischen Rückens. Die Basaltlaven, die aus den Vulkanen fließen, haben eine ähnliche chemische Zusammensetzung.

Die letzten Bohrungen im Parece-Vela-Becken und auf dem West-Marianen-Rücken beantworteten die Frage, die sich schon die Leg-VI-Wissenschaftler gestellt hatten, nämlich ob die früheren Bohrungen in die ozeanische Kruste oder nur in einen Lavastrom in einem Sedimentpaket über der Kruste geraten seien. Jetzt wurden mehrere hundert Meter vulkanischer Ablagerungen durchbohrt; sie waren während des submarinen Vulkanismus entstanden, durch den der neue Meeresboden des Parece-Vela-Beckens hinter dem vorderen Bogen gebildet wurde. Es gab keinen älteren Meeresboden.

Endlich fand man eine topographische Einsenkung im Parece-Vela-Becken und nannte sie IPOD-Trog, zu Ehren des internationalen Programms, das die Fahrten plante. Diese Depression ist das Gegenstück zu dem Scheitelgraben der mittelozeanischen Rücken. Der Meeresboden zu beiden Seiten des Troges ist älter, und zwar um so älter, je weiter er vom Trog entfernt ist. Der IPOD-Trog entstand vor etwa 10 Millionen Jahren, aber das Becken war über einen Zeitraum von 20 Millionen Jahren vor dieser Zeit entstanden; die halbe Rate des Seafloor Spreading ist zu etwa zwei Zentimetern pro Jahr bestimmt worden. In jüngerer Zeit hat das Zentrum des Seafloor Spreading im Marianen-Becken zwischen dem Marianen- und dem West-Marianen-Rücken gelegen.

Die Bohrungen der *Glomar Challenger* sollten ursprünglich Klarheit in den Meinungswirrwarr über den Ursprung der rückwärtigen Becken hinter den Inselbögen bringen. Heute machen sich nur noch wenige Leute die Mühe, Beloussows »Ozeanisierungs«-Theorie zu lesen. Sie ist schlicht falsch. Dagegen ist die Dissertation des Studenten Karig eine der am meisten zitierten Quellen in der geologischen Literatur geworden.

144

X. Mittelplatten-Vulkanismus

Als ich 1948 auf meinem Weg von China in die USA den Pazifik kreuzte, konnte ich mir nicht vorstellen, jemals auf diesem großen Ozean herumzufahren, um seine Geologie zu studieren. Ich kam ihm am nächsten, als ich mich in den Melangen der Küstenketten verlief, die Teile des alten pazifischen Ozeanbodens enthielten. Während der Jahre 1964 bis 1967, als ich in Riverside/Kalifornien unterrichtete, lernte ich Seymour Schlanger kennen. Nach dem Zweiten Weltkrieg arbeitete er viele Jahre für das US *Geological Survey* auf den Inseln Guam und Saipan, der dort entdeckte sein Interesse für den Pazifik. Er war es auch, der mich in die Geologie des Pazifischen Ozeans einführte.

Der Pazifikboden weist manche Besonderheiten auf. Inseln wie Hawaii sind vulkanische Gebirge, die sich über den tiefen Ozeanboden erheben. Submarine Berge (Seamounts) sind abgesunkene neue oder alte submarine Vulkane. Atolle sind erloschene Vulkaninseln, die von einem Ring aus Korallenriffen umgeben sind. Guyots sind erloschene Vulkane mit ebener Oberseite. Wie schon erwähnt, wurde die Idee, daß Vulkaninseln unter ihrem eigenen Gewicht absinken, zuerst von Charles Darwin geäußert. Korallen, die an einer sinkenden Insel wachsen, bilden Saumriffe oder Atolle. Wenn das Korallenwachstum mit dem Absinken nicht Schritt halten konnte, verschwand eine Insel ganz und wurde zu einem submarinen Berg oder Guyot.

In meinen Riverside-Jahren waren wir zu vorsichtig, Hess' »Geopoesie« des Seafloor Spreading zu folgen. Schlanger und ich richteten unsere Aufmerksamkeit auf die Geschichte der vertikalen Bewegungen des Pazifikbodens. Während des ereignisreichen Kongresses in Prag im August 1968, der durch die Sowjet-Invasion unterbrochen wurde, hielten wir beide einen Vortrag über die geologische Geschichte des Pazifik-Vulkanismus. Wir stellten fest, daß es aktive Vulkane auf der Ostpazifischen Erhebung gibt, wo der geothermale Gradient steil ist. Laven, die sich um einen Schlot anhäufen, bilden einen Seeberg. Wenn jedoch Laven in großen Mengen austraten, konnten sie auf den Ozeanboden zwischen den Seebergen fließen und mit der Zeit den Seeberg unter einer mächtigen Decke vulkanischer Gesteine begraben. Demzufolge mußte dann die Ozeankruste hier dicker sein als normal.

Nun machten wir uns die bewährte geologische Regel, die Isostasie, zunutze. In einer gewissen Tiefe unter der Erdoberfläche, irgendwo in der Asthenosphäre, ist das Mantelmaterial so weich, daß es großen Gewichtsunterschieden zwischen benachbarten Säulen lithosphärischer Bruchstücke nicht widerstehen kann. Folglich mußte jede Gesteinssäule über einer bestimmten Ebene – der Ebene des isostatischen Ausgleichs – dasselbe Gewicht pro Querschnitteinheit haben.

Als die submarinen Vulkane tätig waren, wurde der Mantel aufgeheizt, die thermische Ausdehnung sollte den darüberliegenden Meeresboden anheben. Lag nur wenig vulkanisches Material auf dem Meeresboden, müßte, wenn die vulkanische Tätigkeit aufhört, der Mantel sich wieder abgekühlt und seine ursprüngliche Dichte erreicht hat, der Ozeanboden auf seine ursprüngliche Tiefe absinken. Wenn aber die Ozeankruste durch vulkanische Gesteine, die aus Schloten oder Brüchen ausgetreten sind, um ein oder zwei Kilometer dicker geworden ist, hätte die lithosphärische Säule einen Überschuß an leichterem Material. Dieses Überschußgewicht müßte den Meeresboden herunterdrücken. Der Meeresboden würde auch noch tiefer sinken, wenn sich der Mantel nach Beendigung des Vulkanismus auf seine ursprüngliche Temperatur abgekühlt hat. Das isostatische Gleichgewicht bedingt andererseits, daß die verdickte Kruste wegen ihres Überschusses an leichterem Material nicht wieder ihre ursprüngliche Tiefe erreichen kann. Eine verdickte Kruste ragt weit aus dem Ozeanboden heraus als Unterwasser-Plateaus, wenn das isostatische Gleichgewicht hergestellt ist – ein Grundsatz, den ich in einem vorhergehenden Kapitel eingehend diskutiert habe. Schlanger und ich nahmen an, unter Berufung auf diese Regel, daß die Höhenlage der submarinen Plateaus im Pazifik auf einen ausgedehnten Vulkanismus zurückzuführen sei, der die Ozeankruste dort verdickt hat. Seismische Untersuchungen haben in der Tat gezeigt, daß die Kruste unter submarinen Erhebungen 10 bis 15 Kilometer dick ist oder 5 bis 10 Kilometer dicker als die normale Ozeankruste, die durch Seafloor Spreading entstanden ist, was für unsere Annahme spricht.

Schlanger und ich hielten unseren Vortrag in Prag, bevor die sowjetischen Panzer in die Stadt rollten. Seine Grundidee war, wie ich im ersten Kapitel dieses Buches erzählt habe, in jenem Brief enthalten, den ich an Hess schrieb, nachdem ich seinen Vortrag über die versunkenen Berge mit abgeflachter Oberseite im Pazifik gehört hatte. Unsere Annahme bot eine Erklärung für die vertikalen Bewegungen der erloschenen Vulkane auf dem Pazifikboden. Die Frage, warum es eine ganze Reihe versunkener Vulkane gibt, die eine Seeberg-Kette bilden, interessierte uns nicht weiter. Zu einer Zeit, in der weder Schlanger noch ich von der neuen Theorie des Seafloor Spreading sonderlich beeindruckt waren, ließen wir den Zusammenhang zwischen den großen Verlagerungen des pazifischen

Ozeanbodens und der Genese der Ozeanrücken und der Seeberg-Ketten einfach außer acht. Doch als Schlanger und ich uns 1969 in Zürich wiedertrafen, wehte ein anderer Wind. Schlanger kam von Riverside und wollte ein Jahr bei uns Urlaub machen. Inzwischen hatte ich meinen Standpunkt geändert. Schlanger war schon immer aufgeschlossener, und so fiel es ihm nicht schwer, die neuen Lehren anzunehmen. Mit Hilfe der *Glomar Challenger*, davon war Schlanger nun überzeugt, würde er Antwort auf seine Fragen finden. Als er in die USA zurückkehrte, nahm er Kontakt zu unseren Freunden bei Scripps auf und wurde eingeladen, an dem Leg XVII des Deep-Sea-Drilling-Projekts (DSDP) teilzunehmen.

Mit Jerry Winterer und John Ewing als Ko-Chefs an Bord verließ die *Glomar Challenger* Ende März 1971 Hawaii, um den Zentralpazifik zu erforschen. Es wurden Löcher in den Horizon-Guyot, auf der Magellan-Erhebung und auf einem submarinen Plateau im Gebiet der Line-Inseln gebohrt.

Der Horizon-Guyot war auch Ziel von Heezens und Fischers mißglückter Reise im Jahre 1969. Das erste Loch jener Fahrt wurde hier gebohrt. In 62 Meter Tiefe traf man auf Hornstein, der untere Teil des Bohrgestänges brach in 76 Meter Tiefe. Die Ko-Chefs bekamen ihren ersten Hinweis, daß die Panne vom »Auftreffen auf Hornstein in solch geringer Tiefe unter dem Ozeanboden« verursacht wurde. 1971, vor Beginn der neuen Bohrungen, hatten die Schiffe *R/V Argo* und *D/V Glomar Challenger* den Guyot gründlich untersucht, und dabei stellte sich heraus, daß der Horizon-Guyot tatsächlich einen submarinen Rücken bildet, mit steilen Seiten, die aus 5000 Meter Tiefe bis auf 2000 Meter unter die Oberfläche aufsteigen (Abb. 10.1). Die Oberseite hat ein rauhes Relief von einigen hundert Metern Höhe, und eine Reihe von Vulkankegeln entlang der Rückenachse steigt bis auf 1400 Meter unter die Meeresoberfläche auf oder etwa 900 Meter über der tiefsten Stelle der flachen Oberfläche. Das Loch 44, das während des Leg VI gebohrt wurde, lag nahe der Spitze eines solchen Kegels.

Bohrplatz 171 am Horizon-Guyot war der letzte während des Leg XVII, ehe die *Glomar Challenger* nach Honolulu zurückkehrte. Man erwartete von dieser Bohrung Hinweise darauf, ob der Guyot einmal eine Insel gewesen war oder nicht. Das Bohrloch lag in einem Sattel auf der »flachen Oberfläche« in 2290 Meter Wassertiefe. Seismische Profile hatten gezeigt, daß in dieser Depression eine Hornsteinschicht unter mehr als 100 Metern weicher Sedimente liegt. Winterer und Ewing hatten aus ihren Erfahrungen beim Leg VI gelernt und diese Stelle gesucht. So verliefen Bohrung und Kernen reibungslos. In etwa 150 Meter Tiefe traf man auf eine Schicht aus schwarzem Hornstein, das untere Ende des Bohrstranges

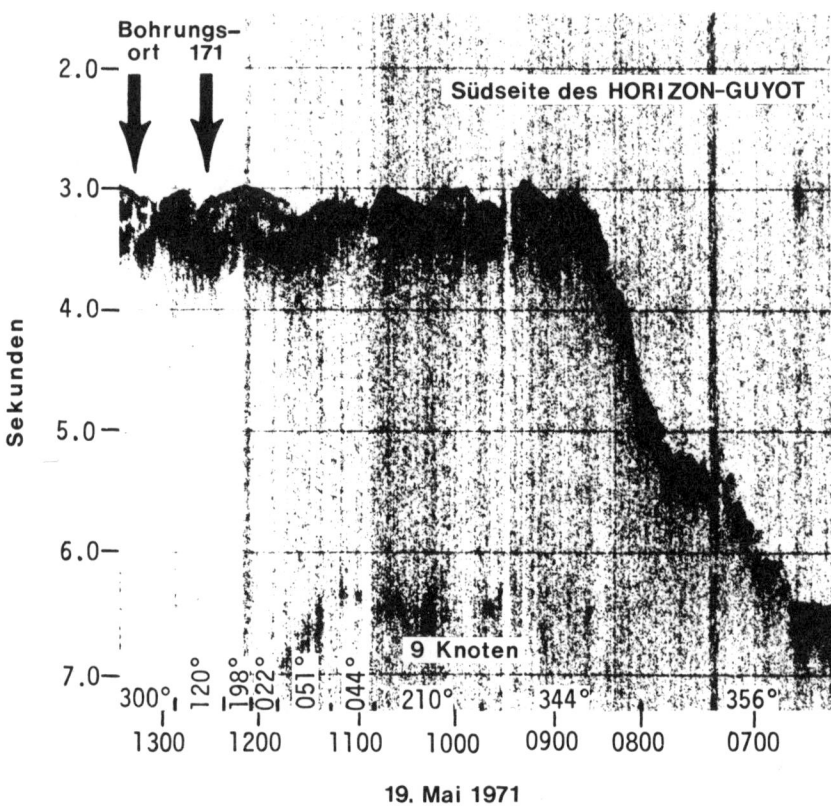

Abb. 10.1: Der Horizon-Guyot. Ein flachgipfliger Berg im Pazifik, auf dem bei Leg-VI- und -XVII-Fahrten gebohrt wurde. Die sieben Sekunden Laufzeit der seismischen Wellen zeigen eine Wassertiefe von etwa 5000 Metern um den Guyot herum an.

wurde von den weichen Sedimenten im Bohrloch gestützt. Auch einer stärkeren Belastung des Bohrmeißels hielt das Gestänge stand. Das Loch durchteufte diese und andere Hornsteinschichten und endete in der Basaltkruste, fast 500 Meter unter dem Meeresboden.

Die erbohrten Sedimente ließen folgende Rückschlüsse auf die Geschichte der Guyots zu:

1. Die Eruption vulkanischer Gesteine bildete die Grundlage des Horizon-Guyots, der sich einst als Insel etwa 3000 Meter über den benachbarten Ozeanboden erhob.
2. Die letzten vulkanischen Gesteine entstanden vor etwa 100 Millionen Jahren, als die letzten Basaltlaven ausflossen.
3. Kalkschlamm lagerte sich in einer flachen Lagune ab, die dann von

148

Korallenriffen eingeschlossen wurde. Sie umrandeten die Schultern des Horizon-Guyots.

4. Bald nach den letzten vulkanischen Eruptionen in diesem Gebiet begann die Absenkung. Sandiges Lockermaterial von Vulkanen setzte sich in der Lagune ab. Die Spitze eines erloschenen Vulkans ragte noch bis vor 85 Millionen Jahren über den Meeresspiegel hinaus. Die Insel war mit Vegetation bedeckt, und Pflanzenreste gelangten in die Lagunensedimente.

5. Seitdem setzte sich die Absenkung fort. Skelette von toten, treibenden und schwimmenden Mikroorganismen fielen wie Schnee in die einstige Lagune und begruben die letzte vulkanische Spitze unter einer Decke von Ozeanschlamm mit mehreren hundert Metern Mächtigkeit.

Die Bohrung auf dem Horizon-Guyot hat eine fehlerhafte Annahme von Hess korrigiert, der zuerst von »Bergen mit flacher Oberfläche« sprach. Nicht alle Guyots des Zentralpazifik haben eine ganz und gar flache Spitze, manche Vulkankegel auf diesen Bergen erstrecken sich mehr als 1000 Meter über benachbarte Täler oder Lagunen. Die rauhe Topographie der versunkenen Vulkanberge wurde zugedeckt und das Relief reduziert; die erloschenen Vulkane wurden unter flachliegenden Sedimenten begraben. Man muß weder – wie Hess – annehmen, daß die Vulkanspitze durch Wellenerosion abgetragen wurde, noch muß man eine lange Pause des Stillstandes in Meereshöhe voraussetzen, damit die Erosion ihr Werk der Abtragung vollenden konnte.

Die Bohrung auf dem Horizon-Guyot zeigte, daß sein Ursprung eng mit einer Periode vulkanischer Aktivität verbunden war. Warum hatte dort ein derartiger Vulkanismus bestanden? Warum befanden sich die Vulkane ausgerechnet dort? Warum und wann endete der Vulkanismus? Solche Fragen waren erster Anlaß für verschiedene Bohrfahrten in den Zentralpazifik (angefangen mit Leg XVII), die den Vulkanismus in der Mitte der Platten studieren sollten.

Wir haben bisher drei verschiedene Arten vulkanischer Aktivitäten besprochen. Auf der Landseite eines abtauchenden Ozean-Troges erzeugt der Vulkanismus typische andesitische Laven, wie solche der Anden oder der Insel Santorin/Thira. Die Andesite enthalten mehr Kieselsäure als Basalte, die chemischen Unterschiede sind auf die Verunreinigungen einer Gesteinsschmelze vom Erdmantel durch Gesteine in einer kontinentalen Kruste zurückzuführen.

Zwei Typen des submarinen Vulkanismus haben wir beschrieben. Die heißen Basaltlaven treten aus Spalten aus, die an die Grabenbrüche auf mittelozeanischen Rücken gebunden sind, oder aus Brüchen in rückwärtigen Becken hinter Inselbögen. Sie werden sofort vom Meerwasser abgekühlt. Die zähflüssige Schmelze erstarrt zu ovalgeformten, knolligen

Klumpen, in Größe und Form mit Kissen zu vergleichen. Die »Kissen« haben zunächst eine dünne, feste Kruste, bevor auch das Innere erstarrt. Diesen Typ der Basaltfelsen nennt man »Kissen-Basalt«. Man hat sie erstmalig in den Alpen gefunden, sie sind aber ein nicht wegzudenkendes Element von Steinmanns Ophiolithen. Später hat man Kissen-Basalte mit Kameras fotografiert, die von einem Schiff aus auf den Ozeanboden hinabgelassen oder direkt in Tiefsee-Unterseeboten stationiert werden. Die chemische Zusammensetzung der frischen und nicht verwitterten Basalte, die aus dem mittelozeanischen Rücken stammen, ist überall in der Welt etwa die gleiche; dieser Chemismus wird mit dem bizarren Wort »tholeiitisch« bezeichnet. Die nahezu einheitliche Zusammensetzung der tholeiitischen Basalte ist darauf zurückzuführen, daß diese Art Basalt direkt, ohne Vermischung oder Fraktionierung, aus dem teilweise aufgeschmolzenen Erdmantel in etwa 30 bis 50 Kilometer Tiefe stammt. Es gibt natürlich winzige Unterschiede in der Zusammensetzung der tholeiitischen Basalte, die insbesondere anhand der Spurenelement-Chemie festzustellen sind. Zweck vieler Tiefseebohrfahrten war es, Proben solcher Gesteine zu sammeln, die den Hauptteil der Ozeankruste bilden.

Durch das Seafloor Spreading entsteht eine 5 bis 6 Kilometer dicke Ozeankruste. Da Guyots, Seeberge und Ozean-Erhebungen von einer dickeren Kruste unterlagert werden, wurde angenommen, daß der Vulkanismus in solchen Gebieten grundsätzlich anders ist als an den mittelozeanischen Rücken. Der Typ vulkanischer Aktivitäten, die Schlanger und ich bei unseren Vorträgen in Prag zur Diskussion stellten, nennt man heute Mittelplatten-Vulkanismus. Auf dem Lande kennen Geologen seit vielen Jahren riesige Flächen aus Basaltlava, in der Regel ebenfalls Tholeiite. Sie können sich über viele tausend Quadratkilometer erstrecken und im Inneren der Kontinente Tausende Meter mächtig sein. Der Dekhantrapp in Indien ist ein Beispiel dafür, die Basaltformation des Columbia-Plateaus im Nordwesten von Nordamerika ein anderes. Darum war es folgerichtig anzunehmen, daß untermeerische vulkanische Aktivitäten auch in der Mitte einer ozeanischen lithosphärischen Platte stattfinden können. Guyots, Seeberge und ozeanische Erhebungen könnten das Produkt eines solchen Mittelplatten-Vulkanismus sein. Wenn unsere Idee richtig ist, sollte man beim Bohren auf diesen Strukturen vulkanische Gesteine treffen, die beträchtlich jünger als die Ozeankruste sein müßten, die an die Kante einer Ozeanplatte entlang der Achse des Seafloor Spreading angeschweißt wurde.

Die Bohrungen von Leg XVII gaben keine klare Antwort. Die Bohrung 167 auf der Magellan-Erhebung und die Bohrung 166 im südlichen Zentralpazifik-Becken endeten in tholeiitischem Basalt, der ein Alter hatte, wie es die Geophysiker etwa vor der Reise aufgrund der magnetischen Anomalien am Meeresboden vorausgesagt hatten. Offenbar war der Meeresboden in der frühen Kreidezeit an diesen beiden Stellen durch Seafloor Spreading entstanden, entsprechend der neuen Theorie. Andererseits schienen die Basaltproben vom Horizon-Guyot des Mittelpazifischen Gebirges und von der Bohrung 165 auf der Line-Inseln-Erhebung jünger zu sein als das zunächst vorausgesagte Alter (Abb. 10.2). Der Basalt enthielt dort auch mehr Natrium als ein normaler tholeiitischer Basalt von einem mittelozeanischen Rücken; solche natriumreichen Varianten werden als Alkali-Basalte bezeichnet. Es ist offenbar möglich, daß die Guyots und Seeberg-Ketten durch Mittelplatten-Vulkanismus entstanden sind, der mit der Eruption eines Alkali-Basalts endete.

Warum sollte es einen Mittelplatten-Vulkanismus geben? Eine sehr einfallsreiche These wurde 1963 von J. Tuzo Wilson von der Universität Toronto/Kanada veröffentlicht. Wilson gehörte zu einer Generation, der ihre Lehrer die Doktrin von der Beständigkeit der Kontinente und Ozeane eingepaukt hatten. Ein Kontinent konnte etwas »gewachsen« sein und sich vergrößert haben, nachdem einige Ozeansedimente auf dem Kontinentalrand verfestigt, metamorphosiert waren und sich an die Kontinentalkante angelagert hatten. Aber die Kontinente und Ozeane müssen sich dennoch immer dort befunden haben, wo sie heute sind. Auch ich habe noch einen Vortrag von Tuzo Wilson gehört, in dem er diese »Stabilisten«-Doktrin vertrat.

Wilsons wissenschaftliche Ansichten änderten sich drastisch, als er zu Beginn der sechziger Jahre begann, die vulkanischen Inseln im Pazifik zu erforschen. 1963 schon verfocht er die Seafloor-Spreading-Theorie, wie vor ihm Hess und nach ihm Vine und Matthews. Wilson erkannte nämlich, daß die Vulkaninseln um so älter waren, je weiter sie von einem mittelozeanischen Rücken entfernt lagen. Darüber hinaus fiel ihm auf, daß viele Seeberge und Vulkaninseln im Pazifik in Reihen angeordnet sind. Nun entstand das Konzept von der Seeberg-Kette. Mittels geologischer Untersuchungen hatte man herausgefunden, daß die Inseln und Seeberge einer Kette durch vulkanische Aktivitäten entstanden sind, die sich nicht gleichzeitig ereigneten. Die Hawaii-Inselkette hat aktive Vulkane auf den Inseln am Südostende der Kette, während sich die ältesten erloschenen Vulkane am Nordwestende der Kette befinden. Dieser Altersunterschied inspirierte Wilson. Er kam auf die sehr einfache Idee, daß diese Vulkaninseln auf eine heiße Stelle, einen »Hot Spot« im Erdmantel, zurückzuführen seien. Nach der Seafloor-Spreading-Theorie bewegte sich eine ozeanische lithosphärische Platte während der letzten wenigen hundert Millionen Jahre über große Entfernungen. Der »Hot Spot« im Mantel ist stationär geblieben, aber die lithosphärische Platte bewegte sich darüber hinweg, und verschiedene Stellen der Platte wurden durch

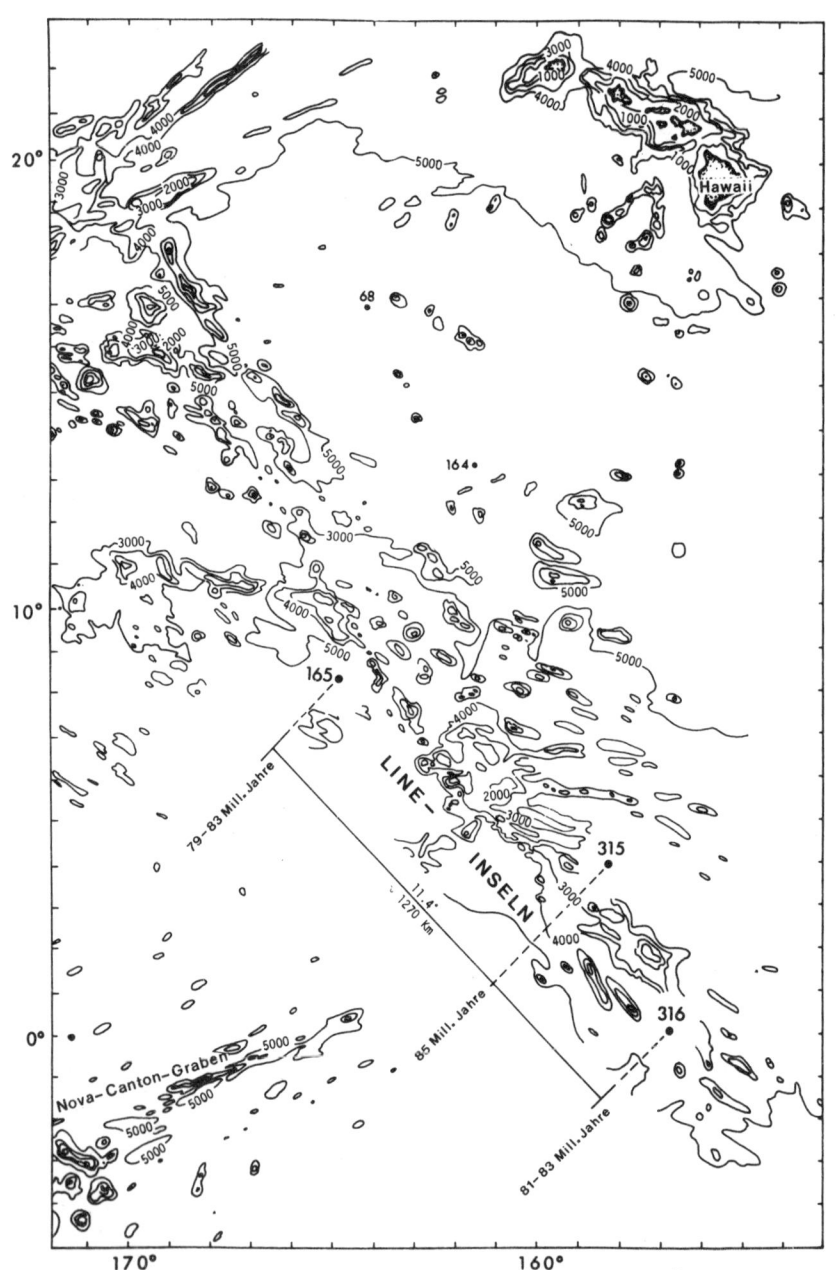

Abb. 10.2: Line-Inseln-Seeberg-Kette. Die Tiefsee-Bergkette wurde durch Mittel-platten-Vulkanismus gebildet. Die Tiefenlagen sind in Metern angegeben.

den stationären »Hot Spot« im Mantel aufgeheizt. Das Aufheizen kann die teilweise Aufschmelzung des Mantelmaterials im unteren Teil der sich bewegenden lithosphärischen Platte verursachen. Die entstehenden Gesteinsschmelzen können aufsteigen und als Laven unter dem Meer austreten. So bilden sich Seeberge und Vulkaninseln. Der »Hot Spot«, Ursache für die Hawaii-Inselkette, befindet sich noch dort, und zwar unter dem Kilauea und dem Mauna Loa auf Hawaii. Er »liefert« das Feuer für diese aktiven Vulkane. Ältere, erloschene Vulkane, die heute versunkene Seeberge am Nordwestende der Seeberg-Kette bilden, waren aktiv, als die lithosphärische Platte über den »Hot Spot« hinwegwanderte.

Der Wilsonsche »Hot Spot« blieb stationär, als die Pazifik-Platte nach Nordwesten wanderte. Die älteren Vulkane bewegten sich nacheinander vom »Hot Spot« weg. Die vulkanische Aktivität wurde geringer und hörte endlich ganz auf. Die Vulkaninseln sanken ab, als sich die darunter liegende lithosphärische Platte abkühlte. Sie wurden zu Seebergen und Guyots.

Wilsons Idee erklärte nicht nur den Aufstieg und das Absinken der ozeanischen Vulkane, sie deutete auch geschickt, warum derartige Vulkane dann Seeberg-Ketten bilden. Seine Arbeit wurde 1963 publiziert – fünf Jahre früher, als Schlanger und ich unsere Vorträge in Prag hielten! Da wir immer noch durch unsere traditionelle Ausbildung gebunden waren und Vorstellungen von großen horizontalen Verlagerungen der Erdkruste ablehnten, schenkte keiner von uns weder dem Wilsonschen »Hot Spot« noch der »Geopoesie« von Hess viel Beachtung. Auch die Planer der Leg-XVII-Fahrt mißtrauten Wilsons genialer Theorie.

Die *Glomar Challenger* bohrte draußen im Zentralpazifik; an Land diskutierte man derweil heftig den neuesten »Hit« von Jason Morgan, jenem gescheiten jungen Mann, der erstmalig die neue revolutionäre Theorie von der Plattentektonik formuliert hatte. Morgans neuer »Hit« bestand darin, daß er Wilsons spekulative Idee theoretisch untermauerte. In einem 1971 in der Zeitschrift »Nature« veröffentlichten Aufsatz beschrieb Morgan den Wilsonschen »Hot Spot« als die Auswirkung folgenden Vorgangs: Heißes Gesteinsmaterial steigt – vergleichbar dem Rauch in einem Kamin – durch die Bewegung der Konvektionsströme im Erdmantel auf. Morgan wies darauf hin, daß die Seeberge der Line-Inseln-Erhebung eine Kette bilden, und deutete an, daß diese Kette, wie auch die Hawaii-Kette, ihren Ursprung ebenfalls in der Bewegung der Pazifik-Platte über einen alten Heißen Fleck haben könne.

Nun wurde Schlanger und Winterer klar, daß sie auf der Line-Inseln-Erhebung mehr als ein Loch hätten bohren sollen. Um das nachzuholen, schlugen sie flink ein neues Projekt für eine Line-Inseln-Trasse vor und schickten es an das JOIDES *Pacific Advisory Panel*. Das vorgeschlagene

Projekt sollte ein experimenteller Test für die Wilson-Morgan-Theorie werden. Der Vorschlag wurde angenommen und als Leg XXXIII geplant und realisiert.

In dieser Zeit traf Dale Jackson vom US *Geological Survey* mit Schlanger und Winterer zusammen. Jackson war Experte für kristalline Gesteine und wurde deshalb zum Ko-Chefwissenschaftler für diese Expedition gewählt. Winterer, Ko-Chef während der zwei voraufgegangenen Kreuzfahrten in den Zentralpazifik, verzichtete dankbar und ging als Sedimentologe an Bord. So hatte Schlanger die Gelegenheit, die Line-Inseln-Reise zu leiten.

An der Line-Inseln-Seeberg-Kette war bisher ein Loch am Bohrplatz 165 am Nordwestende der Kette gebohrt worden, und nur zwei weitere, an den Stellen 315 und 316, waren für die Nordwest-Südost-Trasse geplant. Damit sollte Leg XXXIII beendet sein. Bei Bohrplatz 165 war der Basaltuntergrund unter den Ozeansedimenten sehr genau datiert worden: Vor 79 bis 83 Millionen Jahren hatte der Vulkanismus dort aufgehört. Morgans Theorie besagte, daß die Bewegung der Pazifik-Platte zu dieser Zeit nach Nordwesten gerichtet war. Das Gebiet um Bohrplatz 315, etwa 850 Kilometer südöstlich von Platz 165, sollte sich später über einen festliegenden »Hot Spot« bewegt haben, das um Bohrplatz 316, noch weiter im Südosten und etwa 1270 Kilometer vom Platz 165 entfernt, sollte den »Hot Spot« zu einer noch späteren Zeit passiert haben. Da die Theorie aussagte, daß vulkanische Aktivitäten an einer bestimmten Stelle dann aufhören, wenn sie den Einflußbereich des »Hot Spot« verlassen haben, mußte die Oberfläche des Basaltgrundes nach Südosten zu immer jünger werden. Wenn wir Morgans Theorie und unsere Kenntnisse über die Bewegungsrate der Pazifischen Platte anwendeten, mußten wir davon ausgehen, daß die vulkanischen Gebilde nahe Platz 316 etwa 16 Millionen Jahre jünger als die bei Platz 165 waren. Die Leg-XXXIII-Bohrungen bestätigten Morgans Voraussagen nicht. Der Vulkanismus bei Bohrplatz 315 war schon vor 85 Millionen Jahren beendet, mehrere Millionen Jahre vor, nicht nach dem Aufhören des Vulkanismus im Gebiet von Bohrplatz 165. Bei Bohrplatz 316 wurde die Oberfläche des Basaltuntergrundes auf ein Alter zwischen 79 und 82 Millionen Jahren datiert, also auf fast genau die gleiche Zeit wie bei Platz 165. Morgans Theorie zufolge hätte die Oberfläche 16 Millionen Jahre jünger sein müssen. Die Abweichungen waren zu groß, um noch als einkalkulierte Fehlerquote toleriert zu werden. Schlanger, Jackson und Winterer stimmten darin überein, daß eine einfache Anwendung der »Hot Spot«-Theorie von Wilson und Morgan nicht zulässig ist. Andererseits konnten die Bohrresultate die »Hot Spot«-Theorie nicht vollständig widerlegen, die, wie später noch zu besprechen, anderswo anwendbar ist. Weitere Bohrfahrten in den Pazifischen und den Indischen Ozean haben das bewiesen. Sehr wahrscheinlich ist die Geschichte des Line-Inseln-Gebietes von späteren geologischen Ereignissen beeinflußt worden, nachdem alle fraglichen Stellen sich bereits über den »Hot Spot« hinbewegt hatten. Vielleicht endete der »Hot Spot«-Vulkanismus im Gebiet um Bohrplatz 165 – 16 Millionen Jahre früher als der bei Bohrplatz 316. Eine andere Episode des Mittelplatten-Vulkanismus fand jedoch später statt, etwa vor 80 bis 85 Millionen Jahren, lange nachdem die Pazifik-Platte sich über den »Hot Spot« geschoben hatte. Seeberge und Guyots, die durch den »Hot Spot« gebildet wurden, konnten so zum größten Teil unter einer mächtigen Lage junger Vulkanite verschwinden, die während dieser späteren Periode ausgeflossen waren.

Diese Lavaergüsse verdichten die Ozeankruste über das Normalmaß hinaus. Wegen des isostatischen Ausgleichs liegt die Line-Inseln-Erhebung 1 bis 2 Kilometer über dem sie umgebenden Ozeanboden.

Aus den Ergebnissen von Leg XXXIII hatten wir gelernt. Einfache Theorien bieten oft elegante Lösungen an, doch ist die Erdgeschichte in manchen Gebieten überraschend komplex. Theorien, die die großen horizontalen Verlagerungen erklären, sind eindrucksvoll, aber die klassischen Gedanken zu vertikalen Bewegungen sollten immer noch berücksichtigt werden. Mein Selbstbewußtsein erhielt Auftrieb, als ich einige Jahre später in dem Reisebericht über Leg XXXIII folgende Ausführungen las:

»Hsü und Schlanger schlugen 1968 vor, daß die Geschichte der vertikalen Bewegung eines Gebietes (wie die der Line-Inseln-Erhebung) durch Veränderungen im Wärmezustand der darunterliegenden Kruste und des Mantels erklärt werden kann, die die vulkanischen Ereignisse begleiten. Wie sie aufzeigten, wird eine herausgehobene ozeanische Erhebung nicht einfach wieder verschwinden, wenn der darunterliegende Mantel wieder in seinen normalen Dichtezustand zurückkehrt; eine solche Erhebung wird ein Guyot-Atoll-Rücken, der nach einer langen Senkungsgeschichte wegen des isostatischen Effekts einer verdickten Kruste noch lange hoch über benachbarten Ozeanboden hinausragt.«

Es war gut zu wissen, daß nicht alles, was ich vor 1969 getan hatte, vergeblich gewesen war.

Der Mittelplatten-Vulkanismus erschwerte die Interpretation für die Wissenschaftler von Leg XXXIII. Sein Auftreten in der Karibischen See hatte die Forscherteams früherer Reisen überrascht und verwirrt. Während der Leg-XV-Bohrungen in der Karibischen See 1970 bis 1971 waren die Ko-Chefwissenschaftler John Saunders, Terry Edgar und ihre Assistenten von der Tatsache irritiert, daß die Anzeichen für ein Seafloor Spreading nicht gerade ausgeprägt, wenn auch nicht völlig negativ waren. Man hatte angenommen, daß die Karibik sehr früh in der Geschichte des Seafloor Spreading im Atlantik entstanden sei. Dieser Annahme entsprechend hätte die Ozeankruste mehr als 100 Millionen Jahre alt sein müssen. Jedoch trafen die Wissenschaftler an drei weit auseinanderliegenden Plätzen in der Karibik auf Basalte mit etwa demselben Alter, nämlich 80 Millionen Jahren. Diese Abweichung von der Vorhersage hatte das Team entmutigt. Sie hatten gehofft, Beweise für die Theorie vom Seafloor Spreading zu sammeln. Heute können die offenbar typischen Resultate der Karibik-Expedition gedeutet werden: Es handelt sich um Mittelplatten-Vulkanismus. Die Krustenstruktur der Karibik ist den Ozean-Erhebungen des Zentralpazifik sehr ähnlich. Die Kruste ist etwa zweimal so dick wie normal. Sie entstand durch einen Vulkanismus, der vor 80 Millionen Jahren endete.

1978 mußte Schlanger sich noch einmal mit dem Mittelplatten-Vulkanismus herumplagen, und zwar als er das DSDP-Leg-LXI leitete – auf der Suche nach dem alten Meeresboden des Nauro-Beckens im Südpazifik. Aufgrund des Musters der magnetischen Anomalien auf dem Ozeanboden konnte Roger Larsen, der andere Ko-Chef (Lamont), feststellen, daß die Ozeankruste in dem Gebiet bei Bohrplatz 462 155 Millionen Jahre alt war. An dieser Stelle hatten Schlanger und Larsen die Chance, den ältesten Meeresboden der Erde zu finden – wenigstens hofften sie das. Sie erwarteten keineswegs Mittelplatten-Vulkanismus, obwohl die magnetische Streifung des Meeresbodens nicht einwandfrei zu erkennen war. Wenn aber die ursprüngliche Kruste unter mächtigen Schichten vulkanischer Gesteine begraben ist, werden die magnetischen Streifungen in der Regel verdeckt. Larsen konnte magnetische Anomalien kartieren, wenn auch die Größe der Anomalien etwas reduziert war.

Die *Glomar Challenger* erreichte Ende Mai 1978 Station 462. Ein Probeloch wurde gebohrt; der erste Basalt wurde 558 Meter unter dem Meeresboden angetroffen. Der Basalt stammte aus der mittleren Kreidezeit, war also etwa 100 Millionen Jahre alt, mehr als 50 Millionen Jahre jünger, als die durch Seafloor Spreading entstandene Kruste sein sollte. Jetzt erkannte Schlanger, daß er wieder seiner Nemesis zu widerstehen hatte – dem Mittelplatten-Vulkanismus.

Alle Mühe konzentrierte sich nun auf das benachbarte Bohrloch 462 A. Die Oberseite der Basaltschicht wurde am 11. Juni in 560 Meter Tiefe unter dem Meeresboden erreicht. Alles Weitere war eine Frage von Ausdauer und Geduld. Oft brauchte man sieben oder acht Stunden, um nur zwei Meter Basalt zu durchbohren. Nach 20 Metern Bohrtiefe im Basaltgestein war der Bohrmeißel abgenutzt. Man begann mit dem ersten Wiedereinfädelungsversuch. Es dauerte etwa 24 Stunden, den Bohrstrang heraufzuholen, den Bohrer zu wechseln und den Wiedereintrittstrichter auf dem

Meeresboden zu finden, um die Bohrung mit einem neuen Bohrmeißel fortzusetzen. Nach noch nicht einmal zwei Tagen war der Bohrmeißel erneut kaputt. Wieder brauchte man einen Tag, um den Bohrstrang an Bord zu holen, den Meißel zu wechseln und die Wiedereinfädelung vorzunehmen. Doch auch dieses Mal hielt der Bohrmeißel nur zwei Tage durch. Die ganze Prozedur begann von vorn. Am Morgen des 22. Juni beschleunigte sich die Bohrrate. Die Stimmung auf der *Glomar Challenger* besserte sich zusehends. Tatsächlich brachte der Kern Nr. 41 mehrere Meter Ozeansedimente herauf. Ihr Alter wurde mit früher Kreidezeit angegeben, mit etwa 110 Millionen Jahren. Noch war eine reichliche Bohrstrecke zu bewältigen, aber man hoffte auf »leichte« Arbeit – wenn das Loch durch die Mittelplatten-Vulkanite getrieben war.

Doch diese Hoffnung wurde bald zerstört. Gegen Abend, nachdem zwei weitere Kernrohre mit Sedimenten heraufgezogen worden waren, verlangsamte sich das Bohrtempo deutlich. Kern Nr. 44 enthielt nur hartes Gestein, und der Bohrstrang geriet in eine andere, mächtige Basaltschicht! Das Geduldspiel setzte sich fort. Zwei weitere Wechsel des Bohrmeißels und viele Tage, in denen die Bohrung in dem harten Basalt nur langsam vorankam, vergingen. Schließlich war die Zeit um. Der letzte Kern kam aus 953 Meter unter dem Ozeanboden. Vom 20. Mai bis zum 4. Juli, also mehr als sechs Wochen, hatte sich die *Glomar Challenger* in einem Umkreis von wenigen hundert Metern aufgehalten. Ein Kernrohr nach dem anderen war aus dem Bohrstrang gezogen worden, fast ausnahmslos bestand der Kern aus Basalt. Die Ko-Chefs ließen sich jedoch nicht entmutigen. Wie Roulettespieler harrten sie aus. Weniger geduldige Gemüter – wie ich – hätten längst aufgegeben. Mein Freund Schlanger dagegen ließ sich – einem gläubigen Christen gleich – nicht beirren. Wenn sie nur die Mittelplatten-Vulkanite durchstoßen könnten, hätten sie »freie Fahrt« in den »Jurassischen Ozean«. Die jurassischen Sedimente, unter den Basaltschichten begraben, würden uns neue und aufregende Hinweise auf die Pazifikgeschichte von vor 150 Millionen Jahren geben – Informationen, die in keinem anderen Gebiet des Pazifik zu erhalten sind!

Schlanger und Larsen hatten Telegramme an die Verwaltung geschickt und um Erlaubnis gebeten, zu Beginn der nächsten Bohrfahrt, die zur Erforschung des Nordpazifik geplant war, wieder an diesen Bohrplatz zurückzukehren. Es war noch immer möglich, daß der nächste Kern Jura-Sedimente zutage fördern würde. Die Kollegen zu Hause teilten Hoffnung und Enthusiasmus der Wissenschaftler vor Ort. Das JOIDES-Planungskomitee traf eine wirklich außergewöhnliche Entscheidung. Entgegen der ursprünglichen Planung durfte die *Glomar Challenger* weitere 14 Tage bleiben, um das »Faß ohne Boden« im Nauro-Becken noch genauer zu untersuchen. Nachdem der Bohrstrang am Nationalfeiertag, dem 4. Juli 1978, heraufgeholt worden war, machte die *Glomar Challenger* einen kurzen Abstecher nach Majuro auf den Marshall-Inseln, um die Schiffsmannschaft auszuwechseln. Sie kehrte am 19. Juli zum Bohrloch 462 A zurück, um die Bohrungen wieder aufzunehmen. Nach zwei Wochen Abwesenheit traf der Bohrstrang auf den Wiedereintrittstrichter! Schlanger und Larsen leiteten auch das neue Wissenschaftlerteam, um die Fortsetzung der Bohrungen zu überwachen.

Das Geduldspiel begann erneut: geringe Bohrgeschwindigkeit, Wechsel des Bohrmeißels, Wiedereinführung. Und dennoch stießen sie nur immer wieder auf Basalt. Am frühen Morgen des 21. Juli tauchte ein Hoffnungsschimmer am Horizont auf. Kern Nr. 79 brachte aus einer Tiefe von knapp 1000 Metern unter dem Seeboden eine Sedimentschicht herauf. Aber das Sediment war nur 20 Zentimeter mächtig, und der Optimismus sank, als der Bohrmeißel einige Stunden darauf wieder auf hartes Gestein traf. Das war die letzte Sedimentprobe aus diesem Loch, und auch sie war nur etwa 120 Millionen Jahre alt. Der Bohrstrang konnte offenbar niemals durch die Mittelplatten-Vulkanite dringen!

Am 25. Juli war die Frist an Bohrplatz 462 A endgültig abgelaufen. Um die Mittagszeit warteten Schlanger und Larsen auf ihren letzten Kern aus 1068,5 Meter Tiefe. Jörn Thiede, Ko-Chef des nachfolgenden Leg LXII, hatte die unerträgliche Spannung und die zerschlagenen Hoffnungen während der letzten zwei Juliwochen am Bohrplatz 462 A miterlebt. Er erzählte mir später, daß Schlanger weiterhin eine Chance ausgerechnet hatte, der jeweils nächste Versuch würde den »Verkehrsstau« durchbrechen. Doch war er immer wieder enttäuscht worden. Als ich Schlanger zwei Jahre später beim Internationalen Geologenkongreß in Paris traf, berichtete er dann auch, daß sie ganz kurz vor dem Durchbruch gestanden hätten, als sie abbrechen und zurückkehren mußten. Larsen und er hofften immer noch auf eine Gelegenheit, zu ihrem »bodenlosen« Loch zurückzukehren, wenn die JOIDES-Organisation die US *National Science Foundation* davon überzeugen konnte, das Tiefseebohrprojekt bis 1983 auszudehnen. Ein wenig waren Tiefseebohrungen wirklich dem Roulettespiel vergleichbar. Der Bohrstrang dreht und dreht sich. Jeder Kern, der heraufkommt, kann das bringen, was man sich wünscht. Tut er es nicht, setzt man seine Hoffnung in den nächsten Kern! Schlanger und Larsen kämpften im Nauro-Becken bis zur Erschöpfung, doch den »ewigen Optimismus« der Spieler verloren sie nicht.

Das Wagnis im Nauro-Becken war keineswegs ein vergebliches Unterfangen. Man hatte 500 Meter vulkanische Schicht durchbohrt und wertvolle Daten über den Mittelplatten-Vulkanismus erhalten. Die Basaltgesteine sind hier anders als im Zentralpazifik. Chemisch gleichen sie den tholeiitischen Basaltlaven, die in den Scheitelgräben der mittelozeanischen Rükken austreten. Wie der Mittelplatten-Vulkanismus in der Karibischen See hat die gewaltige Menge der ausgeflossenen Laven keine Gebilde wie Seeberge oder Guyots in dem Becken entstehen lassen. Die Wissenschaftler an Bord bezeichneten ihre Ergebnisse als einmalig und rätselhaft! Die vulkanische Grundlage der in der Nähe liegenden Marshall-Inseln muß ihren Ursprung in derselben Episode des Mittelplatten-Vulkanismus haben.

Schlanger und Isabella Premoli-Silva aus Mailand fanden heraus, daß der Vulkanismus des Zentralpazifik sich über ein Gebiet von mehreren Millionen Quadratkilometern erstreckte. Die Bohrergebnisse der verschiedenen Fahrten, der Legs XVII, XXXII, XXXIII und LXI, zeigten, daß die vulkanischen Aktivitäten etwa 40 Millionen Jahre lang während der mittleren Kreidezeit von vor 110 Millionen Jahren bis vor 70 Millionen Jahren bestanden haben. Während dieser 40 Millionen Jahre entwickelte sich der Mantel unter der Lithosphäre hier weniger dicht als normal. Der Ozeanboden des Zentralpazifik war um etwa 2 Kilometer gegenüber dem angrenzenden Meeresboden angehoben. Vulkanausbrüche bildeten Seeberge und vulkanische Inseln. Um die Inseln herum entstanden Korallenriffe oder Atolle, die sich aus Korallen und Rudisten, einer besonderen Muschelart, aufbauten. An manchen Stellen setzte sich das Riffwachstum fort, wenn der vulkanische Untergrund mit dem Ende des Vulkanismus absank. Einige Atolle der Marshallinseln nordöstlich des Nauro-Beckens können sich beispielsweise seit der Kreidezeit gebildet haben. Wo die Riffe durch die Bewegung der Pazifik-Platte nach Norden aus der Zone des tropischen Riffwachstums herausgetragen wurden, sanken die Koralleninseln und Atolle in die Tiefsee ab und wurden zu den Guyots der mittelpazifischen Berge.

Schlanger und Premoli-Silva untersuchten auch die Faunen, die während der Kreidezeit in den flachen Gewässern nahe den Riffen und Atollen rund um das Nauro-Becken lebten. Sie stellten eine große Ähnlichkeit dieser bodenbewohnenden Faunen mit den Kreide-Faunen des karibischen Gebietes fest. Tatsächlich hatten die Paläontologen von Leg XV schon aufgrund einer auffälligen Anomalie erkannt, daß die Radiolarien der Kreidezeit aus der Karibik denen aus dem Pazifik sehr ähnlich sind. Dieser Sachverhalt könnte durch die Tatsache erklärt werden, daß Radiolarien schwimmende Organismen sind, die durch Oberflächenströmungen weit verdriftet werden können. Bodenlebende, benthonische Organismen, die an Riffen leben, verbreiten sich gewöhnlich langsam. Sie kriechen flach am Seeboden entlang; selbst ihre schwimmenden Larven könnten sich kaum in einem tiefen Ozean über mehr als 10 000 Kilometer ausbreiten. Die Gleichartigkeit der benthonischen Faunen führte Schlanger und Premoli-Silva zu dem Schluß, daß die karibische Kruste ursprünglich dem Zentralpazifik benachbart gewesen sein muß. Ihre Geschichte ist der des Mittelplatten-Vulkanismus während der Kreidezeit vergleichbar – bevor die Karibik durch Seafloor Spreading Tausende von Kilometern fortgeschoben wurde.

Diese Deutung der Entstehung der Karibik schließt ein, daß die Karibische See ganz anders entstanden ist als die Randmeere des Westpazifik, die von Karig und anderen untersucht wurden. Der Antillen-Bogen wurde nicht vom mittelamerikanischen Kontinent abgerissen. Bei beiden ist die Entstehungsursache auf Verschluckung zurückzuführen. Das Abtauchen des Atlantischen Meeresbodens bildete durch Aufpressung die Inseln der Antillen. Das Abtauchen des Pazifik-Bodens preßte den Isthmus von Mittelamerika hoch und trennte die Karibik von ihrer pazifischen Schwester.

Tafel I: Rohrlager auf der *Glomar Challenger*. Siebentausend Meter Bohrrohre werden auf der *Glomar Challenger* gelagert.

Tafel II: Die *Glomar Challenger* auf See. Der Bohrturm ist 45 Meter hoch; im Hafen wirkt er wie ein Wahrzeichen.

Tafel III: Dynamische Positionierung und Wiedereinfädelungssystem der *Glomar Challenger*. Die *Glomar Challenger* kann innerhalb eines Radius von 3% der Wassertiefe oder 60 Meter bei 2000 Meter Wassertiefe durch das dynamische Positionierungssystem gehalten werden. Die Seitenschrauben führen das Schiff stets auf eine Position zurück, die durch Signale von einer Sonar-Bake auf dem Meeresgrund festgelegt ist. Wenn ein Bohrmeißel abgenutzt ist, wird der biegsame Bohrstrang aus dem Bohrloch herausgeholt und ein neuer Meißel am Ende des Bohrstranges eingesetzt; dann wird er mit Hilfe eines Wiedereinführungssystems in das gleiche Bohrloch hinabgelassen (Einzelheiten siehe Text).

Schiffsstabilisierung und Wiedereintrittsvorrichtung

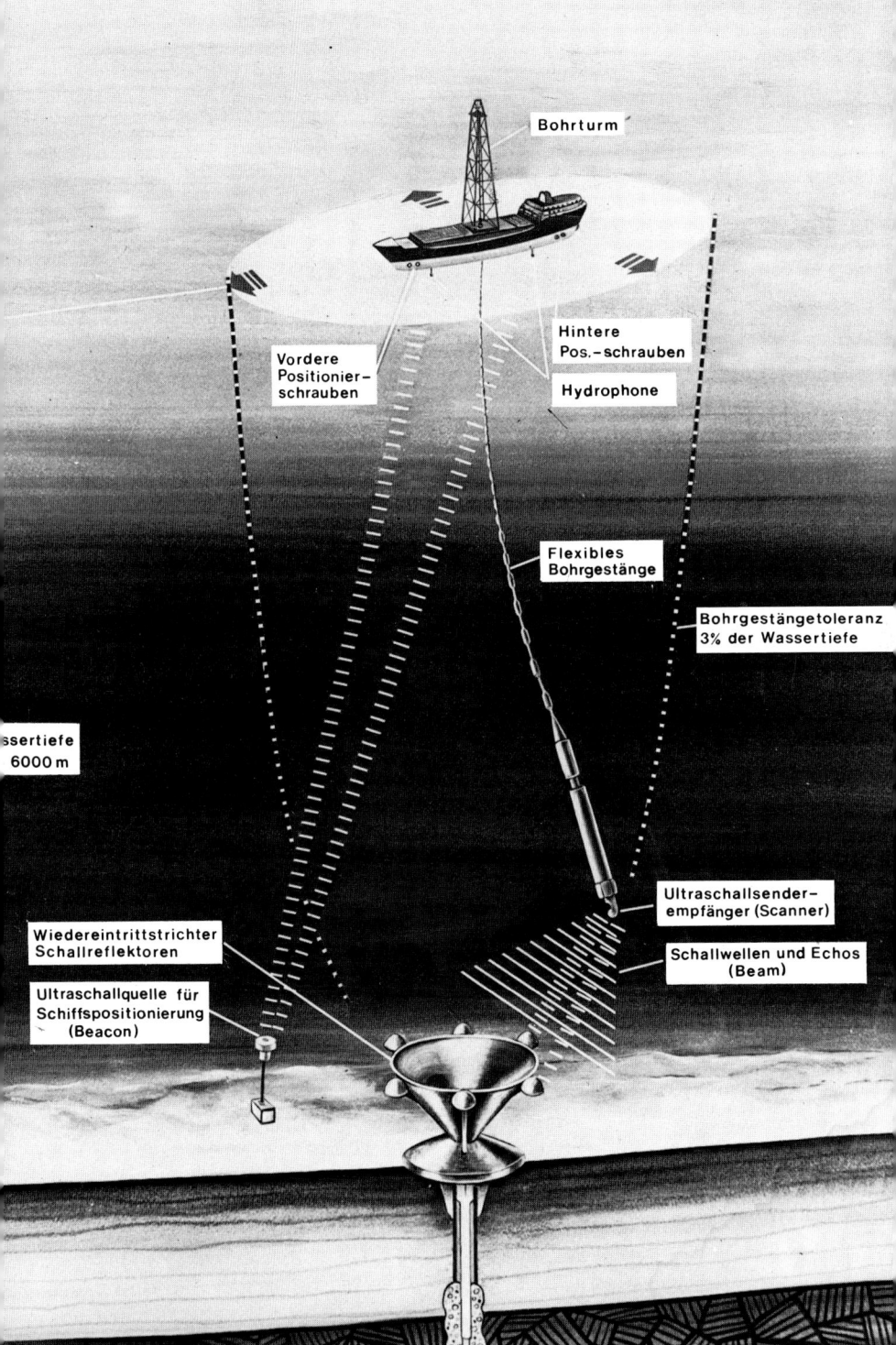

Bohrturm

Hintere
Pos.-schrauben

Vordere
Positionier-
schrauben

Hydrophone

Flexibles
Bohrgestänge

Bohrgestängetoleranz
3% der Wassertiefe

ssertiefe
6000 m

Ultraschallsender-
empfänger (Scanner)

Schallwellen und Echos
(Beam)

Wiedereintrittstrichter
Schallreflektoren

Ultraschallquelle für
Schiffspositionierung
(Beacon)

Ⅳ

Tafel IV: Der Flaschenzug (Bowen Unit) der *Glomar Challenger*. Der Bowen Unit ist eine Hebe-Einrichtung, die einen Bohrstrang bis zu 7000 Metern Länge tragen kann. Hier verbinden die Bohrarbeiter, »roughnecks« genannt, den Bowen Unit mit dem Bohrturm.
Tafel V: Drahtseil-Kernbohrung. Die Bohrarbeiter haben schon den Bohrstrang nahe dem oberen Ende ausgeschraubt und es mit einer Klammer auf der Arbeitsbühne gesichert. Dann müssen sie das »Overshot«, eine hakenähnliche Einrichtung, die hinabgeschickt wurde, um das Kernrohr vom Boden des Bohrloches »aufzufischen«, vom oberen Ende des Kernrohrs abschrauben. Danach konnte das Kernrohr aus dem Bohrstrang herausgeholt werden.

Tafel VI: Nannofossilien-Schlamm.
Nannofossilien-Schlamm ist das häufigste Tiefseesediment. Wie die Fotografie zeigt, besteht das Sediment fast ausschließlich aus Nannofossilien, mit einer Größe zwischen einem hundertstel oder tausendstel Millimeter.
Tafel VII: Radiolarien-Schlamm. Radiolarien sind einzellige, schwimmende Tiere mit Kieselskeletten (SiO_2), die in tropischen Meeren leben. Das Bild zeigt Radiolarien-Schlamm mit Individuen, die Bruchteile von Millimetern groß sind. Wenn der Schlamm zu Stein umgewandelt wird, entsteht daraus ein hartes Gestein, Radiolarit genannt. Es wird in den Alpen und anderen Gebirgen gefunden.

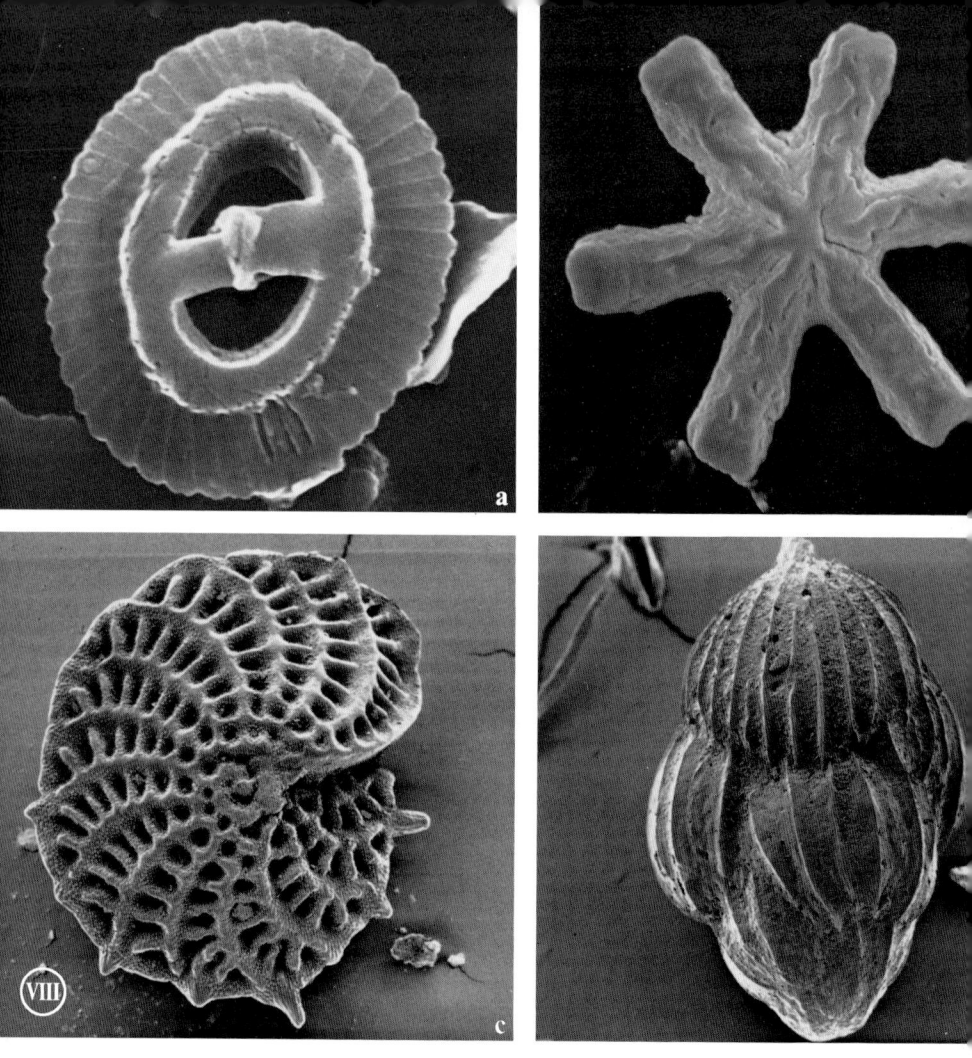

Tafel VIII: Tiefsee-Fossilien. Die Masse der Tiefseeschlämme besteht aus Nannofossilien; das sind einzellige Pflanzen, die nahe der Oberfläche der Ozeane schwimmen. Zwei häufige Typen sind in den Abbildungen a) und b) zu sehen: sie haben einen Durchmesser von etwa 0,01 Millimeter. Es sind auch Skelette oder Schalen von Foraminiferen abgebildet, einzelligen Tieren, die entweder nahe der Meeresoberfläche schwimmen oder als Bodenbewohner am Meeresboden leben. Foraminiferen sind größer; die beiden (c, d) sind etwa 0,4 Millimeter groß.

Tafel IX: Salz unter der Tiefsee. Im Bohrloch 132 westlich von Sardinien wurde unter 3000 Metern Wassertiefe Salz erbohrt. Das Salz wurde in einem Salzsee abgelagert, der periodisch austrocknete. Die Spalte unter dem Salz ist ein Trockenriß im Schlamm, der entstand, als der See austrocknete.

Tafel X: Evaporite im Mittelmeer. a) Geschichteter Schlamm, abgelagert, als die Mittelmeer-Becken mit Salzseen bedeckt waren. b) Stromatolithe, abwechselnde Schichten von blaugrünen Algen (dunkel) und Karbonat-Sedimenten (hell), abgelagert an den Küsten der Salzseen. c) Knotenförmiger Anhydrit, aus Grundwasser ausgeschieden, das durch die Uferregionen um die Salzseen floß. d) »Hühnerdraht-Anhydrit«, der in mehr fortgeschrittenem Stadium der Anhydrit-Abscheidung gebildet wurde. Der fortgesetzte Austausch von Tümpelschlamm durch Anhydrit führt schließlich zur Bildung des Gesteins, das auf dieser Aufnahme gezeigt wird. Die kleinen Schlammstränge, die zwischen den Anhydrit-Klümpchen zurückbleiben, haben eine entfernte Ähnlichkeit mit Hühnerdraht.

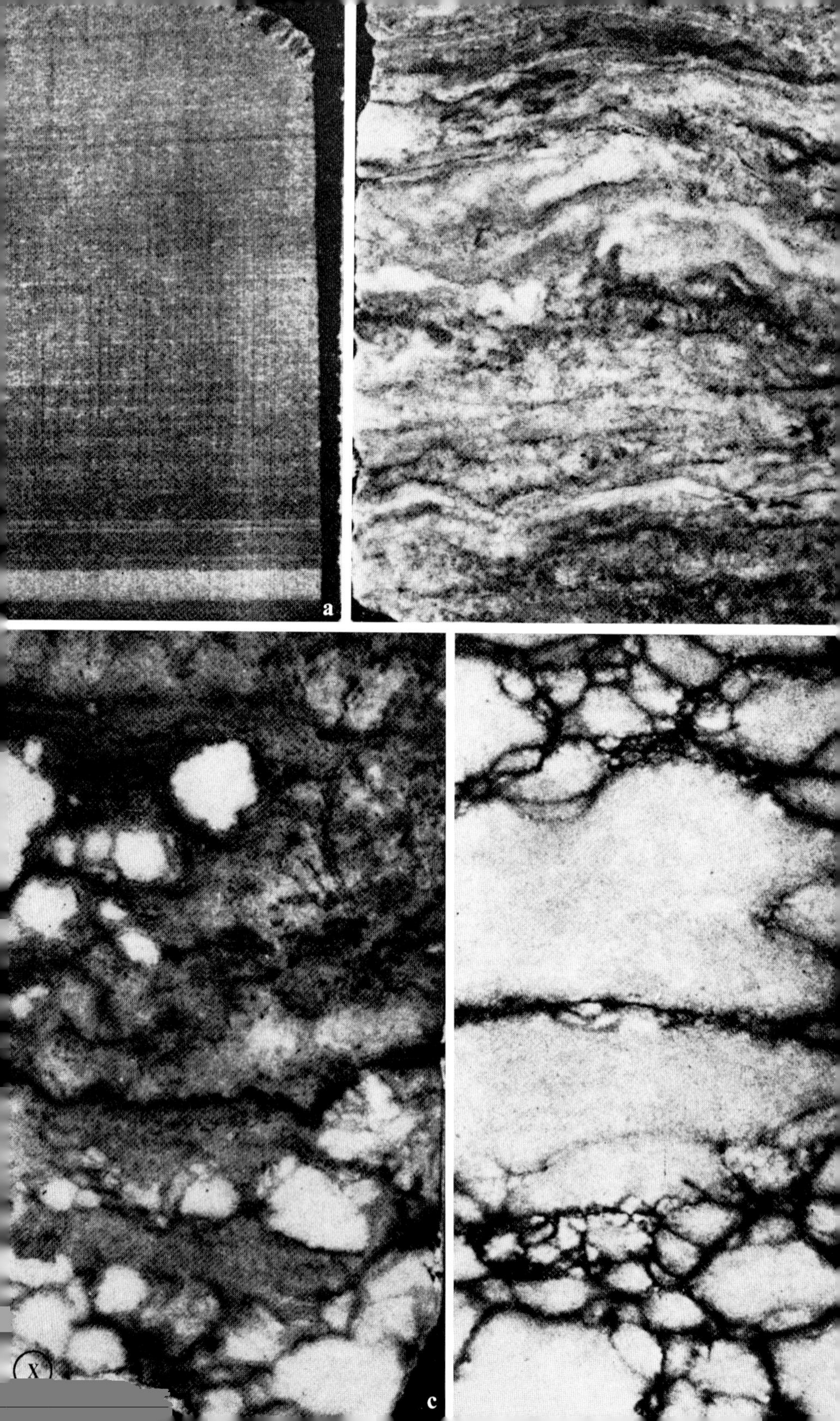
a
c
X

Tafel XI: Stromatolith und Anhydrit. Dunkle und helle Feinschichtungen bilden Stromato-lithe. Weiße, unregelmäßige Schichten bestehen aus Anhydrit, der aus Grundwasser ausgeschieden wurde. Dieser Vertikalschnitt durch die Sedimente unterhalb der jetzigen Küstenebene von Abu Dhabi zeigt die Ähnlichkeit dieser Sedimente mit denjenigen des ausgetrockneten Mittelmeeres.

Tafel XII: Algenmatte. Auf Schlammflächen an der Küste, die täglich von den Gezeiten überspült werden, findet man Algenmatten, die den schlammigen Grund mit Trockenrissen wie diesen bedecken. Wenn man einen Graben aushebt, kann man die wechselnden Schichten von dunklen (Algen) und hellen (Karbonate) Sedimenten wie in den Stromatolithen, die in Tafel XI abgebildet sind, erkennen. Dieses Foto wurde auf den Bahamas gemacht, wo Maurice Black zuerst Stromatolithe in einer rezenten Umgebung entdeckte.

Tafel XIII: »Säule von Atlantis« (rechts). Dieser Sedimentkern, der Verdunstungsrückstände von Seewasser enthält, gab uns den ersten Hinweis darauf, daß das Mittelmeer vor fünf Millionen Jahren eine trockene Wüste war. Der Bohrkern wurde am Bohrplatz 124 südlich der Balearen genommen und von den Technikern »Säule von Atlantis« getauft. Stromatolithe aus dem Schwarzen Meer (links). Das Schwarze Meer war vor fünf Millionen Jahren auch trocken oder fast trocken, als das Mittelmeer ohne Wasser war. Algenmatten wuchsen auf dem ausgetrockneten Boden und bildeten diese stromatolithischen Sedimente, wie wir sie auch im Mittelmeer fanden (siehe Tafel Xb).

Tafel XIV: Untermeerische Topographie des Mittelmeerbodens. Das Ägäische und das Tyrrhenische Becken (zwischen Italien und Sardinien) sind zwei der jüngsten Mittelmeerbecken, die in den letzten 10 bis 15 Millionen Jahren entstanden sind. Die Beckenböden sind mit vereinzelten untermeerischen Bergen bedeckt, die entweder Bergspitzen an Land waren, die im Meer versunken sind, oder aktive Vulkane, die auf dem Tiefseeboden entstanden. Das Balearen-Becken (zwischen Frankreich und Algerien) hat einen flachen Boden, weil die alten, submarinen Berge unter einer mächtigen Sedimentdecke verborgen sind. Das östliche Mittelmeer ist der Rest, der von der großen Tethys übriggeblieben ist. Die fortgesetzte Nordwärtsbewegung Afrikas drückte einen Teil des Meeresbodens unter den Peloponnes und Kreta und bildete einen Tiefseegraben (Hellenischer Trog). Durch den Druck wurde ein anderer Teil des Meeresbodens emporgehoben und bildete eine submarine gebogene Gebirgskette (Mittelmeer-Rücken).

Tafel XV: Zerbrochene u. abgescherte Gesteine. Die Gesteinsgruppe, die Franciscanische Formation genannt wird, ist nicht geschichtet wie andere Gesteine. Die ursprünglich horizontal abgelagerten Sedimentschichten sind gefaltet, zerbrochen, abgeschert und durchmischt worden wie Kies, Schlamm und Sand unter einer Planierraupe. Wir nennen solche Gesteine *Melangen;* es sind für die Benioff-Zone, wo eine Ozeanplatte unter einen Kontinent abtaucht, typische Gesteine.

XI. Die Seeberg-Kette von Hawaii

Der pazifische Ozeanboden ist übersät mit zahllosen untermeerischen Vulkanen, aktiven und erloschenen. Sie werden Seeberge genannt, wenn sie einen konischen Gipfel haben, und Guyots, wenn sie oben flach sind. Seeberge sind entweder aktive Vulkane, die sich auf dem Meeresboden aufbauten, oder abgesunkene, erloschene Vulkane wie die Guyots. Vor mehr als 100 Jahren notierte der berühmte amerikanische Geologe R. D. Dana, daß Seeberge in Reihen angeordnet zu sein scheinen und das bilden, was wir heute eine Seeberg-Kette nennen. Bei einer Untersuchung der Kette nordwestlich der Hawaii-Inseln stellte er ferner fest, daß jene Seeberge, die am weitesten von den aktiven Vulkanen auf Hawaii entfernt lagen, die ältesten und die am weitesten unter den Meeresspiegel abgesunkenen waren. Wie schon erwähnt, regte diese einfache Beobachtung Tuzo Wilson zu seiner »Hot Spot«-Hypothese an, die den Ursprung der hawaiischen Seeberg-Kette erklären sollte.

Japanische Ozeanographen entdeckten Anfang der fünfziger Jahre eine Anzahl Seeberge im Nordpazifik. R. Tamaya benannte einige davon nach japanischen Herrschern (Abb. 11.1). Zwei sowjetische Ozeanographen, P. L. Bezrukow und Gleb Udinseo, erkannten 1955, daß der Imperatorrücken die nördliche Fortsetzung der Hawaii-Seeberg-Kette bilden. Wenige Jahre, nachdem Wilson seinen »Hot Spot«-Aufsatz veröffentlicht hatte (1963), erweiterte E. Christofferson diesen Gedanken, um die Entstehung des Imperatorrückens (Emperor Seamounts) zu erklären. Die Emperor-Kette weist jedoch in nördliche Richtung, die Hawaii-Kette dagegen nach Nordwesten. Es gibt dort einen Knick oder eine Biegung in der Kette. Christofferson mußte einen Richtungswechsel in der Bewegung der Pazifik-Platte annehmen, um diesen Knick zu erklären.

Als Morgan 1972 die Wilsonsche Hypothese weiter ausdehnte, um andere Seeberg-Ketten im Pazifik zu deuten, wurde er von der Beobachtung beeinflußt, daß sie parallel liegen. Neben der Emperor-Hawaii-Kette konnte Morgan drei parallele Ketten aufzeigen: die Marshall-Austral-, die Line-Tuamotu- und die Golf-von-Alaska-Kette. Von der letzten einmal abgesehen haben alle den besonderen Knick (Abb. 11.2). Morgan stellte auch fest, daß die vier Stellen im Pazifik, an denen es zur Zeit noch Vulkanismus gibt, am Südende der vier Ketten liegen: auf den Hawaii-Inseln, dem MacDonald-Seeberg der Australischen Kette, nahe der

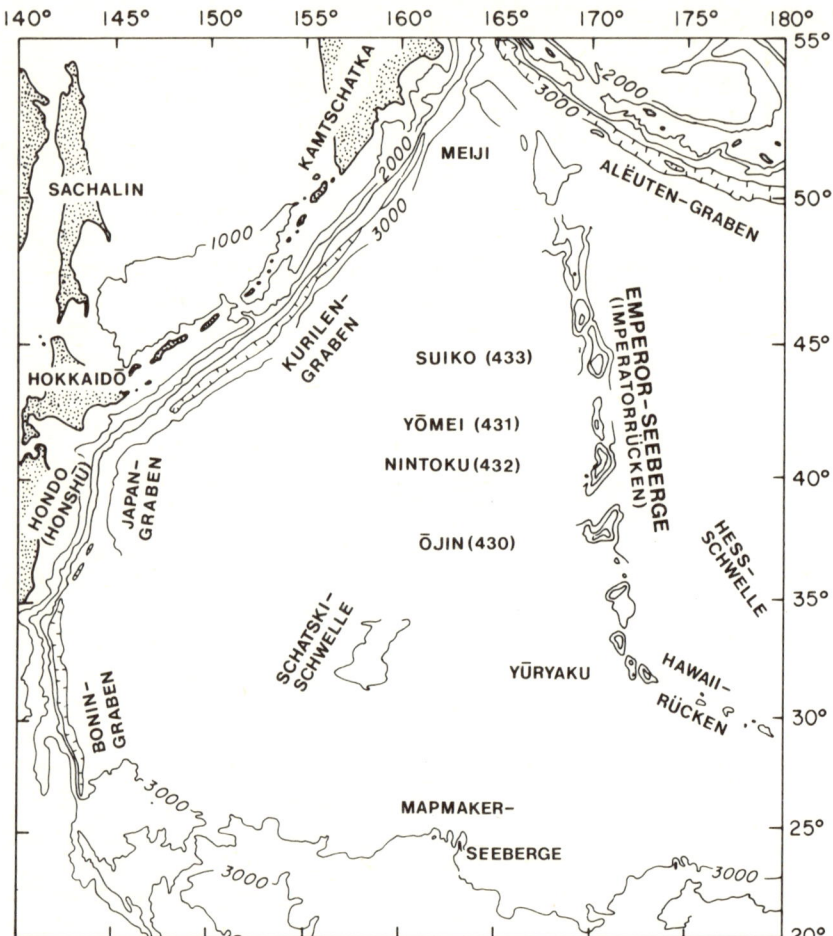

Abb. 11.1: Erloschene submarine Vulkane, die in einer Reihe angeordnet sind, nennt man Seeberg-Kette. Die Emperor-Seeberg-Kette wurde zuerst von R. Tamaya erforscht, der einige der Berge nach japanischen Herrschern benannte. Die Zahlen geben Tiefseebohrplätze von Leg LV an.

Osterinsel der Tuamotu-Kette und nahe dem Cobb-Seeberg an der Juan-de-Fuca-Erhebung. Diese Plätze waren Morgan zufolge jene »Hot Spots« im Erdmantel, an denen konvektive Schlote aufgestiegen sind. Die Bewegung der Pazifischen Platte über die Heißen Flecken hinweg in den letzten 100 Millionen Jahren erzeugte die vier Seeberg-Ketten. Sie bewegten sich mit einer Geschwindigkeit von etwa 7 bis 8 Zentimetern im Jahr, und die Platte schwenkte vor etwa 40 Millionen Jahren von nordwestlicher in

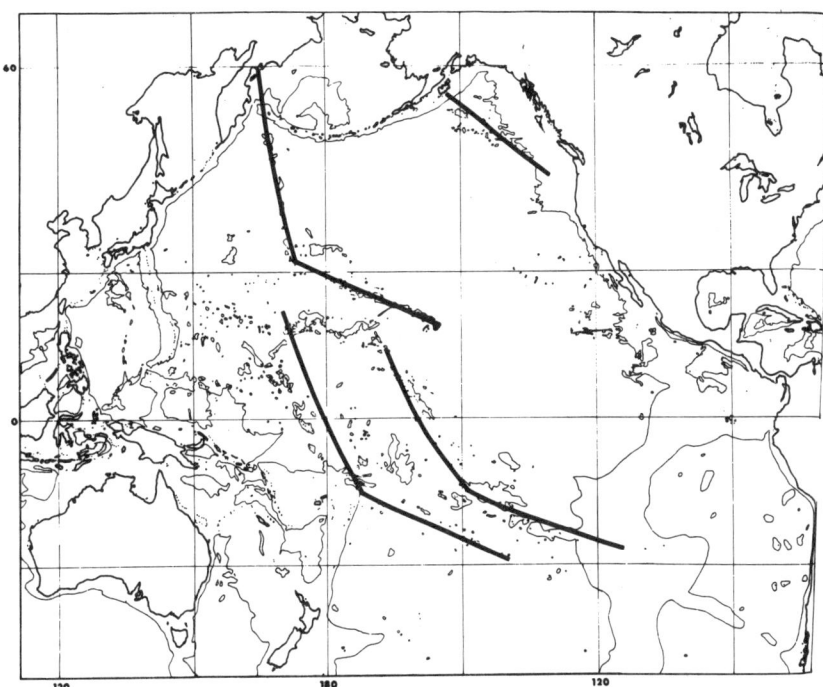

Abb. 11.2: Jason Morgan unterschied drei parallel liegende Seeberg-Ketten im Pazifik, die alle durch einen Knick gekennzeichnet sind. Es sind die Emperor-Hawaii-Kette (Nordpazifik), die Marshall-Australien-Kette und die Line-Tuamotu-Kette (Südpazifik). Eine vierte Kette im Golf von Alaska hat keinen Knick. Die Bohrungen von Leg LV zeigten, daß der Ursprung der Emperor-Hawaii-Kette mit der Bewegung der Pazifikplatte über einen »Hot Spot« im Erdmantel zusammenhängt, wie Morgan es behauptet hatte. Die Bohrungen im Südpazifik wiesen jedoch nach, daß die Seeberg-Ketten dort durch einen weitverbreiteten Mittelplatten-Vulkanismus entstanden sind.

nördliche Richtung; diese Schwenkung verursachte den Knick in allen Ketten.

Morgans Idee war ebenso genial wie einfach. Doch hatte sich die geologische Entwicklung in Wirklichkeit anders zugetragen, und es dauerte nicht lange, bis seine allzu simplifizierte Darstellung sich als falsch erwies. Zwei Jahre nach Morgans Veröffentlichung prüften David Clague und Richard Jarrard, beide Doktoranden am Scripps-Institut, anhand der verfügbaren geologischen Daten über das Alter der Pazifik-Seeberg-Ketten, ob Morgans Hypothese richtig war. Das Alter der Emperor-Hawaii-Kette, die Grundlage seiner kinematischen Analyse war, wurde als der Hypothese entsprechend angenommen. Aber die Verbreitung der Idee, die Entstehung der Südpazifik-Seeberge zu erklären, stieß auf Schwierigkeiten. Die Line-Tuamotu- und die Marshall-Austral-Kette waren offenbar bei früheren Bewegungen der Pazifik-Platte entstanden, sofern sie überhaupt in Zusammenhang mit den »Hot Spots« standen. Wie ich im voraufgegangenen Kapitel ausgeführt habe, wurden Morgans Annahmen durch die Bohrergebnisse an der Line-Tuamotu-Kette während des Leg XXXIII und die Untersuchungen der Marshall-Austral-Kette während des Leg LXI weitgehend widerlegt. Die Vulkane in diesen Gebieten entstanden durch Mittelplatten-Vulkanismus. Die Wilson-Morgan-Idee war jedoch zu gut, um sie einfach ad acta zu legen. Ihre Hypothese sollte noch mit einem abschließenden Versuch während des Leg LV getestet werden, und zwar anhand einiger Bohrungen auf der Emperor-Hawaii-Seeberg-Kette, die prototypisch ist für durch »Hot Spots« gebildete Vulkane.

Die *Glomar Challenger* verließ am 23. Juli Honolulu/Hawaii und erreichte Yokohama/Japan am 6. September 1977. Dale Jackson und Itaru Koizumi aus Osaka waren die Ko-Chefs. Jason Morgan war Geophysiker und machte Routinemessungen der physikalischen Eigenschaften von Gesteinen an Bord. Meine Assistentin Judy McKenzie arbeitete als Sedimentologin und sammelte Proben für geochemische Analysen. Judy brachte zahllose Anekdoten von dieser denkwürdigen Reise mit zurück – denkwürdig, weil der Reisebericht dem verstorbenen Leiter gewidmet war. Jackson starb, kurz nachdem er das Schiff verlassen hatte, an Krebs. Seine Kollegen an Bord taten sich zusammen und schrieben eine meisterhafte Monographie, in der Jackson als Leiter derjenigen Expedition in Erinnerung blieb, die den Nachweis für die »Hot Spot«-Theorie erbrachte.

Die Emperor-Hawaii-Seeberg-Kette umfaßt 107 Vulkane, die sich auf einer Linie von etwa 6000 Kilometern Länge über den Pazifik-Boden verteilen. Am Südostende der Kette liegen die acht Hauptinseln von Hawaii, mit den einzigen noch tätigen Vulkanen Mauna Loa und Kilauea. Jenseits der Insel Kure auf dem Hawaii-Rücken sind die erloschenen Vulkane der Kette alle untergetaucht. Die Hawaii-Kette biegt etwa 3500 Kilometer nordwestlich von Hawaii scharf nach Norden ab, von dort an heißt sie Emperor-Seeberg-Kette.

Die Laven der Vulkane flossen auf den Boden des Pazifischen Ozeans. Die Kruste der Pazifischen Platte unter der Kette ist nach jetzigen Schätzungen etwa 70 Millionen Jahre alt oder noch älter. Es wird angenommen, daß der »Hot Spot« am Südende der Kette während der letzten 100 Millionen Jahre stationär geblieben ist. Morgan sagte darum voraus, daß alle Vulkane der Emperor-Seeberge am Breitengrad von Mauna Loa und Kilauea, also etwa bei 19° N entstanden sind. Die Laven der Seeberge und Guyots sind mit Korallenriffen bedeckt, die in derart niedrigen Breitengraden wachsen. Die tropischen Inseln wurden aus dem für Riffe günstigen Klima verfrachtet und sind unter dem stürmischen Nordpazifik versunken, an Breitengraden bis 50° N. Das Experiment sah Bohrungen an vier Seebergen, die nach japanischen Herrschern Suiko, Yomei, Nintoku und Ojin heißen, vor. Das Alter der Seeberge, einschließlich dem der letzten vulkanischen Eruptionen bei jeder Bohrstelle, konnte paläontologisch bestimmt werden, indem man die ältesten Sedimente, die auf den jüngsten Laven lagen, datierte, und durch radiometrische Altersbestimmung an den Laven selbst. Auch der Winkel der Inklination des natürlichen remanenten Magnetismus der Laven mußte aufgenommen werden, um die ursprüngliche Breitengradlage der Seeberge zu bestimmen. Morgan sagte weiterhin das Vorkommen von Korallen, Fossilien und/oder Skeletten anderer tropischer Organismen in den ältesten Sedimenten auf der Spitze jedes Seebergs voraus.

Jackson und ich waren in den frühen fünfziger Jahren Doktoranden an der Universität Los Angeles. Während des Zweiten Weltkriegs diente er in der Marine, und später studierte er mit Hilfe des G.I.-Gesetzes, einem Fonds des US-Kongresses, der zurückkehrenden Soldaten bei ihrer Weiterbildung helfen sollte. Jackson verkörperte den kampferfahrenen Veteran des US-Marine-Corps. Er war dunkelhaarig, lederhäutig, mit ehrfurchtgebietenden, durchdringenden Augen. Gewöhnlich war er sehr ruhig und ausgeglichen; nur selten beteiligte er sich an den manchmal vielleicht etwas trivialen Debatten, denen wir jüngeren Studenten uns so gerne hingaben. Aus privaten Gründen mußte er sein Studium für einige Jahre unterbrechen und arbeitete für das US *Geological Survey*. Einige Jahre später promovierte er dann aber doch.

Jackson war Kettenraucher, starker Trinker und eine ausgeprägte Persönlichkeit, ein gütiger Mann, der aber selten lächelte. Judy McKenzie vertraute mir später an, daß sie stets ein wenig ängstlich war, vor ihm etwas falsch zu machen, gerade weil er niemals jemanden tadelte.

Ko-Chef auf der *Glomar Challenger* zu sein war eine nervenaufreibende Beschäftigung. Nach meinem Dienst als Ko-Chef auf der Leg-XLIIA-Fahrt war ich fast eine Woche lang krank vor Erschöpfung. Für das darauf folgende Leg ließ ich mich als Mitglied der »Truppe« anheuern und arbeitete als Sedimentologe. Ich schwamm gewissermaßen in Schlick und Schlamm. Viele zogen die weniger anstrengenden wissenschaftlichen Routinearbeiten der Frustration, Verantwortung und Angst vor dem Versagen vor, von denen der Leiter einer solchen Reise in der Regel geplagt wird. Ich hatte viele solche Momente selbst erlebt. Doch gab es immer einen Ko-Chef, der meine Ängste und Sorgen teilte und der mithalf, Entscheidungen zu treffen. Jackson hatte einen japanischen Ko-Chef, einen richtigen Gentleman, der sich mehr als Gast denn als Mitverantwortlicher in diesem überwiegend amerikanischen Unternehmen fühlte. Leg LV war Jacksons Expedition, und sein Expeditionsbericht war eine Chronik des Schreckens.

Bohrungen in den nur mit einer dünnen Sedimentschicht bedeckten harten Untergrund der flachen Gewässer des Nordpazifik waren schon immer arbeitstechnisch ein Alptraum. Auf der ohnehin vom Pech verfolgten Leg-VI-Reise büßten wir neun Bohrstrangenden ein. Jackson geriet in ähnliche Schwierigkeiten. Wie schon erwähnt, muß die Sedimentbedeckung dick genug sein, um den Bohrstrang zu stützen. Sonst weicht er aus oder bricht, wenn bei der Bohrung in einer harten Schicht die Belastung des Meißels zu groß wird. Aber die submarinen Berge sind selten mit einer mächtigen Schicht aus weichen Sedimenten bedeckt. Bodenströmungen, die über die untermeerischen Erhebungen hinweggehen, spülen den weichen Schlamm fort. Die zurückbleibenden, groben Sande und Kiese sind oft Ursache für weitere Störungen; sie können in das Bohrloch hineinrutschen und die Drehbewegung des Bohrstranges stoppen. Schließlich können die starken Bodenströmungen auf den Seebergen die akustischen Baken verdriften und so eine stabile Lage des Bohrschiffes verhindern.

Am Bohrplatz 430 über dem Ojin-Seeberg erhielt Jackson eine erste Kostprobe von den Schwierigkeiten, die ihm bevorstanden. Das erste Loch mußte nach 14 Metern Bohrtiefe aufgegeben werden, weil Sand und Kies in das Bohrloch rutschten und eine Fortsetzung der Arbeit unmöglich machten. Mit dem zweiten Loch auf diesem Bohrplatz hatte er mehr Glück, dafür tauchten andere Probleme auf. Der Bohrmeißel klemmte, das Kernrohr war verstopft, der Kernrohr-Fänger versagte. Zwar ertönte ab und an der Ruf: »Der Kern ist oben!« Aber Jackson fand immer wieder nur ein leeres Kernrohr vor, nach stundenlangem, hoffnungsvollem Warten. Zu allem Überfluß versagte auch noch die akustische Bake, die zur dynamischen Positionierung über dem Meeresboden gebraucht wurde. Sie war offenbar von einer starken Bodenströmung verdriftet worden. Jackson mußte sein zweites Loch nach nur 118 Metern Bohrtiefe aufgeben. Sein einziges Ergebnis waren einige Basaltproben.

Er versuchte nun, ein drittes Loch zu bohren, doch wurden seine Bemühungen nur mit einem Kernrohr voll Wasser belohnt: das Rohr war durch ein hartes Gesteinsstück blockiert worden.

Doch erst am nächsten Bohrplatz über dem Yomei-Seeberg gingen die Scherereien richtig los. Das erste Loch erreichte nur 29 Meter Tiefe, als »das Bohrrohr zu vibrieren begann, sich freibrach und unbelastet drehte. Der Bohrstrang war gerissen, und es stellte sich heraus, daß er unterhalb des untersten Teleskoprohres abgedreht war. Der Rest des Bohrstrangendes mit dem Bohrmeißel und dem inneren Kernrohr war verlorengegangen.

Diese Ausführungen wurden in das Logbuch der Expedition um Mitternacht des 6. August eingetragen; sie sagen nichts aus über den Ärger und die Enttäuschung des Chefwissenschaftlers.

Ein weiterer Versuch wurde an derselben Stelle getestet. Fünfzehn Stunden später, das zweite Loch war vier Meter tiefer als das erste, »begann wieder das Bohrrohr zu vibrieren und drehte ab«, so die erneute Eintragung ins Logbuch. Unerwähnt blieb, daß ein weiteres Bohrstrangende verloren gegangen war. Ko-Chefs, Kapitän, Betriebsleiter und Bohrmeister trafen sich zu einem Gespräch. Von Jackson abgesehen, waren alle davon überzeugt, daß das ausgewählte Gebiet für derartige Experimente untauglich sei. Sie wollten ihr Glück andernorts versuchen. Jackson dagegen glaubte, das Problem sei in der schlechten Ausrüstung zu suchen und ein Ortswechsel könne das Schicksal kaum zum Besseren wenden. Dennoch mußte er den Bohrplatz aufgeben, denn zwei Garnituren kostspieliger Bohrrohre waren auf dem Emperor-Seeberg Yomei auf Nimmerwiedersehen verschwunden. Da saß Jackson nun traurig und besiegt in der Messe der *Glomar Challenger*. Als das Schiff kurz nach Mitternacht des 7. August abfuhr, hatte die Mannschaft keine einzige brauchbare Probe, nur eine Handvoll Sand und Kies.

Die *Glomar Challenger* erreichte nun den Nintoku-Seeberg. Jackson mag zu dem alten japanischen Herrscher gebetet haben, nach dem der Berg benannt ist. Doch war sein Bitten vergebens. Der Bohrstrang brach, kurz bevor das untere Ende im Schlamm begraben war. Im Bericht des Chefwissenschaftlers liest sich diese abermalige Enttäuschung trocken und emotionslos:

»Als der Bohrer abgesenkt wurde, begann der Bohrstrang zu vibrieren und brach.«

Immer wieder diese unheilvollen Worte: *»Der Bohrstrang begann zu vibrieren.«* Ein weiteres Bohrgerät war verlorengegangen.

Jackson hatte nur einen Satz BHA, der ihm für einen letzten Versuch blieb. Es gelang ihm, von diesem zweiten Bohrloch auf Platz 432 einige Basaltstücke von dem Seeberg heraufzuholen, bevor er wieder denselben traurigen Satz niederschrieb:

»Der Bohrstrang begann zu vibrieren.«

Endlich wurde eine Untersuchung angeordnet, verschiedene Meinungen wurden diskutiert. Ein Teil der Besatzung machte fehlerhafte Planung für die Schwierigkeiten verantwortlich; schon die Idee, in einen Seeberg zu bohren, sei eine glatte Torheit. Andere meinten, an der Planung könne es nicht liegen, doch sei nicht gründlich genug nach einem geeigneten Ort gesucht worden, der eine mächtige Sedimentbedeckung bot. Jackson war aber bei seinem zweiten Versuch am Ojin-Seeberg nicht der geringste Fehler unterlaufen, als er in den Basaltuntergrund mit weniger als 60

Metern Sedimentbedeckung bohrte. Er mußte das Loch aufgeben, weil die Bake verdriftet war. Einige Kollegen gaben deshalb den Bodenströmungen die Schuld. Vielleicht konnte eine Bake auf dem Boden über einem Seeberg nicht fest positioniert werden. Die Bake bewegte sich, und die *Glomar Challenger* folgte. Der Bohrstrang kann das 11 000-Tonnen-Schiff nicht zurückziehen, wenn die Bake den Riesen weglockte, wurde gesagt. Der Bohrstrang brach, wenn die *Glomar Challenger* sich von ihrem Platz bewegte. Wie auch immer, das Ergebnis einer gründlichen Untersuchung nach der Reise ergab eine einfache Antwort und rechtfertigte Jackson. Weder der Ort noch die Strömungen waren Ursache für den Mißerfolg. Es war die fehlerhafte Ausrüstung, wie Jackson angenommen hatte. Die Partie Teleskoprohre, die erstmals beim Bohren der Löcher von Leg LV verwendet wurden, entsprachen nicht den Anforderungen. Einige »kluge Leute« hatten das technische Gerät umgestaltet, und dabei war das Gewinde am Ende der Bohrrohre zu dünn geraten. Die Verbindung zwischen den Teleskoprohren war zu schwach und brach bei Beanspruchung leicht. Alte Teleskoprohre hielten.

Inzwischen mußte Jackson den Nintoku-Seeberg aufgeben und zehn Tage seiner kostbaren Zeit für einen Abstecher nach Adak/Alaska opfern, um dort vier weitere Teleskoprohre zu holen. Seine Verluste waren so groß, daß er keine Ausrüstung mehr besaß! Die Unterbrechung mag eine angenehme Erholung für die Schiffsmannschaft gewesen sein, für den Leiter war sie das reinste Ärgernis. Am 18. August kehrte die *Glomar Challenger* mit neuem Gerät von Adak zurück und nahm über dem Seeberg Suiko Position ein. Jacksons Mühsal war jedoch noch nicht vorüber. Während das erste Loch gebohrt wurde, arbeiteten die Heckschrauben »unregelmäßig« (sie dienen dazu, das Schiff auf der Lokalität stationär zu halten). Die Bohrarbeiter auf der Bohrturm-Plattform mußten sich beeilen, den Bohrstrang aus dem Loch zu holen, bevor er wieder abgedreht wurde. Tausende Meter Bohrrohre mußten an Deck geholt und gestapelt werden. Taucher wurden ins Wasser geschickt. Sie konnten das Rätsel lösen:

»Die hintere Heckschraube hat sich in einem Klumpen Nylon-Fischernetz und Polyäthylen-Leinen verheddert.«

Glücklicherweise war die Schraube nicht beschädigt, und die *Glomar Challenger* konnte an ihre Position zurückkehren.

Am 18. August um 14 Uhr, weniger als 10 Tage standen noch zur Verfügung, beruhigte sich schließlich alles. Dale Jackson hatte endlich ein »gutes« Bohrloch erwischt. Alles lief so reibungslos, daß er schon an den wohlverdienten Erfolg glaubte. Er erörterte mit der Mannschaft, ob man nicht um einige Tage Verlängerung für das Unternehmen bitten solle. Vielleicht konnte man noch einige Meter des wertvollen Basalts von Suiko

gewinnen. Er sprach zu schnell, und jemand muß die Unterhaltung während des mitternächtlichen Imbisses belauscht haben. Schon ging alles wieder schief! Die Kernrohre kamen wiederholt leer herauf, einer nach dem anderen. Jackson erfuhr, daß der Bohrmeißel verstopft sei; so konnten keine weiteren Kerne gezogen werden. Es gab keine andere Wahl, als die Bohrrohre wieder an Deck zu holen. Tatsächlich war der Bohrmeißel verstopft: die Spitze der Meißelkegel war durch einen Stein festgeklemmt. Die wirkliche Ursache beschrieb Jackson so:
»Das Loch der Meißelöffnung war mit einem Stoffetzen verstopft, den man noch als eine männliche Unterhose, Größe 44, identifizieren konnte, vollständig um ein 5 Zentimeter großes Basalt-Kernstück herumgewunden.«
Die Seeleute wollten offenbar endlich zu ihren Familien heimkehren, und so hatte einer von ihnen seine Unterhose dem Kaiser Suiko geweiht! Sie waren einfach nicht bereit, sollte eine Verlängerung genehmigt werden, weiterhin an Bord zu bleiben.
Nach dem »Meißel-Zwischenfall« hatte Jackson noch 28 Stunden für seine Bohrung. 26 Stunden davon dauerte es allein, den Bohrstrang wieder in das Loch zu bringen. Jetzt war es Sonntag. Jackson konnte niemanden in La Jolla erreichen, um eine Verlängerung zu erbitten. Bei der Bestandsaufnahme der Kerne stellte Jackson fest, daß er in 114 Lavaflüsse gebohrt und alle seine Ziele erreicht hatte. Er beugte sich dem Unvermeidlichen und gab die Anweisung zur Abreise; er kehrte einen Tag früher als geplant nach Yokohama zurück. Ich war selbst dreimal Ko-Chef und weiß, daß jede Minute Schiffszeit so kostbar wie ein Juwel ist; ich konnte sehr gut verstehen, mit welcher Erbitterung er die Unterhose, Größe 44, im Gedächtnis behielt.
So gab Jackson nach, aber seine Fahrt war trotz all der Schwierigkeiten ein großer Erfolg. Wer die Pressemitteilung über die Reise gelesen hat, konnte sich allerdings kaum eine Vorstellung davon machen, welche Strapazen und welch psychischer Streß sie begleitete. Die schmeichelhaften Worte, gespickt mit bürokratischen Formulierungen des Deep Sea Drilling Project hatten wenig Ähnlichkeit mit den Berichten der Schiffsmannschaft, die Dale Jackson niederschrieb. Im September 1978 erschien folgender Zeitungsbericht:
»Emperor-Seeberge im Nordpazifik einst Koralleninseln.
Die Wissenschaftler an Bord des Bohrschiffes *Glomar Challenger* haben beim Leg LV des Deep Sea Drilling Project (DSDP) entdeckt, daß die Emperor-Seeberge im Nordpazifik einst als tropische Inseln über das Meer hinausragten. Das Beweismaterial, das auf einer kürzlich beendeten 45tägigen wissenschaftlichen Bohrreise gesammelt wurde, zeigt, daß vor 50 bis 60 Millionen Jahren diese riesigen erloschenen, untermeerischen

Vulkane Inseln waren, die von Korallenriffen umrandet waren und herrliche, weiße Sandstrände hatten – ganz so, wie die Hawaii-Inseln heutzutage. Zweck der wissenschaftlichen Expedition war, eine wichtige Hypothese über den Ursprung der Emperor-Seeberg-Kette zu prüfen und die Geschichte der Krustenbewegungen des Pazifischen Ozeans während der letzten 70 Millionen Jahre zu erforschen.

Die ›Hot Spot‹-Hypothese, die erstmalig 1963 vorgelegt und in den folgenden zehn Jahren verfeinert wurde, besagt, daß die Emperor-Seeberg-Kette eine Fortsetzung der Hawaii-Vulkan-Kette sei. Nach diesen Vorstellungen entstanden die Hawaii- und Emperor-Vulkankette, als sich die Pazifik-Kruste erst nach Norden und dann nach Nordwesten über eine festliegende Lava-Quelle, genannt ›Hot Spot‹, im Erdmantel hinwegbewegte. Es wird angenommen, daß der Heiße Fleck heute unter den aktiven Vulkanen Kilauea und Mauna Loa auf der Hawaii-Insel liegt. Es war vorausgesagt worden, daß die Hawaii-Emperor-Vulkane fortschreitend älter und tiefer unter den Meeresspiegel abgesunken sein müßten, je weiter sie von Hawaii entfernt seien. Die Wissenschaftler von Leg LV sagen, daß die vorläufigen Ergebnisse von ihren vier Bohrorten auf den Emperor-Seebergen diese Hypothese bestätigen.

Der internationale Wissenschaftlerstab, geführt von Dr. E. D. Jackson vom United States Geological Survey, Menlo Park/Kalifornien, und Dr. Itaru Koizuma vom College of General Education, Universität Osaka/ Japan, setzte sich wie folgt zusammen: Dr. Gennady Avdeiko, Institut für Vulkanologie, Ferner Osten-Zentrum, Akademie der Wissenschaften, Petropawlowsk-Kamtschatka, UdSSR; Dr. Arif Butt, Institut für Paläontologie und Geologie, Universität Tübingen, West-Deutschland; Dr. David A. Clague, Department of Geology, Middlebury College, Middlebury, Vermont/USA; Dr. G. Brent Dalrymple und H. Gary Greene, United States Geological Survey, Menlo Park/Kalifornien; Dr. Anne-Marie Karpoff, Institut für Geologie, Straßburg/Frankreich; Dr. R. James Kirkpatrick, Scripps Institution of Oceanography, Universität von Kalifornien, La Jolla/Kalifornien; Dr. Masuru Kono, Geophysikalisches Institut der Universität Tokio, Tokio/Japan; Dr. Hsin Yi Ling, Department of Oceanography, Universität Washington, Seattle/Washington; Dr. Judith McKenzie, Geologisches Institut, Eidgenössische Technische Hochschule, Zürich/Schweiz; Dr. Jason Morgan, Princeton Universität, Princeton/ New Jersey, und Dr. Toshiaki Takayama, College of Liberal Arts, Universität Kanazewa, Kanazewa/Japan. Die Bohrarbeiten der Reise wurden von Herrn Barry Robson von der Scripps Institution of Oceanography, Universität von Kalifornien, La Jolla/Kalifornien, überwacht.

Die Scripps Institution of Oceanography organisierte das Tiefseebohrprojekt, das finanziell von der National Science Foundation durch einen

Vertrag mit der Universität von Kalifornien getragen wird. Die Universität von Kalifornien hat einen Untervertrag mit der Global Marine Inc. von Houston für das Bohren und Kerneziehen mit dem Bohrschiff *Glomar Challenger* von GMI. Dr. Melvin N. A. Peterson ist der Projektleiter, und Dr. David G. Moore ist Chefwissenschaftler. Wissenschaftliche Beratung erhält das Projekt von Komitees der Joint Oceanographic Institutions for Deep Earth Sampling (JOIDES). JOIDES-Mitglieder sind: das Lamont-Doherty Geological Observatory der Columbia-Universität; die Rosenstiel School of Marine and Atmospheric Sciences, Universität Miami; das Department of Oceanography, Universität Washington; die Woods Hole Oceanographic Institution; UdSSR-Akademie der Wissenschaften, Moskau/UdSSR; Bundesanstalt für Geowissenschaften und Rohstoffe, Bundesrepublik Deutschland; das Ocean Research Institute der Universität Tokio/Japan; Scripps Institution of Oceanography, La Jolla/Kalifornien; das Hawaii Institute of Geophysics; die Universität von Rhode Island; der Natural Environmental Research Council (NERC) von England und das Centre National pour l'Exploitation des Océans (CNEXO), Frankreich.

Die *Glomar Challenger,* unter dem Kommando von Kapitän Joseph Clarke, verließ Honolulu am 23. Juli und erreichte Yokohama am 6. September 1977 mit einem Zwischenstopp auf Adak Island in den Aleuten. Während ihrer 45-Tage-Reise legte die *Glomar Challenger* mehr als 5000 Meilen zurück und sammelte Gesteinsproben aus Bohrlöchern, die in vier Seeberge der Emperor-Kette gebohrt wurden. Das Bohrloch auf dem Suiko-Seeberg reichte 550 Meter unter den Meeresboden, und es wurden 385 Meter Kernproben aus Vulkangestein gesammelt; es war das tiefste Loch, das jemals in den Basaltuntergrund des Pazifischen Ozeans gebohrt wurde.«

Jacksons Zusammenfassung seiner erfolgreichen Reise in einer wissenschaftlichen Zeitschrift ist sparsamer, aber aufschlußreicher. Er berichtet: »Generell ist der ›Hot Spot‹-Ursprung der Emperor-Seeberg-Kette bestätigt worden. Die ältesten Fossilien über dem Basalt von Ojin-, Nintoku- und Suiko-Seeberg wurden fortschreitend jünger. Das Alter der Seeberge zeigt, daß die Pazifik-Platte sich mit 9 Zentimetern pro Jahr bewegt hat. Der Chemismus der Basalte von den Seebergen ist der gleiche wie auf Hawaii, offenbar gleichen Ursprungs. Das Vorhandensein von Korallenriffen an den Seebergen beweist, daß sie einst in südlicheren Breiten gelegen haben müssen; die Breitengradveränderungen zeigen sich ferner in der magnetischen Inklination der Basaltlaven.«

Die vorläufigen Schlußfolgerungen wurden aufgrund der wissenschaftlichen Untersuchungen an Bord der *Glomar Challenger* gezogen. Eingehende Studien der Proben in Laboratorien an Land haben die vorläufigen

Schlußfolgerungen bestätigt. Die radiometrische Altersbestimmung der Basaltproben von Suiko-, Nintoku- und Ojin-Seeberg konnte bei allen genauer datiert werden als bei der paläontologischen Untersuchung an Bord des Schiffes. Suiko, nördlichster der angebohrten Seeberge, ist auch der älteste; er entstand vor 65 Millionen Jahren. Der Nintoku und der Ojin sind 56 beziehungsweise 55 Millionen Jahre alt. Zusammen mit den radiometrischen Altersbestimmungen anderer Proben, die man mit Greifern von anderen Seebergen heraufgeholt hat, ergibt sich ein bemerkenswert lineares Verhältnis zwischen dem Alter der Seeberge und der Entfernung von Hawaii. Die Korrelation zeigt, daß sich die Pazifische Platte mit einer Geschwindigkeit von 8 Zentimetern pro Jahr bewegt hat und daß der Richtungswechsel vor 43 Millionen Jahren stattfand, fast genau, wie Morgan vorausgesagt hatte (Abb. 11.3).

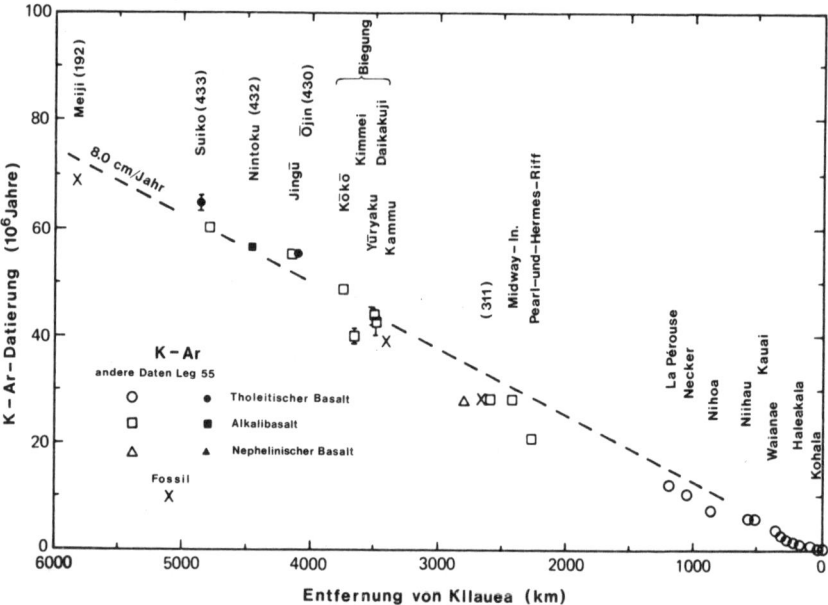

Abb. 11.3: Die Theorie vom »Hot Spot«. Die Theorie hatte vorausgesagt, daß der submarine Berg, der am weitesten von den aktiven Vulkanen Hawaiis entfernt liegt, der älteste sein müßte. Die radiometrische Datierung nach der Kalium-Argon-Methode der Basaltproben, die beim Leg LV gesammelt wurden, ergänzt durch andere Daten, bestätigte die Theorie. Unterschiedliche Basaltarten wurden gesammelt. Die tholeiitische Variante wird meist auf mittelozeanischen Rücken gefunden; die anderen beiden Ausbildungen des Basalts kommen eher auf den Seebergen vor. Das Alter und die zurückgelegte Entfernung ergeben eine lineare Rate von 8 Zentimetern pro Jahr, mit der sich die Pazifik-Platte über den heißen Fleck von Hawaii hinwegbewegt hat.

Die geographische Breite der Seeberge zur Zeit der Vulkanergüsse wurde anhand der Messung des natürlichen remanenten Magnetismus der Basaltproben bestimmt. Die Analyse der Ojin-Proben ergab Resultate, wie sie genau vorausgesagt worden waren, während die Daten von Nintoku und Suiko einige Abweichungen zeigen, die wohl auf geringe Veränderungen in der Lage der Magnetpole der Erde in dieser Zeit zurückzuführen sind. Vergleicht man die verfügbaren Daten von anderen Seebergen der Emperor-Hawaii-Kette, so liegt die Vermutung nahe, daß der Heiße Fleck bei etwa 19° N festliegt oder sich in den letzten 70 Millionen Jahren nur sehr wenig bewegt hat (Abb. 11.4).

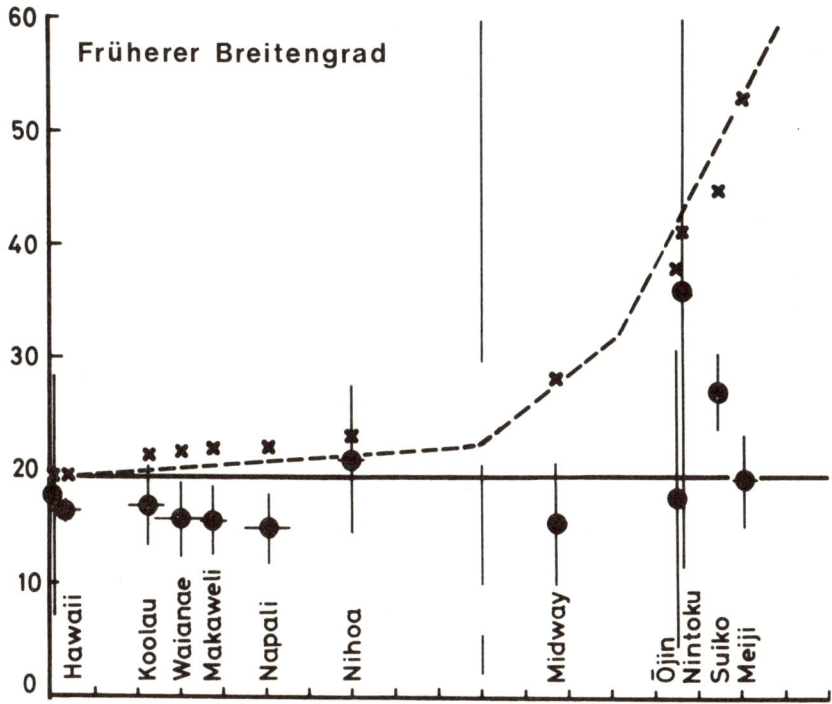

Abb. 11.4: Die Breitengradlage der Seeberge in der Vergangenheit. Der Breitengrad der Tiefseeberge zur Zeit der vulkanischen Tätigkeit wurde durch die Messung des Inklinationswinkels des remanenten Magnetismus der Basaltproben bestimmt. Die Kreuze geben den heutigen Breitengrad an, und die gestrichelte Linie gibt die theoretische Lage der Seeberge an, wenn sich die Pazifische Platte mit 8 Zentimetern pro Jahr über den »Hot Spot« hinwegbewegt hätte. Die runden Punkte sind die alten Breitengrade, die bei 19° Nord liegen sollten, wenn sich alle Seeberge über dem »Hot Spot« von Hawaii gebildet haben. Alle mit Ausnahme vom Nintoku bestätigen die theoretische Voraussage.

Judy McKenzie brachte zu unserem Laboratorium in Zürich Proben von Korallen und Bryozoen (Tertiär) mit, um die Temperatur des Ozeanwassers zu bestimmen, in dem die fossilen Organismen einst gelebt hatten. Anhand der Sauerstoff-Isotopen-Methode, die erstmalig Harold Urey entwickelt hatte (Kapitel II), konnte sie aussagen, daß diese Organismen in südlicheren Gewässern gelebt haben müssen, also in wesentlich wärmerem Wasser, als es das an der Oberfläche des Nordpazifik über den versunkenen Seebergen heute ist. Die Public-Relation-Leute von Scripps übertrieben nicht allzu sehr, wenn sie davon sprachen, daß diese untermeerischen Vulkane einst Inseln waren – von Korallenriffen umrahmt und sandigen Stränden, wie die heutigen Hawaii-Inseln.

Die Geschichte der »Hot Spot«-Erforschung war letztendlich ein großer Erfolg, wenn man davon absieht, daß Dale Jackson den glücklichen Abschluß seines Experiments nicht mehr erlebte. Er starb am 28. Juli 1978. Als er seine Reise auf der *Glomar Challenger* antrat, wußte er bereits, daß er sterben würde, aber er vertraute sich niemandem an. Nach der Reise war er völlig erschöpft und zog sich für mehrere Monate an einen unbekannten Ort zurück. Dann erfuhren seine Kollegen von der Krankheit. Nach einer Therapie fühlte er sich besser. Er schrieb und hoffte, seine ehemalige Mannschaft bei einer geplanten Zusammenkunft treffen zu können. Er kam nicht. Drei Tage, bevor seine Kollegen sich in La Jolla versammelten, um die Veröffentlichung des Reiseberichtes vorzubereiten, starb er. Unsere Wissenschaft verlor einen glänzenden Kopf, und wir verloren einen unvergeßlichen Freund.

XII. Die Nordwanderung Indiens

Uns allen erscheint es reizvoll, exotische Tiere und Pflanzen in fernen Ländern zu sehen und zu beobachten. Paläontologen sind da keine Ausnahme. Nur suchen sie noch auf der ganzen Welt nach fossilen Faunen, die oft ganz anders geartet sind als die der Heimat. Es war darum für Eduard Suess eine große Überraschung, als er 1862 bei einem Besuch in England sah, daß die Fossilien, die Generalmajor Richard Strachey aus der Trias-Periode des Himalaja mitgebracht hatte, fast identisch mit jenen waren, die er und seine Kollegen in den österreichischen Dolomiten fanden. Suess, der führende Geologe seiner Zeit, war stark beeindruckt von dieser Ähnlichkeit, und er konnte 1892 eine österreichische Expedition in den Himalaja anregen, um der Sache näher auf den Grund zu gehen. Es wurden sehr viele Fossilien gesammelt und von seinem Kollegen E. Mojsisovics untersucht. Der bestätigte die Gleichheit der Faunen. Inzwischen untersuchte Suess' Schwiegersohn Melchior Neumayr die Fossilien der darüberliegenden Jura-Periode. Neumayr ging denn auch als erster von einem Ost-West-Ozean aus, der sich von den Alpen bis zum Himalaja erstreckt hatte. Dieses Zentrale Mittelmeer taufte Suess später auf einen eher exotischen Namen: Tethys, in Erinnerung an die Frau des Okeanos in der griechischen Mythologie. Bei der Nordwanderung Afrikas wurde schließlich das Westende der Tethys durch die Auffaltung der Alpen beseitigt (Kapitel VI); eine entsprechende Nordwanderung Indiens schloß das östliche Ende und hob den Himalaja heraus. Dazwischen entstanden aus der Tethys die Bergketten des südlichen Europa, Kleinasiens, Irans und Afghanistans. Nur das östliche Mittelmeer blieb als letzter Rest dieses gewaltigen Ozeans übrig.

Tiefe Ozeane sind so gut wie unüberwindliche Barrieren auf den Wanderungen von landlebenden Tieren und Pflanzen. Oft verhindern sie aber auch die Verbreitung von Tieren, die am Boden flacher Meere leben. Die Gleichartigkeit der alten indischen und österreichischen Faunen kann teilweise dadurch erklärt werden, daß viele der Fossilienarten pelagisch lebten, schwimmend oder treibend an der Oberfläche tiefer Ozeane. Darüber hinaus lagen die Dolomiten von Österreich und der Hohe Himalaja einst unter dem kontinentalen Schelf an der Südseite der Tethys, so daß die Tiere am Boden kriechend Tausende Kilometer entlang dem flachen Schelf während der vielen Millionen Jahre der geologischen Zeiten wandern konnten. Neumayr konnte das Zentrale Mittelmeer ausmachen, weil er die unterschiedlichen Schelf-Faunen der sich gegenüberliegenden Küsten der Tethys unterscheiden konnte. Später nannte Suess den nördlichen Kontinent Angaraland, den südlichen Gondwanaland. Gondwanaland war, wie schon gesagt, ein gewaltiger Südkontinent der Perm-Karbon-Zeit, der charakterisiert wurde von einer besonderen Pflanzengruppe, *Glossopteris* genannt, und durch eine ausgedehnte Verbreitung von alten Eiszeitablagerungen (Kapitel IV). Zum Ende der Paläozoischen Epoche wurde Gondwana mit dem nördlichen Kontinent zusammengeschweißt und bildete Pangäa, den einen Superkontinent der Erde. Etwa vor 200 Millionen Jahren, während der späten Trias- oder der frühen Jura-Periode, zerbrach Pangäa wieder in zwei Teile. Das Gondwanaland südlich der jurassischen Tethys wurde so zu Neo-Gondwana, obwohl es genau den gleichen Bereich einnahm wie das alte. Neo-Gondwana trennte sich von Angaraland, als sich Afrika von Nordamerika wegbewegte und zur Entstehung des Zentralatlantik und der Alpinen Tethys führte (Kapitel VI). Dieser Südkontinent brach später in vier einzelne (Afrika, Südamerika, Antarktika, Australien) und einen Subkontinent (Indien) auf. Die Bohrungen im Südatlantik während der Leg-III-Reise hatten gezeigt, daß sich Südamerika vor etwa 130 Millionen Jahren von Afrika entfernt hatte; der Südatlantik weitete sich aus, als sich die beiden Kontinente voneinander fortbewegten (Kapitel V). Inzwischen führten Untersuchungen der magnetischen Streifen auf dem Meeresboden zu der Annahme, daß Indien 20 Millionen Jahre später von Antarktika wegdriftete und der Prozeß des Seafloor Spreading zwischen beiden Kontinenten für die Entstehung des Indischen Ozeans verantwortlich war.

Viele Geologen haben die Vorstellung akzeptiert, daß sich die Entstehung des Himalaja auf die Kollision Indiens mit Tibet zurückführen läßt, schon ehe eine Revolution über die Geowissenschaften hinwegfegte. Der Meinungsstreit bezog sich auf die Entfernung, die Indien zurückgelegt hat. Wenn Indien aus der Nähe des Südpols herangewandert ist, wo waren dann die »Fußabdrücke«, die Spuren, die es bei dem langen Marsch hinterlassen haben mußte. August Gansser, mein Vorgänger als Leiter des Geologischen Instituts in Zürich, gab darauf eine Antwort. In einem mutigen Aufsatz, 1966 geschrieben, wenige Jahre vor der Aufstellung der Plattentektonik-Theorie, nahm Gansser an, daß die »Schienen für den Transport« Indiens die beiden Hauptbruchzonen im Indischen Ozean, der Neunzig-Ost-Rücken im Osten und die Owen-Bruchzone im Westen, seien.

Wenn ein Teil der Erdkruste sich bewegt und ein benachbarter Teil stehenbleibt, muß zwischen beiden ein Bruch entstehen, um die Bewegung überhaupt zu ermöglichen. Die Geologen haben bei der Untersuchung der Bewegungen der Erdkruste drei Haupttypen von Brüchen festgestellt. *Grabenbrüche* haben eine große vertikale Komponente. Der Rheintalgraben etwa entstand, als ein Stück Erdkruste zwischen dem Schwarzwald und den Vogesen absank. Bei *Überschiebungen* haben sich zwei Krustenplatten übereinander geschoben. Ein Beispiel dafür sind Gebirgsketten wie die Alpen oder der Himalaja, wo die Gesteinsformationen zusammengepreßt sind. Der dritte Typ der Störungen sind die *Horizontal-* oder *Blattverschiebungen:* hier bewegen sich Krustenplatten aneinander entlang. Die Bewegungen an Blattverschiebungen verlaufen horizontal. Gewöhnlich können solche Störungen nur beobachtet werden, wenn man den horizontalen Versatz der linearen Merkmale an der Erdoberfläche beobachten kann. Die Sankt-Andreas-Spalte in Kalifornien ist die bekannteste Störung dieser Art. Die Bewegung entlang der Störung wurde zuerst nach dem San-Francisco-Erdbeben 1906 festgestellt, weil Wasser- und Gasleitungen, die nur flach unter der Oberfläche lagen, durch Erdbebenbewegungen um vier oder fünf Meter horizontal versetzt wurden. Leider gibt es keine Möglichkeit, Bewegungen, die vor vielen Millionen Jahren stattfanden, mit Hilfe künstlicher Objekte ausfindig zu machen. Wir müssen Erscheinungen in der Natur aufzeichnen, um entscheiden zu können, ob geradlinige Bildungen horizontal versetzt worden sind. Eine Gebirgskette ist eine solche geradlinige Bildung. Die Sierra Nevada von Kalifornien endet ganz plötzlich im südlichen Kalifornien nördlich der Sankt-Andreas-Spalte. 1953 glaubten Mason Hill und Tom Dibblee, zwei kalifornische Geologen, die Fortsetzung der Sierra Nevada auf der anderen Seite der Spalte in den Küstenketten des nördlichen Kalifornien bei San Francisco gefunden zu haben. Wenn sie recht haben, dann muß in den letzten 150 Millionen Jahren eine Verlagerung von etwa 600 Kilometern entlang der Sankt-Andreas-Spalte stattgefunden haben. John Crowell, mein Lehrer an der Universität von Kalifornien/Los Angeles, untersuchte das Gebiet später genauer. Er schätzte, daß es entlang der Spalte nur etwa halb so viele Bewegungen gab und sich der gesamte Prozeß innerhalb der letzten 20 Millionen Jahre abgespielt habe. Wenn man diese Rate zugrundelegt, würde Los Angeles in 50 Millionen Jahren auf San Francisco treffen und mit ihm verschmelzen. Ich war seinerzeit Doktorand an der UCLA und dort gegenüber den neuen Theorien zu einem skeptischen Verhalten erzogen worden. Einfach zu prüfen, inwieweit Gebirgsketten einander angepaßt werden konnten, die von Hill und Dibblee vertretene Methode, schien mir eher ein Puzzlespiel zu sein als ernsthafte Wissenschaft. Auch Crowells Schlußfolgerung lagen einige zweifelhafte Annahmen zugrunde. Ich blieb skeptisch, denn es war äußerst schwierig nachzuweisen, daß die geradlinigen Formationen an verschiedenen Seiten der Spalte einst zusammengehört hatten und tatsächlich durch die Spalte versetzt worden waren. Meine Abneigung gegen die Theorie von den Horizontalverschiebungen lag zweifellos an meinen Lehrern; die traditionellen Stabilisten lehnten die Annahme von großen horizontalen Verlagerungen der Erdkruste ab.

Zehn Jahre später war ich immer noch ein eigensinniger junger Mann, der sich gegen Blattverschiebungen aussprach. Doch dann hörte ich von horizontaler Versetzung der magnetischen Streifungen am Ozeanboden. Bill Menard entdeckte Anfang der fünfziger Jahre mit Hilfe seiner Echolot-Aufzeichnungen der Meerestiefe im Pazifik eine parallele Lage von Ost-West-streichenden Bruchzonen (Abb. 12.1). Die Mendocino- und die Murray-Bruchzone vor der kalifornischen Küste sind zwei der bekanntesten. Die Mendocino ist eine eindrucksvolle topographische Erscheinung. Der Seeboden liegt an der Nordseite der Bruchzone um 1500 Meter höher als an der Südseite. Die Murray-Störung liegt etwa sechs Grad südlicher. Menard dachte, daß die Störungen auf vertikale Bewegungen zurückzuführen seien, wie ihrem submarinen Relief zu entnehmen war.

Als Mason jedoch auf einer Reise mit der *Pioneer* die Streifen der magnetischen Anomalien auf dem Pazifik-Boden kartierte (Kapitel IV), stellte er fest, daß die Nord-Süd-streichenden Streifen durch einen Ost-West-streichenden Bruch versetzt worden waren. An der Murray-Störung kann ein 200 Kilometer langer Abschnitt des Anomalien-Musters an der Nordseite mit einem Abschnitt an der Südseite zusammengepaßt werden. Das Gegenstück weist auf eine horizontale Verlagerung von 155 Kilometern hin, wobei sich die Südseite offenbar nach Westen bewegt hat. Wie Abb. 12.2 zeigt, passen sie ausgezeichnet zueinander, aber es war mir immer noch unmöglich, meine Vorurteile zu überwinden, und Masons Nachweis hatte in meinen Augen nur die Bedeutung eines Zufalls. Aber derartige »Zufälle« häuften sich. Vic Vacquier, Art Raff und ihre Mitarbeiter entdeckten Versetzungen der magnetischen Streifen später an allen Bruchzonen. Tatsächlich waren ihre Ergebnisse eine Sensation: Die Versetzung entlang der Pioneer-Störung betrug nur 265 Kilometer, aber Vacquier behauptete 1961 eine sensationelle Versetzung von mehr als 1000 Kilometern entlang der Mendocino-Störung! Man konnte natürlich annehmen, daß die Mendocino-Störung die Fortsetzung der Sankt-Andreas-Spalte vor der Küste ist, die bei Kap Mendocino endet, nicht weit entfernt von der Stelle, an der die submarine Mendocino-Störung erstmalig kartiert wurde (Abb. 12.1). Aber die Deutung der Bewegung war gänzlich falsch: Das Land südwestlich der Sankt-Andreas-Spalte bewegte sich 600 Kilometer westwärts, und der Meeresboden südlich der Mendocino-Störung war 1200 Kilometer nach Osten gewandert.

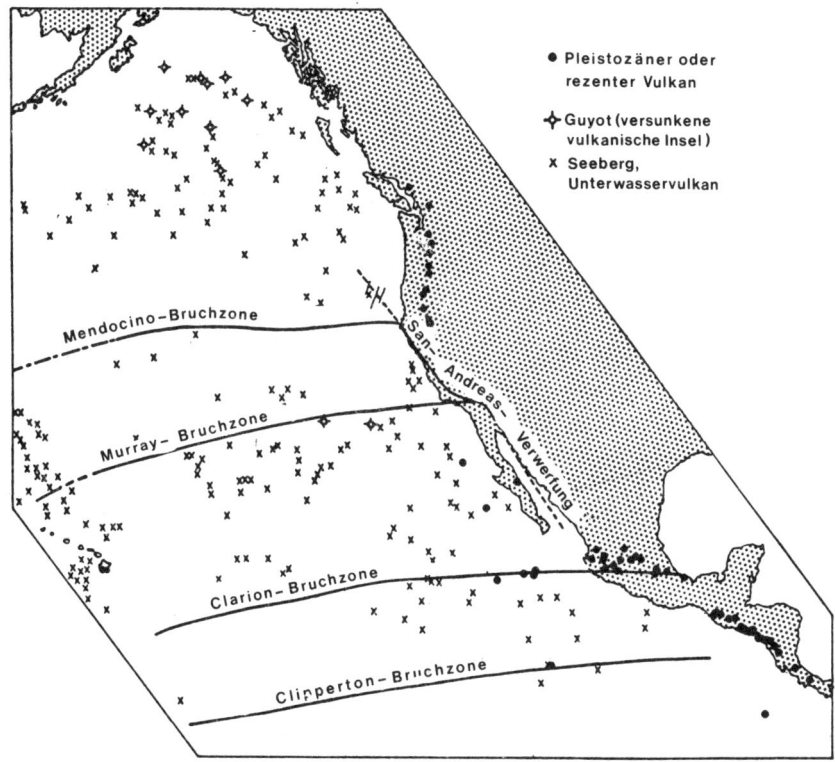

Abb. 12.1: Bruchzonen im Pazifik. Die Bruchzonen wurden zuerst von Bill Menard durch seine Echolot-Aufnahmen entdeckt. Wir wissen heute, daß sie die Spuren von Transform-Störungen sind, entlang denen sich eine Platte horizontal an einer anderen bewegt hat.

»In was für ein hoffnungsloses Verkehrschaos führt uns diese Art von Bewegungen?« Das pflegte ich sarkastisch bei meinen Diskussionen mit Verfechtern der Vacquierschen Entdeckung zu fragen.
Bruchzonen waren nicht etwa auf den Pazifik beschränkt. 1965 fanden Heezen und seine Mitarbeiter von Lamont und von Woods Hole große Bruchzonen im äquatorialen Atlantik. Die Verlagerungen waren bei offensichtlichen Versetzungen des Mittelatlantischen Rückens zu erkennen (Abb. 12.3). Die atlantischen Bruchzonen haben eine steile Böschung, die sich über einem engen Tal erhebt, das von sehr mächtigen und sehr jungen Sedimenten ausgefüllt ist.
Einer der rätselhaftesten Aspekte aller ozeanischen Störungen ist die Tatsache, daß keine eine Fortsetzung auf den Kontinenten zu haben scheint. Geologen, die Störungen und Bruchzonen ja schließlich auch an

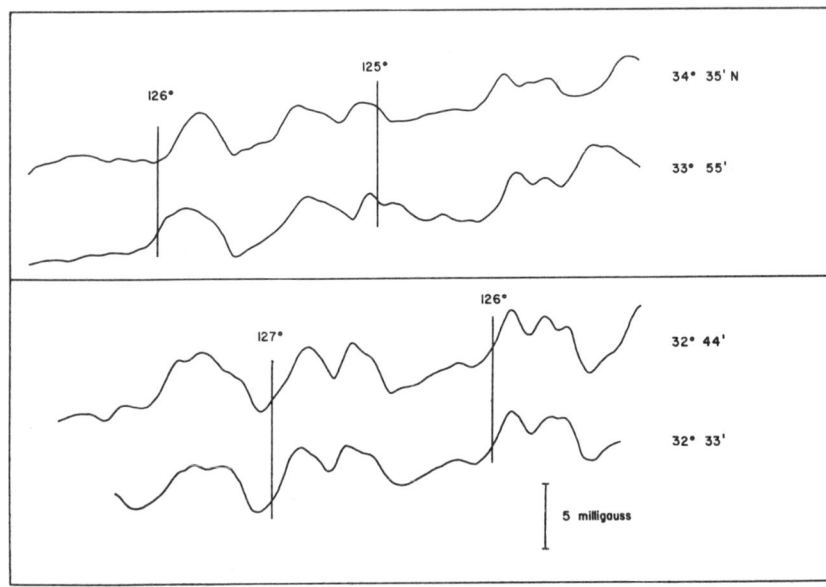

Abb. 12.2: Verlagerungen an der Murray-Bruchzone. R. G. Mason entdeckte, daß die magnetischen Anomalien über die Murray-Bruchzone hinweg kartiert werden konnten, aber die Karte zeigt eine Verschiebung von 155 Kilometern entlang der Störung. Auf die Übereinstimmung der Profile wird hingewiesen; die oberen beiden stammen von der Nordseite und das untere von der Südseite der Bruchzone.

Land sahen, waren darum sehr mißtrauisch gegenüber den Befunden ihrer Kollegen, die Unterwasserstrukturen mit allerlei kompliziertem Gerät kartierten. Wir verstanden nicht ganz, was dort eigentlich geschah, und wir neigten zu der Annahme, daß das, was sie fanden, für das, woran wir arbeiteten, keine Bedeutung hatte.

Eine unerhörte Idee stellte J. Tuzo Wilson zur Diskussion, zwei Jahre nachdem er die exotisch anmutenden »Hot Spots« in die Debatte geworfen hatte. Wilson sagte, daß diese ozeanischen Brüche keine richtigen Blattverschiebungen seien, sondern »eine neue Art von Störungen«; er gab ihnen den Namen *Transform-Störung.* Geologen wollen vielleicht nicht an große Lageveränderungen an Blattverschiebungen glauben, sie wissen aber immerhin, was sie sich darunter vorzustellen haben. Die Richtung und Entfernung einer Versetzung entlang der Störung mißt man, indem man die entsprechenden Punkte zu beiden Seiten der Störung aufsucht (Abb. 12.4). Und nun kam Wilson daher und behauptete, unsere Vorstellungen seien falsch. Zweifellos kann man die magnetischen Streifungen über die Transform-Störung hinweg verfolgen, aber der Unter-

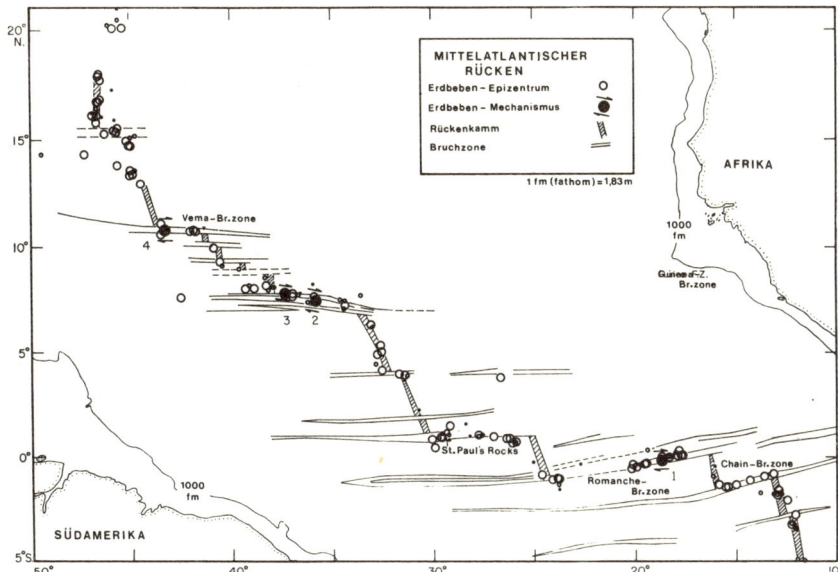

Abb. 12.3: Versetzungen des Mittelatlantischen Rückens. Die Arbeiten von Lynn Sykes über die ersten Bewegungen von Erdbeben an den Bruchzonen, die offensichtlich den Kamm des Mittelatlantischen Rückens versetzten, bestätigten Tuzo Wilsons Vorstellung der Transform-Störung. Wenn der Kamm des Rückens durch Horizontalverschiebung verlagert war, mußte die südliche Seite jeder Verwerfung sich im Verhältnis zur Nordseite nach Osten bewegt haben. Sykes fand genau die entgegengesetzte Richtung, die von Wilson für Transformverwerfungen vorausgesagt worden war.

grund hatte sich nicht in der Weise bewegt, wie wir annahmen. Die Erdkruste bewegte sich entlang einer Transform-Störung in der entgegengesetzten Richtung, wie wir es uns dachten.

Die Erklärung für dieses Paradoxon liegt darin, daß an einer gewöhnlichen Verwerfung nur Lageveränderungen stattfinden. Aus Abbildung 12.4 zum Beispiel kann man ersehen, daß Punkt A nach Punkt A' durch die Verwerfung verlagert wird. Die Materie bleibt bestehen; es werden keine neuen Gesteine hinzugefügt oder welche an jeder Seite der Störung ausgequetscht.

Wilson akzeptierte die Seafloor-Spreading-Theorie als erster, die 1963 von Vine und Matthews aufgestellt worden war. Diese neue Theorie ging davon aus, daß neues Gesteinsmaterial aus dem Mantel nach oben dringt und neue Ozeankruste am Meeresboden bildet. Wilson vergegenwärtigte sich sofort, daß infolge des Aufkommens von neuem Material eine neue Form der Verwerfungsverlagerungen zwischen benachbarten Teilen des Ozeanbodens möglich sein muß.

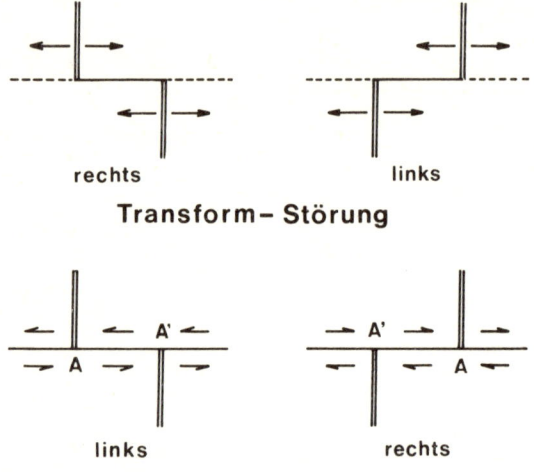

rechts   links

Transform– Störung

links   rechts

Horizontal – Störung

Abb. 12.4: Transformverwerfungen und Horizontalverwerfungen. Horizontalverwerfungen findet man häufig an Land, nämlich dort, wo Krustenteile horizontal verlagert wurden, wie es die untere Hälfte des Diagramms zeigt. Transformverwerfungen wurden von Tuzo Wilson in Ozeanen entdeckt. Hier ist der Kamm des Rückens stationär geblieben, während sich die Ozeankruste zu beiden Seiten des Kammes verlagert hat, wie es die Pfeile im Diagramm angeben (siehe Abb. 12.5).

Den Geologen sind die Horizontalverschiebungen geläufig. Wenn sie die Versetzungen des Mittelatlantischen Rückens an den Bruchzonen des äquatorialen Atlantik betrachten, ergibt sich beinahe zwingend, daß sich der Ozeanboden nördlich der Brüche nach Westen bewegt hat, relativ zu dem im Süden (Abb. 12.3). Wilson behauptete nun, wir hätten uns geirrt! Er zeichnete ein Diagramm, um das Seafloor Spreading des Atlantik und die Natur der Transform-Störung aufzuzeigen (Abb. 12.5). Die anfängliche Spalte, die die Pangäa aufbrach, ging nicht gerade durch die Mitte. Sie beschrieb einen Zickzack-Kurs, wie die Ausbuchtungen von Westafrika und Südamerika zeigen. Während des Seafloor Spreading des Atlantik vollzog sich die Bewegung zur Hauptsache entlang den Breitengraden. Die Segmente des Mittelatlantischen Rückens markieren, wo die Spalte etwa Nord-Süd gerichtet war. Dagegen bezeichnen die Transform-Störungen jene Stellen, wo die Spalte zunächst – Schwächezonen folgend – parallel zu der Ost-West-Richtung der Bewegung verlief. Während des Seafloor Spreading drückten die im mittelozeanischen Rücken aufsteigenden Gesteinsmassen die Kontinente und den vorher gebildeten Ozeanboden zur Seite; die Hälfte an der rechten Seite (Europa, Afrika und östlicher Atlantik) bewegten sich nach Osten, und die Hälfte zur Linken wanderte westwärts (beide Amerika und der westliche Atlantik). Die Lage des Mittelatlantischen Rückens hat sich nicht verändert, denn der Meeresboden des östlichen Atlantik nördlich der Äquator-Bruchzone hat sich nach Osten bewegt, nicht nach Westen – im Vergleich zu dem Gebiet südlich der Bruchzone (Abb. 12.5). Die Bewegung an einer Transform-Störung ist darum direkt entgegengesetzt dem, was ein Geologe intuitiv

182

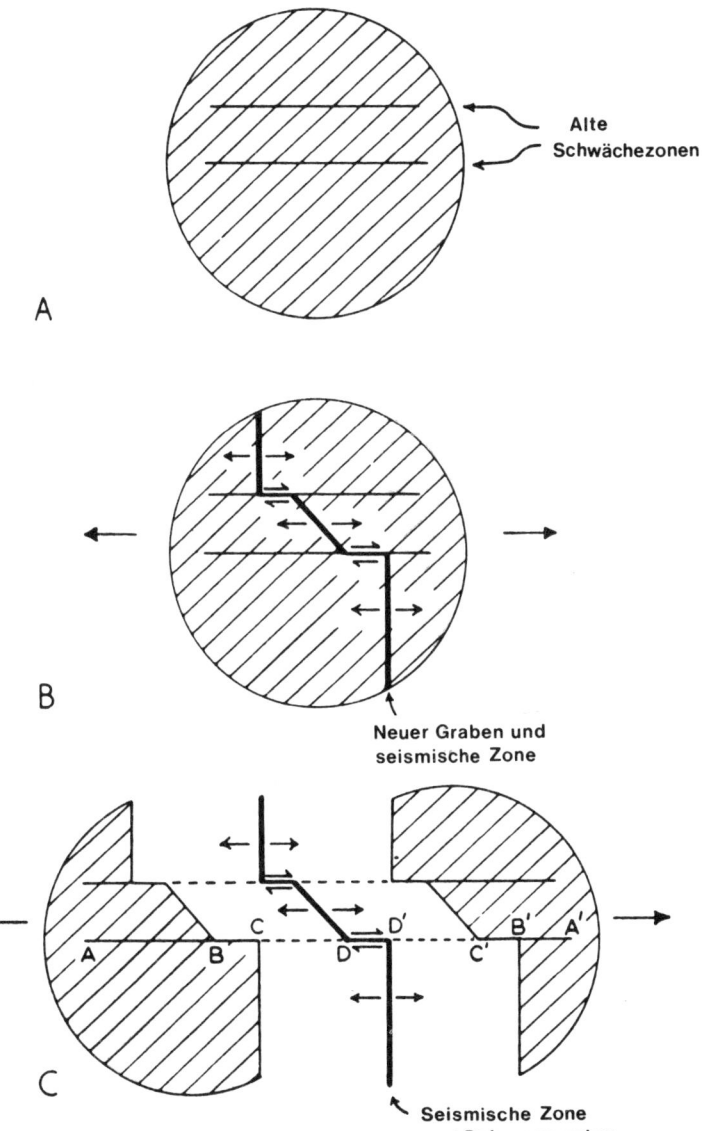

Abb. 12.5: Transformverwerfungen. Ein Diagramm, das Tuzo Wilson entwarf, um die drei Stadien des Aufbrechens eines Kontinents in zwei Teile zu erklären. Der Rücken allein scheint versetzt zu sein. Tatsächlich hat der Rücken seine Lage dort, wo die anfänglichen Brüche entstanden, nicht verändert. Erdbebenaktivität findet nur entlang einer Zone statt, die durch breite Linien gekennzeichnet ist (siehe Text).

annehmen würde, weil er es gewöhnt ist, mit Blattverschiebungen zu tun zu haben.

Wilsons Idee war so unkonventionell, daß er kaum jemanden überzeugen konnte. Statt dessen stieß er auf Empörung, insbesondere bei jenen, die ihr Leben lang Bruchzonen an Land kartiert hatten. Ich erinnere mich an meine eigene Reaktion: Als ich erstmalig mit Wilsons Hypothese in einem Aufsatz des populären Wissenschaftsmagazins *Scientific American* konfrontiert wurde, war ich so wütend, daß ich mich nicht zwingen konnte, seinen Argumenten bis zum Schluß zu folgen.

Wilsons Spekulationen waren jedoch keineswegs Geschwätz. Er sagte die Verlagerungen entlang ozeanischen Bruchzonen recht genau voraus. Diese Verlagerungen verursachen Erdbeben, und zahlreiche Erdbeben sind denn auch in Seismogrammen registriert worden. 1962 arbeitete Lynn Sykes, Doktorand von Lamont, gerade an diesem Problem, aber er schenkte Wilsons neuer Idee keine weitere Beachtung. Das änderte sich im Mai 1966 schlagartig, als er eine Kopie des erstaunlichen *Eltanin-19*-Profils der magnetischen Streifungen zu Gesicht bekam. Was er sah, überzeugte ihn unter anderem davon, daß die Seafloor-Spreading-Theorie ernst zu nehmen sei (Kapitel IV). Sykes unterbrach seine Arbeit sofort und ließ die neuen wertvollen Daten von verschiedenen Stationen des *World Wide Standarized Seismograph Network* durch den Computer des NASA *Goddard Space Flight Center* laufen. Innerhalb weniger Wochen war nun auch er sicher, daß die Verlagerungen, wie sie von 17 Erdbeben im Atlantik und Pazifik registriert worden waren, tatsächlich denen entsprachen, die Wilson mit seinem Konzept der Transformverwerfung vorhergesagt hatte (Abb. 12.3). Ich war unter den Zuhörern, als Sykes 1967 in Zürich seinen Vortrag über die Natur der Störungen entlang der ozeanischen Bruchzonen hielt. Sykes sprach monoton und leidenschaftslos. Ich verstand seine Methodik nicht und war darum von seinen Schlußfolgerungen nicht gerade beeindruckt. Ein anderer Zuhörer aber, Dan McKenzie, verstand sehr wohl und war beeindruckt. Jahre später erzählte er mir, daß Sykes' Bestätigung des Wilsonschen Paradoxons genau jene »Enthüllung« war, die ihn endgültig zur Seafloor-Spreading-Theorie bekehrte. Nach dieser Bekehrung erst konnte er sich der Plattentektonik widmen. Wir waren Zeugen einer bedeutsamen Kettenreaktion: beginnend mit Hess' Idee vom Seafloor Spreading, über die Deutung der magnetischen Anomalien durch Vine und Matthews, zu der Aufstellung des Konzepts der Transform-Störung durch Wilson, Sykes' Bestätigung der vorhergesagten Bewegungen bis zur Formulierung der Theorie von der Plattentektonik durch McKenzie und Parker. Letztere lieferte die theoretische Basis für das angenommene Seafloor Spreading. Der Kreis war geschlossen!

Der Neunzig-Ost-Rücken ist eine Transform-Störung. Der Rücken wurde erstmalig 1925 von S. R. B. Sewell als beherrschende topographische Erscheinung im Indischen Ozean entdeckt. Heezen und Tharpe gaben dem Rücken seinen Namen, weil er sich entlang dem 90. Längengrad von 15° N bis 31° S etwa über 6000 Kilometer hinzieht! Der überwiegende Teil seiner Längsachse erhebt sich 1500 bis 2000 Meter über den angrenzenden Meeresboden (Abb. 12.6).

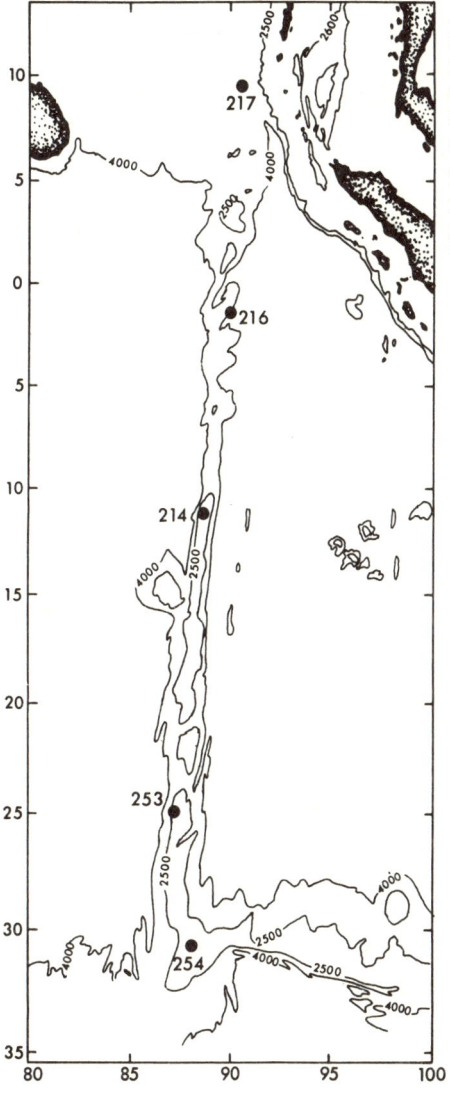

Abb. 12.6: Der Neunzig-Ost-Rücken im Indischen Ozean. Der Rücken ragt 1500 bis 2000 Meter über den umgebenden Ozeanboden in Nord-Süd-Richtung auf. Der Rücken bildet eine der Schienen, entlang denen Indien auf seinem Kollisionskurs mit Eurasien nach Norden wanderte. Die Nummern bezeichnen die Tiefsee-bohrlöcher.

Deutliche magnetische Streifungen wurden Anfang der sechziger Jahre im Indischen Ozean entdeckt; die Anomalien auf dem Carlsberg-Rücken waren – wie ich in Kapitel IV schon anführte – Anregung für Vines Seafloor-Spreading-Theorie. Später setzten Drum Matthews (Cambridge) und Bob Fischer (Scripps) mit Hilfe von Schiffsmagnetometern die Datensammlung fort. In weniger als einer Dekade haben sich so viele Informationen angehäuft, daß Dan McKenzie zusammen mit John Sclater, ebenfalls einer von Teddy Bullards »prächtigen jungen Männern«, die magnetischen Daten so auswerten konnten, daß sie in der Lage waren, ein »Drehbuch« über die Wanderungen der auseinandergebrochenen Gondwana-Kontinente zu schreiben (Abb. 12.7).

Die *Glomar Challenger* brach am 13. Januar 1972 von Darwin/Australien in den Indischen Ozean auf. Sie reiste gegen den Uhrzeigersinn um den gesamten Ozean: An 64 Plätzen, verteilt auf sieben Kreuzfahrten (Legs XXII–XXVIII) wurde auf allen Rücken und Becken vom Roten Meer bis zur Antarktis gebohrt. Am 23. Februar 1973, als die *Glomar Challenger* Christ Church/Neuseeland erreichte, war das Programm beendet. Die Ergebnisse waren mehr als zufriedenstellend, und so wurden seit 1973 keine weiteren Bohrungen im Indischen Ozean geplant. Der überwiegende Teil der Arbeit bestand in routinemäßiger Datensammlung. Die erste und die letzte Reise brachten jedoch Ergebnisse, die Schlagzeilen in den Zeitungen machten: Die Untersuchungen von Leg XXII auf dem Neunzig-Ost-Rücken und die Bohrungen von Leg XXVIII in der Antarktis.

John Sclater leitete zusammen mit Chris von der Borch aus Australien das Leg XXII. Sclater wollte dabei sein, wenn die McKenzie-Sclater-Deutung geprüft werden sollte. Nach 21 Bohrexpeditionen wurde die Datierung der magnetischen Streifungen Routine. Das Stadium des »Nummern«-Spiels im Südatlantik hatten sie hinter sich gelassen (Kapitel V). Einige Abweichungen gegenüber den Vorhersagen mußten allerdings noch ausgewertet werden, halfen aber, das Bild zu verbessern. Im großen und ganzen jedoch fand Sclater von den Bohrergebnissen das bestätigt, was er schon lange wußte. Vor 105 Millionen Jahren waren Indien, Australien und Antarktika Teile des Südkontinents Gondwana. Dann drifteten Indien und Afrika fort. Seafloor Spreading entlang eines Ost-West-streichenden mittelozeanischen Rückens schuf den sich immer stärker ausweitenden Indischen Ozean. Indien wanderte, wie ein Container auf einem Güterwagen, auf der Indischen Platte nordwärts, bis es mit Eurasien kollidierte. So entstand der Himalaja. Bis vor 53 Millionen Jahren blieb Australien mit Antarktika verbunden. Der Neunzig-Ost-Rücken war eine Transformverwerfung. Während des frühen Stadiums der Indiendrift blieb Australien auf der anderen Seite der Transform-Störung stationär (Abb. 12.7-C).

Die Überraschung der Reise war eine Braunkohleschicht, fast ein Meter mächtig, auf dem Basalt am Grund eines Bohrloches bei Platz 214 am Neunzig-Ost-Rücken, vergraben unter Ozeanschlamm späterer Zeiten. Es wurden mehrere Löcher auf dem Rücken gebohrt. Sie zeigten alle das gleiche Muster der Absenkung. Die einzelnen Erhebungen des Rückens waren zunächst, als sich in alten Sümpfen Braunkohle bildete und Korallenriffe am Rand der Inseln wuchsen, Vulkaninseln. Nachdem der Vulkanismus aufhörte und die Absenkung begann, wurden daraus Seeberge. Die Braunkohlen und der Schutt von den Korallenriffen wurden endgültig unter den Tiefseesedimenten des Indischen Ozeans begraben. Sclater und seine Kollegen verwendeten die »Hot Spot«-Theorie als Modell und deuteten diese versunkenen Inseln als Resultat eines »Hot Spot«, der im tiefen Mantel auf der indischen Seite des Neunzig-Ost-Rückens verborgen war. Als die Indische Platte begann, sich nach Norden zu bewegen, erreichte sie vor etwa 80 Millionen Jahren den Heißen Fleck, und die ersten Vulkane erhoben sich auf dem Meeresboden. Die Seeberg-Kette entstand durch die fortgesetzte Nordbewegung der Platte. Die Bohrungen zeigten, daß der nördlichste Vulkan (9°N) der älteste war, wie die Theorie voraussagte; er war auf mehr als 3000 Meter Tiefe abgesunken (Abb. 12.6). Der eine am südlichen Ende (31°S) ist 40 Millionen Jahre jünger und steht etwa 2000 Meter höher, weil er erst den halben Weg hinab auf seinen endgültigen Ruheplatz hinter sich hat. Die Entfernung zwischen beiden Orten beträgt 4500 Kilometer; die Platte wanderte während dieser Periode, in der sich der Meeresboden schnell ausbreitete, mit einer Geschwindigkeit von mehr als 10 Zentimetern pro Jahr über den »Hot Spot« hinweg.

Mehr Belege für die Nordwanderung erzielte man bei der Untersuchung der magnetischen Eigenschaften der Bohrkerne. Die remanente Magnetisierung der Untergrundbasalte gab, wie es im vorigen Kapitel besprochen wurde, die Breitengrade der Bohrstellen an, zu der Zeit, als der Basalt ausfloß. Die Laborergebnisse haben gezeigt, daß die Basalte vom indischen Ozeanboden eine Breitenlage weit südlich von ihrer gegenwärtigen Lage hatten. Basaltproben von Bohrplatz 216 etwa wurden aus einem Bohrloch am Äquator gewonnen (Abb. 12.6), aber die remanente Magnetisierung dieser Proben ergab, daß die Lokalität auf 40° südlicher Breite gelegen hat, als der Basalt auf dem Meeresboden ausgelaufen war. Das Gebiet um Bohrstelle 216 hat sich während der letzten 65 Millionen Jahre 4500 Kilometer bewegt.

Auch die Untersuchung der fossilen Faunen und Floren bewies die Nordwärtsbewegung. Die Wissenschaftler von Leg XXII zum Beispiel haben in Bohrlöchern, die jetzt nahe dem Äquator liegen, Kaltwasser-Faunen und Floren der gemäßigten Zonen in den ältesten Sedimenten

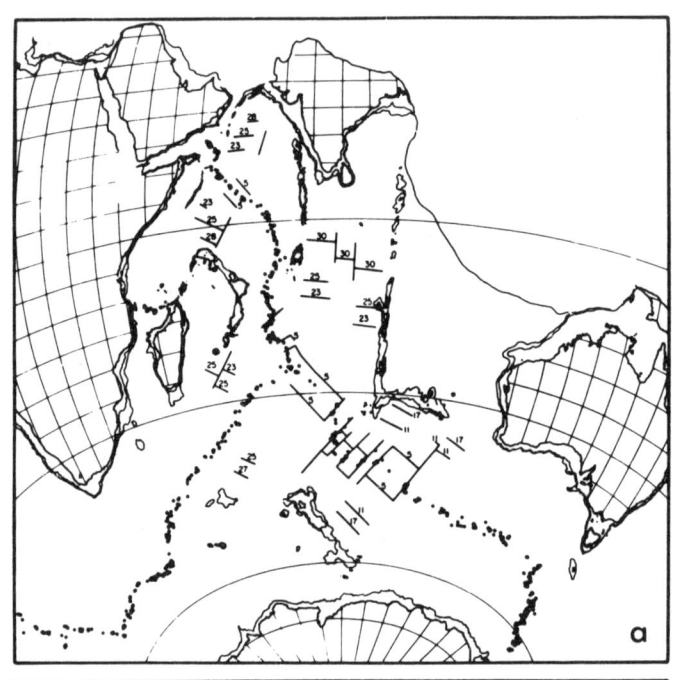

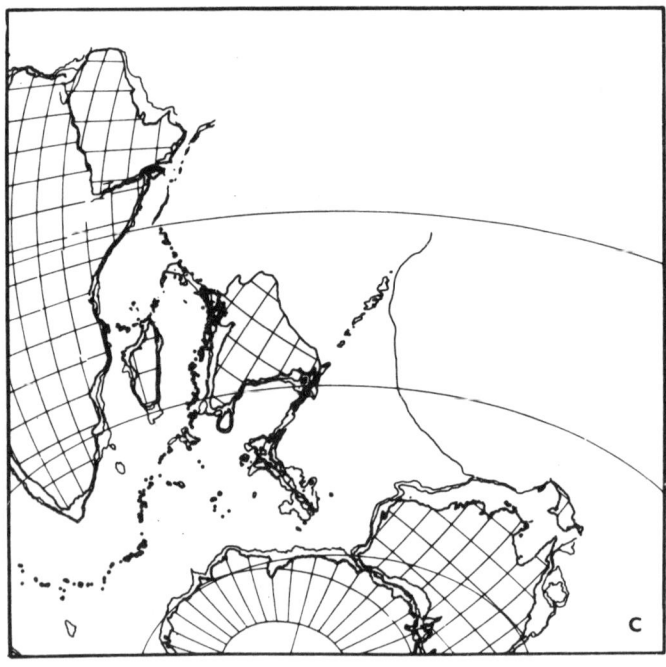

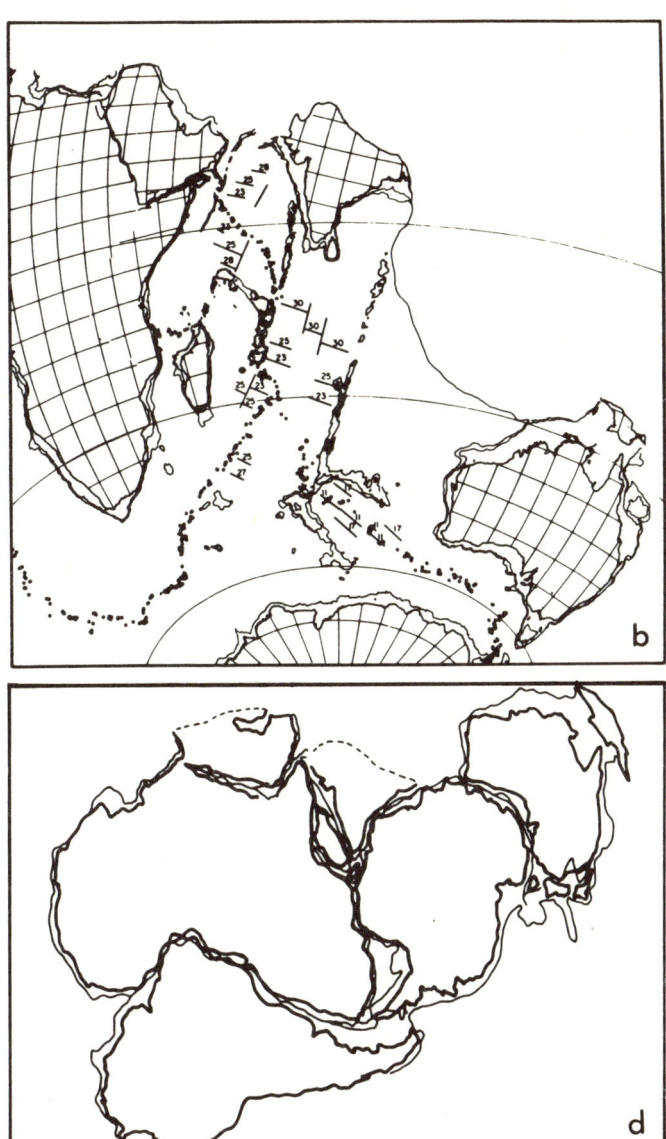

Abb. 12.7: Das Zerbrechen von Gondwanaland. Die Bewegungen der südlichen Kontinente sind anhand der Meeresbodenstrukturen vorhergesagt worden. Diese Karten entwarfen McKenzie und Sclater 1970, ehe Sclater zu seiner ersten Bohrreise in den Indischen Ozean startete. Die Bohrungen bestätigten die allgemeine Gültigkeit der vorhergesagten Bewegungen: a) heute, b) vor 35 Millionen Jahren, c) vor 75 Millionen Jahren, d) das Gondwanaland in der Jura-Epoche, bevor das Seafloor Spreading begann.

189

gefunden. Diese offensichtliche Anomalie ist verständlich, wenn wir uns erinnern, daß die älteste Kruste des Indischen Ozeans in hohen südlichen Breiten gebildet wurde, als sich zunächst Indien von Antarktika trennte. Die Organismen, die im frühesten Indischen Ozean lebten, waren also Arten, die in kaltem oder gemäßigtem Klima gediehen.

Eine weitere Bestätigung der Nordwärts-Bewegung Indiens untermauerten die bisherigen Ergebnisse der Tiefseebohrfahrten: Der Australier Chris Klootwijk und sein Team erforschten in Indien und Pakistan den remanenten Magnetismus der Gesteine. Sie sind älter als 100 Millionen Jahre und entstanden, als Indien noch dicht bei Antarktika lag; sie zeigten tatsächlich eine magnetische Inklination einer hohen südlichen Breite. Proben von zunehmend jüngeren Bildungen ließen einen systematischen Breitenwechsel erkennen und bewiesen so die Nordreise Indiens. Das nördliche Indien begann vor etwa 60 Millionen Jahren den Äquator zu überqueren, um dann mit Tibet zu kollidieren (Abb. 12.7).

Was befand sich vor dem Zusammenstoß nördlich von Indien? Die Tethys natürlich. Was geschah mit der Tethys? Der Tethys-Ozean begann zu schrumpfen, sobald Indien anfing, nach Norden zu wandern, als die Lithosphäre unterhalb des Ozeans unter Tibet abtauchte. Das Aufschmelzen des Meeresbodens, verschlungen im Bauch der Erde, führte zu einem Vulkanismus und der Intrusion kristalliner Gesteine (Kapitel VI), wie die Granite von Zentral-Tibet zeigen. Der Granitberg, auf dem der Potala, der berühmte Palast des Dalai-Lama, steht, ist auf die Nordwärts-Bewegung Indiens zurückzuführen. Der letzte Rest der Ozeankruste wurde vermutlich vor etwa 40 Millionen Jahren verschluckt. Einige wenige Überbleibsel sind in den Tälern des Indus und des Tsangpo-Flusses zurückgeblieben, als exotische Blöcke von Ophiolithen und Ozeansedimenten in einer chaotischen Melange.

In Tibet erzählte ich meinen chinesischen Kollegen, daß erst die Bohrergebnisse der *Glomar-Challenger*-Expedition uns den Schlüssel in die Hand gaben, das Rätsel der Himalaja-Entstehung zu lösen. Denn der Niedergang der Tethys war mit der Geburt und Entwicklung des Indischen Ozeans verbunden. Die schweigenden Zeugen aus der Tiefsee erzählen eine Geschichte, die weit aufschlußreicher ist als die der wenigen zerbrochenen Reste der Indus-Tsangpo-Melange.

XIII. Antarktische Abenteuer

Cesare Emiliani leistete einen originellen Beitrag zur geologischen Diskussion: Ein Schiff mit dynamischer Positionierung sollte lange Kerne erbohren. So wollte man die klimatischen Veränderungen während der letzten Eiszeit nachweisen. Das Programm wurde LOCO genannt (Kapitel II). Schließlich wurde LOCO zu JOIDES. Die Ziele der Tiefseebohrungen haben sich inzwischen geändert: Die ersten 27 Legs des Projekts waren vorgesehen, um die verschiedenen Voraussagen der Theorien vom Seafloor Spreading und der Plattentektonik zu prüfen. Dennoch hatten wir Emilianis Vorschlag nicht ganz vergessen. Ich erinnere mich der letzten Tage von Leg III. Nach unserer erfolgreichen Bohrfahrt auf dem Mittelatlantischen Rücken kehrten wir gewissermaßen im Triumphzug nach Rio de Janeiro zurück. Zwar hatten wir unsere Ziele erreicht, doch sollten wir noch an einer anderen Stelle über einer submarinen Erhebung bohren, Rio-Grande-Erhebung genannt. Das Wetter war schlecht, unsere Ausrüstung versagte, die ungeübte Bohrmannschaft war erschöpft, und der übellaunige Betriebsleiter wollte wieder in Rio sein, bevor der Karneval begann. Doch Art Maxwell blieb hartnäckig. Es war nicht nur zu früh, den Hafen anzulaufen, das JOIDES-Planungskomitee hatte uns aufgetragen, einen langen, durchgehenden Kern von Pleistozän-Sedimenten für Emiliani zu beschaffen. Maxwell, Reserveoffizier der US Navy, hatte den Befehl auszuführen, ob es nun gerade regnete oder ob die Sonne schien. Auch war Emiliani ein guter Freund, wir wollten ihn nicht enttäuschen. Aber wir enttäuschten ihn! Maxwell gab sich alle erdenkliche Mühe, aber auch mit Hilfe der *Glomar Challenger* waren wir nicht in der Lage, Emiliani das Gewünschte zu besorgen. Er brauchte einen 100 Meter langen, durchgehenden Kern, und zwar ohne mechanische Störungen des Sedimentkerns. Das wäre kein Problem gewesen, hätten wir über den von Kullenberg entworfenen Kolbenbohrer verfügt (Kapitel II). Aber mit unserem Bohrstrang konnte man keine ungestörten Kerne weicher Sedimente erhalten. Die während der letzten Eiszeit abgelagerten Sedimentschichten sind sehr jung und noch nicht genug verfestigt. Der Rotary-Bohrer würde den Schlamm aufrühren wie ein Löffel die Suppe. In der Regel sind die ersten 50 bis 100 Meter der Bohrkerne stark gestört. Wie ein Buch mit fehlenden oder zerrissenen Seiten ist ein gestörter Kern, in dem ältere mit jüngeren Sedimenten vermischt sind, als Geschichtsdokument ziemlich ungeeignet. Maxwell erhielt über 100 Meter Pleistozän-Sedimente für Emiliani, aber sie waren für dessen Zwecke nicht zu gebrauchen. Auf zahlreichen Kreuzfahrten wurde versucht, Emiliani das gewünschte Material zu besorgen. Aber mit einem Schlachtermesser lassen sich nun einmal keine Holzschnitzereien ausführen. Ohne bessere Ausrüstung konnten wir keine intakten Kerne aus den weichen Schlammschichten ziehen. Endlich erhielten wir die erwünschte Ausrüstung und konnten Emiliani helfen (Kapitel XX). Die verbesserte Ausführung des Kullenbergschen Kolbenbohrers verhalf ihm zu dem, was er brauchte, einem Nachweis für die klimatischen Veränderungen während der letzten Eiszeit.

Das Interesse für die Klimate der Erde an Bord der *Glomar Challenger* war groß. Wenngleich das Schiff nicht in der Lage war, einen einwandfreien Bohrkern aus der jüngeren Geschichte zutage zu fördern, konnte der Bohrstrang doch tiefer eindringen als ein Kolbenbohrer und so Zeugnisse aus früherer geologischer Zeit liefern. Anstatt sich über die Zahl der Eiszeiten während der letzten Million Jahre die Köpfe zu zerbrechen, stellte man die Frage nach deren Beginn. Schon vor Hunderten von Millionen Jahren gab es Eiszeiten auf der Erde. Wann begann das letzte Eiszeitalter? Und warum?

Die älteste Vereisung auf dem Land läßt sich anhand der ältesten Moränen nachweisen. Aber Moränen enthalten fast nie Fossilien, die einen Anhaltspunkt für deren Alter geben könnten; auch ist die radiometrische C-14-Methode bei der Datierung älterer Moränen nicht anwendbar. Als Emiliani erstmalig versuchte, Temperaturveränderungen der Ozeane mit der Vereisung des europäischen Kontinents zu korrelieren, herrschte die Meinung vor, das Zeitalter der Vereisung habe überall mit der Günz-Eiszeit vor einer halben Million Jahren begonnen. Einige weniger gut informierte Kollegen von der archäologischen Fakultät legten für ihre Datierungen jahrelang Emilianis Zeitskala zugrunde. Viele Geologen waren dagegen davon überzeugt, daß der Klimawechsel, auf den die erste Vereisung zurückzuführen war, ein gleichzeitiges und globales Phänomen sei. Sie schlugen darum vor, daß die Pleistozän-Epoche nicht anhand von Fossilien (wie die anderen geologischen Epochen) definiert werden sollte, sondern nach dem Kriterium der ersten Abkühlung. Einige Kollegen wollten das erste Auftreten der Molluskenart *Arctica islandica* im Mittelmeer als Beginn des Pleistozäns bestimmen. Andere wiederum glaubten, sicheres Zeichen für den Beginn des Eiszeitalters sei die Existenz des Mikrofossils *Hyalina baltica,* eines anderen Einwanderers aus dem Norden, der bis nach Kalabrien in Italien vordrang. Noch andere waren der Meinung, den Beginn des Pleistozäns durch die Untersuchung von Pollen-

und Sporen-Gemeinschaften in Sedimenten festzulegen, die einen Nachweis über Vegetationsveränderungen als Antwort auf das sich abkühlende Klima geben. Alle diese Vorschläge riefen große Verwirrung hervor.

Schon bevor die *Glomar Challenger* 1968 zu ihrer ersten Reise aufbrach, waren die Untersuchungen an den Proben von Ozeansedimenten, die mit langen Kolbenbohrern gewonnen wurden, so weit gediehen, daß verschiedene falsche Annahmen korrigiert werden konnten. Die genaue Datierung von marinen Sedimenten zeigte, daß Meerestiere, die im kalten Wasser der hohen Breitengrade lebten, nicht alle zur selben Zeit in den gemäßigten Zonen erschienen. Niemand war verwegen genug, den Sommeranfang mit der ersten Ankunft nordischer Gäste an verschiedenen Mittelmeerstränden gleichzusetzen. Warum auch sollte einer von uns annehmen, das erste Auftauchen von Kaltwasser-Faunen im Süden zeige uns den Beginn des Pleistozäns an? Die Untersuchungen von Ozeansedimenten ergaben, daß die Vereisung viel früher begonnen hatte, als man bislang annahm. Diese Korrektur war jedoch erst mit Hilfe der langen Kolbenbohrkerne möglich. Emiliani mußte seine Schätzungen über die Zeit der beginnenden Vereisung auf den Kontinenten mehrmals revidieren: Noch 1961 glaubte er, daß die ersten Gletscher vor 0,3 Millionen Jahren entstanden. Drei Jahre später lautete seine Datierung auf 0,42 Millionen Jahre. 1966 endlich veröffentlichte Emiliani zwei Aufsätze, in denen er den Beginn des Pleistozäns noch weiter zurückverlegte, erst auf 0,6, dann auf 0,8 Millionen Jahre. Dave Ericson und seine Kollegen nahmen an, daß die ersten Gletscher in Nordamerika auf einen Zeitraum von vor 1,5 Millionen Jahren datiert werden könnten. Andere spekulierten mit noch höherem Alter. Auch sogenannte lange Kolbenbohrkerne erreichen selten mehr als 20 Meter; tiefer können sie in den Meeresgrund nicht eindringen. Die *Glomar Challenger* sollte uns helfen, mehr über die ältere klimatische Geschichte der Erde zu erfahren.

Leg XII, geleitet von Bill Berggren (Woods Hole) und Tony Laughton *(National Institute of Oceanography of Great Britain),* sollte das Inventarium des Seafloor Spreading im Nordatlantik aufnehmen. Die *Glomar Challenger* verließ Boston im Juli 1970. In der Nähe des Polarkreises wurden mehrere Löcher gebohrt. Mit einer Ausnahme fanden sich bei allen deutliche Hinweise auf Vereisung in der Arktis. Der eindrucksvollste wurde im Bohrloch 112, auf 54° N in der Labradorsee, entdeckt. Dort drang der Bohrstrang in 115 Meter Tiefe in Ton, Feinsand und Geschiebemergel. Die Steine in dem Mergel waren nicht durch Meeresströmungen dorthin transportiert worden. Es handelt sich um durch Eis verdriftete Steine, die ursprünglich in treibenden Eisbergen eingefroren waren. Nach der Eisbergschmelze fielen die Steine auf den schlammigen Boden des tiefen Atlantik. Der Paläontologe Berggren konnte die Sedimente mittels der Mikrofossilien bestimmen. Er stellte dabei fest, daß die durch Eis verdrifteten Steine in Pliozän-Sedimente eingebettet sind, deren Alter auf etwa 2,5 Millionen Jahre geschätzt wird.

Anläßlich meiner bevorstehenden Leg-XIII-Reise traf ich Berggren im Sommer 1970 in Lissabon. Wir waren alte Freunde aus den Tagen unserer gemeinsamen Arbeit für die *Shell Oil Company*. Ich hatte gerade promoviert, und er begann eben erst zu studieren und mußte aus finanziellen Gründen halbtags arbeiten. Zur Fortsetzung seines Studiums ging er nach Schweden und wurde schließlich eine der führenden Autoritäten bei der Datierung mariner Sedimente. Ich erinnere mich an jenen Sommernachmittag in der Bar des Florida-Hotels. Berggren war begeistert von den neuen Entdeckungen. Zwar waren viele Geologen davon überzeugt, daß das Eiszeitalter nicht überall zur selben Zeit begonnen haben konnte, aber nun hatte er den klaren Beweis. Die arktische Eiskappe entstand, und vor 2,5 Millionen Jahren schwammen Eisberge den Labradorstrom hinunter – lange bevor die Gletscher ihren Weg zu den Schweizer Wiesen fanden.

Während Berggren und ich weiter die neuesten Ergebnisse erörterten, entwarfen Maurice Ewing und sein Mitarbeiter Dennis Hayes einen Plan, wie man die *Glomar Challenger* in Polargebieten einsetzen könne. Die Wissenschaftler von Lamont hatten mit ihren Forschungsschiffen *Vema* und *Conrad* genügend Erfahrungen in arktischen und antarktischen Gewässern gesammelt. Die *Vema,* ein leichter Schoner, umgebaut aus einer alten Vergnügungsyacht, hatte sich sehr weit nach Norden, bis 80°30' N in die Gewässer rund um Spitzbergen gewagt. Kurz zuvor hatte Hayes geophysikalische und geologische Daten in den südlichen Ozeanen mit dem Marine-Forschungsschiff *Eltanin* gesammelt. Kolbenbohrkerne waren gezogen, seismische Profile aufgenommen und magnetische Messungen durchgeführt worden. Bei dieser Arbeit waren zahlreiche Probleme aufgetaucht, die mit Hilfe der *Glomar Challenger* gelöst werden sollten.

1970 veröffentlichten Ewing und Hayes einen kurzen Aufruf in der Zeitschrift *Geotimes* und baten um öffentliche Unterstützung ihrer Pläne. Sie wiesen darauf hin, daß es für die *Glomar Challenger* durchaus möglich war, im südlichen Sommer mehrere Monate in der Antarktis zu arbeiten. Zunächst betrug der Etat für das Deep Sea Drilling Project 12,6 Millionen Dollar. Damit sollten 18 Monate Bohrarbeit in Atlantik und Pazifik finanziert werden. In einer zweiten Phase – Dauer 30 Monate, Etat 22,7 Millionen Dollar – sollte der Bohrbereich auf den Indischen Ozean ausgedehnt werden, bevor die *Glomar Challenger* nach Beendigung von Leg XXV in die USA zurückkehren würde. 1970 war man vom Erfolg des Projekts überzeugt und schmiedete Pläne für ein drittes Programm. Ewings und Hayes' Vorschlag kam zur rechten Zeit. Phase III des

Bohrprogramms war für drei Jahre und mit einer Finanzierung von 33 Millionen Dollar bewilligt worden. Schwerpunkt des Projekts war das Antarktis-Programm. Die Reiseroute der *Glomar Challenger* wurde neu festgelegt. Das Programm für den Indischen Ozean wurde verlängert, und das Leg XXV sollte am 22. August 1972 nicht in den USA, sondern in Durban/Südafrika beendet werden.

Die *Glomar Challenger* konnte dann ihren Weg durch den südlichen Indischen Ozean nach Freemantle/Australien nehmen, um ihr Antarktis-Programm zu starten.

Am 20. Dezember 1972 verließ die *Glomar Challenger,* von den beiden Eisbrechern *North Wind* und *Burton Island* begleitet, Freemantle in Richtung Südpol. Dennis Hayes (Lamont) und Larry Frakes (Florida) waren Ko-Chefwissenschaftler dieses Leg XXVIII. Das Bohrschiff fuhr bis auf 77,5° südliche Breite in die Nähe des Ross-Eisschelfs. Die Bohrmannschaft arbeitete zeitweilig bei sehr schweren Wetterverhältnissen; Eiszapfen hingen vom Bohrturm herunter. Das größte Hindernis jedoch waren die Eisberge. Am Bohrplatz 273 auf 74°33′ S mußte das Küstenwachtschiff *Burton Island* einen nahenden Eisberg wegschieben, um eine Kollision zwischen ihm und der *Glomar Challenger* zu verhindern. Da ich von den vielfältigen Behinderungen wußte, haben mich die zufriedenen Berichte der Ko-Wissenschaftler ein wenig überrascht. Über den Bohrplatz 270, auf 77°07′ S, 176°46′ W, in einer Wassertiefe von 619 Meter schrieb Hayes:

»Das flache Wasser und das relativ harte Sediment... stellte hohe Anforderungen sowohl an das Positionierungssystem als auch an den Bohrprozeß. Während der fast vierzig Stunden Arbeit, die es brauchte, um unter ständigem Kerneziehen zu bohren, überschritten die Bewegungen des Schiffes selten mehr als 6 Meter, um die es sich von der Bake entfernte. Die erforderliche Positionierung konnte eingehalten werden, sogar bei Windstärken von 40 Knoten und zwei Meter hohen Wellen am Abend des 1. Februar. Die Bohr- und Kern-Operationen schritten ohne Probleme fort, ausgenommen eine kurze Verzögerung, die durch eine eingefrorene Luftleitung zum Bohrkopf entstand...«

Nur jemand, der Ko-Chef oder Betriebsleiter auf einer Tiefseebohrfahrt gewesen war, konnte ermessen, wie glücklich die Umstände und wie hoch das technische Niveau waren. Die *Glomar Challenger* ist ein dynamisch in Position gehaltenes Schiff. Sie ist nicht mit einer Kette auf dem Boden verankert. Ihre Position wird durch eine Bake gehalten, die eine Abweichung erlaubt, welche in Winkeln, nicht in Metern gemessen wird. Gewöhnlich bewegt sich das Schiff innerhalb eines Grades zu der Achse, die durch die Bake festgelegt ist. Ein Grad der Winkelentfernung entspricht etwa 100 Metern bei 6000 Meter Tiefe, aber nur 10 Metern bei 600

Meter Tiefe. Ein Schiff so zu manövrieren, daß es in einem Kreis von 10 oder 20 Meter Durchmesser verbleibt, ist selbst mit der besten Ausrüstung sehr schwierig. Darum ist die *Glomar Challenger* für Bohrungen in sehr flachem Wasser untauglich, insbesondere wenn die Wetterverhältnisse ungünstig sind. Kapitän Dill führte das Schiff bei diesem Leg XXVIII. Wir Veteranen hatten ihn als den nachsichtigeren der beiden Kapitäne kennengelernt, die alternativ das Kommando übernahmen. Während meiner drei Dienstreisen als Ko-Chefwissenschaftler fuhr ich stets mit Kapitän Clarke. Clarke war ein ausgezeichneter Seemann, aber er ermutigte uns selten, in Gewässern zu bohren, die flacher als 1000 Meter waren, besonders wenn der Wetterbericht einen Sturm mit 40 Knoten (= 75 km/Std.) und zwei Metern Wellenhöhe ansagte.

Hayes Glück schien während der ganzen Reise anzuhalten. Nur selten äußerte er sich in seinem Bericht negativ über Wetter oder Ausrüstung. Bei Bohrplatz 269 nahe dem südlichen Polarkreis wurde ein Loch von fast 1000 Metern Tiefe unter dem Seeboden in etwa eineinhalb Tagen gebohrt. Das ist sogar unter normalen Bedingungen ein gutes Ergebnis, aber eine schier unglaubliche Leistung in der Antarktis.

Die wissenschaftlichen Ergebnisse von Leg XXVIII waren nicht weniger spektakulär. Die Datierung der magnetischen Streifen war dabei fast schon Routinearbeit. Mit Hilfe ihrer Resultate konnte die Geschichte der südlichen Ozeane rekonstruiert werden. Als erstes trennte sich vor 80 Millionen Jahren Neuseeland von Australien; die Tasmanische See entstand. Darauf trennte sich dann Australien von Antarktika – vor 53 Millionen Jahren – und driftete mit einer Rate von 5 Zentimetern pro Jahr nach Norden (Abb. 12.7). Bis zum Oligozän – vor 33 Millionen Jahren –, also 20 Millionen Jahre später, hatte sich Australien etwa 1000 Kilometer nach Norden bewegt. Eine ständig sich erweiternde Tiefwasserpassage öffnete sich in weiteren 10 Millionen Jahren zwischen Australien und Antarktika und beseitigte eines der letzten Hindernisse für eine Zirkum-Antarktis-Zirkulation (Kapitel XIX).

Das Leg XXVIII gab uns auch erstmalig den Blick auf die klimatischen Veränderungen rund um den Südpol frei. 1970 hatten Jim Kennett und Stan Margolis von der Entdeckung eisverdrifteter Steine in etwa 40 Millionen Jahre alten Sedimenten berichtet. Die Bohrungen von Leg XXVIII durchteuften viele Lagen von Treibeissedimenten. Die ältesten stammen aus dem frühen Miozän, sind also 20 bis 25 Millionen Jahre alt. Die Eisberge waren offenbar vom Rossmeer oder vom Viktorialand herangewandert, und zwar während einer wärmeren Periode, als ältere Gletscher abschmolzen. Aus dieser Tatsache folgerten die Wissenschaftler von Leg XXVIII, daß die Vereisung der Antarktis während des Oligozäns, also vor 25 oder 30 Millionen Jahren begonnen hat.

Ein anderes klimatisches Ereignis wurde durch drei Bohrungen im Gebiet des Rossmeers aufgedeckt. Hayes und seine Kollegen fanden Beweise dafür, daß der dortige Kontinentalschelf – heute befindet er sich in mehr als 600 Meter Wassertiefe – einst von einer mächtigen Eisschicht bedeckt war. Die Wanderung der Gletscher über den Boden des Rossmeers hatte eine weitreichende Abtragung von Sedimenten zur Folge, die älter als 5 Millionen Jahre waren. Bald danach schmolzen die Gletscher, und der erodierte Schelf wurde wieder von Meereswasser überschwemmt; dadurch wurde die Ablagerung der jüngsten Sedimente ermöglicht. Die Tatsache der Eiserosion auf dem Rossmeer-Schelf zeigt, daß die antarktische Eiskappe vor vier oder fünf Millionen Jahren viel größer gewesen sein muß als heute.

Dennis Hayes euphorische Protokolle waren wohl von den unerhört glücklichen Umständen beeinflußt, von denen die erste Antarktis-Bohrreise begleitet war. Von Optimismus war das Team sicher auch deshalb beflügelt, weil Leg XXVIII als Test für weitere Bohrfahrten in höhere Breitengrade galt. Drei Reiseprogramme mit antarktischen Bohrfahrten waren geplant, aber vieles hing von der Bewährung der *Glomar Challenger* während dieser ersten Testfahrt ab. Hayes mag an seine Kollegen im JOIDES-Planungskomitee gedacht haben, als er die Schwierigkeiten, mit denen er zu tun hatte, herunterspielte. In jedem Fall erfüllte das Schiff die ihm gestellten Aufgaben besser als erwartet. Leg XXIX konnte nun als genehmigt gelten.

Die *Glomar Challenger* verließ Lyttleton/Neuseeland am 2. März 1973, gegen Ende des südlichen Sommers. Jim Kennett (Rhode Island) und Bob Houtz (Lamont) waren Ko-Chefs. Katharina Perch-Nielsen war Spezialistin für Nannofossilien. Ich traf sie in Teheran, als sie schon auf dem Weg zum Treffpunkt der *Glomar-Challenger*-Besatzung war. Sie trug eine Eskimojacke über dem Arm, die hier etwas deplaziert wirkte, doch dort unten war das Wetter sehr hart. Bei Bohrplatz 276 geriet die *Challenger* in einen Sturm mit Windgeschwindigkeiten von über 100 Kilometern pro Stunde. Weder das Schiff noch die Bake konnten ihre Position halten. Als das Wetter sich besserte, fand die *Glomar Challenger* ihre Bake wieder, aber sie war während des Sturmes fast 20 Kilometer auf dem 4600 Meter tiefen Meeresboden verdriftet worden. Glücklicherweise ging trotz heftiger Unwetter bei dieser Reise wenig Zeit verloren. Entgegen den Erfahrungen vieler anderer Teams kam Sturm meist nur dann auf, wenn sich die *Glomar Challenger* sowieso gerade auf ihrem Weg zum nächsten Ziel befand. Perch-Nielsen organisierte mehrere Tanzpartys, denn es waren auch fünf weibliche Wissenschaftler an Bord. Rock 'n' Roll auf einem hochtechnisierten Forschungsschiff mitten in der endlosen Weite des südlichen Ozeans war wohl für alle ein eher ungewöhnliches Vergnügen.

Von der zweiten Bohrreise in die Antarktis gab es nicht annähernd so aufregende Berichte. Man hatte jedoch einige ausgezeichnete Bohrkerne erhalten. Nick Shackleton hatte damals an der Universität von Cambridge ein Laboratorium gebaut, das am besten zur Bestimmung stabiler Isotope verschiedener Sedimente geeignet war. Kennett teilte seinen kostbaren Besitz von den Bohrplätzen 277, 279 und 281 mit Shackleton. Analysen der Sauerstoffisotope ergaben quantitative Schätzungen der Temperaturveränderungen des Ozeanwassers (Kapitel II). Shackleton fand heraus, daß das Oberflächenwasser an diesem hohen Breitengrad (50 °S) während der Paleozän-Epoche vor 55 Millionen Jahren tatsächlich sehr warm gewesen war. Danach gab es viele kurzzeitige Veränderungen, aber insgesamt nahm die Temperatur eindeutig ab, von etwa 20 °C damals auf etwa 0 °C heute (Abb. 13.1). Man konnte drei Epochen ausmachen, in denen der Abkühlungsprozeß beschleunigt vorangeschritten war: frühes Oligozän, mittleres Miozän und spätes Miozän, also vor 35, 12 und 5 Millionen Jahren. Dieser Trend verlief nur einmal, im frühen Miozän vor 20 Millionen Jahren, entgegengesetzt. Die Ergebnisse beruhten auf der Analyse planktonischer Foraminiferen, einzelliger Organismen, die nahe der Ozeanoberfläche leben. Shackleton untersuchte auch benthonische Foraminiferen, die einst auf dem schlammigen Boden lebten. Er stellte fest, daß auch die Sauerstoffisotope dieser Fossilien auf eine Temperaturabnahme des Ozeanwassers in der Tiefe hinweisen, von 15 °C auf 0 °C während der letzten 55 Millionen Jahre (Abb. 13.1).

Shackletons Daten über die Temperaturveränderungen der alten Ozeane zusammen mit anderen geologischen Daten von den Bohrkernen erlaubten es Jim Kennett, die Geschichte der klimatischen Veränderungen für die 65 Millionen Jahre der Känozoischen Epoche zu rekonstruieren. Zu Beginn dieser Zeit waren die globalen Temperaturen im Durchschnitt sehr warm. Der antarktische Kontinent war damals ohne Eisdecke. Seine Vegetation war aber ähnlich der heute in kalten und gemäßigten Gebieten lebenden. Lokale Gebirgsgletscher mögen sich vor 40 oder 50 Millionen Jahren im Eozän nahe dem Südpol gebildet haben. Einige reichten bis an die Meeresküste hinunter, brachen dort ab, und es entstanden schwimmende Eisberge. In diesen Eisbergen wurden eingefrorene Steine von der Antarktis wegtransportiert. Tropische Faunen und Floren, wie sie bislang die mittleren Breiten bevölkert hatten, wichen neuen Arten, die den kälteren Temperaturen widerstehen konnten. Kennett glaubte, daß es von dieser Zeit an in der Antarktis immer Gletscher gegeben habe und daß sich die Eisdecke bis zur Meeresoberfläche ausdehnte. Die zweite Epoche der beschleunigten Abkühlung während des Mittel-Miozäns führte zur Bildung einer geschlossenen Eiskappe auf dem antarktischen Kontinent. Eisberge drifteten nordwärts und trugen Steine bis in die

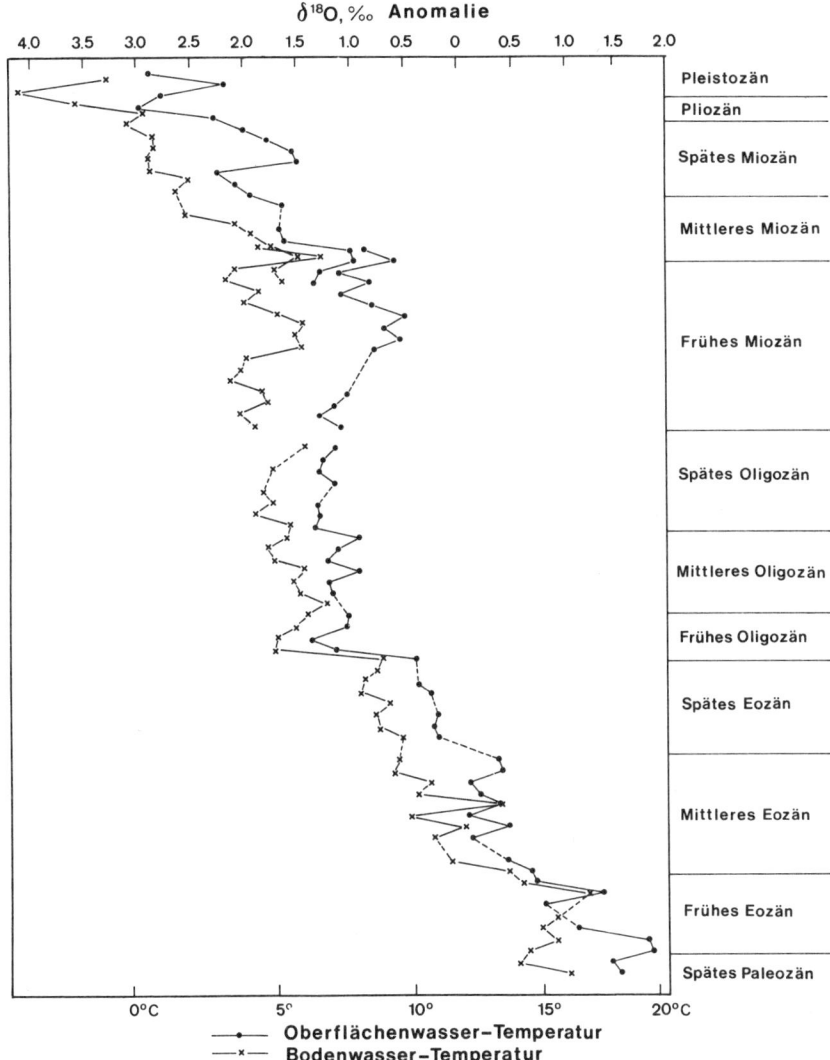

δ¹⁸O, ‰ **Anomalie**

Pleistozän

Pliozän

Spätes Miozän

Mittleres Miozän

Frühes Miozän

Spätes Oligozän

Mittleres Oligozän

Frühes Oligozän

Spätes Eozän

Mittleres Eozän

Frühes Eozän

Spätes Paleozän

—•— Oberflächenwasser–Temperatur
—x— Bodenwasser–Temperatur

Abb. 13.1: Temperaturschwankungen während der letzten 65 Millionen Jahre. Die Isotopen-Analysen der Skelette einzelliger Tiere, die als Plankton im Wasser schwammen oder als Benthos am Meeresboden lebten, zeigten, wie sich die Temperatur des Oberflächen- und des Bodenwassers der Ozeane verändert hat. Dieses Diagramm wurde von Nick Shackleton und Jim Kennett entworfen, um die Ergebnisse ihrer Analysen von Bohrkernen aus dem Südpazifik in hohen Breitengraden zu zeigen. Man beachte die Temperaturabnahme seit dem Beginn des Tertiärs vor 65 Millionen Jahren.

Nachbarschaft von Neuseeland. Die Bohrungen von Leg XXIX bestätigten denn auch die Vermutungen der voraufgegangenen Reise, nämlich, daß sich die antarktische Eisdecke vor 5 Millionen Jahren weiter ausdehnte und viel dicker wurde. Viele Gletscher sind auf dem antarktischen Kontinent entstanden und wieder verschwunden, bevor die Arktis, Europa und Nordamerika von mächtigen Eisschichten bedeckt wurden. Heute können wir sagen, daß das Eiszeitalter am Südpol begann, vor 40 Millionen Jahren.

Dem Erfolg der Tiefseebohrungen während des ersten Antarktis-Programms stand das Mißgeschick während des zweiten gegenüber. Die Leg-XXXV-Reise war von Anfang an vom Pech verfolgt; die Fahrt mußte wegen einer Reparatur in Lima/Peru für zehn Tage unterbrochen werden. Endlich, am 13. Februar 1974, verließ die *Glomar Challenger* den Hafen, eigentlich schon zu spät, um im kurzen südlichen Sommer noch ein solches Unternehmen zu starten. Zu allem Überfluß mußte das Schiff einige Tage später in Valparaiso/Chile erneut pausieren, um zusätzliches Personal, Ausrüstungs- und Versorgungsgüter an Bord zu nehmen. Die *Glomar Challenger* kroch mit einer mäßigen Geschwindigkeit von siebeneinhalb Knoten dahin und kam erst am 27. Februar in die Nähe des ersten Bohrplatzes. Sie hatte noch 5000 nautische Meilen (ca. 9000 Kilometer) bis zum Ende ihrer Reise am 30. März in Ushuaia/Argentinien zurückzulegen. So wurde es ein ungewöhnlich kurzes Leg; und wegen des schlechten Wetters und technischer Pannen ging weitere kostbare Zeit verloren. Auf einer normalen Tiefsee-Expedition stehen allein für die Bohrungen 25 bis 35 Tage zur Verfügung. Auf dieser unglücklichen Reise waren es nur acht. Chuck Hollister (Woods Hole) und Campbell Craddock (Wisconsin) leiteten das Leg. Terry Edgar, Chefwissenschaftler des Deep Sea Drilling Project, nahm teil, um die routinemäßige Beschreibung der Sedimente durchzuführen. Ich konnte mir ihren Ärger und ihre Enttäuschung vorstellen. Edgar, kraft seiner Autorität in der Regel erfolgreich, wenn es galt, eine Reise verlängern zu lassen, war ein Vorbild an ritterlicher Zurückhaltung; er beendete sein Programm pünktlich, um die Pläne der Wissenschaftler auf der nächsten Reise nicht zu gefährden.

Die Reise war kurz, dies galt aber keineswegs für den Bericht, in dem sie protokolliert wurde. Mit 930 Seiten ist er etwa ebenso dick wie die anderen Expeditionsberichte und erreicht damit fast die von der US *National Science Foundation* festgelegte Obergrenze. Zu meinem großen Vergnügen kommentierte einer der Herausgeber diese Tatsache mit den Auswirkungen des Parkinsonschen Gesetzes:

»Die Anzahl der geschriebenen Worte in einem Tiefseebohrbericht wird sich ausdehnen, um die maximale Anzahl der erlaubten Druckseiten zu füllen.«

Die Wissenschaftler von Leg XXXVI waren noch mehr vom Pech verfolgt als ihre Kollegen vom Leg davor. Die Wahl von Ushuaia/Argentinien hätte beinahe katastrophale Folgen gehabt. Wie kompliziert es war, die *Glomar Challenger* in einem Hafen anlegen zu lassen, wurde in keinem der Reiseberichte erwähnt. Kapitän Clarke erzählte mir später, daß der kleine Hafen für Fischerboote gebaut war, nicht für so große Schiffe wie die *Glomar Challenger*. Darüber hinaus wurde die Mannschaft bei ihrer Ankunft von einem heftigen Sturm mit Windstärken von über 100 Kilometern pro Stunde empfangen. Kapitän Clarke mußte alle Seitenschrauben mit voller Kraft laufen lassen, um nicht auf Grund zu geraten oder mit den Hafenanlagen zu kollidieren. Als alles gerade noch einmal gutgegangen war, verfaßte er einen langen Bericht an die *Global Marine Incorporated*, Charterfirma der *Glomar Challenger*. Er verlangte vertragliche Zusicherungen über die Zumutbarkeit von Hafenanlagen.

Der Start von Leg XXXVI verzögerte sich noch einmal stark wegen unvorhergesehener Reparaturen. Die *Glomar Challenger* verließ Ushuaia am 4. April, lange nachdem der Hochsommer auf der südlichen Halbkugel vorbei war. Zu allem Überfluß war ihr Ziel auch noch die Drakestraße südlich Kap Hoorn, ein von allen Seeleuten gefürchtetes Unwettergebiet. Fortuna ließ die Forscher diesmal im Stich. Im Bericht des Betriebsleiters steht:

»Die Elemente richteten während unserer Arbeit allgemein große Verwüstungen beim Leg XXXVI an. Die *Challenger* erlebte drei schwere Orkane und war von Hunderten von Eisbergen bedroht, auf den Bohrplätzen wie auch unterwegs. Durch den Einfluß der Elemente mußten sechs von zehn Bohrlöchern, die während des Leg XXXVI gebohrt wurden, aufgegeben werden, bevor ihr wissenschaftliches Ziel erreicht war. Die durch Witterungseinflüsse entweder direkt oder indirekt verlorene Zeit während des Leg XXXVI . . . ergibt eine aufschlußreiche Statistik. Eine genaue Schätzung dieser verlorenen Zeit beläuft sich auf 13,88 Tage oder 26,4 Prozent der gesamten Reisezeit . . .

Zwar behinderten die Elemente die Bohroperationen stark, aber letztendlich scheiterte das Leg XXXVI am dynamischen Positionierungssystem der *Challenger*. Als das Schiff die Position über dem letzten Bohrplatz auf der Rio-Grande-Erhebung einnahm, fiel die Stromversorgung für den vertikalen Bezugskreiselkompaß aus, und alle Anstrengungen, die Stromleitung zum Kompaß zu reparieren, waren erfolglos. Und das bedeutete das Ende für Leg XXXVI.«

Die *Glomar Challenger* geriet gleich zu Beginn der Reise in schlechtes Wetter. Etwa acht Stunden nach ihrer Abfahrt – die geschützten Gewässer des Beaglekanals lagen eben hinter ihr – nahm der Seegang zu. Um Mitternacht des 4. April schlingerte das Schiff mit 20 bis 25° Neigung.

Als die *Challenger* sich dem ersten Bohrplatz näherte, 150 Kilometer südlich von Kap Hoorn, früh am 5. April, besserten sich die Wetterverhältnisse ein wenig. Der Wind war aber noch heftig, und es herrschte eine starke Strömung. Die Leiter der Fahrt beschlossen, am Bohrplatz vorbeizufahren und auf besseres Wetter zu warten. Gegen Abend ging die Windgeschwindigkeit auf 20 oder 30 Knoten zurück und die Wellen waren nur noch drei Meter hoch. Die *Challenger* kehrte um, und die akustische Bake für die Positionierung des Schiffes wurde auf den Meeresboden hinabgelassen, um den unseligen Bohrplatz 326 zu markieren. Der Bohrstrang wurde dann auf den Meeresboden niedergebracht. Als der Bohrmeißel sich dem Meeresboden näherte, frischte der Wind auf. Es war schwierig, das Schiff in seiner Position zu halten. Doch einmal am Ziel angekommen, waren die Leiter trotz der widrigen Umstände davon überzeugt, daß in dem weichen Schlamm des Meeresbodens leicht ein erster Kern gezogen werden könne. Man erhielt ein halbes Kernrohr voll Kies, ein Beweis für die außerordentlich starken Strömungen in der Drakestraße, die alle feineren Sedimentteile vom Boden entfernt hatten. Inzwischen steigerte sich der Nordwestwind zu einer Stärke von 50 Knoten (etwa 100 Kilometer pro Stunde) und die Wellenhöhe überstieg zeitweise 6 Meter. Das Schiff, den Bug gegen den Wind gerichtet, rollte bis zu 10 Grad und schlingerte bis 19 Grad! Eine starke Strömung von schätzungsweise 4 Knoten bedrängte das Schiff zusätzlich. Kurz nachdem der Kern an Deck gezogen war, am Abend des 6. April, fiel ein Teil der überlasteten dynamischen Positionierungseinrichtung aus. Sie wurde repariert, und der Kapitän machte einen heroischen Versuch, das Schiff wieder über die Bake zurückzubringen, nachdem sie etwa einen Kilometer abgedriftet war. Während dieser ganzen Zeit hing der Bohrstrang über dem Meeresboden und trieb mit dem Schiff. Schließlich war die Beanspruchung durch das Stoßen und Rollen und den Zug des treibenden Schiffes zu viel für eine schwache Verbindungsstelle. Kurz vor sieben Uhr brach ein Rohr von etwa 13 Zentimeter Außendurchmesser. Die Bruchstelle lag dicht unter dem Boden des Bohrschiffes, und der ganze Bohrstrang, fast 4000 Meter lang mit dem gesamten Unterteil – Bohrmeißel, Schwerstange, Teleskoprohre –, wurde ein Opfer Neptuns!

Der letzte Satz aus dem Bohrungsprotokoll lautet:

»Das verbleibende Rohr wurde eingeholt, und um 23.25 Uhr des 6. April 1974 suchte das Schiff geschützteres Gewässer auf.«

Der lakonische Bericht spiegelt kaum die Enttäuschung und den Ärger der Beteiligten wider, insbesondere nicht den der beiden Ko-Chefwissenschaftler, Peter Barker (Universität Birmingham) und Ian Dalziel (Lamont). Die Erbitterung war wohl so groß, daß Dalziel während seines einjährigen Aufenthaltes bei uns in Zürich nicht einmal darüber sprach!

Die Folgen des Verlustes bekamen wir alle zu spüren. Nun sitze ich wieder auf der *Glomar Challenger*, der Wind bläst. Wenn ich hinaussehe, erkenne ich die Bohrarbeiter an Deck. Die Arbeit liegt still. Von Zeit zu Zeit versetzt mir das Rollen des Schiffes einen Stoß mit einem Ausschwingen von sieben oder acht Grad. Nach dem Unglück in der Drakestraße gab es nun Sicherheitsvorschriften:

»Die äußerste Grenze, bis zu der mit dem Bohrstrang gearbeitet werden darf, liegt bei einem Schlingern und Stampfen des Schiffes von 7 Grad. In keinem Fall darf die Arbeit fortgesetzt werden, wenn das Schlingern und/oder Stampfen 9 Grad übersteigt.«

Während der Arbeiten auf den anderen Bohrplätzen von Leg XXXVI und allen folgenden Fahrten wurde diese Anordnung gewissenhaft eingehalten. Wir verloren viele Tage kostbarer Zeit, dafür aber keinen einzigen Bohrstrang.

Ziel der Bohrung 326 war, herauszufinden, wann die Drakestraße zwischen dem Pazifischen und Atlantischen Ozean sich öffnete und eine Zirkulation des Ozeanwassers rund um die Antarktis erlaubte. Der zirkum-antarktische Strom hat große ozeanographische und klimatische Bedeutung. Dieser Strom zirkuliert geschlossen rund um den antarktischen Kontinent und ist der einzige Strom, in dem sich das Wasser aller Ozeane mischt. Der Strom entstand mit hoher Wahrscheinlichkeit erst einige Zeit, nachdem Australien sich von Antarktika getrennt hatte. Es ist jedoch ein beliebtes Spiel, den Beginn dieser Strömung möglichst genau zu schätzen. Diese Schätzungen bewegen sich zwischen einem hohen Alter von mehr als 35 Millionen Jahren (Oligozän) bis zu einem relativ jungen Alter von 3,5 Millionen Jahren (Pliozän) (Kapitel XIX). Wir würden es sicher wissen, wenn wir die Sedimentfolge in der Drakestraße am Bohrplatz 326 hätten durchbohren können. Die zahlreichen voraufgegangenen Pannen hatten die *Global Marine Company* veranlaßt, in einem neuen Vertrag mit dem Deep Sea Drilling Project strikt vorzuschreiben, daß die *Glomar Challenger* kein Loch südlich des 50. Breitengrades Süd bohren durfte. Bevor nicht ein anderes Bohrschiff zur Verfügung steht, werden wir also nicht genau wissen, wann die Drakestraße sich erstmalig öffnete und die Zirkulation der zirkum-antarktischen Gewässer begann.

Wenn der Postbote zweimal klingelt, kommt ein Unglück selten allein – so lautet ein amerikanisches Sprichwort. Ich saß im Frühjahr 1974 in Terry Edgars Büro, um mit dem Chefwissenschaftler des Projekts die Planung der bevorstehenden Mittelmeerfahrt zu besprechen. Es war der 8. April. Edgar war gerade aus Argentinien heimgekehrt. Nach den Enttäuschungen seines Leg-XXXV-Unternehmens verbrachte er seinen Urlaub in Südamerika. Bei seiner Rückkehr erwartete ihn ein Telegramm, worin ihm der Verlust des Bohrstranges in der Drakestraße mitgeteilt wurde. Wir erörterten gerade die Folgen dieses Mißgeschicks, als Edgars Sekretär ihm ein weiteres Telegramm überreichte, angeblich der routinemäßige Morgenbericht. Zwar war es der Morgenbericht von der *Glomar Challenger,* aber von Routinemitteilung konnte nicht die Rede sein. Edgars Gesichtsausdruck änderte sich, als er hineinschaute und mir dann die Meldung übergab:

»*Glomar Challenger* durch argentinische Flotte aufgebracht. Ende von JOIDES/DSDP, Barker/Dalziel.«

Diskret verließ ich Edgars Büro, als er seinen Sekretär beauftragte, eine Telefonverbindung mit dem State Department, dem Außenministerium, herzustellen.

Natürlich bedeutete dieser Zwischenfall keineswegs das Ende von JOIDES/DSDP. Alles war ein Mißverständnis, das die Besatzung dem übereifrigen Leutnant eines Kanonenbootes zu verdanken hatte. Nach dem Pech in der Drakestraße nahm der Kapitän Radiokontakt zu der argentinischen Flotte auf und bat um Erlaubnis, in geschützten Gewässern zu ankern. Die Argentinier dirigierten die *Glomar Challenger* in das Bahia-Aguirra-Gebiet, weil dort keine Lotsenführung erforderlich war. Das Bohrschiff ging am Abend des 7. April vor Anker, und die Mannschaft begann, einen Ersatzbohrstrang zu bauen. Ein kleines Schiff der argentinischen Küstenwache kreuzte vor Ort in der stürmischen See. Der Leutnant entdeckte den Bohrturm der *Challenger.* Er glaubte, einem privaten Unternehmen auf die Schliche zu kommen, das heimlich nach Öl bohrte. Um Mitternacht führte er seine mit Maschinenpistolen bewaffneten Soldaten an Bord der *Glomar Challenger.* Sie luden sich freimütig zu einem herzhaften Essen ein. Unterdessen teilte der Offizier Kapitän Dill mit, das Bohrschiff habe vor Anker zu bleiben, bis die argentinische Küstenwache die Erlaubnis gab, das Gebiet zu verlassen. Die *Challenger* war 35 Stunden buchstäblich an die Kette gelegt, bevor sie am Abend des 9. April ihren unfreiwilligen Aufenthaltsort verlassen durfte. Die Wissenschaftler an Bord erholten sich von dem Schrecken. Die *Glomar Challenger* fuhr weiter, um zehn Löcher an sechs verschiedenen Stellen zu bohren; sie leistete einen wesentlichen Beitrag zu unseren geologischen Kenntnissen vom südlichsten Teil des Atlantischen Ozeans, bevor die Reise am 22. Mai in Rio de Janeiro endete.

Zwar wurde das Deep Sea Drilling Project wegen des Mißgeschicks der Leg-Fahrten XXXV und XXXVI nicht aufgegeben, aber es mag dazu beigetragen haben, daß ein drittes Antarktis-Bohrprogramm und derartig waghalsige Unternehmungen in hohen Breitengraden insgesamt in Frage gestellt wurden. Nach einem erfolgreichen Werbefeldzug während des Leg XXXVIII in der Norwegensee fuhr die *Glomar Challenger* dann aber doch vom Nord- zum Südpol, um ein drittes antarktisches Bohrprogramm zu beginnen. Die *Global Marine Inc.*, die das Bohrschiff an das DSDP vermietete, wollte es nicht ohne Begleitung eines Eisbrechers in die Antarktis fahren lassen. Er sollte die Eisberge aus dem Weg räumen, wenn die *Glomar Challenger* mit Tausenden Metern Bohrrohren auf Station ging. Leider waren trotz dieser Vorsichtsmaßnahme die Vorbereitungen für dieses dritte Bohrprogramm ungenügend. Die Planer verfügten nicht über Daten, mit denen sie das JOIDES-Sicherheitskomitee davon überzeugen konnten, daß keine Gefahr bestand, in den Sedimenten Öl- oder Gastaschen anzubohren und so eine Verschmutzung des Meeres zu riskieren. Ich traf Dennis Hayes im Herbst 1974 bei Lamont, als ich gerade versuchte, sein Antarktisprojekt vom Sicherheitskomitee genehmigen zu lassen. Nach einer offenbar äußerst anstrengenden Sitzung mit den Herren des Komitees verließ er den Konferenzsaal just in dem Moment, als ich hereingeholt wurde. Er hatte einen letzten verzweifelten Versuch unternommen, sein Programm für die Antarktis-Erforschung doch noch durchzusetzen. Doch er bekam nur einen südafrikanischen Eisbrecher, der die *Glomar Challenger* begleiten sollte, aber keine Starterlaubnis. Da das Sicherheitskomitee seine Zustimmung verweigerte, mußten die Antarktis-Legs gestrichen werden.

So fuhr die *Glomar Challenger* nie wieder in Gewässer südlich des 50. Breitengrades. Keine Versicherungsgesellschaft wollte das Risiko übernehmen. Die Erfolge und Fehlschläge des Antarktis-Bohrprogramms ließen uns die Leistungsgrenzen dieses berühmten Forschungsschiffes erkennen.

XIV. Ereignisse in der Mittleren Kreide

Um die optimistische Vorstellung zu entkräften, daß die *Glomar Challenger* stets pünktlich ihr Ziel erreichte, habe ich die leidigen Erfahrungen der Legs XXXV und XXXVI erzählt. Vorbereitung und Planung von Tiefseebohrfahrten waren in der Tat eine sehr schwierige Aufgabe. Wir waren fast sechs Wochen an Bord des Bohrschiffes, seit wir São Paulo/ Brasilien Anfang April verlassen hatten. Wir freuten uns über das gute Wetter, als wir eine Trasse von Löchern nahe dem 30. Grad Süd bohrten. Jetzt, da der südliche Winter heranrückte, wurden wir nervös. Schon zu Beginn der Bohrung 524 mußten wir die Arbeit einstellen: Ein Sturm zog herauf, den wir abwarten wollten. Nach Beginn des Kerneziehens besuchte uns der Kapitän jeden Abend in unserem Labor und teilte uns die Wettervorhersage mit. So wurden wir rechtzeitig vor aufkommenden Stürmen gewarnt und konnten unsere Arbeit dementsprechend einteilen. Zwei Abende hintereinander ging ich beunruhigt zu Bett, wurde aber morgens von Sonnenschein begrüßt. Die Techniker lachten über mein »Chinesenglück«. Der erste Sturm war für den 24. Mai 1980 um 6 Uhr Ortszeit angesagt. Doch blieben wir verschont, denn das Unwetter schwenkte um 90 Grad nach Osten und brach 60 nautische Meilen südlich unserer Position los. Der nächste Sturm war für die frühen Morgenstunden des darauffolgenden Tages angesagt. Er kam näher, drehte aber ebenfalls nach Osten ab. Wir waren alle fast in euphorischer Stimmung. Wenn wir auf die Wetterkarte sahen, erkannten wir eine ganze Reihe von Sturmzentren dort unten am 40. Breitengrad Süd. Wir dagegen erfreuten uns des sonnigen Wetters unter dem Schutz der Hochdruckzonen. Das allerdings war kein Zufall. Bei unserer Planung hatten wir die Wetterkarten des südlichen Atlantik genau studiert. Hinsichtlich optimaler wissenschaftlicher Ergebnisse hätten wir unsere Trasse lieber dort unten im Süden gebohrt, mußten uns aber der Diktatur des Wetters beugen und einen Kompromiß schließen.

In meinem Urlaubsjahr 1972 ging ich oft zum Deep-Sea-Drilling-Hauptquartier und besuchte Terry Edgar. Ich hatte gelernt, die enormen Schwierigkeiten seiner Aufgaben richtig einzuschätzen und konnte verstehen, warum er nach Beendigung von Bohrphase III sein Amt niederlegte. Das Planungskomitee von JOIDES gab dem Chefwissenschaftler eines

Projekts eine Menge Richtlinien an die Hand, denen zufolge er nicht nur die Wissenschaft, sondern auch die Logistik und – nicht zu vergessen – die »Politik« zu berücksichtigen hatte. Jede Reise wurde soweit wie möglich durchgeplant, und jede unvorhergesehene Verzögerung konnte die wissenschaftlichen Ziele des gesamten Unternehmens gefährden. Edgar wurde geradezu mit Telegrammen bombardiert, in denen Ko-Chefs von der *Glomar Challenger* um Verlängerung ihrer Kreuzfahrt baten. Gewöhnlich wurde der Bitte entsprochen. Das Bohrschiff mußte tausend nautische Meilen fahren, um ein 1000 Meter tiefes Loch zu bohren. 950 Meter Tiefe waren erreicht. Vielleicht konnte die Mannschaft ihr Ziel erreichen, wenn sie nur noch dreißig oder fünfzig Meter tiefer bohren würde, doch ihre Frist war abgelaufen. Könnten sie vielleicht zwei weitere Tage haben? Natürlich hatte Edgar Verständnis für diesen Wunsch. Man konnte ein Experiment schließlich nicht zwei Tage vor seiner Vollendung abbrechen, nachdem so viel investiert worden war. Also wurden die zwei Tage bewilligt, in denen weitere 50 Meter Tiefe gewonnen wurden; aber dann kam ein weiteres Telegramm. Die Mannschaft bat um einen weiteren Tag Verlängerung, denn sie wollte noch 20 Meter tiefer bohren. Was sollte Edgar tun? Es galt, die Nachschubprobleme zu lösen.

Niemand hatte vorausgesehen, wie viele Reparaturen für das Leg XXXV erforderlich sein würden. Die Seitenpropeller des Schiffes hatten plötzlich versagt. Darüber hinaus wurde intensiv am Umbau des Schiffes, der sogenannten »antarktischen Modifikation«, gearbeitet: Reguliervorrichtungen zur Temperaturkontrolle des Seewassers, das zum Kühlen der Maschinen benutzt wurde, mußten eingebaut werden. Ein besonderes Gerät für die Gasinjektion wurde installiert, um Frostschäden zu verhindern. Vier neue Heizgeräte mußten auf dem Arbeitsdeck angebracht werden. Alle freiliegenden Luft- und Wasserleitungen wurden isoliert. Ein zusätzlicher Notgenerator wurde an Bord gebracht usw. Die Notwendigkeit vieler Umbaumaßnamen hatte sich erst aus den Erfahrungen von Leg XXVIII in der Antarktis ergeben.

Oft rangen Wissenschaftler und Ingenieure erbittert um die verfügbare Zeit. Natürlich hätten wir überhaupt keine Bohrung machen können ohne die wundervollen Erfindungen der Ingenieure. Doch gab es auch viel nutzloses Hin und Her, wobei kostbare Zeit verlorenging. Während des Leg III kamen die Ingenieure auf die Idee, die akustischen Baken, die für die dynamische Positionierung gebraucht werden, vom Ozeanboden wieder heraufzuholen, um sie erneut zu verwenden. Das war gewiß ein lobenswerter Versuch, die Materialverschwendung zu begrenzen. Doch kostete uns dieses Experiment zwei bis drei Stunden an jedem Bohrplatz, ein äußerst unökonomisches Verfahren, denn die Schiffszeit, die für das Wiederheraufholen benötigt wurde, war wesentlich teurer als die gebrauchten Baken. Während des Leg XIII installierten die Ingenieure ein neues Gerät, das den Seitenwänden eines Bohrloches Proben entnehmen sollte. Ich war damals ein unerfahrener Ko-Chef und verstand nicht einmal, was überhaupt geschah. Wieder wurde Stunde um Stunde unserer knapp bemessenen Bohrzeit verbraucht. Die Ingenieure beendeten ihren Versuch erfolgreich, aber ihr Instrument fand niemals Verwendung, weil kein Chefwissenschaftler je davon erfuhr. Nachdem ich Vergeudungen dieser Art oft genug beobachtet hatte, begann ich, mich zäh dagegen zu wehren, wenn irgendwer während meiner Fahrten mit technischen Kinkerlitzchen herumexperimentieren wollte. Einige Wochen, bevor ich mich dem Leg LXXIII anschloß, telefonierte ich mit dem Manager des DSDP. Seine Ingenieure erbaten sich Schiffszeit, um die Auf- und Abbewegungen des Bohrstranges am Meeresboden zu testen. Ich sagte ihm, daß meine Instruktion vom JOIDES-Planungskomitee bekäme, nicht vom Deep Sea Drilling Project. Der Manager akzeptierte die Entscheidungskompetenz, aber erst nach einem fast einstündigen Gespräch San Diego–Zürich! Die Ingenieure, so sein Argument, hätten schließlich nur um sechs Stunden gebeten, und wegen dieser lächerlichen Zeit wolle er die Herren des Planungskomitees nicht belästigen. Ich gab aber nicht nach, nicht eine einzige Stunde Schiffszeit der *Glomar Challenger* war »lächerlich« für mich. Eine solche Expedition kostet bis zu zwei Millionen Dollar. Auch wenn für Bohrungen davon insgesamt nur 500 Stunden zur Verfügung stehen, entfällt auf sechs Stunden ein ansehnlicher Betrag. Der Manager rief schließlich das Planungskomitee an. Ich mußte mich mit den sechs »kümmerlichen« Stunden einverstanden erklären, allerdings unter der Bedingung, daß die Ingenieure keine Minute länger brauchen durften, ohne Rücksicht darauf, ob ihre Experimente abgeschlossen waren. Ich war mir fast sicher, daß die sechs Stunden vergeudete Zeit waren, aber selbst ich erwartete nicht, daß sie ihr Versprechen brechen würden. Während unseres ersten Versuchs gab es schon eine Panne, der mehr als zwei Stunden zum Opfer fielen. Der Grund dafür war einfach; der Ingenieur hatte nicht berücksichtigt, daß die Temperatur am Ozeanboden erheblich niedriger ist als im milden San Diego. Die Batterie in dem Apparat versagte ihren Dienst – bei einer Temperatur nahe dem Gefrierpunkt. Nun wollten sie ihren zweiten Versuch an diesem Bohrplatz machen. Sie ließen ihre Apparatur in einem Stahlzylinder hinab, konnten sie aber nicht wieder heraufholen. Unter der verstärkten Beanspruchung brach das Seil. Mit allem erdenklichen Werkzeug wurde nun hantiert. Ohne Erfolg. Da das Gerät die Öffnung des Bohrrohrs verstopfte, konnte nicht gekernt werden. Der gesamte Bohrstrang, mehr als 5000 Meter lang, mußte wieder an Deck geholt werden. Die Ingenieure an Land stimmten sich nicht untereinander ab. Einer entwarf eine Hülle für ein Gerät, deren

Außendurchmesser genauso groß war wie der innere Durchmesser des Bohrmeißels, den ein anderer Ingenieur entworfen hatte. Der Stahlzylinder paßte so genau in den Bohrmeißel, daß nicht einmal der geschickteste Techniker ihn wieder herausholen konnte. Einen Bohrstrang, der am unteren Ende wasserdicht verschlossen ist, herauszuholen, hatte auch für die Bohrarbeiter unangenehme Folgen; sie bekamen jedesmal, wenn sie ein Rohrstück abschraubten, eine kalte Dusche. Es dauerte mehr als dreißig Stunden Schiffszeit, nicht etwa nur sechs, bis die Ingenieure die Panne behoben hatten!

Vielleicht urteile ich zu streng über die Ingenieure, aber die Tatsache ist unbestreitbar, daß ihre schlecht vorbereiteten Programme hauptsächlich für den Mißerfolg der Legs XXXV und XXXVI verantwortlich zu machen sind. Trotz der guten Arbeitsbedingungen während des ersten Antarktisprogramms glaubten die Ingenieure unbedingt ein Instrument installieren zu müssen, das die zerstörerischen Witterungsbedingungen neutralisieren könne. Sie erfanden den »Hub-Kompensator«, der das Auf und Ab des Schiffes in den Wellen ausgleichen sollte. Man dachte, daß der Bohrstrang auch bei schlechtem Wetter arbeiten könne, wenn die Bewegungen zum größten Teil von dem Kompensator aufgenommen würden. Die Ingenieure berechneten nicht, wieviel Zeit der Einbau des Kompensators verschlingen würde. Edgar wurde angewiesen, einen Hafenaufenthalt von 8 Tagen in Honolulu einzuplanen, bevor das Schiff zum Leg XXXIII starten konnte. Als die Wissenschaftler in Honolulu vollzählig erschienen waren, wurden sie »für die Nacht vor der Abreise« in den Luxushotels am Waikiki-Strand untergebracht. Aber sie reisten weder am nächsten Tag ab noch am übernächsten. Die Abreise mußte verschoben werden, weil »ein wenig mehr Zeit« für die Einbauarbeit erforderlich war. Kerry Kelts, einer meiner Assistenten hier in Zürich, genoß seine ersten wenigen Ferientage auf Hawaii. Als man die Abfahrt wieder und wieder hinausschob, wurden die Wissenschaftler unruhig. Schließlich, nach drei Wochen Wartezeit, schickte die Wissenschaftsgesellschaft ein Ultimatum an den Betriebsleiter, daß sie alle nach Hause fahren würden, wenn das Schiff Honolulu nicht in 48 Stunden verläßt. Das Ultimatum wirkte. Der Einbau des monströsen Instruments nahm 23 Tage in Anspruch, und das Schiff fuhr am 10. Oktober ab. Es war zu spät. Das Südpazifik-Leg endete kurz vor Weihnachten in Tahiti, als die *Glomar Challenger* eigentlich schon wieder in Valparaiso/Chile sein sollte, um auf die zweite Saison der Antarktisbohrungen vorbereitet zu werden. Eine weitere Verzögerung war unvermeidbar, denn das Bohrschiff wurde nach Lima/Peru auf ein Trockendock weitergeleitet. Dort sollten die Seitenpropeller repariert werden. Vielleicht sollte sogar eine der Bohrfahrten gestrichen werden, das Leg XXXIV zum Beispiel. Endlich einigte man sich auf einen Kompromiß: Der Start des Antarktisunternehmens wurde auf den südlichen Spätsommer verschoben, was zu den Schwierigkeiten bei Leg XXXV und der Panne in der Drakestraße führte. Das war insofern besonders ärgerlich, als sich der Hub-Kompensator als nicht so nützlich erwies. Es erforderte einen großen Teil Schiffszeit, diese technische Neuerung in Betrieb zu setzen. Die Investition mag ihren Wert haben, wenn sie funktioniert. Nach wenigen Anfangsversuchen gaben sogar die Ingenieure zu, daß dies nicht »immer« der Fall war. Das »Monstrum«, wie der Apparat von den Wissenschaftlern genannt wurde, befindet sich heute noch auf der *Glomar Challenger,* unter einer Segeltuchplane versteckt, ein bizarres Etwas für Neuankömmlinge, von den erfahrenen Chefwissenschaftlern wie die Pest gemieden.

Die 44 Expeditionen während der ersten drei Phasen der Tiefseebohrungen können grob in zwei Kategorien unterteilt werden: Einige waren Experimente zur kritischen Prüfung bestimmter Theorien. Andere hatten die Aufgabe, geologische Daten über bestimmte Gebiete zu sammeln. Die »Theoriefahrten« waren thematisch orientiert und sicher spektakulärer. Ich habe berichtet, wie wichtig diese Legs für die Wissenschaft waren: Sie erhärteten die Hypothese vom Seafloor Spreading und die Theorie von der Plattentektonik. Mit ihrer Hilfe gelang es, die Existenz der »Hot Spots« nachzuweisen, die Transform-Störungen oder die klimatische Geschichte der Erde zu erforschen. Um diese »Experimente« durchzuführen, mußte die *Glomar Challenger* am rechten Platz zur rechten Zeit in der Saison sein. Sie sollte sich im Juli und August in der Arktis und in der Antarktis im Dezember und Januar aufhalten. Sie mußte die Sturmzeiten im Pazifik meiden und die Mistrale im Mittelmeer. Die Wetterverhältnisse mußten – je nach Jahreszeit – berücksichtigt werden. Selten ging die *Challenger* auf Reisen mit nur einem Wissenschaftler oder einigen Technikern an Bord, die unterwegs routinemäßig geophysikalische Messungen durchführen sollten. Solch eine Gelegenheit ergab sich nach Leg IV, als das Schiff vom Atlantik durch den Panamakanal in den Pazifik fuhr – oder auch nach Leg XLIIB, als die *Challenger* von Istanbul über das Mittelmeer zu den Azoren zurückkehren mußte. Häufiger waren während einer Überfahrt Bohrungen geplant. Auf den Überführungsfahrten wurde eine weniger angenehme Arbeit erledigt: Die Datensammlung zu bestimmten geographischen Bereichen sollte vervollständigt und ergänzt werden. Oft mußte hier ein Loch gebohrt werden und dort ein anderes, und die Kreuzfahrt galt nicht einem gemeinsamen wissenschaftlichen Ziel. Leg IV war dafür ein typisches Beispiel; die Kreuzfahrt wurde geplant, um die *Glomar Challenger* nach ihrem triumphalen Erfolg im Südatlantik in die nördlichen Gewässer zurückzubringen. Leg XXX war ein anderes Beispiel, es sollte den Zeitraum zwischen dem antarktischen Unternehmen von Leg XXIX und der Erforschung der Philippinensee durch Leg XXXI überbrücken. Ein weiteres war Leg XXXIX; eine Reise unter großem Zeitdruck von der Arktis in die Antarktis. Die *Challenger* verließ Amsterdam nach einer erfolgreichen Fahrt in die Norwegensee während des nördlichen Sommers und brach dann zeitig nach Kapstadt auf, um sich für die antarktische Reise während des südlichen Sommers vorzubereiten. Es war die längste DSDP-Reise, sowohl was die Dauer angeht (82 Tage einschließlich Liegezeit im Hafen) als auch die zurückgelegte Entfernung (etwa 18 000 Kilometer). Nachdem die *Challenger* Kapstadt erreicht hatte, wurde bekannt, daß das dritte Antarktisprogramm gestrichen sei. Nun sollten die Legs XL und XLI die *Glomar Challenger* wieder zu Bohrungen ins Mittelmeer führen.

Leg XL leiteten meine Kollegen Hans Bolli (Zürich) und Bill Ryan (Lamont). Im Frühjahr 1975 tauchten plötzlich Gerüchte auf, die Seerechtskonferenz der Vereinten Nationen plane eine Vereinbarung, den Freiraum der wissenschaftlichen Forschung empfindlich einzuschränken. Man sprach von einer 200-Meilen-Zone vor den Küsten. Bohrungen innerhalb dieser Zone mußten vom Anliegerstaat genehmigt werden. Ryan wollte deshalb vor Inkrafttreten dieses Abkommens seine letzte Chance nutzen und einige Löcher dicht an der Küste bohren, um die geologische Geschichte des afrikanischen Kontinentalrandes zu erforschen.

Afrika hat sich vor 130 Millionen Jahren von Südamerika getrennt. Dabei entstand der Südatlantik. Zu Anfang war der Ozean offenbar ein sehr enger Seeweg, wie etwa das Rote Meer heute. Die Verdunstung des Meerwassers in begrenzten, engen Seegebieten kann zu Salzablagerungen führen. Bei Bohrungen auf dem afrikanischen und südamerikanischen Festland hat man Salzablagerungen entdeckt. Geophysikalische Untersuchungen vor der Küste zeigten, daß sie unter den Kontinenträndern vorhanden sind. Ryan hoffte, die Sedimentbedeckung bis zu den Salzschichten durchbohren zu können, die mehr als 1000 Meter unter dem Ozeanboden liegen. Unglücklicherweise konnte er die Salzschichten nie erreichen. Er war seinem Ziel zuletzt sehr nahe und ließ sich deshalb eine Verlängerung von vier Tagen genehmigen. Doch er hatte Pech: Kurz vor Ablauf der Frist war sein Bohrmeißel abgenutzt. Er schaffte es nicht, und wir werden es wohl auch niemals wieder versuchen, weil die Bohrstelle inzwischen innerhalb der 200-Meilen-Zone von Angola liegt. Die angolanische Regierung wird uns kaum eine Bohrerlaubnis erteilen, solange die Regierung der USA die 200-Meilen-Zone nicht akzeptiert und sich weigert, die angolanische Regierung um die Erlaubnis zu ersuchen.

Dennoch war Leg XL kein vergebliches Unterfangen. Statt Salz entdeckten Ryan und seine Mannschaft die sogenannten Mittelkreide-Ereignisse.

Die Kreidezeit bezeichnet eine geologische Periode, die nach den Weißen Klippen von Dover benannt ist, wo die englische Schreibkreide gewonnen wird. In den südlichen Alpen nennt man Gesteinsbildungen aus der Kreidezeit *Majolika,* weil sie aus einem dichten weißen Gestein bestehen, das an Majolika-Porzellan erinnert. Es liegt deshalb nahe, sich weiße Gesteine vorzustellen, wenn wir von der Kreidezeit sprechen. Man hat jedoch auch einige schwarze Schichten in der sonst weißen Majolika gefunden. Sie enthalten mehr schlammiges Material, sind also schwarze Mergel oder schwarze Schiefer. Dieselbe Art schwarzer Mergel aus der Kreidezeit wurde bei den Leg-XI-Bohrungen vor der Küste Nordamerikas gefunden. Die Sedimente sind schwarz, weil sie viele organische Stoffe – oder kohliges Material – enthalten. Die Wissenschaftler nahmen zwar deren Existenz zur Kenntnis, maßen ihnen aber keine Bedeutung bei. Schwarze Kreide-Tonschiefer wurden später während des Leg XV in der Karibischen See gefunden, im Indischen Ozean während der Legs XXV und XXVII und schließlich im Pazifik während des Leg XXXII. Alle diese schwarzen Sedimente schienen etwa gleich alt zu sein. Eine ältere Gruppe wurde vor 110 bis 115 Millionen Jahren abgelagert und eine jüngere vor etwa 85 Millionen Jahren.

Als Ryan auf den Durchbruch ins Salz wartete, war ihm bewußt, daß seine Nemesis die schwarzen Tonschiefer aus der Kreidezeit waren. Am Bohrplatz 361 im Kap-Becken reichte sein Bohrstrang mehr als 1300 Meter tief. Er hoffte herauszufinden, ob es dort unten Salz gäbe, aber der Bohrmeißel war schon abgenutzt, bevor er in das Salz eindringen konnte. Auf Platz 364 im Angola-Becken wiederholte sich das Spiel. Er gelangte bis über 1000 Meter tief unter den Meeresboden, aber die schwarzen Tonschiefer verhinderten den endgültigen Durchbruch. Darüber hinaus bargen die schwarzen Tonschiefer eine Gefahr: Sie enthielten Erdgas. Nach jedem gezogenen Kern rannten Ryan und seine Betriebsleiter ins Laboratorium, wo eine chemische Analyse gemacht wurde, um die Zusammensetzung der Gase zu bestimmen. Das JOIDES-Sicherheitskomitee hatte eine Faustregel aufgestellt, wonach eine Bohrung zu stoppen sei, wenn das Loch in ein Sediment getrieben wird, in dem das Gas ein Äthan-Methan-Verhältnis von mehr als 0,002 hat. Die Analysen-Ergebnisse kamen diesen Werten sehr nahe. Ryan mußte alle möglichen Tricks anwenden, um im Berichtsbuch zu begründen, daß die analytischen Werte 0,00197 oder 0,00199 betrugen, aber nicht 0,00201 oder 0,00203.

Während Ryan dort Nacht für Nacht das Projekt überwachte, erinnerte er sich plötzlich, daß ihm die schwarzen Tonschiefer schon einmal begegnet waren. Für seine Dissertation bei Lamont arbeitete er über rezente

Sedimente im Mittelmeer. Er hatte solche schwarzen Sedimente im östlichen Mittelmeer gefunden. Die schwarzen Sedimente dort konnten ziemlich genau datiert werden; sie waren vor 7000 oder 8000 Jahren entstanden, kurz nach Ende der letzten Eiszeit.

Diese Sedimente sind so dunkel, weil darin organische Stoffe vorhanden sind; der Gehalt an organischem Kohlenstoff liegt in der Regel über 2 Prozent. Die organische Materie hatte sich erhalten, weil das Meerwasser am Boden nicht genügend Sauerstoff enthielt, um Kohlenstoff zu Kohlendioxid zu oxidieren. Der Sauerstoff war nicht vorhanden, weil das Wasser am Meeresboden stagnierte; die Sauerstoffzufuhr durch von der Meeresoberfläche abgesunkenes sauerstoffhaltiges Bodenwasser blieb aus (Kapitel XIX). Oberflächenwasser sinkt in den Ozeanen nach unten, wenn es schwerer als die Hauptwassermasse ist. Ozeanwasser ist schwerer, wenn es salziger oder kälter ist, oder beides. Im Mittelmeer kommt heute das frische Meerwasser durch die Straße von Gibraltar vom Atlantik mit einem Salzgehalt von etwa 36,5 Promille. Das Oberflächenwasser fließt ostwärts entlang der afrikanischen Küste und wird durch Verdunstung fortwährend salzhaltiger. An der Levantischen Küste bei Israel übersteigt die Salinität 39 Promille. Dieses Wasser ist nun so schwer, daß es auf eine mittlere Tiefe von etwa 400 Metern absinkt und dann südlich von Griechenland wieder Richtung Westen zurückfließt. An der Straße von Otranto trifft das salzige Wasser von der Levante auf das kalte Wasser aus der Adria, das von den alpinen Winternordwinden abgekühlt wird. Die Abkühlung des salzigen Wassers erzeugt eine größere Dichte, so daß es in die Tiefsee absinkt – ein Bodenstrom des östlichen Mittelmeers.

Das ist der Ursprung der heutigen Bodenzirkulation im Mittelmeer. Kurz nach der Eiszeit war die Situation ganz anders. Gletscher, die große Teile Rußlands bedeckten, schmolzen ab und lieferten viel Süßwasser. Das Süßwasser floß aus dem Schwarzen Meer über den Bosporus und die Dardanellen ins östliche Mittelmeer. Sogar die Vermischung mit dem salzigen Wasser der Levantine genügte nicht, den Einfluß dieser Süßwasserinvasion aufzuheben. Das östliche Mittelmeer hatte damals offenbar nur eine dünne Schicht Oberflächenwasser, die weit weniger salzig war als das heutige Seewasser. Dieses salzarme Oberflächenwasser konnte nicht dichter werden als das damalige Bodenwasser, selbst nachdem es von der kalten Adria-Strömung abgekühlt wurde. Eric Olausson von der Schwedischen Tiefsee-Expedition, der als erster die schwarzen Sedimente des Mittelmeers untersuchte, schloß daraus, daß das Bodenwasser des östlichen Mittelmeers stagnierte; eine Vermischung fand nicht statt. Ohne Bodenströmungen, die neues, sauerstoffhaltiges Wasser heranbringen, war der geringe Sauerstoffgehalt des Wassers bald verbraucht. Das kohlenstoffhaltige Material, das gewöhnlich durch Oxidation beseitigt wird, konnte sich in den Sedimenten erhalten und sie schwarz färben.

Nun betrachtete Ryan die schwarzen Sedimente aus dem Atlantik. Hatte das Bodenwasser des Atlantik einst auch stagniert? Die Ozeanböden sind heute sehr gut mit Sauerstoff versorgt, wie G. Wüst mit seinen vielen Messungen während der Expeditionen des deutschen Forschungsschiffes *Meteor* (1925 bis 1927) feststellte. Strömungen mit einer Geschwindigkeit von 20 Zentimetern pro Sekunde oder fast einem Kilometer pro Stunde sind am Boden des Atlantik keine Ausnahme. Das am Boden fließende Wasser stammt aus dem Polargebiet. Dichteres Wasser lief aus der Norwegensee (Arktis) und aus dem Weddellmeer (Antarktis), sank in die Tiefen des Atlantik und bildete so das atlantische Tiefenwasser und entsprechend das antarktische Bodenwasser. Diese Tiefenwasser vereinigen sich im Südatlantik, wenden sich dann ostwärts über den Indischen Ozean zum Südpazifik; endlich kommen sie im Nordpazifik wieder an die Oberfläche. Die Norwegensee und das Weddellmeer können mit den beiden Lungenflügeln und die Bodenströmungen mit der Blutzirkulation im menschlichen Körper verglichen werden. Die Lungen nehmen den Sauerstoff auf, und die Blutzirkulation sichert die Sauerstoffversorgung. Ein Mensch stirbt, wenn Lungenentzündung oder Krebs ihn daran hindern, Sauerstoff aufzunehmen. Erlitt der Atlantik einst ein ähnliches Schicksal?

Normales Wasser hat seine größte Dichte bei 4 °C. In tiefen Ozeanen ist das Wasser aufgrund des Druckeffekts etwas kälter. Jedenfalls ist das kälteste Wasser nicht notwendigerweise auch das dichteste. Das Polarwasser sinkt heute nicht nur, weil es sehr kalt ist, sondern auch, weil es salziger ist. Untersuchungen im Weddellmeer haben gezeigt, daß Meereis sich dort zu bilden beginnt, wo Wasser auf dem Schelf sich unter den Gefrierpunkt abkühlt. Das Eis nimmt kein Salz auf, das nicht gefrorene Restwasser wird salziger. Es ist dieses kältere und salzigere Wasser, das absinkt und das antarktische Bodenwasser bildet. Dies gilt auch für den Norden, wo sich das nordatlantische Tiefenwasser bildet.

Untersuchungen der Ozeantemperaturen haben zu der Annahme geführt, daß die Polarregionen während der Kreidezeit so warm waren, daß sie eisfrei blieben. Offensichtlich beruhte die »Atmung« der kretazischen Ozeane auf einem anderen Mechanismus. Viele Wissenschaftler sind zu dem Schluß gekommen, daß die Weltozeane sich damals ähnlich verhalten haben wie das Mittelmeer heute. Bodenströmungen entstanden aus einer Kombination von starker Verdunstung, wodurch sehr salziges Wasser entstand, und Abkühlung, wenn das salzige Wasser mit kaltem Wasser aus den Polarregionen zusammentraf. Der heutige Typ der Bodenzirkulation in den Ozeanen setzte erst während der relativ jungen geologischen Oligozän-Epoche ein, frühestens vor 35 Millionen Jahren (Kapitel XIX).

Wenn keine Eiskappen vorhanden waren, hing die Entstehung von Bodenströmungen vom zufälligen Zusammentreffen salzigen Wassers mit kaltem Wasser ab. Wenn die geographischen Bedingungen ein solches Zusammentreffen verhinderten, konnte ein ganzer Ozean stagnieren. Mit diesem Gedankengang nahm Ryan an, daß der Atlantische Ozean während der mittleren Kreidezeit wiederholt Stagnationen erlitten hat. Die schwarzen, kreidezeitlichen Tonschiefer wurden während dieser Ereignisse in der mittleren Kreidezeit abgelagert, als große Teile des Ozeanbodens nur geringe oder gar keine Sauerstoffzufuhr hatten. Anschließende Studien meiner Studenten Helmut Weissert und Judy McKenzie an den Sedimenten der kretazischen Tethys haben diese Annahmen bestätigt. Sie stellten fest, daß mehrere Tethys-Becken in Zeiten mit feuchterem Klima stagnierten, als eine reduzierte Verdunstung die Entstehung von salzigerem Wasser als der Quelle von Bodenströmungen auf ein Minimum verringerte.

Die Entdeckung der schwarzen Tonschiefer ist von weiterreichender als nur wissenschaftlicher Bedeutung, weil die schwarzen Tonschiefer der Kreidezeit viele organische Stoffe enthalten. Vor dreißig Jahren, als ich noch junger Wissenschaftler bei Shell war, lernte ich von meinem älteren Kollegen Ted Philippi, daß die gesamten Schätze der reichen Ölfelder von Venezuela aus schwarzen Kreide-Sedimenten stammten, der La-Luna-Formation. Er konnte das anhand eines Vergleichs des Öl-Chemismus mit dem des organischen Materials in den La-Luna-Schichten nachweisen. Viele von uns hielten ihn damals für verrückt. Aber seine Ansicht wurde allmählich akzeptiert. Eine oder mehrere Formationen der mittleren Kreide scheinen all das Öl geliefert zu haben, das an der »Goldenen Gasse« in Mexiko gefunden wird. Als ich vor einiger Zeit auf Trinidad war, zeigten mir meine Freunde von der Erdölindustrie einen Aufschluß der kretazischen schwarzen Tonschiefer, nicht weit vom Hafen San Fernando entfernt. Ich erfuhr, daß dies das Muttergestein für alle Ölvorkommen von Trinidad sei. Ich könnte mit Beispielen dieser Art fortfahren und über den Ursprung des Öls in Nigeria oder der Golfküste der USA nachsinnen. Tatsächlich sind sich heute alle Experten darin einig, daß die meisten Ölvorkommen in den Ländern zu beiden Seiten des Atlantik auf die periodische Stagnation dieses Ozeans in der Kreidezeit zurückzuführen sind.

Die bedeutsame Entdeckung der Mittelkreide-Ereignisse war ein Zufall. Sie wurden bald die wichtigsten Forschungsobjekte der Wissenschaftler von JOIDES, aber auch außerhalb dieser Gemeinschaft. Eugen Seibold von der Universität Kiel und Yves Lancelot von der Universität Paris, Ko-Chefwissenschaftler von Leg XLI, folgten und bohrten an verschiedenen Plätzen in nördlicheren Becken vor der afrikanischen Küste. Sie fanden die gleichen schwarzen Tonschiefer der Kreidezeit. Spätere Atlantik-Bohrfahrten, die an oder nahe den Kontinentalrändern bohrten, wie etwa Leg XLIII, XLIV, XLVII, L, LI, LII und LIII, widmeten einen Teil ihrer Bemühungen dem Studium der kretazischen schwarzen Tonschiefer.

Die Stagnation des Atlantik während der Kreidezeit war nicht so überraschend, denn der frühe Atlantik war ein schmaler Ozean, nicht viel größer als das heutige Mittelmeer. Die schwarzen Tonschiefer im Pazifik warfen aber ein anderes Problem auf: nicht einmal Ryan ging so weit, das Absterben des gesamten Pazifik anzunehmen. Als Mike Arthur (Princeton) gleichaltrige Sedimente miteinander verglich, stellte er fest, daß die schwarzen Tonschiefer der Kreidezeit aus dem Pazifik in untermeerischen Erhebungen gefunden wurden, dagegen weiße Kreide in gut mit Sauerstoff versorgten Becken. Er neigte eher der Hypothese zu, daß die schwarzen Tonschiefer in einer Zone mit minimalem Sauerstoffgehalt abgelagert wurden, einem Defizit, das leicht zu erklären war: Sowohl die Bodenströmungen als auch die Oberflächenströmungen hatten dieses Gebiet ausgespart. In den heutigen Ozeanen liegt eine Zone mit minimalem Sauerstoffgehalt in einer Tiefe von 1000 bis 2000 Metern. Ryan glaubt ebenfalls, daß diese Hypothese am besten geeignet ist, die Verteilung der Sedimente aus der Kreidezeit im Pazifik zu erklären; aber er sprach sich darüber hinaus für eine totale Stagnation des Atlantikbodens aus, obgleich das von ihm gebohrte Loch am Kontinentalhang gelegen hatte, der im Bereich einer ausgedehnten Zone mit Sauerstoffminimum gelegen haben mag. Um die alternativen Modelle zu prüfen, wurde 1980 das Leg LXXV im Angola-Becken durchgeführt, wo Ryan erstmalig unsere Aufmerksamkeit auf diese erstaunlichen Sedimente lenkte. Eine Bohrung in der Mitte des Beckens stieß auf schwarze Tonschiefer der Kreidezeit wie Ryan vorausgesagt hatte. Es scheint, daß der tiefere Boden des jungen Antlantik tatsächlich vor 80 bis 115 Millionen Jahren mehrmals stagniert hat.

XV. Das Mittelmeer trocknet aus

Im Jahre 1969 fuhr das amerikanische Forschungsschiff *Chain* von Woods Hole in die Straße von Gibraltar hinein, mit einem neu entwickelten kontinuierlichen Seismographen ausgerüstet, um das Mittelmeer zu erforschen. Das neue Gerät führte zu einer neuen Entdeckung: Unter dem Meeresboden des Mittelmeers gibt es Salzstöcke oder Salzdome (Abb. 3.1), eine Reihe pfeilerartiger Strukturen, wie Ewing sie im Golf von Mexiko gefunden hatte (Kapitel III). Auch entdeckten die Wissenschaftler einige hundert Meter unter dem Seeboden harte Gesteinsschichten, deren Oberfläche ein ausgezeichneter *akustischer* Reflektor ist, der Schallwellen-Signale zum Schiff zurücksendet. Die Ozeansedimente bestehen normalerweise aus verfestigtem Schlamm, der zu festem Gestein werden kann, wenn er 1000 bis 2000 Meter begraben ist. Wir glaubten aber kaum, in so geringer Tiefe unter dem Meeresboden eine harte Formation zu finden. Brackett Hersey, Leiter der Expedition, war verblüfft. Er nannte diese geheimnisvolle Schicht unbekannten Ursprungs die *M*-Schicht und ihre Oberfläche den *M-Reflektor* – M steht als Abkürzung für Mittelmeer (Abb. 15.1).

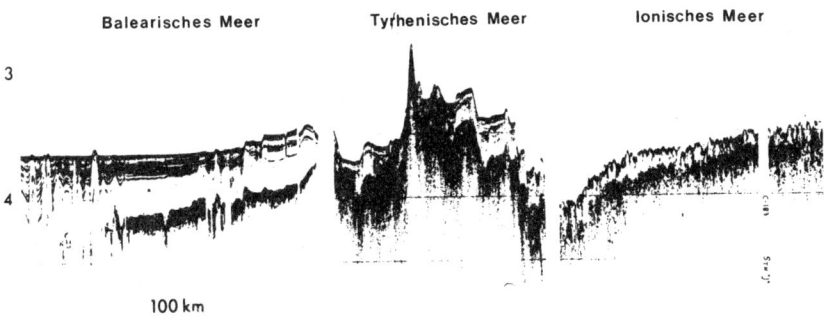

Abb. 15.1: Der M-Reflektor. Die Oberfläche einer harten Schicht, die akustische Signale reflektiert, liegt mehrere hundert Meter tief unter dem Meeresboden. Die 1970 durchgeführten Bohrungen im Mittelmeer zeigten, daß die harte Schicht aus Rückständen von verdunstetem Meerwasser bestand, die sich bildeten, als das Mittelmeer vor 5 Millionen Jahren austrocknete. Man beachte die Gleichartigkeit der heutigen Meeresbodengestaltung mit dem Relief des M-Reflektors, wie die harte Schicht auch genannt wird; sie zeigt, daß die trockene Mittelmeerwüste genau die gleiche Topographie aufwies wie der heutige Meeresboden.

In der folgenden Dekade nahmen amerikanische und französische Wissenschaftler weiterhin seismische Profile des Mittelmeers auf. Wo immer sie fuhren, konnten sie auf ihren Profilen den überall vorhandenen M-Reflektor identifizieren. Die Gestaltung dieser reflektierenden Oberfläche gibt genau die Bodentopographie dieses Binnenmeeres wieder; die Sedimente darüber bedecken den Reflektor gleichmäßig wie eine Schneedecke auf einem bergigen Plateau. Man muß annehmen, daß die Topographie des Mittelmeerbodens heute die gleiche ist wie zu der Zeit, als der Reflektor abgelagert wurde. Bill Ryan nahm als Student an der Mittelmeerfahrt mit Brackett Hersey teil, als der M-Reflektor entdeckt wurde. Seither hat ihn das Problem nicht losgelassen, und er hatte sich eine eigene Meinung dazu gebildet. Wir sprachen darüber während des Leg XIII, auf dem er mich als Ko-Chefwissenschaftler begleitete. Hauptziel des Bohrvorhabens war, den M-Reflektor zu erforschen. Warum war er so hart? Wann ist das Sediment entstanden? Und unter welchen besonderen Bedingungen?

Am Morgen des 29. August 1970 war die *Glomar Challenger* südlich der Balearen im westlichen Mittelmeer auf Station gegangen. Wir bohrten in fast 3000 Meter tiefem Wasser. Ryan und ich blieben bis in die frühen Stunden des Morgens wach, als der Bohrmeißel anscheinend auf eine harte Schicht stieß. Die Bohrrate reduzierte sich sofort von mehreren Metern pro Minute auf einen Meter pro Stunde. Ungeduldig wegen des geringen Fortschritts gingen wir kurz vor Tagesanbruch zu Bett. Aber längere Rast war uns nicht vergönnt. Unser Techniker John Fiske weckte uns mit dem Ruf: »Wir haben die Säule von Atlantis gefunden!« Schnell zogen wir uns an und rannten in das Schiffslabor für die Bohrkerne. Auf dem langen Arbeitstisch lag ein wunderschöner Kern, der tatsächlich wie eine Miniatur-Marmorsäule aussah (Tafel XIII). Ich warf einen Blick darauf und rief: »Das ist ein Hühnerdraht-Anhydrit! Es scheint, daß das Mittelmeer einst ausgetrocknet war.«

Meine Kollegen waren im wesentlichen als Meeresgeologen ausgebildet worden. Sie waren Fachleute auf dem Gebiet der Ozeansedimente, aber die meisten von ihnen hatten nie Sedimentgesteine an Land untersucht, die in alten Flachmeeren abgelagert worden waren.

»Was ist ein Hühnerdraht-Anhydrit?« fragte Ryan.

»Oh, das ist Calciumsulfat, das aus Grundwasser unter einer Sebka ausgeschieden wird.« Ich wollte meine Freunde ein wenig in Verwirrung bringen.

»Was ist eine Sebka?«

»Sebka ist ein arabisches Wort für Salzmarsch; sie nennen aber auch ihre tiefliegenden Sandflächen an der Küste Sebkas.«

»Warum nennst du ihn einen Hühnerdraht-Anhydrit? Woher weißt du, daß er unter einer Sebka abgelagert wurde?«

»Oh, so wie er aussieht, ist keine Täuschung möglich!«

Meine Freunde fühlten sich offensichtlich unbehaglich bei meinem selbstherrlichen Auftritt. Da sie diese Gesteinsart nie vorher gesehen hatten, glaubten sie, ich wolle sie auf den Arm nehmen. So beschloß ich, deutlicher zu werden: »Sieh hier, der Stromatolith. Das Wasser muß so flach gewesen sein, daß man hätte durch den Salzwasserteich hindurchwaten können.«

»Stromatolith?«

»Ja, Stromatolith. Sieh die wellige Schichtung, die schwarzen Bänder. Das sind die Spuren von Algenmatten, die Kalkschlamm auf einer Gezeitenfläche einfingen. Algen benötigen Sonnenlicht für die Photosynthese, sie können nicht auf tiefem Ozeanboden wachsen, wo es ewig dunkel ist. Wir fanden viele solcher Algenmatten in den Gezeitenzonen seewärts von den Sebkas der Insel Abu Dhabi im Persischen Golf.«

Ryan blieb skeptisch, aber langsam merkte er, daß ich nicht nur so daherredete.

»Kannst du uns wirklich sagen, was es mit diesen Gesteinen auf sich hat?«

»Warum nicht, Bill. Ich bin schließlich Sedimentologe.«

Sedimentologen beschreiben und analysieren Sedimente und Sedimentgesteine. Sie schneiden von einem Carbonat-Gestein ein Stück ab und schleifen das Stückchen zu einer durchsichtigen Scheibe und untersuchen sie unter dem Mikroskop. Sie mahlen einen Tonschiefer, pulverisieren ihn und bestrahlen das Pulver mit Röntgenstrahlen, um seine Mineralzusammensetzung zu erforschen. Sie zerstoßen einen Sandstein und schütteln ihn, bis die einzelnen Sandkörner sich loslösen und durch eine Reihe von Sieben gefiltert werden, um die Größe und Art der Sandkörner zu bestimmen. Sie lösen Carbonat oder Evaporit (ein chemisch ausgefälltes Gestein) auf und schicken die Proben durch einen Massenspektrometer, um die Isotopen-Zusammensetzung verschiedener chemischer Elemente zu ermitteln. So versuchen sie, mehr über den Ursprung eines Gesteins zu erfahren. Ist es eine Strandablagerung oder ein Kalkschlamm, der auf einer Gezeitenfläche entstand, oder ein Ozeanschlick?

Nicht immer sind komplizierte Untersuchungsverfahren oder raffinierte Geräte erforderlich. Oft kann man die Entstehung eines Gesteins und die Ablagerungsbedingungen unmittelbar nach dem Erscheinungsbild bestimmen. Diese besondere Methode der vergleichenden Sedimentologie wurde kurz nach dem Zweiten Weltkrieg entwickelt; erfolgreich gefördert auch von Forschungsabteilungen der Ölindustrie. Gruppen wurden ausgesandt, rezente Sedimente in verschiedenen Umgebungen zu studieren: Flußsedimente auf Küstenebenen, Deltasedimente an den Mündungen großer Flüsse, Meeressedimente auf offenen Schelfs, ozeanische Sedimente auf Tiefsee-Ebenen usw. Die unterscheidenden Merkmale wurden erkannt und als »Sedimentstrukturen« beschrieben; derartige Strukturen dienen zur Charakterisierung von Sedimenten, die an verschiedenen Plätzen abgelagert wurden. Wenn ein Bohrkern einer alten Sedimentformation gezogen wird, kann man seine Sedimentstrukturen mit einem bekannten Standard vergleichen; ebenso wie ein Experte ein Bild, das vermutlich von Rembrandt stammt, durch Vergleich der Komposition, der Farbgebung, der Schatten, der Pinselstriche anhand eines bereits bekannten Exponats identifiziert.

Nehmen wir etwa unsere »Säule von Atlantis«. Dieser Sedimenttyp wurde nur in ariden Küstenebenen gefunden. Vor unserer Fahrt hatten mein Kollege und ich von der Eidgenössischen Technischen Hochschule die Sebka-Sedimente des Arabischen Gôlfs untersucht. Wir hoben viele Gräben in den Sebkas von Abu Dhabi aus und fanden »Hühnerdraht-Anhydrit« nur an Stellen, wo der Grundwasserspiegel nahe genug unter der Oberfläche lag. Dort konnte das salzige Grundwasser bis über 30 °C erhitzt werden. Wo der Grundwasserspiegel tiefer lag und das Wasser kälter war, wurde Gips ($Ca\,SO_4 \cdot 2\,H_2O$) ausgefällt anstelle von Anhydrit ($Ca\,SO_4$). Dieses Ergebnis stimmte mit den chemischen Untersuchungen im Laboratorium überein, die ergaben, daß die Übergangstemperatur für Anhydrit bei etwa 30 °C liegt; bei kälteren Temperaturen wird Gips aus salzigem Grundwasser ausgeschieden. Wir haben darum guten Grund anzunehmen, daß Anhydrit kaum in irgendeiner anderen Umgebung als in den heißen und ariden Sebkas vorkommt, weil Oberflächentemperatur und Grundwasserchemismus andernorts kaum eine Anhydrit-Ausfällung zulassen. Wir sind fast sicher, daß sich Anhydrit nicht in einem tiefen Meer bilden kann. Selbst das Tote Meer hat einen zu tiefen Wasserkörper, um Anhydrit auszuscheiden; am Boden dieser salzigen See wurden nur Gipskristalle gefunden.

Ryans nächste Frage war, warum der Sebka-Anhydrit wie »Hühnerdraht« aussieht. Leider gibt es darauf keine zufriedenstellende Antwort, weil wir zu wenig über den Mechanismus des Kristallwachstums in der Natur wissen. Wir wissen, daß der Anhydrit unter den Sebkas aus Grundwasser ausgeschieden wird, wie Konkretionen in ariden Böden. Feinkörniger Anhydrit scheidet sich aus und ballt sich im Untergrund zu Klumpen, wobei vorher bestehende Carbonat-Sedimente ersetzt werden (Tafel X C). Diese Klumpen können beträchtliche Größe erreichen. Wenn dieser Prozeß fortschreitet, kann sich eine Anhydritschicht bilden, in der nur noch Fetzen der vorher vorhandenen Carbonate wahrzunehmen sind. Diese dunklen Carbonatfetzen in einem weißen Untergrund aus Anhydrit sehen aus wie Maschendraht, der beispielsweise für den Bau von Hühnerställen verwendet wird (Tafel XII D). Aus diesem Grund benutzten

Erdöl-Geologen, die als erste solche Anhydrite in ihren Bohrlöchern fanden, die volkstümliche, aber treffende Bezeichnung »Hühnerdraht-Anhydrit«. Wir wissen nicht, warum der Anhydrit in dieser besonderen Form gebildet wird. Wir müssen uns auf wiederholte Beobachtungen der Sedimentologen während der letzten wenigen Dekaden verlassen, daß diese Art des Anhydrits typisch für heutige und alte Sebka-Sedimente ist. Solange wir keinen Beweis für das Gegenteil haben, sind wir damit zufrieden, den »Hühnerdraht-Anhydrit« als Kennzeichen für Sebkas anzusehen.

Stromatolithe sind andersartige Sedimentstrukturen (Tafel X, XI, XII). Bis 1930 stand nicht eindeutig fest, ob es sich um fossile oder anorganische Strukturen der chemischen Ausfällung handelte. Doch das änderte sich, als der britische Sedimentologe Maurice Black über die Gezeitenebenen der Bahamas wanderte. An den flachen Küsten, die zeitweise bei hohen Tiden überflutet wurden, fand Black einen dichten Bewuchs von blaugrünen Algen, der den Boden wie mit einer dünnen Matte bedeckte (Tafel XII). Nach schweren Stürmen wird die Matte mit einer dünnen Schlammschicht bedeckt; darüber setzt sich das Algenwachstum fort, und es bildet sich eine neue Matte. Dieser Wechsel führt schließlich zu einem geschichteten Sediment, das Stromatolith genannt wird, wörtlich »flacher Stein«. Da die Existenz der Algen von der Photosynthese abhängt, wird das Vorhandensein einer Stromatolith-Struktur als Beweis für eine Ablagerung in sehr flachem Wasser (weniger als 10 Meter tief) angesehen. Tatsächlich haben wiederholte Beobachtungen bestätigt, daß Algenmatten eine charakteristische Erscheinung in Gezeitengebieten sind. In den Küstengebieten zwischen niedrigen und hohen Tiden, den sogenannten Intergezeiten-Zonen, von Abu Dhabi fanden wir saftige Algenmatten, die noch wuchsen. Wir fanden auch alte Algenmatten, die vor ein paar tausend Jahren entstanden waren, begraben unter dem vom Wind verwehten Sand der Küsten-Sebkas. Die Ausdunstung von Grundwasser führte zur Ausfällung von Gips oder Anhydrit in diesen fossilen Gezeitensedimenten (Tafel XI). Als ich gerufen wurde, die »Säule von Atlantis« zu bewundern, sah ich in diesem Gestein die gleichen Merkmale eines Stromatolithen, der teilweise von klumpigem Anhydrit ersetzt war. Gab es einen besseren Beweis dafür, daß diese Sedimente auf einer Gezeitenebene eines ausgetrockneten Mittelmeers gebildet wurden?

Wenn die Mittelmeer-Stromatolithen tatsächlich fossile Algenmatten sind, mußte man in diesen »flachen Steinen« Spuren von Algenfäden finden. Niemand an Bord des Schiffes war Spezialist für Algen. Später sandten wir dann Proben zu Bob Parker nach Liverpool, der mehrere Jahre in Abu Dhabi verbrachte, um dort die Algenmatten zu studieren. Er hat tatsächlich fossile Algen gefunden. Nun glaubten alle, von unbelehrbaren Skeptikern einmal abgesehen, daß das Mittelmeer zur Zeit der Stromatolithbildung eine flache, ausgetrocknete Pfanne war. Aber an jenem Augusttag im Jahre 1970 war Bill Ryan noch weit davon entfernt, dieser Theorie zu glauben. Nach einer Denkpause sagte er:

»Ich kann deine Geschichte nicht akzeptieren, Ken. Die M-Schicht ist überall im Mittelmeer gefunden worden; sie bedeckt den Untergrund wie eine Decke. Die geophysikalischen Belege zeigen mir, daß die M-Schicht abgelagert wurde, als sich die tiefen Becken des Mittelmeers bereits gebildet hatten. Dein Hühnerdraht-Anhydrit und Stromatolith mußten in Tiefen entstanden sein, wo wir sie jetzt finden, mehrere tausend Meter unter der Meeresoberfläche. Wie können sie Flachwasser- oder subaerische Ablagerungen sein?«

»Sie könnten es sein, wenn alles Wasser des Mittelmeeres durch Verdunstung verschwunden wäre! Sie könnten es sein, wenn der Boden des Mittelmeeres eine Salzwüste wäre! Nebenbei, hast du nicht alle die Salzdome auf deinen seismischen Profilen gefunden?«

In diesem Augenblick wurde unser Dialog von Maria Cita unterbrochen. Sie war vom paläontologischen Labor heraufgekommen, um uns das Alter der »Säule von Atlantis« mitzuteilen. Sie hatte unsere Debatte ruhig mit angehört. Nun rief sie aufgeregt:

»Ja, warum nicht? Ich wollte euch beiden gerade erzählen, daß wir in das Messinien gebohrt haben. Das Messinien war eine Zeit der Salz-Ablagerungen, wie jeder italienische Geologe weiß. Wir haben Salzminen in Sizilien, in Kalabrien und in der Toskana.«

»Was ist Messinien?« fragte ich.

»Messinien ist ein Name, der eine Gesteinsformation nahe der Stadt Messina auf Sizilien bezeichnet. Vor etwa hundert Jahren untersuchte Professor Mayer-Eymar, einer von deinen berühmten Vorgängern in Zürich, die Fossilien, die aus einem Mergel zwischen Gipsschichten dieser Formation gesammelt wurden; sie heißt *Solfifera sicilienne*. Er kam zu dem Schluß, daß ihre Fossilien typisch für eine Epoche kurz vor Ende des Miozäns wären. Er bezeichnete diesen besonderen Zeitabschnitt als *Messinien-Stadium*. Es war ein verhältnismäßig kurzes Stadium von vielleicht weniger als 1 Million Jahre. Unsere letzte Schätzung beläuft sich auf einen Intervall von vor 6 bis 5 Millionen Jahren. Salz- und gipshaltige Bildungen wie *Solfifera* sind in anderen Mittelmeerländern häufig, so in Spanien, Algerien, Tunesien, Griechenland, der Türkei, Cypern, Israel usw. Viele davon sind bereits als Messinien datiert worden.«

»Ist es möglich, daß vor 5 oder 6 Millionen Jahren das Mittelmeer eine Salzwüste war, 3000 Meter unter dem Meeresspiegel?« fragte Ryan.

»Warum nicht?«

Das war die Frage, die uns für den Rest der Reise am stärksten beschäftigte; unsere Zweifel wurden aber beseitigt, als wir im Oktober nach Lissabon zurückkehrten. Die Bohrkerne aus dem Mittelmeer gaben eine eindeutige Antwort. Wir fanden sogar das Salz, das auf der Salzebene im Gebiet unseres letzten Bohrplatzes abgelagert worden war (Tafel IX).

Als Ryan, Cita und ich von Lissabon zurückkehrten, um die Geologie an Land zu studieren, erkannten wir, daß es viele Hinweise gegeben hat, die uns auf unsere Entdeckung hätten vorbereiten können. Wie Cita uns sagte, sind die Salzschichten des Ober-Miozäns in Mittelmeerländern sehr häufig. Die Geologen waren blind der traditionellen Theorie des deutschen Bergingenieurs Ochsenius von 1877 verhaftet. Danach nämlich können Salze nur in Küstenlagunen entstehen. Deshalb hatten sie einfach angenommen, daß diese Miozän-Ablagerungen lokal an Land gebildet wurden. Niemand hatte die Annahme gewagt, daß die verbreiteten Salzschichten die herausgehobenen Ränder einer riesigen Salzformation sein könnten, die unter dem Mittelmeer vergraben liegt.

Auf die Idee, daß das Mittelmeer einmal ausgetrocknet war, hätten Ozean-Forscher, die submarine Canyons unter dem Mittelmeer fanden, schon früher kommen können. Manche nahmen an, daß diese Canyons einst enge Flußbetten waren, die nun versunken sind, weil ein großer Teil des Kontinents in die Tiefsee abgesunken sei. Andere glaubten, daß diese Täler auf die Arbeit submariner Strömungen zurückzuführen seien. Es war nur ein junger französischer Wissenschaftler, der erstmalig anzunehmen wagte, daß die submarinen Täler am Rande des ausgetrockneten Mittelmeerbeckens von Flüssen eingeschnitten wurden, die sich in die zentralen Salzebenen ergossen. Natürlich beachtete niemand eine solch fantastische Idee.

Wie schon erwähnt, war es Charles Lyell, der dem Miozän und dem Pliozän ihre Namen gab, um die Fossiliengemeinschaften, die er 1820 während seiner Italienreise sammelte, zu bezeichnen. Die Pliozän-Faunen haben sehr viel, aber die Miozän-Fossilien nur wenig gemeinsam mit den heutigen Faunen des Mittelmeeres. Leider übersah der konservative Lyell diese großen Unterschiede. Er glaubte fest an den Darwinschen Grundsatz, nach dem sich nur der Stärkste im Kampf ums Überleben behaupten kann; darum konnte er nicht erkennen, daß alle dort lebenden Arten umkommen mußten, wenn das Mittelmeer austrocknete. Er konnte sich nicht vorstellen, daß die Pliozän-Faunen des Mittelmeeres Immigranten aus dem Atlantik waren, nachdem die Straße von Gibraltar durch eindringendes Meerwasser entstanden war.

In den frühen Dekaden dieses Jahrhunderts stellten einige Paläontologen fest, daß die letzten Miozän-Fossilien nicht in Meerwasser mit normalem Salzgehalt gelebt hatten. Niemand aber war mutig genug, anzunehmen, daß die Veränderung der Salinität zu einer totalen Austrocknung hatte führen können. Die geographische Verbreitung der heutigen Faunen und Floren des Mittelmeergebietes wies auch gewisse Eigentümlichkeiten auf. Manche Landpflanzen und Süßwasserfaunen haben sich von einem gemeinsamen Ursprungsgebiet aus verbreitet, das irgendwo unter dem Wasser des Mittelmeers verborgen liegt. Biologen erklären diese erstaunliche Verbreitung eher mit ihrer klassischen Hypothese von einem versunkenen Kontinent; sie dachten nicht an ein ausgetrocknetes Meer.

Auf die Diskussion der überraschenden Entdeckung von Leg XIII in der Presse reagierten Wissenschaftler aller Disziplinen sehr unterschiedlich. Die Entdeckung einer riesigen Salzablagerung war ungewöhnlich. Die Deutung, daß ein tiefes Meer vollkommen ausgetrocknet war, erschien zu unglaubwürdig, um ernst genommen zu werden. Leg XIII brachte Bohrkerne und wissenschaftliche Daten mit zurück, aber offensichtlich nicht genug, um wenigstens unsere Kollegen an Bord zu überzeugen. Nur Maria Cita arbeitete zusammen mit den Ko-Chefwissenschaftlern einen Aufsatz aus, in dem die Austrocknung eines tiefen Mittelmeeres vor etwa 5 Millionen Jahren behauptet wurde. Mehrere unserer Mitarbeiter von Leg XIII neigten anderen Interpretationen zu.

Als die Phase III des DSDP 1972 geplant wurde, war ich in La Jolla. Die Begeisterung über die Ergebnisse von Leg XIII war noch frisch in aller Erinnerung und außerordentlich kontrovers aufgenommen. Meine Freunde in der JOIDES-Organisation waren von der Entdeckung begeistert, und eine zweite Bohrreise ins Mittelmeer wurde von jedem befürwortet. Ein Jahr später änderte sich die Atmosphäre drastisch: Der Kampf um die verfügbare Schiffszeit brach aus und wurde mit aller Heftigkeit ausgetragen. Unsere Konkurrenten wußten dann auch, mit welchen Waffen sie am ehesten eine Chance hatten, uns aus dem Feld zu schlagen. Sie versuchten das JOIDES-Gremium davon zu überzeugen, daß Bohrungen im Mittelmeer auf Öl- oder Gasansammlungen stoßen und eine Verschmutzung des Meeres hervorrufen könnten. Vorläufig wurde unser Reiseprogramm gestoppt.

1973 kam das JOIDES-Planungskomitee in Zürich zusammen. Bill Hay aus Miami, damals Vorsitzender des Komitees, lud mich ein, unseren Fall vorzutragen. Meine Argumente mögen überzeugend gewesen sein. Auch das Schwarze Meer, noch »jungfräulicher Boden«, war ein verlockendes Ziel für alle, und jeder wußte, man mußte durch das Mittelmeer und den Bosporus, um dieses Ziel zu erreichen. Ich war glücklich, als ich nach dem Treffen in Zürich erfuhr, daß unsere Mittelmeerfahrt wieder eine Chance hatte, nun als Leg XXXIXA geplant. Die Expedition sollte, nachdem die *Glomar Challenger* vor ihrer Arktisfahrt im Sommer 1974 zurückgekehrt war, in Brest beginnen.

Das Hin und Her über die dritte Antarktis-Bohrsaison brachte die Planungen für die *Glomar Challenger* vollkommen durcheinander. Die knappe Planung stellte wieder die Mittelmeerreise in Frage. Zu unserem Glück wurde die Antarktisreise aufgegeben, gerade als die *Challenger* auf ihrem Weg nach Kapstadt war. Das Atlantik-Beratungskomitee plante zwei Bohrungen am Westafrika-Rand, und Leg XLIIA wurde die zweite Mittelmeer-Bohrexpedition.

Das Hsü-Ryan-Cita-Modell zur Tiefseebecken-Austrocknung ließ genaue Voraussagen zu. Das Mittelmeer war, lange bevor es austrocknete, sehr tief. Man sollte deshalb normale Meeressedimente unter den Salzbildungen erwarten. Die allmähliche Austrocknung mußte zu einer konzentrischen Verteilung der Salzmineralien geführt haben: die am wenigsten löslichen Salze der Carbonate und Sulfate sollten an der Peripherie liegen, während das Steinsalz und die Kalium- und Magnesiumsalze mehr auf den zentralen Teil des mediterranen Beckens beschränkt sein sollten.

Die Wissenschaftlermannschaft sammelte sich am 8. April 1975 in Málaga. Lucien Montadert vom Institut Français de Pétrole (IFP) und ich waren Ko-Chefwissenschaftler. Maria Cita, Ramil Wright vom Beloit College/Wisconsin, Carla Müller von der Bundesanstalt für Bodenforschung/Hannover und Germaine Bizon vom IFP waren unsere Paläontologen. Daniel Bernoulli (Basel), Bob Garrison von der Universität Kalifornien/Santa Cruz, Robert Kidd, damals bei Scripps, Fred Mélières von der Universität Paris und Frank Fabricius von der Münchner Technischen Universität waren Sedimentologen. Albert Erickson von der Universität von Georgia kam als Geophysiker an Bord. Nach einer Verzögerung wegen unvorhergesehener Reparaturarbeiten startete die *Glomar Challenger* am 14. April.

Im Gegensatz zu Leg XIII ging die Arbeit reibungslos voran, ohne große Überraschungen, ohne große Schwierigkeiten, ohne große Aufregung. Es lag jedoch immer Spannung in der Luft, insbesondere wenn Cita und ich ungeduldig wurden, weil einige unserer Kameraden zögerten, das zu akzeptieren, was für uns aufgrund unserer früheren Erfahrung so offensichtlich auf der Hand lag. Endlich stellte sich unsere Voraussage als richtig heraus, und der Beweis war so eindeutig, daß fast alle überzeugt werden konnten.

Wir bohrten südlich von Menorca auf Bohrplatz 372 durch die Salzablagerungen hindurch und wiederholten dieses Experiment auf Bohrplatz 375 westlich von Zypern. Die mächtigen Ablagerungen unter den Evaporiten sind Tiefseesedimente, Schlick und Schlamm, der abgelagert wurde, als das Mittelmeer noch ein tiefes Meer war. Wir konnten nun nachweisen, daß die Mittelmeerbecken viel älter waren als das Messinische Ereignis: die westlichen Becken sind mindestens 20 Millionen Jahre alt, während die östlichen Becken etwa zehnmal so alt sind.

Das konzentrische Muster der Verbreitung der Salzmineralien wurde ebenfalls nachgewiesen (Abb. 15.2). Mehrere Kernproben von Kalium- und Magnesiumsalzen wurden vom Bohrplatz 374 gewonnen, im Zentrum des Ionischen Beckens östlich von Sizilien. Das Meer ist dort heute mehr als 4000 Meter tief, aber die Tiefsee-Ebene war vor 5 Millionen Jahren eine Salzpfanne.

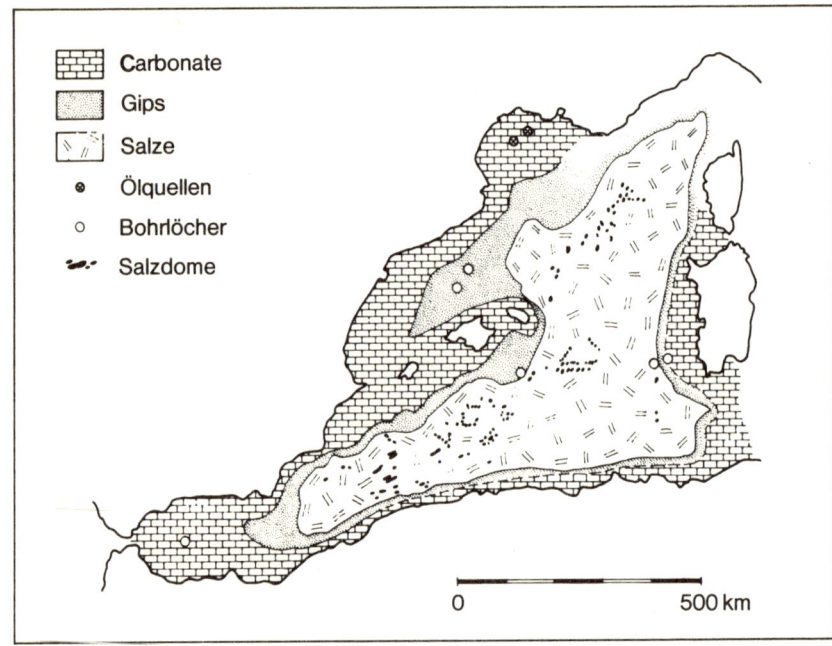

Abb. 15.2: Ringförmige Ablagerung von Evaporiten. Die Verteilung der Rückstände eines Salzsees zeigt ein konzentrisches Muster, den Ringen auf einer Schießscheibe vergleichbar, wenn die Salze durch fortschreitende Austrocknung abgelagert werden. Weniger lösliche Salze wie Carbonate wurden am äußeren Rand abgeschieden, stärker lösliche Salze wie die Chloride (vor allem Steinsalz NaCl) dagegen bildeten sich im zentralen, tiefsten Teil des Salzsees. Die Tiefseebohrungen im Balearen-Becken (hier abgebildet) haben die konzentrische Anordnung bewiesen, wie es die Theorie von der Austrocknung voraussagte.

Wenn es wirklich eine Überraschung auf unserer Fahrt gab, dann war das, als unsere Bohrmannschaft den Bohrstrang in einen Hohlraum, eine Kaverne, unter dem Meeresboden stieß. Eines Tages zur Mittagszeit bei Bohrloch 376 sah ich den Bohrmeister Jim Ruddle, in die Schiffsmesse eilen. Mit unserem Betriebsleiter Mike Pennock vertiefte er sich in ein ernsthaftes Gespräch. Ruddles Gesicht war bleich vor Aufregung und

Besorgnis, und Pennocks Ausdruck änderte sich ebenfalls. Ich ging hinüber und fragte nach dem Grund ihrer Aufregung. Pennock sagte mir, daß wir möglicherweise in eine große »Gas-Tasche« geraten seien. »Warum?« fragte ich.

»Wir haben einen Zirkulations-Verlust!« antwortete Pennock. Zirkulations-Verlust bedeutet, daß die Bohrspülung, die durch den Bohrstrang hinuntergepumpt wird, nicht zurückkommt. Gewöhnlich geschieht das, wenn eine Bohrung in Gesteinsschichten gerät, die viel Erdgas enthalten; die hinuntergepumpte Spülung ersetzt das Gas in den Porenräumen der Gesteinsschichten und kommt darum durch das Bohrloch nicht wieder nach oben. Zirkulations-Verlust kann auch vorkommen, wenn ein Bohrstrang wie eine Kaverne vorstößt, normalerweise jedoch findet man Kavernen nur an Land, weil durch die Bewegungen des Grundwassers Kalksteine aufgelöst werden und Höhlen entstehen. Das Wasser in Ozeansedimenten fließt in der Regel nicht, und es gibt keine Wasserzirkulation unter dem Meeresboden, durch die Höhlen entstehen könnten. Darum mußten erfahrene Bohrtechniker den Schluß ziehen, daß wir in eine Gastasche gebohrt hätten, wenn ein Zirkulations-Verlust eintrat.

Das Mittelmeer hat eine ungewöhnliche Geschichte. Als das Gebiet des Binnenmeeres noch Wüste war, kam Grundwasser aus dem feuchten Norden und löste große Teile des Salzes auf. So entstanden Höhlen. Tatsächlich ist die Topographie des Mittelmeerrückens mit derartigen Löchern übersät wie die Karstgebiete von Jugoslawien, wo häufig Kalkhöhlen zu finden sind. Darum sagten Ryan und ich voraus, daß es unter dem Mittelmeer Höhlen geben könne. Diese Hypothese erschien in einem populärwissenschaftlichen Artikel. Pennock konnte eine Kopie dieser Arbeit in der Schiffsbibliothek ausfindig machen und ließ sich, als alle anderen Anzeigen auf den Meßgeräten unsere These ebenfalls bestätigten, davon überzeugen, daß wir tatsächlich eine Höhle angebohrt hatten.

Zwar war unsere wissenschaftliche Ausbeute nicht gerade überwältigend, aber wir konnten doch einen wichtigen Aspekt in der Geschichte der Salzbildung klären. Bei Leg XIII gewannen wir im westlichen Mittelmeer einige Kerne, die eine Flora von Süßwasser-Diatomeen enthielten. Diatomeen sind kleine, lichtabhängige, einzellige Pflanzen mit einem Skelett aus Kieselsäure (SiO_2). Die leichten fossilen Organismen konnten auf weite Entfernungen durch die Luft transportiert werden. Eine verfrachtete Diatomeen-Flora wurde zum Beispiel in den Sedimenten weit draußen im Atlantischen Ozean gefunden. Für unsere Diatomeen jedoch traf das nicht zu. Sie gehören zu einer Spezies, die gewöhnlich am Grund flacher Seen lebt. Auf unserer Leg-XLIIA-Fahrt konnten wir feststellen, daß es zum Ende des Miozäns eine Anzahl von Seen in den Mittelmeerbecken gab. Plötzlich sind dann die Wüstenbecken, in denen sich Teiche mit Salzsole gebildet hatten, mit Süßwasser überflutet worden, und es entstand eine Kette von Süß- oder Brackwasserseen. Die Faunen, die in diesen Seen lebten, erinnern an die heutigen im Kaspischen Meer. Die Großen Seen oder Lago Mare lebten nicht lange, man schätzt etwa 100000 Jahre. Die Seen verschwanden, als die Straße von Gibraltar wieder aufgebrochen wurde und das Meerwasser aus dem Atlantik in das ausgetrocknete Mittelmeerbecken hineinströmte.

Woher kam das Süßwasser, das die riesige Wüste des Mittelmeerbeckens in liebliche Bergseelandschaften verwandelte? Diese Frage soll im nächsten Kapitel beantwortet werden.

XVI. Der Farbwechsel des Schwarzen Meeres

In vielen Höhlen der jugoslawischen Adria-Küste gibt es zahlreiche »lebende Fossilien«, offenbar Überreste einer alten Fauna, die in grauer Vorzeit die Erdoberfläche bewohnte. Nach langer Isolation wurden diese Arten endemisch oder durch Inzucht verändert. Die große Zahl dieser endemischen Untergrundbewohner war ein Rätsel, von den Zoologen das »Rätsel der adriatischen Ecke« genannt.

Im Jahre 1891 reisten die Wiener Zoologen Steindacher und Sturany an den Ohrida-See, einen wenig bekannten Bergsee an der Grenze zwischen Jugoslawien und Albanien. Sie sammelten Fische, Mollusken und andere Arten aus diesem Süßwassersee und beschrieben viele neue Arten. Die Fauna des Ohrida-Sees gleicht dem »Rätsel der adriatischen Ecke« und wurde auch als Fauna der »lebenden Fossilien« bezeichnet. Die Entdeckung des Ohrida-Sees zeigte, daß die Erhaltung alter Relikte sich nicht auf Gebiete unter der Oberfläche beschränkt.

Die Existenz einer endemischen Fauna im Ohrida-See ist insofern überraschend, als Süßwasserseen im allgemeinen eher – nach geologischen Maßstäben – kurzlebig sind. Viele europäische und nordamerikanische Seen sind »jung«; sie wurden während der Eiszeit von Gletschern ausgehoben und werden in nicht allzu ferner Zukunft verlanden. Ihre Faunen entstanden in den letzten 10 000 Jahren der »ganz rezenten« geologischen Holozän-Epoche. Diese jungen Arten hatten zu wenig Zeit, um sich durch Inzucht zu verändern und endemisch zu werden. Die endemischen Faunen des Ohrida-Sees und der Karsthöhlen beweisen ein viel höheres Alter für diese geographischen Strukturen.

Noch überraschender war, was der jugoslawische Biologe Stankovic herausfand, nämlich daß ähnliche Restfaunen an isolierten Stellen in Südfrankreich, Spanien, Nordafrika und anderen Mittelmeerländern vorkamen. Wie die Tiergruppen im Ohrida-See sind sie mit ihren Nachbarn nicht verwandt; ihre Verwandten leben im entfernten Kaspischen Meer. Ferner scheinen die »lebenden Fossilien«, die Relikt-Faunen, und ihre kaspischen Vettern alle gemeinsame Vorfahren in einer fossilen Fauna eines brackischen Meeres, genannt Paratethys, zu haben.

Im frühen Miozän, vor 15 bis 20 Millionen Jahren, führte die Kontinentaldrift zur Vereinigung von Eurasien und Afrika, und es bildete sich eine Kette von Gebirgen – die Alpen, die Dinariden, die Helleniden und die

Tauriden. Die alte Tethys wurde in zwei Binnenmeere aufgeteilt: das Mittelmeer und die Paratethys. Zeitweilig waren die beiden nördlich und südlich der aufsteigenden Alpen miteinander verbunden; das Mittelmeer war noch durch eine schmale Straße im Mittelosten mit dem Indischen Ozean verbunden. Schließlich trennte sich die Paratethys vollständig vom Mittelmeer (Abb. 16.1). Es ist aber möglich, daß durch eine Nordost-Passage über die Arktis ein Zugang zum Pazifik bestand.

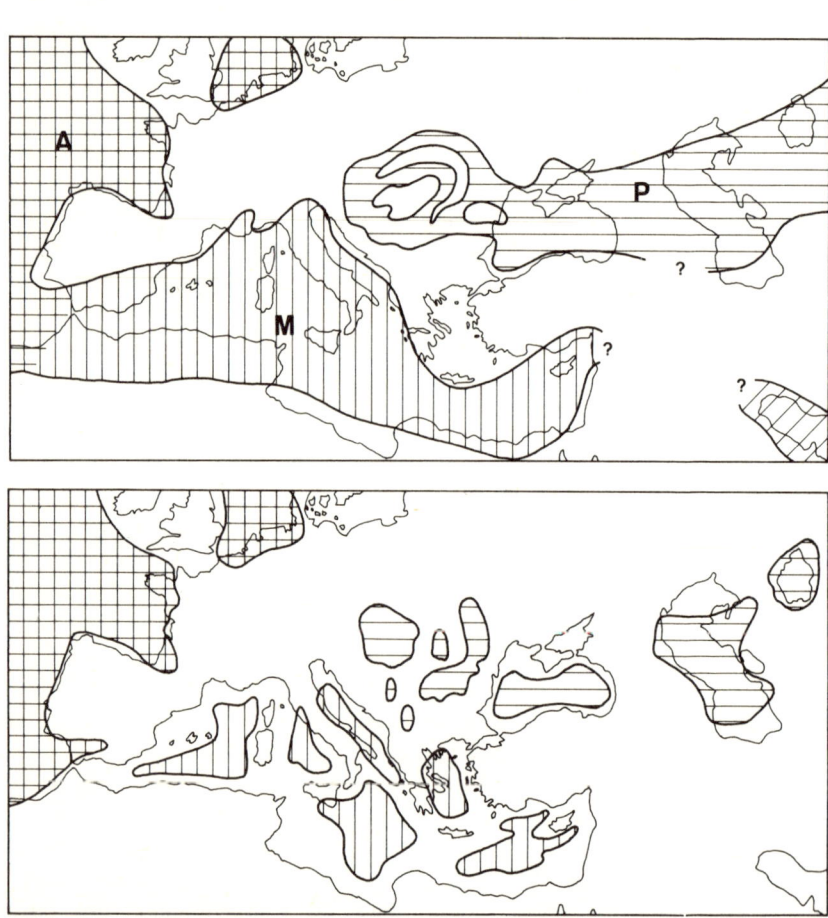

Abb. 16.1: Paratethys und Lago Mare. Die Paratethys (P) war ein Meer mit brackischem Wasser wie die Ostsee heute; sie war vor 15 Millionen Jahren vom Mittelmeer (M) durch die Gebirge Osteuropas getrennt (obere Karte). Nachdem das Mittelmeer vor fünf Millionen Jahren ausgetrocknet war, lief Wasser aus der Paratethys ins Mittelmeerbecken und bildete dort eine Serie großer Seen, Lago Mare genannt, wie es die untere Karte zeigt.

230

Die Paratethys war ursprünglich ein brackisches Meer wie die heutige Ostsee. Der französische Geologe, Maurice Gignoux gab ihr 1920 den Spitznamen *lac mer* (See-Meer), um ihren Zwittercharakter auszudrükken. Die Paratethys, die sich vom Wiener Becken bis in das Gebiet jenseits des Aralsees erstreckte, trennte sich vom Mittelmeer während des Mittel-Miozäns, vor 15 Millionen Jahren (Abb. 16.1). Von da an verkleinerte sich die Paratethys stetig, bis sie schließlich aufhörte zu existieren. Übrig blieben allein das Kaspische und das Schwarze Meer.

Im Jahre 1973 leitete ich ein Beratungskomitee, das von den *Joint Oceanographical Institutions Deep Earth Studies* (JOIDES) eingerichtet war, um die Vorschläge für Bohrungen im Schwarzen Meer zu beurteilen. Es war höchste Zeit, daß wir einige Löcher in diesem Binnenmeer bohrten, um die Beziehungen zwischen dem Mittelmeer und der Paratethys zu klären.

Ein weiterer Grund für Bohrungen im Schwarzen Meer war die Erdölforschung. Wir wissen, daß das Schwarze Meer durch den Bosporus, das Marmarameer und die Dardanellen mit dem Mittelmeer verbunden ist. Im Bosporus besteht ein Zwei-Schichten-Strom-System: Das Wasser des Schwarzen Meeres mit etwa 17,5 Promille Salzgehalt fließt an der Oberfläche nach Süden aus, und das Mittelmeerwasser mit etwa 38,5 Promille Salinität fließt am Boden entlang nach Norden ins Schwarze Meer ein. Das eindringende Mittelmeerwasser vermischt sich mit dem brackischen Wasser des Schwarzen Meeres; die Mischung, die schwerer ist, sinkt ab, wird stagnierend und schließlich sauerstoffrei. Heute sind die Wassermassen des Schwarzen Meeres unter 200 Meter Wassertiefe mit giftigem Schwefelwasserstoff (H_2S) angereichert, so daß im tiefen Bodenwasser keinerlei Lebewesen, von anärobischen Bakterien abgesehen, existieren können. Organische Stoffe, die auf einem solchen anärobischen Boden abgelagert werden, bleiben erhalten. Schließlich werden sie von anderen Sedimenten überdeckt und durch chemische Veränderungen bei erhöhten Temperaturen und Drucken in Kohlenwasserstoffe umgewandelt. Darum schien uns das Schwarze Meer ein natürliches Laboratorium zu sein, hervorragend geeignet, den Prozeß der Erdölbildung zu studieren.

Eine weitere Überlegung, die das Bohrvorhaben im Schwarzen Meer anregte, war, einen Nachweis über die klimatische Geschichte des letzten Eiszeitzeitalters zu erhalten. Die Erforschung der Landvereisung in Zentraleuropa führte zur Einteilung in die vier Glazialstadien Günz, Mindel, Riss und Würm. Studien an Ozeansedimenten haben jedoch gezeigt, daß es viel mehr Wechsel von kaltem zu warmem Klima und umgekehrt gegeben hat (Kapitel II). Es blieb die Frage, ob die Vereisung an Land gleichzeitig mit der Abkühlung des Ozeanwassers stattfand. Das Schwarze Meer ist an allen Seiten von Kontinenten umgeben und kann uns vielleicht eine Verbindung der Klima-Nachweise vom Land und derjenigen unter dem Meer bringen.

Die *Glomar Challenger* fuhr am 19. Mai 1975 in den Bosporus. In Istanbul wurde das Wissenschaftlerteam ausgetauscht. Ich allein blieb weiterhin bei dem Leg XLIIB, das von den Ko-Chefwissenschaftlern David Ross (Woods Hole) und Yuri Neprochnow (Sowjetisches Institut für Ozeanographie in Moskau) geführt wurde. An drei Stellen wurde während einer kurzen Reise von etwa drei Wochen im Schwarzen Meer gebohrt. Von diesen Bohrstellen lag Platz 380 in etwa 2000 Meter tiefem Wasser am Fuß des westlichen Kontinentalhanges; hier erreichte die tiefste Bohrung 1073 Meter und brachte den besten geologischen Nachweis.

Von Anfang an zeigten die Bohrkerne, daß das Meerwasser nicht immer durch den Bosporus geflossen war. Auch sprach einiges dafür, daß das Schwarze Meer nicht immer brackisch-marin gewesen ist. 1969 wurden auf einer Reise mit dem Forschungsschiff *Chain* (Woods Hole) im Schwarzen Meer etwa 10 Meter lange Bohrkerne gewonnen. David Ross und Egon Degens, die dieses Material untersuchten, fanden heraus, daß das Schwarze Meer während einer Spanne von 12000 Jahren in der letzten Eiszeit ein Süßwassersee gewesen ist. Die sich ändernden Umweltverhältnisse des Schwarzen Meeres hingen mit dem Steigen und Fallen des Meeresspiegels zusammen. Ross und Degens stellten fest, daß der Bosporus eine sehr flache Straße ist, mit einer Schwelle, die weniger als 35 Meter unter dem Meeresspiegel liegt. Während der Kälteperioden der Eiszeit war viel Ozeanwasser in den Landeismassen gebunden, so daß der Meeresspiegel etwa 100 Meter tiefer lag als heute. In solchen Zeiten war der Bosporus keine Meeresstraße, sondern ein mäandrierender Fluß, der einen Süßwassersee im Schwarzmeerbecken entwässerte.

Man ging davon aus, daß das nichtmarine Stadium zu den seltenen, auf die glazialen Stadien begrenzten Ereignisse gehörte, in denen der Meeresspiegel weltweit unter die Schwellentiefe des Bosporus sank. Aber die Bohrkerne vom Tiefseeboden des Schwarzen Meeres präsentierten uns eine unliebsame Überraschung: Offenbar waren die Süßwasser-Bedingungen eher die Regel als die Ausnahme. Diese Entdeckung brachte uns in eine schwierige Lage. Wir konnten nämlich keine marinen Fossilien finden, die eigentlich für die Altersbestimmung ozeanischer Sedimente unerläßlich sind. Also tappten wir im dunkeln. Wir konnten die Sedimentfolgen nicht chronologisch ordnen.

Die Sedimente des Schwarzen Meeres enthalten unterschiedliche Fossilien; einige schwimmende, wie etwa planktonische Diatomeen, Dinoflagellaten (Mikrofossilien unbekannter Herkunft) und Pollen und Sporen von Landpflanzen. Andere Fossilien waren die Überreste von Bodenbewohnern, etwa Ostracoden, Mollusken, kleine Krebse und einige seltene

Foraminiferen, die in Brackwasser leben konnten. Praktisch gehörten alle Fossilien zu langlebigen Arten und eigneten sich daher schlecht für die Altersbestimmung der Sedimente, aber sie sagten sehr viel darüber aus, wie sich die Lebensbedingungen für das Schwarze Meer im Lauf der Zeit geändert hatten.

Pflanzen zum Beispiel entwickeln sich eher langsam, aber ihr Wachstum ist vom Klima abhängig. Pflanzenfossilien, wie Pollen und Sporen sind gute Indikatoren für die Temperaturen vergangener Zeiten. Fossilien Dutzender von Pflanzengattungen wurden bestimmt. Manche stammten von Sträucherpollen, die überwiegend zur Steppenvegetation der *Artemisia* und *Chenopodiaceae* gehörten; andere von Baumpollen (Kiefern, Eichen, Buchen u. a.). Unser Spezialist, Alfred Traverse von der Pennsylvania State University, erfand einen »Steppen-Index«, einen quantitativen Maßstab für die Floren-Zusammensetzung. Der Index kennzeichnet den Prozentsatz der Steppenpollen an der Gesamtmenge. Ein Wert von 100 bedeutet, daß das Land um das Schwarze Meer so gut wie ausschließlich von einer Steppenvegetation bedeckt war; ein Wert von Null beschreibt eine Landschaft mit Kiefern- und Mischwald.

Die Ursache für die Veränderungen ist leicht auszumachen. Während eines interglazialen, warmen Klimas war das umgebende Land zum größten Teil bewaldet. Mit dem Vorgehen der Inlandgletscher verschwanden die Wälder und wurden durch eine Steppenvegetation ersetzt. Der Steppen-Index zeigt also nicht nur die Vegetations-, sondern auch die Klimageschichte des betreffenden Gebiets an. Einzelne Werte zeugen von kurzfristigen Klimaschwankungen. Traverse stellte drei Hauptstadien der Vereisung fest, indem er die gezeichnete Kurve durch 5-Punkt-Schritte glättete; er bezeichnete die drei Stadien als Alpha, Beta und Gamma (Abb. 16.2). Aus dem Bohrloch 380 wurden Sedimentkerne auch aus mehr als 650 Meter Tiefe unter dem Meeresboden gezogen. Sie enthielten wenig oder gar keine Steppenpollen. In noch größerer Tiefe, nahe dem Boden des Bohrloches, rührte die Pollenzusammensetzung von einer halbtropischen Flora her, wie sie vor dem Eiszeitalter in Europa existierte. Leider konnte Traverse uns das genaue Alter der ältesten Sedimente, die wir durchbohrt hatten, nicht angeben. Auch konnte er den Beginn des Eiszeitalters nicht genau bestimmen.

Eine weitere unerfreuliche Überraschung erwartete uns. Außer der Schicht nahe dem Meeresboden entdeckten wir keine Sedimente, die reich an organischem Kohlenstoff waren. Offensichtlich ist das giftige Bodenwasser des Schwarzen Meeres ein rezentes Phänomen, das auf das Eindringen von Meerwasser durch den Bosporus zurückzuführen ist. In früheren Zeiten war das Bodenwasser des Schwarzen Meeres durchlüftet, besonders wenn ein Süßwassersee das Becken füllte. Der Seeboden war dann von bodenle-

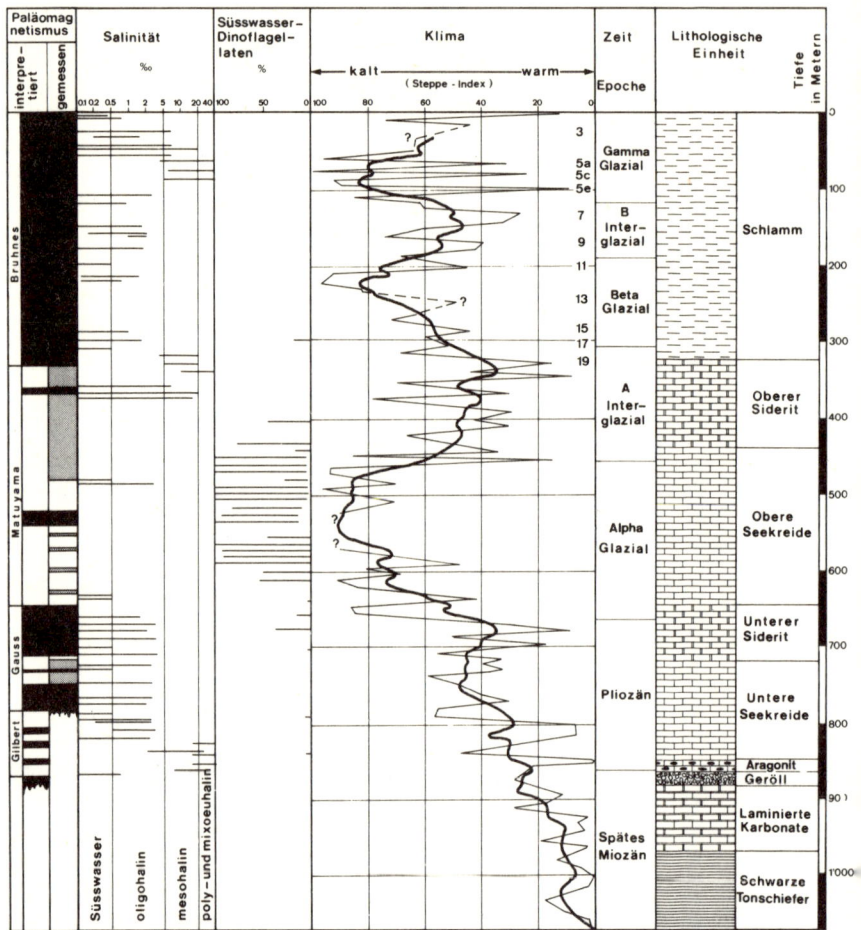

Abb. 16.2: Klimawechsel in Osteuropa. Während der letzten 10 Millionen Jahre war das Schwarze Meer meistens ein großer See. Traverse unterschied an Hand von Pollen- und Sporenuntersuchungen drei Hauptperioden der Vereisung in Osteuropa. Durch eingehendere Analysen fand man eine Korrelation der Klimawechsel auf den Kontinenten mit den Veränderungen der Ozeantemperaturen, wie Emiliani sie angegeben hatte (Epochen 3–19 der Abbildung). Die Altersbestimmung durch Messungen des remanenten Magnetismus zeigen die Säulen ganz links: Schattierte Teile sind aus technischen Gründen unsichere Bestimmungen. Der Salzgehalt des Schwarzen Meeres wurde auf Grund der Untersuchungen fossiler Diatomeen in den Sedimenten bestimmt.

benden Tieren wie Ostracoden und Mollusken bevölkert. Andere Arten hinterließen keine Skelette, aber ihre Freßgänge und Spuren waren noch zu

234

erkennen. Es gab Zeiten der Stagnation, wenn abwechselnd Mikroorganismen (wie Diatomeen) und schwebende Tonteilchen ein regelmäßiges Muster von hellen und dunklen Schichten bildeten. Die Schichtenstruktur wurde nicht gestört, weil es keine benthonischen Tiere gab. Selbst unter derartigen Bedingungen lagerte sich nicht viel organisches Material ab. Unsere Geochemiker waren enttäuscht. Anzeichen für kohlenwasserstoffreiche Sedimente suchten sie vergebens.

Bei unserer Rückkehr nach Istanbul im Juni 1975 brachten wir mehr als 2000 Meter Bohrkerne aus Schwarzmeer-Schlamm mit. Wir stellten fest, daß das Schwarze Meer in der Vergangenheit grundsätzlich verschieden war von seinem heutigen Zustand. Bevor der Bosporus zu einer Meeresstraße wurde, war es ein tiefer Süßwassersee. Wir wußten auch, daß am Seeboden für eine beträchtliche Zeit chemische Ausfällungen abgelagert wurden. Nun besaßen wir eine lange Liste mit geologischen Hinweisen, die bis vor das Eiszeitalter zurückreichten, aber wir hatten keine Möglichkeit, diese »Schriftzeichen« historisch zu deuten. Wir waren entmutigt, und wir mußten weitere zwei Jahre warten, ehe durch die Arbeit einer internationalen Gruppe die Botschaft entschlüsselt werden konnte.

Ein wissenschaftlich spannendes Merkmal der Schwarzmeer-Kerne ist ein plötzlicher Übergang zwischen zwei ganz verschiedenen Sedimenttypen. Der überwiegende Teil der Sedimente besteht aus abgelagertem Material aus chemischen Ausfällungen. An Bohrplatz 380 stellten wir dann in 332 Meter Tiefe unter dem Seeboden fest, daß in dieser Lage ein anderer Sedimenttyp zum erstenmal vorherrscht, der eine Art Grenze markiert. Es sind Feinsande und Schlämme, die auch heute noch gebildet werden (Abb. 16.2).

Die chemischen Sedimente sind Carbonat-Mineralien: Calcit ($CaCO_3$), Aragonit ($CaCO_3$), Dolomit ($CaMg(CO_3)_2$) und Siderit ($FeCO_3$). Es überrascht nicht, daß ein Südwassersee mit Carbonaten gesättigt sein kann. Kalk besteht fast ausschließlich aus Calcit und wird heute jeden Sommer am Boden des Zürichsees abgelagert. Durch Photosynthese wird die im Seewasser gelöste Kohlensäure von schwimmenden einzelligen Pflanzen aufgebraucht; dadurch wird die Löslichkeit des Calcits herabgesetzt, der darum ausfällt. Ein See im Schwarzmeerbecken muß zur Eiszeit eine Umgebung gehabt haben, die der des Zürichsees heute vergleichbar war: Weiter entfernt befanden sich Gletscher, und die jährliche biologische Aktivität war ausreichend stark, um den Wechsel von Auflösung und Ausfällung von Calcit zu bewirken. Die Bildung von anderen Carbonaten als Calcit kann durch Veränderungen im Chemismus des Seewassers erklärt werden. Das Eisencarbonat Siderit zum Beispiel wurde hauptsächlich in warmen, feuchten Zwischenzeiten gebildet, wenn mäandrierende Flüsse viel gelöstes Eisen in das Becken schwemmten.

Reine Mineralien können in einem See nur abgelagert werden, wenn Tone, feine Sande oder andere Verwitterungsprodukte aus der umgebenden Landschaft ausgeschlossen sind. Diese klastischen Sedimente, wie man die Verwitterungsprodukte auch nennt, des Zürichsees werden vorher in anderen, stromaufwärts liegenden Seen gefangen. Das Schwarze Meer andererseits wird heute mit vielen klastischen Sedimenten, vor allem aus der Donau, gespeist. Früher, als die Sedimente überwiegend chemische Ausfällungen waren, müssen irgendwelche Barrieren die Donau-Sedimente daran gehindert haben, das Schwarzmeerbecken zu erreichen.

Welcher Art diese Barrieren waren, wurde 1976 deutlich, als Dan Jipa, ein rumänischer Geologe, mich auf eine mächtige Sedimentfolge in den Vorbergen der östlichen Karpaten aufmerksam machte. Das Material liegt heute an der Oberfläche, aber es wurde in einem alten See der Pliozän- und Pleistozänzeit abgelagert. Während einer späteren Fahrt durch das Donaudelta erfuhr ich, daß Bohrungen dort den Untergrund unter einer dünnen Deckschicht von Pleistozänsedimenten erreichten. Offensichtlich floß die Donau einst durch den Karpatsee, wo die meisten der mitgeführten Feststoffe abgelagert wurden.

Zu einer bestimmten Zeit im Pleistozän war der See aufgefüllt, und die Donau mußte ihren Lauf ändern. Ohne den »Absetztank« stromauf wurde das Schwarze Meer mit klastischen Sedimenten überflutet, und die Periode der chemischen Sedimentation ging zu Ende.

Die karpatischen und die Donau-Ablagerungen ermöglichten die ersten groben Schätzungen über das Alter der Sedimentation im Schwarzen Meer. Das älteste Donau-Sediment der Deltaregion kann nun auf weniger als 1 Million Jahre geschätzt werden. Wenn der Übergang von Kalk zu Feinsand in 332 Meter Tiefe mit der Veränderung des Donaulaufes zusammenhängt, dann muß die erste Sandschicht zu dieser Zeit entstanden sein.

Eine etwas genauere Datierung dieses Ereignisses wurde endlich durch die Untersuchung des remanenten Magnetismus der Sedimentgesteine erzielt. Wie ich in Kapitel II beschrieben habe, richteten sich die magnetischen Minerale in den Sedimenten nach dem damaligen erdmagnetischen Feld aus. Das erdmagnetische Feld hat sich wiederholt umgepolt, und die Geschichte dieser Umpolung ist nach eingehenden Studien bestimmt und datiert worden. Wenn die Schwarzmeer-Kerne Zeichen für umgepolte magnetische Orientierung aufwiesen, wäre es auch möglich, sie mit anderen Chronologien zu vergleichen und so zu datieren.

Die Bestimmung der Umpolungsgeschichte war schwierig. Dennoch waren mein Assistent Federico Giovanoli und ich in der Lage, die Umkehrung von der Matuyama-Epoche mit umgekehrter Polarität zur Bruhnes-

Epoche mit normaler Polarität auszumachen, die vor 0,7 Millionen Jahren stattfand. Dieser Übergang wurde in 332 Meter Tiefe festgestellt, fällt also mit dem Übergang von der Kalk- zur Schlammsedimentation zusammen (Abb. 16.2).

Die Datierung nach Untersuchung der magnetischen Anomalien lieferte uns genaue Daten für die Geschichte der klimatischen Veränderungen, die aus den Pollenuntersuchungen hervorgingen. Traverse hatte gesagt, daß die Pollen oberhalb 332 Meter Tiefe überwiegend von einer Steppenvegetation stammten. Er konnte zwei Glazial- (Beta und Gamma) und ein Interglazial-Stadium während dieses Zeitabschnittes feststellen. Aber eine genauere Untersuchung seiner Fossilien weist auf viele kurzfristige Wechsel von einem Stadium zum anderen hin. Wir konnten tatsächlich 19 abwechselnd kalte und warme Episoden während der letzten 0,7 Millionen Jahre identifizieren (Abb. 16.2).

Anfang der siebziger Jahre lieferten Kolbenkerne aus dem Atlantik und dem Pazifik ausgezeichnetes Material zur Erforschung der klimatischen Veränderungen in den letzten wenigen Millionen Jahren. Es handelte sich um die »langen Kerne«, die Emiliani so dringend benötigte (Kapitel II). Nick Shackleton (Cambridge) studierte die Temperaturveränderungen durch Analyse der Sauerstoffisotope, und Neil Opdyke bestimmte das Alter der Sedimente anhand von Messungen des remanenten Magnetismus. Sie fertigten ein – von Emiliani begonnenes – Klimadiagramm an, das mehr als 2 Millionen Jahre zurückreichte. Emiliani hatte recht. Es gab viel mehr Oszillationen des Eiszeitklimas, als Penck angenommen hatte. Allein innerhalb der letzten 0,7 Millionen Jahre wechselten zehn warme Episoden mit neun Glazialzeiten. Auch aus unserer Arbeit im Schwarzmeergebiet schlossen wir auf neunzehn solcher klimatischen Epochen. Sobald das Eis vordrang, verstenppten ganze Waldgebiete. Waren die Gletscher wieder verschwunden, wuchs der Wald wieder nach. Giovanolis Daten über den remanenten Magnetismus in Sedimenten führten uns auch zu der Annahme, daß Nordrußland etwa zu der Zeit vereiste, als die Gauss-Epoche der normalen Polarität umschlug in die Matuyama-Epoche mit umgekehrter Polorientierung – vor etwa 2,4 Millionen Jahren.

Das erste Vordringen der Gletscher in Rußland fiel zeitlich offenbar mit der Entstehung der Eiskappe in der Arktis zusammen.

Die Untersuchung der fossilen Pollen und des remanenten Magnetismus lieferte einen geologischen Bericht für das Schwarze Meer während der letzten wenigen Millionen Jahre. Etwas mehr Licht in das Dunkel der Vergangenheit brachte Musat Gheorghian von der Rumänischen Akademie der Wissenschaften, als er in den ältesten Proben von Schwarzmeerkernen eine für die Paratethys typische Fauna fand. Die Fossilien mehrerer endemischer Arten bodenbewohnender Brackwasser-Foraminiferen und ihre evolutionäre Entwicklung wiesen darauf hin, daß die ältesten Sedimente von Bohrloch 380 zwischen 8 und 10 Millionen Jahre alt sein mußten. Die paläobotanischen Befunde stützten diese Annahme; in denselben ältesten Schichten hatte Traverse häufig Pollen gefunden, die charakteristisch für Pflanzen mit warmem Hochlandstandort sind; sie verschwanden vor 6 bis 8 Millionen Jahren aus Europa, als sich das Klima merklich abzukühlen begann. Jüngere Arbeiten Giovanolis über den remanenten Magnetismus der ältesten Sedimente ergaben, daß sie in der Tat 10 Millionen Jahre alt sind, wie die Paläontologen angenommen hatten. Was geschah mit dem Schwarzen Meer in der Zeit, als das Mittelmeer austrocknete?

Vor der *Glomar-Challenger*-Expedition 1975 war auf einer französischen Forschungsreise ins Schwarze Meer eine akustisch stark reflektierende Schicht etwa 1000 Meter oder mehr unter dem Meeresboden entdeckt worden. Ebenfalls wurden tief vergrabene Strukturen, die an Salzstöcke erinnerten, gefunden. Eine solche reflektierende Schicht lieferte tatsächlich erste Hinweise auf eine Austrocknung des Schwarzen Meeres. Auf unserer Fahrt im Schwarzen Meer bohrten wir in 865 Meter Tiefe unter dem Meeresboden durch eine reflektierende Schicht auf Bohrplatz 380, doch war sie nicht aus Salz oder anderen eingetrockneten Seewasserrückständen, sondern aus verfesteten Kiesschichten.

Das Schwarze Meer ist heute ein tiefes Becken, das offenbar schon seit sehr langer Zeit besteht. Der Nachweis anhand hier gewonnener Sedimente bestätigt diese Feststellung: Der überaus feinkörnige Schlamm und die chemischen Ausfällungen können also als Sedimente eines tiefen Wasserkörpers angesehen werden, sei es ein Süßwassersee oder ein brackisches Meer. Darum war es überraschend, auf dem tiefen Beckenboden Kiesschichten zu finden. Zwar war es möglich, daß ins Rutschen geratene, submarine Hänge Sand und Kies aus Küstengebieten in die Tiefsee-Ebene transportiert hatten, aber die Schwarzmeerkiese zeigten keine der für eine solche Art Ablagerung charakteristischen Eigenschaften. Das Rätsel schien noch weniger lösbar, als die Meeresgeologen sich mit ihren an Land arbeitenden Kollegen trafen. Peter Stoffers von der Universität Heidelberg hatte zwischen den Kiesen einen Dolomit entdeckt. Seine Stromatolithstruktur war auf Algenwachstum in flachem Wasser zurückzuführen, ebenso wie bei den Evaporiten aus dem Mittelmeer (Tafel XXVI). Stoffers stieß auch auf Oolithe, die denen an den Küsten des Großen Salzsees in den USA ähnlich sind. Der Diatomeen-Spezialist Hans Schrader von der Universität Kiel stützte die Annahme, daß das Schwarze Meer zur betreffenden Zeit flach war; er konnte Diatomeenarten aus einem Lebensraum mit sehr flachem Wasser direkt unter den Kieslagen bestimmen. Wenn nun das Schwarze Meer immer ein tiefes Becken war, wie allgemein angenommen wird, so zeigen doch die Belege, daß dieses Becken nur wenig Wasser enthielt, als die Kiese, Stromatolithen und Oolithen abgelagert wurden und die Flachwasser-Diatomeen den Boden besiedelten. Konnten diese Sedimente eine Austrocknung des Schwarzen Meeres im späten Miozän historisch dokumentieren? Gewiß, aber schlüssige Belege fehlen noch. Wir hätten Fossilien finden und untersuchen müssen, um die Kiese und die mit ihnen verbundenen Sedimente zu datieren. Die Hypothese von der Austrocknung des Schwarzen Meeres war also reichlich unsicher. Anders nämlich als beim Mittelmeer münden zahlreiche Flüsse in das Schwarze Meer, so daß ein Defizit in seinem Wasserhaushalt unwahrscheinlich ist. Dies gilt mit hoher Wahrscheinlichkeit auch für die Vergangenheit. Auch zählt das Schwarze Meer zu den tieferen Paratethysbecken. Wenn es einst ausgetrocknet war, hätte das auf die anderen Becken ebenfalls zutreffen müssen. Gab es dafür irgendeinen Beweis?

Als ich anläßlich eines Wissenschaftleraustauschs im Spätherbst 1979 durch Osteuropa reiste, waren Wissenschaftler aller Herren Länder gerade dabei, sich auf eine gemeinsame Formel zu einigen. Sedimente aus Gebieten der Paratethys enthalten zahlreiche vulkanische Ascheschichten, die durch Messung des Zerfalls radioaktiver Elemente seit der Entstehung des Materials datiert werden können. Mit Hilfe dieser Methode wurde nachgewiesen, daß die Salzschichten in einigen Teilen der Paratethysbecken mehr als 15 Millionen Jahre alt sind, viel älter als die Salze des Mittelmeeres. Im späten Miozän wurde im Gebiet der Balkanländer kein Salz abgelagert; so ist auch nicht anzunehmen, daß dieser westliche Teil der Paratethys jemals ausgetrocknet war. Andererseits konnte R. Jiricek von der Tschechoslowakischen Akademie der Wissenschaften zeigen, daß die Existenz der Paratethys tatsächlich bedroht war, als das Mittelmeer austrocknete. Damals verschwand dieser große brackische See und hinterließ nur einzelne Süßwasserseen am Boden des Paratethysbeckens. Mergel und Schlamm wurden abgelagert, und Süßwasserfaunen lebten in diesen Seen. Der Ohrida-See war offensichtlich ein »Nachkomme« einer dieser Seen, deren Faunen von den Paratethys-Faunen jener Zeit abstammen. Die örtlichen Seebecken waren niemals ausgetrocknet, sonst hätten wir dort Salz finden müssen. Das meiste Wasser der Paratethys verschwand, weil ein Abfluß vorhanden war.

Jiriceks Bericht war der entscheidende Fingerzeig, um die eng verbundene Geschichte des Mittelmeeres und des Schwarzen Meeres zu rekonstruieren. Im späten Miozän, nach der Verlandung des Mittelmeers, entwickelten sich Salzebenen am Boden jeder Mittelmeer-Depression, vergleichbar dem Death Valley in den USA. Sich verjüngende Ströme schnitten tiefe Canyons in den Kontinentalhang, der frei lag. Die Erosion im Oberlauf verlängerte die Flußbetten, die ins Mittelmeerbecken mündeten. Auf diese Weise verlagerte sich die Wasserscheide stetig nach Norden. Schließlich wurde die Wasserscheide zwischen Mittelmeer und Schwarzem Meer durchbrochen und das Wasser des *lac mer* – Teil der Paratethys – floß ab, wahrscheinlich durch tiefe Schluchten, die sich durch Ungarn und Jugoslawien zur Adria hinzogen. Die ausgetrockneten Mediterranbecken wurden mit Süßwasser überflutet, und es entstand eine Reihe großer Seen. Durch die fortwährende Verdunstung nach dem ersten Einbruch wurden die Seen halbsalzig und deshalb von Brackwassertieren bevölkert. Eine artenreiche typische Paratethys-Fauna verbreitete sich.

Mit der Bildung des *lac mer* oder *Lago Mare* im Mittelmeergebiet hatte sich das Entwässerungssystem Europas grundlegend gewandelt. Bislang waren die meisten Mündungsflüsse der Paratethys aus den humiden Gebieten Zentraleuropas gekommen; ihr Wasser wurde nun vom Mittelmeerbecken geschluckt. Was das Mittelmeer an Wasser gewann, ging dem Schwarzen Meer verloren. Der Wasserzufluß ins Schwarze Meer reichte nicht mehr, um den Verdunstungsverlust auszugleichen. Ein großer Süßwassersee trocknete allmählich aus. Endlich enthielt das 2000 Meter tiefe Becken nur noch so viel Wasser, daß gerade eben sein Boden bedeckt war. So verwandelte sich das Schwarze Meer in einen großen Salzsee, dessen Salzgehalt mindestens dreimal so hoch war wie in normalem Seewasser. Wir wissen nicht genau, ob das Becken jemals ganz ausgetrocknet war, weil wir beim Kernziehen keine Salzablagerungen gefunden haben. Der flache Salzsee muß jedoch eine gewisse Zeit bestanden haben. Sturzfluten führten zu Kiesablagerungen. Sie kamen aus trockenen Canyons, die in den freiliegenden Kontinentalhang des Schwarzen Meeres eingeschnitten waren. An Seeufern bildeten sich Oolithe und Stromatolithe, gerade so wie man sie heute an den Ufern des Großen Salzsees in Utah findet.

Der Nachweis für diese Hypothese ließ nicht lange auf sich warten: Im Jahre 1976 entdeckte Schrader eine Diatomeenflora in Sedimenten etwas unter den Kiesschichten, die dem späten Miozän zuzuordnen waren. Es handelte sich um Schwarzmeer-Kiese, die sich während der Trockenperiode des Schwarzen Meeres abgelagert hatten. Das Lago Mare war kurzlebig; es wurde überschwemmt, als zu Beginn des Pliozäns, vor etwa 5 Millionen Jahren, erneut Meerwasser durch die Straße von Gibraltar ins Mittelmeer eindrang. Im Schwarzen Meer zeigen brackische oder marine Schlämme, die direkt über den Kiesschichten liegen, daß der marine Einfluß weit nach Osten bis ins Schwarze Meer reichte. Das Meerwasser kann durch dieselben Kanäle geflossen sein, durch die auch das Paratethys-Wasser ins Mittelmeer drang. Doch die labile Verbindung zum

Mittelmeer wurde bald unterbrochen. Das Entwässerungssystem änderte sich erneut. Das Schwarze Meer wurde wieder überreichlich mit Wasser versorgt, so daß der Verdunstungsverlust leicht ausgeglichen werden konnte. Das Schwarzmeerbecken füllte sich wieder, aber die Paratethys insgesamt erholte sich nicht, und weite Gebiete, einst Boden dieses alten Meeres, verlandeten.

Nach einer geradezu verschwenderischen Süßwasserzufuhr wurde der Salzgehalt des Schwarzen Meeres allmählich neutralisiert. Für die folgenden 5 Millionen Jahre war es ein Süßwassersee. Vor etwa 2,5 Millionen Jahren wurde das Klima weltweit deutlich kälter. In Osteuropa bildeten sich Gletscher. In dieser Epoche war die chemische Sedimentation vorherrschend. Erinnern wir uns: Die klastischen Sedimente der Donau wurden in einem See der Ost-Karpaten gespeichert. Vor etwas mehr als einer halben Million Jahren war der See verlandet, die Donau nahm ihren heutigen Lauf, und klastische Sedimente wurden vorherrschend im Schwarzen Meer. Erst in jüngster Zeit erhielt das Meer seine heutige Charakteristik, da die Erosion allmählich den Bosporus öffnete. In warmen Zwischenzeiten, als der Meeresspiegel global weit überdurchschnittlich hoch lag, drang Meerwasser durch den Bosporus ein und machte das Schwarze Meer brackisch. Kehrten die Gletscher jedoch zurück, bildete sich erneut Süßwasser. Endlich, vor 6000 bis 7000 Jahren erreichte der Meeresspiegel seine heutige Höhe. Wieder drang Salzwasser durch den Bosporus ein. Es entstand die lebensfeindliche Tiefwassermasse des heutigen Schwarzen Meeres.

Diese Geschichte des Schwarzen Meeres ist gekennzeichnet von häufigem Farbwechsel: einst ein tiefblaues *lac mer,* dann eine staubige braune Wüste, ein silbergrauer Süßwassersee und schließlich eine typische »schwarze Lagune«. Die abenteuerliche Geschichte von Mittelmeer und Schwarzem Meer löst ein Rätsel, das lange Zeiten Geographen und Zoologen gleichermaßen beschäftigte. Die Entleerung der Paratethys brachte für dieses Meer typische Arten ins Mittelmeerbecken. Ihre Nachkommen lebten in dem Lago Mare des späteren Miozäns, das sich von der Levante bis nach Spanien erstreckte. Als sich die Straße von Gibraltar öffnete, wanderte eine marine Fauna ein. Die meisten Arten starben jedoch aus. Nur vereinzelt zogen sich einige Spezies in Süßwasserbereiche zurück und überlebten. Das Rätsel der »Adriatischen Ecke«, die »lebenden Fossilien« des Ohrida-Sees und die Reliktfaunen in den Küstenbereichen der Mittelmeerregion weisen fast alle Merkmale der Faunen des Kaspischen Meers auf. Das ist nicht verwunderlich, denn das Kaspische Meer allein blieb übrig von dem großen brackischen Gewässer *lac mer.* Es ist die letzte Zuflucht für die Erben der Paratethys-Fauna.

XVII. Erbohrung der ozeanischen Kruste

Meine Freunde an Bord der *Glomar Challenger* rieten mir, heute nicht an meinem Manuskript zu arbeiten, denn ich sei schlechter Stimmung. Ich litt eben immer noch unter den vermeidbaren technischen Pannen, die uns soviel wertvolle Zeit gekostet hatten. Das mag übertrieben klingen, doch sind Ereignisse dieser Art ganz besonders ärgerlich. Sogenannter höherer Gewalt – beispielsweise schlechtem Wetter – beugen sich auch passionierte Wissenschaftler klaglos. Dies gilt aber nicht, wenn Arbeitsunterbrechungen auf menschliches Versagen zurückzuführen sind.

Wie schmerzlich ein derartiger Zeitverlust ist, läßt sich ermessen, wenn man weiß, daß der Charterpreis für die *Glomar Challenger* 30 000 Dollar pro Tag beträgt. Die meiste Zeit wird jedoch zum Verladen der Ausrüstung im Hafen, das Fahren von einem Platz zum anderen oder für das Zusammenfügen des Bohrstranges benötigt. All das erfordert Zeitaufwand, dessen Sinn und Zweck nicht zur Diskussion steht; nur die Zeit, die für wissenschaftliche Ziele eingeplant ist, läßt sich offenbar bedingungslos verkürzen. Aus dieser Perspektive betrachtet, ist der Preis für vergeudete Schiffszeit noch bedeutend höher. Wetterbedingter Zeitverlust ist unvermeidlich, technische Pannen sind ärgerlich, aber finanziell noch tragbar. Zeitverschwendung wegen wissenschaftlicher Fehlplanung jedoch ist unentschuldbar. Ich habe den unangenehmen Verdacht, daß wir Wissenschaftler selbst Hauptschuldige sind, wenn es um unverantwortliche Verschwendung geht. Vielleicht bin ich zu engagiert und deshalb subjektiv. Doch läßt sich manch ein Beweis für diesen Vorwurf nicht von der Hand weisen. Erfolgreiche Fahrten hatten nicht nur Schlagzeilen in den Medien zur Folge. Ihre Ergebnisse waren für die Wissenschaft von großer Bedeutung und haben die Theoriediskussion in ungeahntem Maße befruchtet. Erfolglose Reisen dagegen gerieten bald in Vergessenheit. Einige Legs waren wissenschaftlich sehr gut vorbereitet, aber sie erreichten ihr Ziel nicht, weil sie von bürokratischen Zwängen behindert wurden. Andere waren schlecht vorbereitet oder überflüssig und wurden nur durchgeführt, weil phantasielose Funktionäre sich unbedingt in die Wissenschaftspolitik einmischen mußten. JOIDES wurde von einigen Idealisten ins Leben gerufen, die sich bedeutenden wissenschaftlichen Theorien verpflichtet fühlten. Mit den ersten Erfolgen und steigender finanzieller Belastung geriet das Unternehmen in die Mühlen der Bürokratie. Deutlich sichtbar schlichen sich politische Kriterien in die wissenschaftliche Planung ein. Vielleicht hat meine Unbefangenheit ein wenig zur »Internationalisierung« der Tiefseebohrprojekte beigetragen oder sie wenigstens beschleunigt: In den sechziger Jahren war JOIDES ein ausschließlich amerikanisches Projekt. Als ich nach Zürich kam, war ich erschrocken über den Mangel an Kommunikation zwischen den europäischen Geowissenschaftlern. Die Zusammenarbeit zwischen internationalen Institutionen war minimal, und Kontakte waren selten. Ich denke heute noch an meine Verlegenheit, als ich ein Telefongespräch mit dem Direktor eines ozeanographischen Instituts in Europa führen wollte und mir gesagt wurde, ich könne ihn nicht sprechen, er sei bereits seit vier Jahren tot. Als Mitglied des JOIDES-Mittelmeer-Beratungskomitees organisierte ich eine freiwillige Arbeitsgemeinschaft, die europäischen Freunde des JOIDES-Projekts. Wir trafen uns regelmäßig, um den Plan für Leg XIII auszuarbeiten. Diese Mittelmeerfahrt war die erste Expedition, an der für das Deep Sea Drilling Project überwiegend europäische Institutionen beteiligt waren. 1970, nach Beendigung des Leg XIII in Lissabon, wurde ich gebeten, zu einer Pressekonferenz nach Paris zu fahren, die vom CNEXO, dem nationalen französischen Zentrum für die Erforschung der Ozeane, arrangiert wurde. Im Flugzeug traf ich Dan Hunt, einen Beamten der US *National Science Foundation,* die das Deep Sea Drilling Project überwacht. Hunt war besorgt, weil Bill Ryan als einziger von zehn Wissenschaftlern Amerikaner war, der auch für eine amerikanische Institution arbeitete. Alle anderen waren Vertreter europäischer Organisationen. Selbstverständlich waren wir alle dankbar für die großzügige Unterstützung durch die Vereinigten Staaten. Die Zeit war jedoch reif dafür, die europäischen Institutionen auch an der finanziellen Last für dieses bedeutende Unternehmen zu beteiligen. Hunt erzählte mir denn auch, daß Diskussionen über eine mögliche Internationalisierung von JOIDES geführt würden.

Bill Nierenberg, Direktor bei Scripps, war damals Leiter der DSDP. Auch er kam zu der Pressekonferenz nach Paris. Nachdem ich über die Ergebnisse von Leg XIII berichtet hatte, trat Nierenberg öffentlich für eine internationale Beteiligung an dem Tiefseebohrprojekt ein. Am nächsten Tag schon verhandelte er mit den Franzosen, dann flog er nach Moskau, wo er weitere Informationsgespräche führte. Ein Jahr darauf, als Präsident Nixon zum Gipfeltreffen über den Atomwaffen-Sperrvertrag fuhr, einigte man sich mit der Sowjetunion über eine wissenschaftliche Zusammenarbeit bei den Tiefseebohrungen, ein vorteilhaftes Abkommen für die Sowjetunion. Für einen Mitgliedsbeitrag von 1 Million Dollar im Jahr wurden ihr nicht nur die neuesten Fortschritte in der Meeresgeologie, sondern auch der letzte Stand der Tiefseebohrtechnik zugänglich gemacht. Ein bilaterales Abkommen zwischen beiden Nationen wurde unterzeichnet, und seit 1973 sitzen sowjetische Vertreter in verschiedenen JOIDES-Komitees. Leider machte sich bald darauf politisches Proporzdenken bemerkbar. Ich wurde gebeten, von meinem Auftrag als Ko-Chefwissenschaftler für Leg XLIIB zurückzutreten, um Platz für einen sowjetischen Wissenschaftler zu machen. Ich war einverstanden, weil ich so meinem Freund Edgar aus einem Dilemma helfen konnte.

Die westdeutsche *Bundesanstalt für Geowissenschaften und Rohstoffe* in Hannover trat als nächstes dem JOIDES-Projekt bei. Als wir 1975 in Málaga auf unseren Start zum Leg XLIIA warteten (die *Glomar Challenger* lag wegen Reparaturarbeiten auf Dock), kam Mel Peterson, der Projektmanager, aus Paris angereist und berichtete, daß sie über die letzten Feinheiten für den Vertrag mit den Franzosen verhandelten. Es war wie eine Verführung, als im letzten Moment ein dritter Wissenschaftler aus Frankreich berufen wurde, an der Fahrt teilzunehmen. Ich erinnere mich nicht, ob die Franzosen obenan auf der Liste standen oder die Briten bzw. Japaner, aber alle wurden noch 1975 als Mitglieder von JOIDES aufgenommen.

Der Etat für die erste Phase des IPOD, von November 1975 bis Oktober 1979, wurde mit 67,5 Millionen Dollar angesetzt. Da die Vereinigten Staaten den Löwenanteil der finanziellen Last trugen, hatten sie auch die meisten Stimmen in den JOIDES-Komitees. Vier weitere amerikanische Institutionen wurden aufgefordert, der Organisation beizutreten, die ursprünglich aus fünf bestand. Damit wollten sich die USA eine Mehrheit von neun Stimmen gegenüber der Minorität von fünf anderen Ländern sichern.

Die Schweiz ist ein reiches, aber kleines und noch dazu ein Binnenland. Man konnte also nicht erwarten, daß Meeresforschung für diesen Staat dieselbe Bedeutung hat wie für die großen Länder mit langen Küstenlinien. Viele Schweizer Wissenschaftler nahmen an den drei ersten Phasen des DSDP teil: Sie wurden jeweils persönlich von der *National Science Foundation* eingeladen. Schließlich waren mehr Schweizer an den ersten 44 Legs des DSDP beteiligt als die Vertreter irgendeines anderen auswärtigen Landes. Sie hatten ihre Teilnahme der Großzügigkeit der Amerikaner zu verdanken. Mit der Internationalisierung der Ozeanbohrungen wurde die Mitgliedschaft in den Beratungskomitees oder der Platz auf der *Glomar Challenger* vertraglich geregelt. Jedes Land mit einem JOIDES-Institut konnte einen seiner Vertreter in jedes Komitee schicken. Jedes Land mit einem JOIDES-Institut konnte einen Vertreter an jeder Reise der *Glomar Challenger* teilnehmen lassen. Um die amerikanischen Interessen zu wahren, hatte man vereinbart, daß nicht weniger als 50 Prozent der Mannschaft Bürger der USA sein müßten, einschließlich der Ausländer, die an amerikanischen Institutionen tätig sind. Leider wurden jene Amerikaner im Ausland (ich gehörte ebenfalls dazu), mit deren Steuerzahlungen an die Vereinigten Staaten nicht zuletzt Tiefseebohrprojekte unterstützt wurden, von der *National Science Foundation* als Ausländer eingestuft. Auf dieser Leg-LXXIII-Reise galten meine Assistenin Judy McKenzie, eine geborene Amerikanerin aus Pittsburgh, und ich als Schweizer. Meinen Schweizer Studenten Helmut Weissert, der nach seiner Dissertation an der Universität von Südkalifornien gelehrt hatte und nun zurückkam, erklärten die Bürokraten der *National Science Foundation* dagegen zum Amerikaner. Das internationale Programm für Ozeanbohrungen hatte viele Konsequenzen, ihre augenfälligste aber war, daß es für Wissenschaftler aus finanziell weniger potenten Ländern offenbar keinen Raum mehr in der JOIDES-Planung gab. Einige wenige wurden noch zu IPOD-Reisen eingeladen, aber nur selten konnte der Chefwissenschaftler des Projekts eine Teilnehmerliste zusammenstellen, die uns als »Gäste« der Vereinigten Staaten berücksichtigte.

Ich versuchte, auf irgendeinem Weg die offizielle Aufnahme der Schweiz in die JOIDES-Organisation zu ermöglichen, eventuell mit einem reduzierten Mitgliedsbeitrag und entsprechend reduzierten Rechten. Peter Fricker, Generalsekretär unseres Nationalfonds, verhandelte mit der US *National Science Foundation* und erreichte 1975 eine Übereinkunft. Das JOIDES Executive Committee stimmte zu, daß unser Institut als assoziiertes Mitglied eingeladen wurde. Später allerdings teilte mir dann der Vorsitzende des Komitees Manik Talvani mit, daß die Entscheidung geändert wurde, weil ein oder zwei Mitglieder ein Veto eingelegt hatten: Der Kuchen war zu klein, die finanziell Unterprivilegierten durften nicht mitessen. Meine amerikanischen Freunde waren jedoch generös. Sie luden mich nach New York ein, zur ersten und einzigen gemeinsamen Tagung der wissenschaftlichen Komitees von IPOD; so nahm ich als nicht stimmberechtigter Beobachter aus der Schweiz teil.

Die Ausschüsse wurden neu organisiert, anstelle von geographischen Komitees (Pazifik, Atlantik usw.) spezielle Arbeitsgemeinschaften nach Themen festgelegt: Ozeankruste (Ocean Crust Panel, OCP), Aktiver Ozean-Rand (Active Ocean Margin Panel, AMP), Passiver Ozean-Rand (Passive Ocean Margin Panel, PMP) und Alte Umwelt der Ozeane (Ocean Paleo-Environments Panel, OPP). Das Grundprinzip dieser Reorganisation war durchaus sinnvoll, unverbrauchte Köpfe sollten für frischen Wind sorgen. In der Praxis erwies sich diese lobenswerte Idee leider als Fehlplanung für die interdisziplinäre Forschung. Anstatt zusammenzuarbeiten, befehdeten sich die Ausschüsse in heftigen Konkurrenzkämpfen. Viele Vorschläge waren nur »Lieblingsprojekte« gewisser Interessengruppen in den JOIDES-Ausschüssen. Auf allen Ebenen waren die Entscheidungen durch politische Manöver und Kompromisse eingeengt. Manch ein Mitgliedstaat schreckte nicht einmal vor Boykottdrohungen zurück. Die Verträge garantieren offenbar nur eines: Jedes Land mit einer JOIDES-Institution hat das Privileg, Schiffszeit im Wert von 1 Million Dollar pro Jahr mit irgendeinem Projekt zu vergeuden.

Die neue Organisation der JOIDES-Arbeitsgemeinschaften (Panels) war ein Fehlgriff. Als die Gemeinschaften geographischen Gebieten zugeordnet wurden, gab es Streitereien zwischen »Pazifikern« und »Atlantikern«. Auf der anderen Seite arbeiteten Spezialisten verschiedener Fachgebiete interdisziplinär für ein gemeinsames Ziel. Jetzt wurden die Gemeinschaften nach Fachgebieten eingeteilt. Dennoch gab es weiterhin Kämpfe zwischen den »Regionalisten«. Schlimmer aber war der Zusammenbruch der interdisziplinären Arbeit.

Jede Gruppe von Spezialisten wurde beauftragt, die Planung für einige Legs zu übernehmen, war aber in der Regel nur darauf bedacht, die verfügbare Schiffszeit für ihr jeweils begrenztes Ziel zu nutzen – zu Lasten der Projekte anderer Gruppen. Die sollten ihre wissenschaftlichen Ziele während »ihrer« Expeditionen in »ihren« Regionen verfolgen.

Die JOIDES-Komitees verließen sich nicht etwa auf den Sachverstand der Ko-Chefwissenschaftler, die schließlich das Programm durchzuführen hatten, sondern halfen sich mit einem weiteren Satz strenger Regeln. So sollten beispielsweise alle Löcher mindestens 100 Meter in den Basaluntergrund gebohrt werden oder doch so tief, bis der Bohrmeißel abgenutzt war. Alle Sedimentfolgen mußten durchgehend gekernt werden. Die physikalischen Sedimenteigenschaften im Bohrloch mußten an jedem Bohrplatz gemessen werden. Nur selten ließ der Planungsausschuß zu, daß diese Vorschriften umgangen wurden. So blieb nichts anderes übrig, als die Regeln zu unterlaufen. Während dieser Reise zum Beispiel stellten wir sehr schnell fest, daß der Bohrmeißel »abgenutzt« war.

Mit all den politischen Zwängen, all den üblen Eifersüchteleien war es bemerkenswert, daß das IPOD dennoch ein Erfolg wurde. Es ist zweifellos ein positiv hervorstechender Versuch, in der Geowissenschaft zusammenzuarbeiten. Trotz aller Hindernisse war der Ideenaustausch außerordentlich fruchtbar. Inzwischen kennt man einander, und so würde ich niemals wieder versuchen, einen Kollegen anzurufen, der schon seit vier Jahren tot ist. Als die IPOD-Planung in Orangeburg begann, erfuhren wir, daß der Schwerpunkt für die ersten drei Jahre auf Bohrungen in der Ozeankruste liegen sollte.

Die Erfolge der *Glomar-Challenger*-Reisen belebten, ließen jene ersten Vertreter der Mohole-Theorie neu hoffen, die gern so tief wie möglich in die Ozeankruste bohren wollten. Im Frühjahr 1974 traf ich Frank Press,

später Wissenschaftsberater von Präsident Carter, am M.I.T. Press war Mitglied des Beratungskomitees gewesen, das geholfen hatte, das IPOD auf die Beine zu stellen. Aufgeregt erzählte er mir:
»Sie haben sich endlich von dem ›weichen Stoff‹ entfernt und sind nun dabei, *hartes* Gestein zu bekommen.«
Er betonte das Wort hart, als sei weicher Schlamm ebenso wertlos wie eine weiche Währung. Tatsächlich beruhten aber viele Erfolge der *Glomar Challenger* auf Ergebnissen, die man aus dem »weichen Stoff« gewann.
Press hatte als Geophysiker gearbeitet und war einer der besten Fachleute auf dem Gebiet der Erforschung der Erdkrustenstruktur, die mit Hilfe der Übertragung von Erdbebenwellen vorgenommen wurde. Man geht allgemein davon aus, daß die Kruste des Ozeanbodens eine Schichtenstruktur hat. Schicht 1, gewöhnlich weniger als 1 Kilometer mächtig, besteht aus »weichem Stoff«, Schicht 2 aus dem Basalt des Ozeanbodens. Darunter und über der Moho befindet sich die Schicht 3, die aus einem Gestein besteht, das dichter als Basalt sein muß. Anhand von Ophiolith-Untersuchungen an Land nehmen die Geologen an, daß Schicht 3 zur Hauptsache aus Gabbros besteht, vergleichbar dem Gabbro vom Allaninhorn oder dem Gabbro, den wir bei Leg XIII anbohrten (Kapitel VI). Wir fanden den Gabbro unter einer dünnen Sedimentdecke auf der Gorringe-Bank; dort ist eine große Bruchzone vorhanden. Unter normalen Bedingungen ist Schicht 3 unter zwei oder drei Kilometern der Basaltschicht 2 begraben. Frank Press rechnete sich eine gute Chance aus und hoffte, daß der Bohrstrang der *Glomar Challenger* durch zwei oder drei Kilometer wenigstens in Schicht 3 eindringen könne, auch wenn die Moho in unerreichbarer Tiefe lag.
Bei zwei voraufgegangenen Bohrreisen hatte man versucht, tiefer in die Ozeankruste hineinzubohren. Man wollte Erfahrungen für die IPOD-Planung sammeln und auswerten. Leg XXXIV in den Pazifik war erfolglos. Die *Glomar Challenger* verließ Papeete/Tahiti am 20. Dezember 1973 unter Führung der Ko-Chefwissenschaftler Bob Yeats von der Ohio Universität und Stan Hart von der Carnegie Institution in Washington D.C. Sie mußten 16 Tage Richtung Osten fahren, bevor sie den ersten Bohrplatz erreichten, um dann festzustellen, daß man dort nur langsam und unter großen Schwierigkeiten bohren konnte. Die Länge aller drei Bohrlöcher zusammengerechnet betrug weniger als 100 Meter; die größte Bohrtiefe auf Platz 319 nur 59 Meter, etwa 1 Prozent des Weges bis zur Moho. Die Proben waren gleichfalls enttäuschend; eine Gesamtlänge von 28,75 Meter Basaltkerne waren die ganze »Ernte« dieser siebenwöchigen Reise. Die Bohrfachleute sagten uns, daß die Pazifikbasalte besonders schwer zu bohren seien, eine Erfahrung, die von den IPOD-Wissenschaft-

lern später bestätigt wurde. Im Mittelmeer hatten wir es dagegen verhältnismäßig leicht. Am Bohrloch 393 im Tyrrhenischen Becken erbohrten wir beim Leg XLIIA fast 200 Meter Basalt in eineinhalb Tagen!

Der zweite Versuch im Atlantik war, verglichen mit dem Fiasko im Pazifik, ein eindrucksvoller Erfolg. Leg XXXVII wurde von Fabrizio Aumento (Dalhousie University/Kanada) und Bill Melson (Smithonian Institution, Washington D.C.) geleitet. Ihr Ziel war das sogenannte FAMOUS-Gebiet auf dem Mittelatlantischen Rücken bei 36° N – FAMOUS ist die Abkürzung für Franco-American Mid-Ocean Undersea Study. An vier Stellen wurde 1974 bei dieser Überführungsfahrt zwischen Antarktis und Arktis gebohrt. Die Kerngewinnung war fast zehnmal so hoch wie bei der Pazifikfahrt: Die tiefste Bohrung reichte am Bohrplatz 332 582,5 Meter in den Untergrund und endete bei 721,5 Metern Tiefe unter dem Meeresboden.

Das FAMOUS-Gebiet wurde von wissenschaftlichen Gesellschaften auf Oberflächen-Schiffen und durch drei Tiefseeforschungs-Tauchboote, *Alvin, Archimede* und *Cyana*, erforscht. Vor der Reise war das Gebiet gründlich vermessen worden, so daß man geeignete Bohrplätze im Zentralgraben des Mittelatlantischen Rückens anwählen konnte. Ursprünglich sollten Mineralogie und Chemie der Basalte aus Schicht 2 untersucht werden, und man wollte die Frage beantworten, ob die Magnetisierung dieser Basalte die Ursache für die gestreiften magnetischen Anomalien am Meeresboden sind. Einem Laien muß die Ergebnisanalyse verhältnismäßig unkompliziert erscheinen. Schicht 2 bestand aus Basalt, wie jeder es vorausgesagt hatte. Die Spezialisten konnten feine Unterschiede und eine gewisse Vielfalt erkennen. In zwei Bohrlöchern, am Bohrplatz 332, 100 Meter voneinander entfernt, fanden die Wissenschaftler nur wenig Gemeinsamkeiten zwischen den Basaltflüssen. Aumento und Melson hatten den Eindruck, daß jeder Basaltfluß aus einer kleinen Eruption eines Vulkans entstanden war. Darüber hinaus vermuteten sie zahlreiche Brüche und Verwerfungen im Ozeanboden. Auf Bohrplatz 335 stieß man in geringer Tiefe (50 Meter unter dem Meeresboden) auf grobkörnige Gabbros und Serpentine, vergleichbar jenen, aus denen sich die Ophiolithe der Alpen zusammensetzen. Diese vermutlich aus Schicht 3 stammenden Gesteine können durch Verwerfungen heraufgebracht worden sein, die die Seiten des Scheitelgrabens hochpreßten und den Talboden senkten. Gesteinsbruchstücke, die von den steilen Wänden des Scheitelgrabens herabstürzten, vermischten sich mit Ozeanschlamm und bildeten eine kantige Breckzie, die von zwei aufeinanderfolgenden Basaltflüssen eingeschlossen wurde.

Die Wissenschaftler von Leg XXXVII waren enttäuscht, daß sie das Rätsel der magnetischen Streifen auf dem Ozeanboden nicht lösen konnten. Man nahm an, daß der obere Teil von Schicht 2 für die magnetischen Anomalien verantwortlich war, aber die Basaltproben waren nicht stark genug magnetisiert, um die Intensität der linearen Anomalien auf dem Meeresboden zu erklären. Sie konnten nur vermuten, daß die Ursache noch tiefer im unteren Teil von Schicht 2 oder Schicht 3 lag.

Dennoch ermutigten die technischen Erfolge von Leg XXXVII dazu, ein breit gefächertes Programm für Bohrungen in der Ozeankruste zu entwerfen. Technische Probleme wie etwa beim Leg XXXVII gab es verhältnismäßig wenig. Auch die Schwierigkeiten, den Bohrmeißel auszuwechseln, waren offenbar überwunden: Während der Arbeit an Loch 332 B wurde der abgenutzte Meißel neunmal ausgewechselt; jedesmal fand der Bohrstrang das Loch wieder, und die Bohrung konnte fortgesetzt werden. Das »Suchen und Wiedereinfädeln« kostete meist nur wenige Stunden. Gleichwohl mußte das Bohrloch aufgegeben werden, denn beim letzten Versuch konnte der Bohrstrang nicht in das Loch eingepaßt werden.

Der Betriebsleiter erklärte überaus optimistisch, daß die Ansammlung des Bohrkleins um das Bohrloch herum »nicht das Problem bei dieser Fahrt« gewesen sei. Nach dieser Beteuerung schien es, als sei die knappe noch verfügbare Zeit der einzige Risikofaktor. Mit etwas Glück und genügend Zeit sollte es eigentlich keine Grenze für die Bohrtiefe geben. Die zufriedenen Organisatoren in Orangeburg sprachen von zwei oder drei Kilometer tiefen Bohrlöchern und hofften dabei insgeheim, bis zur Moho vorstoßen zu können. Man warf alles in eine Waagschale und beschloß, ein tiefes Loch im westlichen Atlantik zu bohren und dafür die Zeit von drei Legs (LI, LII, LIII) zur Verfügung zu stellen.

Das Problem der Bohrtechnik wurde nicht gelöst. Gewöhnlich werden Tiefseebohrungen in Schlick und Schlamm des Tiefseebodens gebohrt, und die feinkörnigen Sedimente bleiben für gewisse Zeit in Suspension und können sogar durch schwache Bodenströmungen verteilt werden. Wenn aber ein Loch in hartes Gestein (Salzschichten oder Basalt) gebohrt wird, sammelt sich das Bohrklein, das durch die zirkulierende Flüssigkeit heraufgebracht wird, um das Bohrloch herum auf dem Meeresboden an, vergleichbar einem Ameisenhaufen (Kapitel I). Während des Kernziehens wird die Zirkulation durch das Bohrloch für 10 bis 15 Minuten unterbrochen. Dann fällt in der Regel das Bohrklein in das Bohrloch zurück, und die Reibung an den losen Gesteinsbruchstücken im Loch hindert den Bohrstrang daran, sich zu drehen. Bill Ryan und ich hatten viel Erfahrung darin, weil wir oft in harte Schichten von Evaporiten, die bei der Austrocknung des Mittelmeeres entstanden waren, gebohrt haben. Immer wieder hieß es: »Das Rohr steckt fest.«

Das Rohr saß fest, das heißt, es drehte sich nicht mehr, und deshalb konnte der Bohrstrang nicht tiefer eindringen. Gewöhnlich bestand das

Heilmittel darin, etwas Schlamm ins Loch hinunterzupumpen und zu hoffen, daß der zirkulierende Schlamm das Bohrloch reinigen und das lose Bohrklein wieder heraufbringen würde. Manchmal war dieses Manöver erfolgreich. Gelegentlich aber blieb uns nichts anderes übrig, als den Bohrstrang am Boden des Loches mit Dynamit zu sprengen. Nur so konnten wir das lange Ende der freien Rohrstücke wiederbekommen. Im Gegensatz zum optimistischen Reisebericht wurde die Arbeit bei Leg XXXVII fortwährend von derartigen Problemen behindert: Sie verloren den Teil des Bohrstrangendes am Bohrplatz 332, als »... der Bohrstrang dauernd festsaß, wenn ein Kern gezogen wurde. Der Bohrstrang wurde durchtrennt... es blieben der Bohrmeißel, ein Kernrohr, drei Schwerstangen und ein Stück eines Teleskoprohres im Bohrloch«.

Herunterfallendes Bohrklein war das größte Hindernis bei Tiefbohrungen in die Atlantikkruste. Mehrere tiefe Löcher mußten aufgegeben werden, weil der Bohrstrang festsaß oder Bohrrohre brachen. Die erfolglosen Versuche während dreier Reisen, ein Loch der erforderlichen Tiefe zu bohren, haben gezeigt, daß es sinnlos ist, mehr Zeit darauf zu verwenden, bevor nicht eine bessere Technologie zur Verfügung steht. Die Tiefseebohrungen im Atlantik während des IPOD wurden mit demselben Ergebnis beendet wie die des Leg XXXVII. Jedesmal scheitert der Bohrstrang an der kritischen Grenze von 600 Metern.

Der Plan, tiefer in die Ozeankruste des Pazifischen Ozeans einzudringen, endete mit einem noch größeren Fiasko. Die Durchführung von Leg XXXIV war bereits ein schlechtes Vorzeichen.

Bald nachdem Leg LIV die Ostpazifik-Erhebung erreichte, stand man vor demselben Problem: Die junge Ozeankruste hat dort eine sehr dünne Sedimentbedeckung – und die Pazifikbasalte sind sehr schwer zu bohren. Man hatte Plätze gewählt, an denen die Sedimentmächtigkeit 100 Meter oder mehr sein sollte. Die erste Bohrung wurde am 8. Mai 1977 vorgenommen, aber dabei erlebten die Wissenschaftler eine peinliche Überraschung: Die Sedimentdecke war wesentlich dünner als anhand der zuvor durchgeführten physikalischen Analyse vorhergesagt worden war. Schon 35 Meter unter dem Meeresboden stieß man auf die Basaltkruste. In dieser Situation konnte der Bohrmeißel nicht belastet werden, und ein weiteres Eindringen war unmöglich. Nachdem in der Nähe ein zweites Bohrloch in 46 Meter Tiefe auf Basaltkruste traf, wurde angenommen, daß die Geophysiker ihre Meßdaten falsch ausgewertet hatten. Die Ko-Chefwissenschaftler Bruce Rosendahl (Duke University) und Roger Hekinian (CNEXO/Brest) entschieden, dieses erste Ziel aufzugeben und ihr Glück anderswo zu versuchen. Die Sedimentfolge war am Bohrplatz 420 tatsächlich mächtiger, und man erreichte den Basaltuntergrund bei 118,5 Metern unter dem Meeresboden, eine Tiefe, in der der untere Teil des

Bohrstranges von weichen Sedimenten gestützt wird. Die Bohrrate war jedoch gering. Nachdem der Bohrstrang neun Stunden rotiert hatte, war man nur 32 Meter in die Basaltkruste eingedrungen. Im Hinblick auf spätere Versuche hätten die Ko-Chefwissenschaftler etwas mehr Geduld haben sollen. Sie hatten jedoch große Schwierigkeiten und beschlossen, das Loch aufzugeben und es an einer anderen Stelle zu versuchen. Ein weiterer Bohrplatz in der Nachbarschaft erwies sich als ungeeignet, weil man schon in geringer Tiefe auf Basaltuntergrund stieß. Am nächsten Bohrplatz lag die Basaltkruste in 85,5 Meter Tiefe unter dem Meeresboden. Unsere beiden Ko-Chefs berichteten:

»Die Bohrbedingungen waren hier sogar noch schlechter als am Bohrplatz 420, und der Bohrstrang begann sich festzusetzen, als wir erst weniger als fünf Meter in den Basalt gebohrt hatten.«

Das Bohrloch wurde nach nur vier Stunden und 14 Minuten aufgegeben. Nach mehreren Versuchen dieser Art, wurde die *Glomar Challenger* in Gebiete geschickt, wo die Sedimentbedeckung noch dünner war. Am nächsten Platz traf man in 46 Meter Tiefe unter dem Meeresboden auf Basaltuntergrund. Man entschloß sich dennoch zu bohren. Eine Zeitlang verlief die Arbeit reibungslos. Doch in etwa 60 Meter Tiefe ergaben sich die gleichen Schwierigkeiten wie auf den vorherigen Bohrplätzen. Ein weiteres Loch wurde aufgegeben, und die *Glomar Challenger* setzte ihre Odyssee fort. Am Bohrplatz 423 fand man den Basalt in 38 Meter Tiefe unter dem Meeresboden, und das Loch wurde bei 34 Meter aufgegeben.

Nun begannen die Herren vom JOIDES-Planungskomitee nervös zu werden. Offensichtlich ließ sich der Plan, tiefer in die Kruste des Pazifischen Ozeans einzudringen, nicht realisieren. Die Ko-Chefwissenschaftler wurden angewiesen, die *Glomar Challenger* in ein Gebiet nahe den Galapagos-Inseln zu dirigieren, wo heiße Quellen aus dem Erdinnern dringen und Eisen- und Kupfermineralien ablagern. Leg LIV sollte testen, ob Bohrungen in diesem Gebiet sinnvoll wären. Widerstrebend mußten die Ko-Chefwissenschaftler einwilligen, dafür erhielten sie zusätzliche fünf Tage für ihre Kreuzfahrt, um in ihr Zielgebiet zurückzukehren und einige weitere Löcher zu bohren, leider jedoch ohne nennenswerten Erfolg. Sie drangen 52,5 Meter in die Basaltkruste am Bohrplatz 428, dann mußten sie das Bohrloch aufgeben, weil der Bohrmeißel abgenutzt war. Ein letzter Versuch endete in einer Tiefe von 50 Metern. Dann hatte das ewige Hin und Her ein Ende. Nach diesen Erfahrungen mit Leg LIV war es unumgänglich, die *Glomar-Challenger*-Reisen neu zu organisieren. Alle weiteren Tiefbohrexperimente in die Pazifikkruste wurden aufgegeben.

Ziel der Tiefbohrungen war es, die Veränderungen der Ozeankruste zu

erforschen. Leider waren die Ergebnisse eher unbefriedigend. Ein weiteres Ziel bestand darin, die geographischen Varianten in der Ozeankruste zu vergleichen. Dazu schrieb der Vorsitzende des Komitees:
»Das IPOD-Bohrprojekt der atlantischen Kruste umfaßt zwei Querschnitte. Der erste ist ein Ost-West-Schnitt... Der zweite besteht in einer Reihe von (Nord-Süd-)Bohrlöchern zwischen Island und 23° N.«
Irgendwie hatte ich das Gefühl, daß die *Glomar Challenger* nicht dazu diente, eine Theorie zu überprüfen oder eine Arbeitshypothese zu bestätigen. Das Schiff war eher ein Transportmittel, wie man in früheren Jahrhunderten Schiffe für geographische Forschungsreisen verwendete. Anscheinend war die Plazierung der Bohrlöcher einfach durch ihre geographischen Koordinaten bestimmt. Offenbar erwarteten die Organisatoren des Projekts, mit Hilfe einer solchen netzartigen Probensammlung jene Daten zu erhalten, die wir brauchen, um die Entstehung der Ozeankruste zu verstehen.

Es wurden genügend Löcher in die Kruste gebohrt, eine Flut von Daten konnte in verschiedenen vorläufigen Berichten des Tiefseebohrprojekts veröffentlicht werden. Es scheinen tatsächlich Ähnlichkeiten und Unterschiede im Chemismus oder in der Mineralogie der Basalte von verschiedenen Plätzen zu bestehen. Wie jedoch Jerry van Andel (Stanford University) in einer Arbeit für die Zeitschrift *Nature* kritisch anmerkte, sind die Unterscheidungsmerkmale in weit verteilten Ozeangebieten etwa von ähnlicher Größenordnung wie die in einem kleinen FAMOUS-Gebiet von weniger als 100 Kilometern. Für mich als Laien ist es in der Tat schwierig, diesen winzigen Unterschieden den richtigen Wert beizumessen. Inzwischen konnten die Fragen, die uns auf den Nägeln brannten, nicht beantwortet werden. Wir wissen, daß Basalte unter äußerst verschiedenen geologischen Bedingungen ausfließen. Basalte, die vom Ocean Crust Panel während der meisten Kreuzfahrten erforscht wurden, gehören nur einer Art an, den tholeiitischen Basalten, die im Zentrum des Seafloor Spreading vorkommen. Es gibt andere Basalte, etwa in den Becken hinter den Inselbögen oder jene, die aus Transform-Verwerfungszonen aufquellen und während des Mittelplatten-Vulkanismus ausgeflossen sind, aus »Hot Spots« im Erdmantel stammen oder in einem kleinen Ozeanbecken wie dem Mittelmeer gefunden werden. Wie unterscheiden diese sich von solchen Basalten, die beim Seafloor Spreading entstehen? Zu der ersten Zusammenkunft des IPOD Ocean Crust Panel in Orangeburg war ich als Gast geladen. Ich stellte Fragen zu diesem Thema. Aber die Komiteemitglieder waren damit beschäftigt, kleine Fähnchen auf ihre Ozeankarten zu stecken; sie waren keineswegs von ihren latitudinal und longitudinal orientierten Trassen abzulenken.

XVIII. Ein neues Paradigma wird etabliert

Eine moderne Deutung der Wissenschaftsgeschichte gab Thomas Kuhn 1962 mit seinem Buch über die Struktur wissenschaftlicher Revolutionen. Kuhn glaubt, daß Wissenschaft nicht kontinuierlich und sich steigernd fortschreitet, sondern durch wiederholte Revolutionen, wenn alte Ideen, Doktrinen und Methodologien durch neue ersetzt werden. Zu Anfang waren Beobachtungen eher dem Zufall zu verdanken. Nach und nach entwickelte man Erklärungen für die zufällig entstandene Datensammlung. Sie wurden diskutiert, ausgefeilt und schließlich von der jeweiligen Disziplin als Dogma akzeptiert. Kuhn verwendete das Wort *Paradigma*, um eine solche Zusammenstellung von Meinungen, Werten, Techniken usw. zu beschreiben, die von einer überwiegenden Mehrheit der Wissenschaftler geteilt wird. Das Paradigma beherrscht die Wissenschaft wie ein absoluter Monarch sein Königreich, aber Paradigmen und Monarchen sind selten perfekte Herrscher. Schließlich werden Fakten oder Resultate von Experimenten erfaßt, die dem herrschenden Paradigma entgegenstehen. Dies ist das Stadium der Krise, die eine Revolution hervorruft. Bei einer wissenschaftlichen Revolution wird ein altes Paradigma – wie eine alte Dynastie – entthront und ein neues auf den Thron gesetzt. Danach bestehen die wissenschaftlichen Bemühungen lediglich in »Aufräumungsarbeiten«, Sammlung neuer Alltagsbeobachtungen, die den »frisch gekrönten König« stützen sollen.

Das alte Paradigma der Geowissenschaften diktierte die Permanenz der Kontinente und Ozeanbecken. Ketzer wie Alfred Wegener wurden verfolgt. Mit der Entwicklung neuer Techniken zur Erforschung des Ozeanbodens tauchten fortwährend neue Ergebnisse auf und gerieten in Opposition zu dem alten Paradigma. Ich habe viele davon in diesem Buch aufgezählt: die versunkenen, flachspitzigen Berge im Pazifik, die gestreiften magnetischen Anomalien, das geringe Alter des Ozeanbodens, die seismische Aktivität an den mittelozeanischen Rücken, die geophysikalischen Anomalien in Gebieten der Transformverwerfungen, die Hot Spots usw. Zusammen mit den alten Feinden des Paradigmas, wie etwa der Perm-Karbon-Eiszeit, der Ähnlichkeit der Wirbeltierfaunen in verschiedenen südlichen Kontinenten, wurden die alten Dogmen der Geowissenschaften erfolgreich gestürzt. Das neue Paradigma ist die Theorie vom Oceanfloor Spreading und vieler seiner Begleiterscheinungen. Nach der Revolution ist die Begeisterung vorüber, und die neue Dynastie mag für einige hundert Jahre regieren, bis die nächste Revolution heranrollt. Manche Tiefseebohrfahrten brachten aufregende Ergebnisse, die der Revolution neue Munition lieferten. Dazu gehörte beispielsweise die Entdeckung der Mittelmeer-Austrocknung während des Leg XIII oder die Aufdeckung einer frühen (Oligozän) Vereisung der Antarktis während des Leg XXVIII. Andere Reisen bestätigten umstrittene Vermutungen und erbrachten weitere Siege für die Revolution: Die Bestätigung des Seafloor Spreading durch Leg III, die erste Bohrung in einem Becken hinter einer Inselkette während des Leg VI, die Überprüfung der »Hot Spot«-Theorie durch Leg LV waren bemerkenswerte Erfolge der *Glomar Challenger*, eines Schiffs, das eine ganze Wissenschaftsdisziplin revolutionierte. Nach dem atemberaubenden Durchbruch der »bewaffneten Division« mußte die »Infanterie« vorstoßen, um den Bodengewinn zu halten und zu erweitern. Viele der Tiefseebohrfahrten endeten wenig spektakulär. Die Datierung der magnetischen Streifungen im Pazifik, Atlantik und Indischen Ozean, die dem Leg III folgte, brachte keine Schlagzeilen, dafür aber Basiswissen über die Geschichte der Ozeanbecken.

Bohrungen in die Ozeankruste, wie im letzten Kapitel beschrieben, haben wir es zu verdanken, daß wir langsam beginnen, die Genese der Ozeankruste zu verstehen. Die *Glomar Challenger* scheint auf einer Art Jagd nach zufälligen Beobachtungen gewesen zu sein an Plätzen, die durch geographische Koordinaten festgelegt sind. Die Bohrungen in die atlantischen Ränder, mein nächstes Thema, sind überschattet von einem Problem ganz anderer Art. Das neue Paradigma hat sich offenbar so gut etabliert, daß nur »Aufräumungsarbeiten« für die Bohrkampagnen übriggeblieben sind.

Der Ursprung des atlantischen Typs der Kontinentalränder war eines der spannendsten Rätsel in der Geologie des letzten Jahrhunderts. Ich erwähnte im Kapitel VI die Aufstellung des Konzepts der Geosynklinalen durch James Hall 1840. Er fand nicht nur mächtige Sedimentfolgen aus Sand, Schlamm und anderem Erosionsmaterial in den Appalachen, er stellte auch fest, daß die Sedimente nicht aus dem Inneren Nordamerikas kamen, wie man hätte annehmen können. Die gewaltigen Mengen Kies, Sand und Ton wurden von Flüssen einer alten Landmasse, die untergegangen zu sein scheint und jetzt unter dem Rand des Atlantischen Ozeans liegt, in die »appalachische Geosynklinale« transportiert. Zu jener Zeit war das Innere des Nordamerikanischen Kontinents mit Korallenriffen und flachen Lagunen – vergleichbar der heutigen Großen-Bahama-Bank – bedeckt, und das Kontinentinnere war keine Quelle für Sedimente, die im Appalachen-Gebiet abgelagert wurden.

Als ich noch Student in China war, stieß ich in einer Monographie über die Chinesische Geologische Gesellschaft von Wolfgang Amadeus Grabau erstmalig auf dieses Problem. Grabau war ein nicht unbekannter Professor für Geologie an der Columbia University/New York. Er wurde während des Ersten Weltkriegs von seinen Nachbarn stark angefeindet, weil er Amerikaner deutscher Abstammung war. So verließ er die Vereinigten Staaten und ging nach China. Er hat viel zur geologischen Forschung in seiner zweiten Heimat beigetragen, bevor er kurz nach Ende des Zweiten Weltkrieges starb. 1924 schrieb Grabau eine Übersicht über die geologische Geschichte vieler Gebirgsketten. Er fand heraus, daß das von Hall zuerst in den Appalachen beobachtete Muster sich überall wiederholte: Kontinentalränder, die heute unter dem Meer versunken sind, waren einmal Festland, das Erosionsprodukte für Sedimentbecken lieferte. Dort wurde das Material in Form von Sedimentschichten abgelagert, die wir heute in zahlreichen Küstengebirgen antreffen. Offensichtlich verwandelten Kontinente sich in Ozeane, wenn altes Festland unter dem Meer verschwand, um Kontinentalränder zu bilden. Wie bereits erwähnt, unterscheiden sich Kontinente von Ozeanen nicht nur in ihrer Höhenlage (gemessen am Meeresspiegel), sondern auch in ihrer Krustenstruktur. Unter den Kontinenten liegt meist eine Granitkruste, etwa 30 bis 50 Kilometer dick; unter den Ozeanen besteht der Untergrund aus einer Basaltkruste, etwa 5 oder 10 Kilometer dick. Der Kontinentalrand ist eine Übergangszone, und darunter liegt eine granitische Kruste mittlerer Dikke (10 bis 25 Kilometer). Damit sich ein altes Land in einen abgesunkenen Kontinentalrand verwandeln kann, muß sich die Krustendicke entscheidend verändern. Die Absenkung ist nur äußeres Merkmal einer komplizierten Ursache.

Viele verschiedene Hypothesen sind über die Kontinentalränder aufgestellt worden. Mein Interesse an dem Thema – das in den zwei Dekaden seit meiner ersten Begegnung mit Grabaus Arbeit nie abgerissen war, veranlaßte mich Anfang der sechziger Jahre, einen weiteren Beitrag zur Theoriediskussion zu leisten. Die Geophysiker fanden damals Beweise dafür, daß der Erdmantel direkt unter der Moho nicht überall die gleiche Dichte besitzt. In Gebieten, in denen viel Wärme aus dem Erdmantel an die Oberfläche steigt, sind die Mantelgesteine aufgeheizt und ausgedehnt und darum weniger dicht als normal. Die Ausdehnung des Mantelmaterials könnte, so dachte ich, eine Anhebung verursachen und Gebirge und Plateaus entstehen lassen. Die Erosion würde große Materialmassen von den angehobenen Gebieten abtragen, so daß auch die darunterliegende Kruste dünner würde. Wenn schließlich die Wärmequelle im Mantel verschwunden ist, kühlt sich das Mantelmaterial wieder ab. Das einstige Hochland, dessen Kruste aufgrund der Erosion jetzt dünner ist, sollte nun

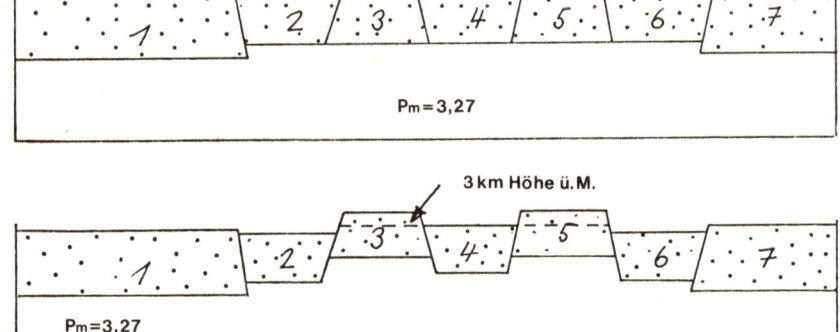

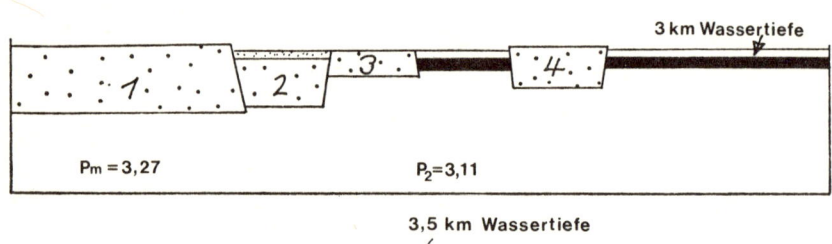

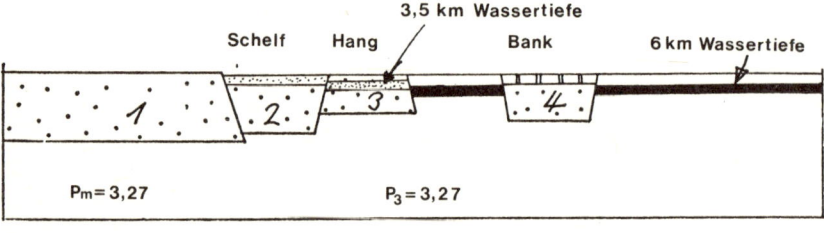

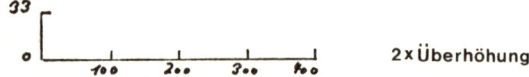

Abb. 18.1: Die Entstehung der passiven Kontinentalränder (Modell 1). Damit Land zu Meer wird, muß die Erdkruste nicht nur abtauchen, sondern sich auch verdünnen. Eine Theorie zur Erklärung dieses Phänomens geht davon aus, daß die Kruste dünner wurde, weil viel Krustenmaterial durch Erosion im Anfangsstadium der Kontinentalenverschiebung abgetragen wurde.

unter den Meeresspiegel sinken und einen Kontinentalrand bilden (Abb. 18.1).
Ich schlug eine Erklärung für die Entwicklung von Kontinental- oder Ozeanrändern vor, nicht aber für die Ozeane selbst. Vine und Matthews

boten in ihrem 1963 veröffentlichten Aufsatz (meiner erschien im selben Jahr) die Theorie vom Seafloor Spreading, um den Ursprung der Ozeanbecken zu erklären. Beide Arbeiten zusammen, eine erklärt die Auf- und Abbewegungen, die andere die Horizontalverlagerungen, ergeben das neue Paradigma für den Ursprung passiver Ozeanränder, passiv im Gegensatz zu den aktiven Ozeanrändern, wo eine Verschluckung der ozeanischen Lithosphäre entlang einer Benioff-Zone stattfindet.

Das jetzige Paradigma beschreibt mehrere Entwicklungsstadien. Zuerst wird ein Kontinent durch Ausdehnung des Erdmantels angehoben, die Kontinentalkruste wird auseinandergezerrt, und es entstehen Spaltentäler. Der geothermische Gradient im Erdmantel ist steil; durch die Hitze wird das Mantelmaterial teilweise in der Tiefe aufgeschmolzen und verursacht die Eruption der Gesteinsschmelzen als Lava an der Oberfläche. Die Kontinentalkruste wird aufgrund der Erosion dünner oder aber weil die Kruste durch die Zerrung gestreckt worden ist (Abb. 18.2). Manche Gebiete wie der Rheintalgraben oder die Ostafrikanischen Spaltentäler erreichten diesen Zustand vor 30 oder 20 Millionen Jahren, ihre weitere Entwicklung ist festgelegt. Der Atlantische Ozean jedoch machte das Spaltenstadium schon vor etwa 200 Millionen Jahren durch und ist seitdem weit darüber hinaus fortgeschritten. Die in den Spaltentälern abgelagerten groben Sedimente haben sich an beiden Seiten des Atlantik als Buntsandstein verfestigt. Laven flossen aus den Spaltentälern und wurden zu Küstenkliffs, wie etwa die Palisaden am Hudson nördlich der Stadt New York.

In fortgeschrittenerem Stadium der Spaltentalbildung wird die Kontinentalkruste völlig beiseite gedrängt. Die Wärmequelle unten im Mantel ist noch vorhanden, und basaltische Laven, die aus dem Mantel aufsteigen, ergießen sich auf den neuen Ozeanboden und bilden in dem Spalt zwischen den »driftenden« Kontinenten neue Ozeankruste. Das Rote Meer und der Golf von Kalifornien haben diesen Zustand schon weit entwickelt. In der Längsachse der beiden engen Golfe ist ein Tal vorhanden, von Ozeanbasalten unterlagert. Sie brachen erst vor vier oder fünf Millionen Jahren auseinander. Der Atlantik durchlief dieses Stadium vor etwa 150 Millionen Jahre, als die ersten Ophiolithe, ähnlich denen, die wir auf der Gorringe-Bank beim Leg XIII antrafen, ausgestoßen wurden und die älteste Ozeankruste des Atlantik bildeten. Mit der fortgesetzten Ausbreitung des Meeresbodens wurden die Kontinentalränder von der Wärmequelle im Mantel fortbewegt. Der Ozean weitete sich, mit einem erhobenen mittelozeanischen Rücken, wo der submarine Vulkanismus tätig ist. Inzwischen sind die Kontinentalränder und die älteren ozeanischen Krustenteile von der Achse der Ausbreitung des Meeresbodens (Seafloor Spreading) in kältere Regionen verfrachtet worden. So nahm

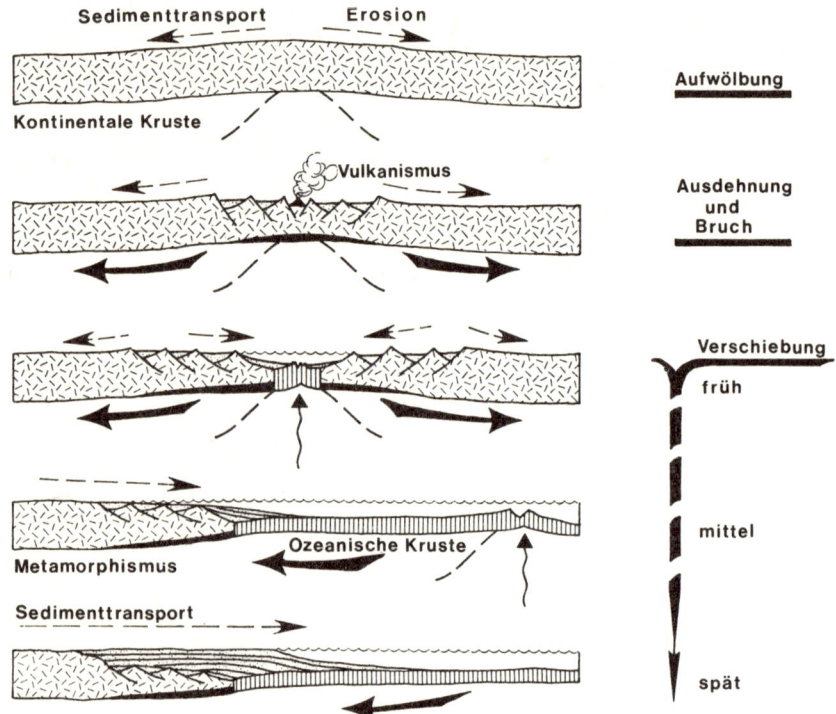

Abb. 18.2: Die Entstehung der passiven Kontinentalränder (Modell 2). Nach einer anderen Theorie wird angenommen, daß die Kruste unter einem Kontinentalrand deshalb dünn ist, weil ein Kontinent gedehnt wird, wenn er in zwei Teile zerbricht.

die Dichte des Mantelmaterials zu, und die Absenkung begann. Die spätere Geschichte der Kontinentalränder war dann von Sedimentation und Absenkung bestimmt.

Diesen Überblick läßt die Seafloor-Spreading-Theorie zu. Er beruht auf geologischen Untersuchungen an Land und auf geophysikalischen Untersuchungen der Ozeanränder. Das Paradigma sagt gewisse geologische Strukturen oder gewisse Ausbildungen von geologischen Formationen voraus, die am besten mit Hilfe fortlaufender seismischer Profilaufnahmen oder anderer geophysikalischer Methoden erforscht werden können. Ziel der Tiefseebohrungen war es, Informationen über den zeitlichen Ablauf der verschiedenen Entwicklungsstadien zu liefern. Während der drei ersten Phasen des Tiefseebohrprojekts wurden keine Anstrengungen gescheut, um die passiven Ozeanränder zu erforschen; sie umfassen die Legs I, X, XI, XII, XIV, XV, XXXVI, XXXVIII, XXXIX, XL, XLI,

XLIII, XLIV im Atlantik und die Legs XXIII, XXIV, XXV, XXVII im Indischen Ozean. Die Bemühungen reichten jedoch offenbar nicht aus, und so plante man in der Internationalen Phase der Ozeanbohrungen die Legs XLVII, XLVIII, L, LXXVI bis LXXXII für weitere Bohrungen auf dem Atlantikrand. Mein Freund John Ewing, ehemaliger Vorsitzender des JOIDES-Planungskomitees, hat einmal während einer heftigen Debatte über die Schiffszeit der *Glomar Challenger* die treffende Bemerkung gemacht: »Schiffszeit ist wie Erdnüsse essen: Man wird süchtig. Je mehr man genossen hat, um so mehr will man haben!«

Die Planer des Passive Ocean Margin Panel schienen gute Erdnußesser zu sein mit gewissen Vorlieben. Jede JOIDES-Mitgliedsnation hatte ihre »besondere Marke«. Die Amerikaner favorisierten den nordwestlichen Atlantik, die Deutschen den Westafrika-Rand, die Franzosen den Golf von Biskaya und die Briten das Rockall-Plateau, eine untermeerische Bank im Nordatlantik, nicht weit von den Britischen Inseln entfernt.

Zwar habe ich die Bemühungen meiner Kollegen als »Aufräumungsarbeiten« bezeichnet, die wenig dazu beitragen werden, unser Wissen über den Ursprung der passiven Ozeanränder entscheidend zu erweitern, doch sind sie selbst offensichtlich anderer Meinung. Ich fand es amüsant, in einem der Expeditionsberichte von etwa 1000 Seiten folgendes Resümee zu lesen:

»Die Ergebnisse (unserer Bohrungen) unterstreichen die Notwendigkeit weiterer Bohrungen und weiterer geophysikalischer Untersuchungen.«

Ich möchte nicht den Eindruck erwecken, daß die geologische Erforschung der passiven Ozeanränder ohne Bedeutung ist. Sie ist wichtig, weil viele unserer bedeutenden Ölfelder an gegenwärtigen oder vergangenen passiven Rändern liegen. Wegen dieser ökonomischen Bedeutung haben sich acht Ölgesellschaften der Vereinigten Staaten der US *National Science Foundation* angeschlossen. Gemeinsam soll ein anspruchsvolles Programm entworfen werden, das vorsieht, auf den Kontinentalrändern vor Nordamerika zu bohren. Die Kosten werden mit 1 Milliarde Dollar veranschlagt. Jedoch muß ökonomischer Nutzen nicht unbedingt auch der Wissenschaft zum Vorteil gereichen. Die Ölfirmen haben viele Milliarden Dollar für geologische und geophysikalische Forschungen ausgegeben; ihre Investitionen haben sich allemal gelohnt, doch zur Revolution der Geowissenschaften haben sie wenig beigetragen.

XIX. Ozeanströmungen

Die Bohrungen auf den passiven Kontinentalrändern haben zwar nicht gerade zu aufregenden Ideen über den Ursprung der Ränder geführt, dafür erbrachten sie viele überaus interessante Fakten in bezug auf die Bewegungen der Wassermassen in den Ozeanen während vergangener geologischer Zeiten.

Im Frühjahr 1976, als mit Leg XLVII der Kontinentalhang westlich von Spanisch-Sahara erforscht werden sollte, ging mein Freund Bill Ryan erneut an Bord der *Glomar Challenger,* um das dritte Mal als Ko-Chefwissenschaftler tätig zu sein, zusammen mit Ulrich von Rad von der *Bundesanstalt für Geowissenschaften und Rohstoffe* in Hannover. Nur zwei Löcher wurden an einer Stelle (Bohrplatz 397) in wenig mehr als zwei Wochen gebohrt; das eine erreichte eine Tiefe von 1000, das andere eine Tiefe von 1453 Metern unter dem Meeresboden, bei einer Wassertiefe von etwa 3000 Metern. Das erste Loch wurde in eine ungewöhnlich mächtige Schicht junger Sedimente gebohrt. Als das Bohrloch wegen technischer Schwierigkeiten aufgegeben werden mußte, war der Bohrstrang in frühes Miozän eingedrungen, in Sedimente, die etwa 20 Millionen Jahre alt sind. Die Wissenschaftlermannschaft versammelte sich und beschloß, am Bohrplatz zu bleiben und ein weiteres Loch zu bohren. Es war ein Glücksspiel, weil sie nicht sicher waren, ob sie tiefer durch das Miozän hindurchbohren konnten. Die Tonschichten gaben übrigens Kohlenwasserstoffgase ab, zwar nur in geringen Mengen, aber es bestand die Gefahr, plötzlich größere Lager anzubohren. Die Ko-Chefs hatten strenge Auflagen, keinesfalls ein Sicherheitsrisiko einzugehen. Ende März war das Loch 397A bis auf 1000 Meter in den Meeresboden hineingetrieben, und Anfang April waren sie dabei, in tiefere Bereiche vorzudringen, aber die Ko-Chefwissenschaftler blieben zwei weitere Tage im Ungewissen. Ein Kernrohr nach dem anderen wurde an Deck gezogen, und dabei wurden stets die gleichen Tonschichten aus dem Miozän gefunden. Aber Ryan und von Rad blieben standhaft. Endlich, in 1300 Meter Tiefe brachte der 137. Kern an diesem Bohrplatz die »Goldschicht«! Zur großen Überraschung aller enthielt er weder Oligozän, die nächstältere zu erwartende Formation, noch Eozän oder Paleozän: Der Kern förderte schwarzen Schiefer aus der frühen Kreide zutage. Zwischen den Miozän-Tonschichten und dem Kreide-Schiefer fehlten in der Sedimentfolge Schichten, die 100 Millionen Jahre umfaßten!

Mike Arthur, der als Sedimentologe an der Reise teilnahm, fand heraus, daß etwa 10 000 Kubikkilometer Sedimente in einem Gebiet von 6000 Quadratkilometern durch Erosionen beseitigt werden. Das war ein Phänomen, besonders wenn man bedenkt, daß fast alles Material aus gut verfestigten Gesteinen bestand.

Große Lücken in alten Tiefseesedimentfolgen waren den Geologen, die die alpinen Formationen am Nordrand des Tethys-Ozeans erforschten, nicht unbekannt. Sie konnten einen solchen Hiatus in der Sedimentation von einem Alpental in ein anderes verfolgen, von einer aufgeworfenen Gesteinsmasse, Nappe oder Decke genannt, zur anderen. Mein Kollege Hans Bolli arbeitete während des Zweiten Weltkrieges für seine Dissertation an diesem Thema. Da man damals noch so gut wie nichts über Ozeanströmungen wußte, die den Meeresboden kräftig erodieren konnten, versuchte man einen derartigen Hiatus (Diskordanz) mehr oder weniger geschickt wegzudiskutieren: Es wurde vermutet, daß sich die Tiefsee irgendwie hob, so daß eine Flußerosion an der Luft stattfinden konnte. Nach der Abtragung beträchtlicher Sedimentmengen sank dasselbe Gebiet plötzlich wieder in die Tiefsee hinab. Glücklicherweise wußten es die Wissenschaftler von Leg XLVII besser und brauchten sich nicht auf so weit hergeholte Argumente einzulassen. Wie ich in Kapitel XIII erwähnte, können die Bewegungen des Bodenwassers ausreichend hohe Geschwindigkeiten erreichen, um den tiefen Seeboden zu erodieren. Wüst bewies dies als erster anhand von Strömungsmessungen, die er auf einer Reise mit dem deutschen Forschungsschiff *Meteor* durchführte. Während der acht Jahre Tiefseebohrerfahrungen vor Leg XLVII gab es schon zahlreiche Hinweise darauf, daß die Meeresboden-Strömungen, insbesondere die an den Rändern des Atlantik, erosive Kraft besitzen. Die Wissenschaftler von Leg XLVII waren darum nicht die ersten, die eine derartige Lücke in den Sedimentfolgen entdeckten. Ryan und ich bohrten auf der Gorringe-Bank westlich von Lissabon beim Leg XIII durch eine ähnliche Sedimentfolge. Große Lücken in den Sedimentfolgen der Kreide- und Tertiär-Sedimente sind tatsächlich in vielen Bohrlöchern an beiden Seiten des Atlantik gefunden worden. Die Entdeckung während des Leg XLVII war nur wegen ihres gewaltigen Ausmaßes bemerkenswert, denn die erste Entdeckung dieser Lücke war bereits auf der Leg-XLI-Bohrfahrt gemacht worden.

Mehrere Jahre lang hatten Eugen Seibold/Kiel, Karl Hinz/Hannover und ihre Mitarbeiter ausgedehnte Untersuchungen der Kontinentalränder im Westen von Afrika durchgeführt. Sie machten sich die Technik der kontinuierlichen seismischen Profilaufnahme zunutze und entdeckten zwei bedeutende Reflektionsschichten in der Sedimentfolge, die unter dem Kontinentalhang westlich von Spanisch-Sahara lag. Diese Schichten reflektieren akustische Signale, weil ihre Oberfläche hart ist. Im Mittelmeer bilden die akustischen Reflektoren die Oberfläche der verfestigten Evaporitbildungen (Kapitel XV). In vielen Teilen des Nordatlantik und des Pazifik sind die akustischen Reflektoren die Oberfläche der harten Hornstein- oder Flint-Bildungen (Kapitel IX). Nach unserem jetzigen Wissen dürfte es eigentlich weder Salz noch Hornstein in diesem Gebiet geben. Was aber waren diese Reflektoren dann? Seibold und Hinz zerbrachen sich die Köpfe darüber.

Leg XLI war für das Frühjahr 1975 geplant, als die Bundesrepublik Deutschland sich dem IPOD anschließen wollte; diese Reise wurde von manch einem als »Mitgift« Deutschlands in Erwartung der bevorstehenden »Hochzeit« angesehen. Die *Glomar Challenger* wurde zu Bohrungen vor der Küste westlich von Kap Bajodor geschickt, um die Rätsel zu lösen, mit denen Seibold und Hinz sich herumplagten. Das Leg XLI wurde oft als französisch-deutsches Unternehmen angesehen, geführt von Seibold und Yves Lancelot. Lancelot, jetziger Chef des Deep Sea Drilling Project, war damals junger Assistent an der Universität Paris. Es war nur zu verständlich, daß er Befürchtungen hegte, mit dem viel älteren und erfahreneren Seibold zusammenzuarbeiten, der einer der bedeutendsten Geologen unserer Zeit ist. Seibold, viele Jahre lang Direktor des Geologischen Instituts in Kiel, ist nun Präsident der *Deutschen Forschungsgemeinschaft* und der *Union der Geologischen Wissenschaften.* »Geo-Papst« nennt mein Kollege und sein Vorgänger Rudolf Trümpy den Vertreter dieses höchsten Amtes, in das man in unserem Beruf gewählt werden kann. Lancelots Bedenken waren jedoch überflüssig, denn Seibold ist nicht nur ein hervorragender Wissenschaftler, sondern auch ein ausgesprochen liebenswürdiger und verträglicher Mensch, wie aus einer der vielen Anekdoten hervorgeht, die er mir während unserer gemeinsamen Exkursion durch die Wüste am Toten Meer erzählte.

Seibold machte sich gern über sich selbst lustig, aber auch über seine amerikanischen Freunde, die Schwierigkeiten hatten, *ei* und *ie* auseinanderzuhalten. So wurde auf seiner Vortragsreise durch die USA Professor Seibold aus Kiel oft als Professor Siebold aus Keil vorgestellt. Auf unserer Israelreise erzählte Seibold mir dazu eine Geschichte aus dem Krieg: An der russischen Front verwundet, wurde Major Seibold zur Erholung in die Heimat geschickt und – inzwischen hatte er das Krankenhaus verlassen – einer Lehrdivision zugeteilt. Während dieser schrecklichen Jahre war die Wehrmacht offenbar bereit, nach jedem Strohhalm zu greifen, der ihren Sieg hätte retten können, und die Soldaten der Lehrdivision mußten alle möglichen Erfindungen ausprobieren. Viel häufiger als erhofft, versagten

die neuen Waffen, zum Leidwesen jener, die die Versuche durchführen mußten. Seibolds Aufgabe war es, die Berichte aufzusetzen, die allerdings stets das Mißfallen seiner Vorgesetzten hervorriefen. Einst kam ein bekannter »Erfinder« auf die ausgefallene Idee, daß Artilleriegranaten mehr Zerstörungskraft besäßen, wenn sie erst nach dem Aufprall explodieren würden. So mußten Seibold und seine Leute viele Wochen schwitzend ihre Zeit mit etwas vergeuden, von dem sie wußten, daß es nicht funktionieren konnte. Das Ganze war eine Schnapsidee. Schließlich mußte der Bericht über die *Aufprallschießübungen* eingesandt werden. Seibolds Bericht war nicht gerade schmeichelhaft, aber er war ausgezeichnet geschrieben, wie er glaubte. Er verstand den Zorn seiner Vorgesetzten nicht und die scharfe Philippika, die auf ihn niederging, als er ins Hauptquartier des Generaloberst beordert wurde. Erst viel später kam er dahinter, daß ein Schreiber versehentlich (?) die Buchstaben *e* und *i* in dem Schlüsselwort auf der Vorderseite des Berichts vertauscht hatte. Ich schätzte seinen Sinn für Humor, der diesem berühmten Mann soviel Menschlichkeit verlieh. So wußte ich auch, daß Seibold schnell alle Verkrampfungen seines jungen Ko-Chefwissenschaftlers aus der Welt schaffen würde. Das Leg XLI gilt als eine der erfolgreichsten Fahrten des Tiefseebohrprojekts. An Bohrplatz 369 auf dem Kontinentalhang westlich von Kap Bajodor überwachten Seibold und Lancelot die Bohrung in jene Schichten, die akustische Signale reflektiert hatten. Die Reflektoren sind alte Erosionsoberflächen, von den Geologen Erosionsdiskordanzen genannt. Diese Oberflächen sind hart, weil die Erosion die weichen Sedimente abgetragen hat. Bei der chemischen Reaktion von Meerwasser und erodiertem Meeresboden entsteht ein harter Belag. Der stärkste Reflektor war eine Erosionsfläche aus dem frühen Oligozän.
Sowohl anhand der bei Bohrplatz 379 gewonnenen Information als auch der geophysikalischen Daten von Seibold und Hinz kam Mike Arthur zu dem Schluß, daß die weitverbreitete Erosion an den atlantischen Rändern im Oligozän von Bodenströmungen verursacht wurden. In einem Zeitraum von 10 bis 20 Millionen Jahren wurde eine Sedimentfolge von mehr als einem Kilometer Mächtigkeit abgetragen. Die Erosion wurde im frühen Miozän plötzlich gestoppt, als die Bewegung des Bodenwassers zu schwach wurde, die von den höherliegenden Hängen abrutschenden Schlammablagerungen wegzutransportieren (Abb. 19.1).
Beweise für eindrucksvolle submarine Erosion hat man auch anderswo gefunden. In dem Gebiet zwischen dem Rand des südamerikanischen Kontinents und einer untermeerischen Bank, der Rio-Grande-Erhebung, befindet sich ein Tiefseekanal, der Vema-Kanal. Heute fließen die Bodenwassermassen der Antarktis, auch Antarktis-Boden-Wasser (AABW) genannt, nordwärts durch den Kanal vom Argentinischen Becken ins

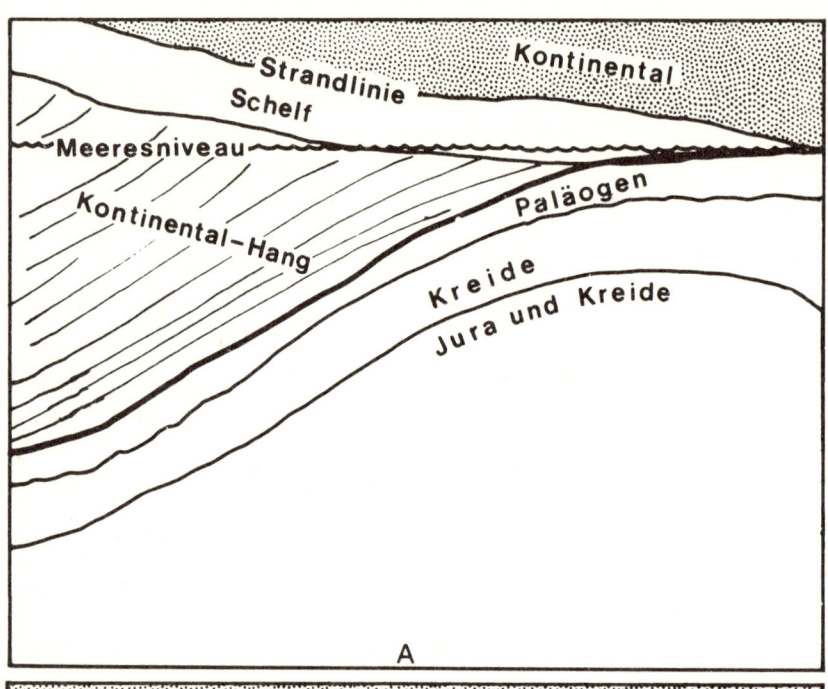

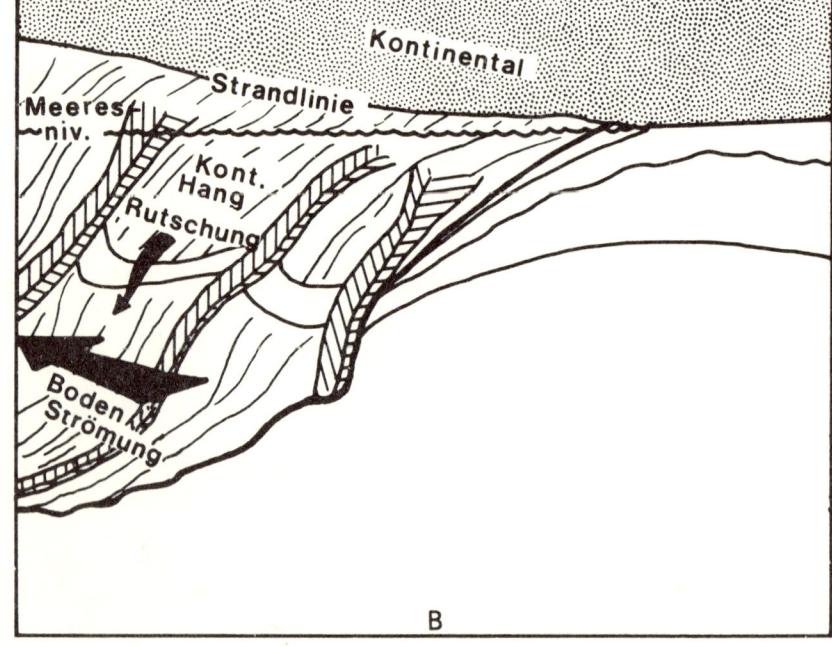

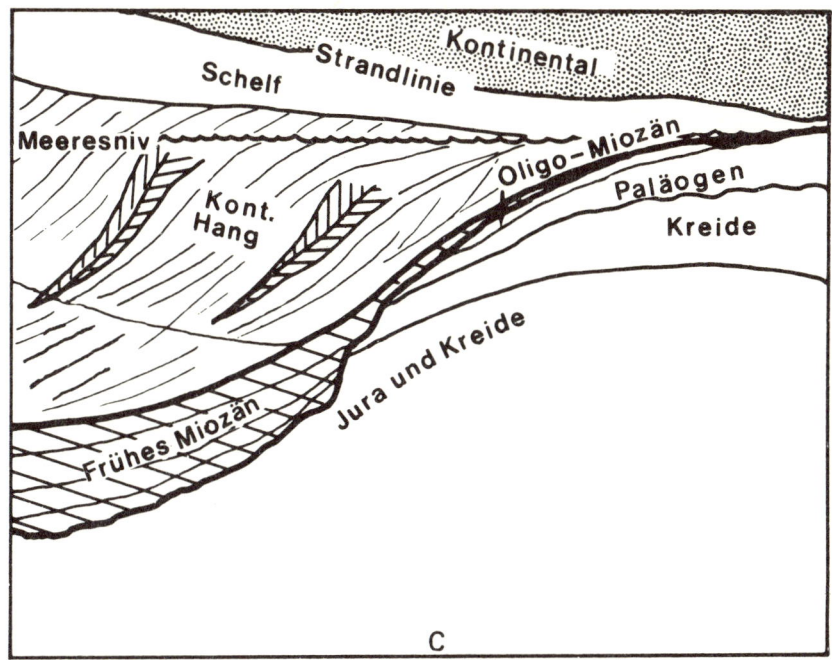

Abb. 19.1: Die Erosion an der Basis eines Kontinentalhanges. Bei Tiefseebohrungen westlich der afrikanischen Küste wurde eine große Lücke in den Sedimentablagerungen gefunden. Wissenschaftler nehmen an, daß eine sehr starke Bodenströmung, die am Fuße des Kontinentalhanges wie ein Unterwasserstrom entlanggeflossen ist, vor 35 Millionen Jahren (frühes Oligozän) einen Kanal in die verfestigten Sedimente geschnitten hat (B). Später wurde die Strömung sehr schwach oder hörte ganz auf, als sich mächtige Miozän-Sedimente ablagerten, die schließlich den Kanal begruben (C).

Brasil-Becken. Die Bohrungen von Leg LXXII aus dem Jahre 1980 zeigten, daß das AABW dort seit etwa 40 Millionen Jahren geflossen ist und die Geschwindigkeit während des frühen Oligozäns besonders hoch war, als der Kontinentalhang vor Kap Bajodor erodiert wurde.

Spuren, die von den kräftigen Bodenströmungen im frühen Oligozän hinterlassen wurden, sind während des Leg XXI auch im Südwestpazifik entdeckt worden. Die Fahrt wurde von Ko-Chefwissenschaftler Robert Burns aus Seattle/Washington und meinem Leg-III-Kollegen Jim Andrews aus Hawaii geleitet. Es wurde an fünf Stellen in den Meeresboden des Korallenmeers und der Tasmansee gebohrt. Der Paläontologe an Bord, Tony Edwards, stieß auf die merkwürdige Tatsache, daß Sedimente aus dem letzten Teil des Eozäns und aus dem frühen Oligozän auf jedem der fünf Bohrplätze fehlten. Das entsprach zeitlich fast genau der Sedi-

mentlücke westlich von Afrika. An den Rändern des Indischen Ozeans –
so hatten Wissenschaftler bei verschiedenen Expeditionen beobachtet –
fehlten auch Sedimente aus dem Oligozän fast ganz. Im Gegensatz zu
Bohrungen südlich von Tasmanien während des Leg XXIX fanden die
Wissenschaftler nicht etwa die gleiche alte Erosionsfläche vor; statt dessen
hatten hier die sehr starken Bodenströmungen offenbar circa 10 Millionen
Jahre später, gegen Ende des Oligozäns, begonnen.

Ich habe erwähnt, daß die Bohrkerne von Leg XXIX Nick Shackleton das
Material für Paläotemperaturanalysen lieferten. Die Daten weisen deutlich auf eine sehr plötzliche Abkühlung von 5 bis 10°C am Ende der
Eozän-Zeit oder dem beginnenden Oligozän vor 37 Millionen Jahren
(Abb. 13.1) hin. Es ist möglich, daß es vor dieser Zeit in einigen hohen
Gebirgen auf dem antarktischen Kontinent Gletscher gab; später aber
haben einige Gletscher offensichtlich bis an die Küste hinabgereicht und
die umgebende See gekühlt. Schließlich bildete sich Meereis, der Salzge-
halt des Ozeanwassers um den antarktischen Kontinent stieg. Kälteres
und stärker salzhaltiges Wasser ist auch dichter; es sinkt ab und bildet eine
Bodenwassermasse. Jim Kennett und seine Kollegen hielten sich auf ihrer
Leg-XXIX-Expedition an diese Tatsache. Sie formulierten eine interessante Hypothese, um die Veränderungen der Bodenströmungen in den
Ozeanen während der letzten 40 Millionen Jahre zu erklären.

In der Kreidezeit waren die Polarregionen eisfrei. Die Temperaturunter-
schiede zwischen dem Äquator und hohen Breitengraden waren gering.
Starke thermohaline (aufgrund von Temperatur- und Salzunterschieden)
Strömungen, wie sie heute beobachtet werden, blieben aus, denn die
Dichtedifferenzen waren zu gering. Dichteres Wasser entstand dort, wo
die Verdunstung den Salzgehalt erhöhte. Wenn salziges Wasser abkühlte
und absank, entstand eine halokinetische (durch Salz getriebene) Strömung, wie sie wahrscheinlich vorherrschte, bevor die antarktischen Gletscher das Meer erreichten. Nicht immer allerdings setzte sich dieser
halokinetische Mechanismus durch, wie die wiederholte Ablagerung von
schwarzen Tonschiefern der Kreidezeit in schwach durchlüfteten Bereichen des Atlantischen Ozeans bezeugt (Kapitel XIV).

Der Beginn des Oligozäns war eine wichtige Epoche in der Geschichte der
Ozeane. Wegen starker Abkühlung breiteten sich die antarktischen Gletscher weiter aus. Sie wanderten bis an das Meer hinunter. Das Meerwasser kühlte sich ab, und es bildete sich Meereis. Das Oberflächenwasser
war nun kalt und stärker salzhaltig; es sank ab und bildete das antarktische Bodenwasser. Nun begann seine zirkulierende lange Reise als Randströmung und drang in den Südwestpazifik, den Atlantik und den Indischen Ozean ein. Die Ströme von kaltem, antarktischem Wasser in
tropischen Regionen verschlechterten das globale Klima weiter, was

wiederum die Ausdehnung der Antarktis-Gletscher förderte. So war der Kreis geschlossen, und die Rückkopplung führte zu einem sich steigernden Effekt wie eine Inflationsspirale; der beständige Zustand war durchbrochen, und es trat eine drastische Abkühlung ein.

Der Klimawechsel zu Beginn des Oligozäns veränderte auch den Motor der Tiefseezirkulation. Die Entstehung des antarktischen Bodenwassers wirkte sich deutlich aus: Kraftvolle Bewegungen und eine weitverbreitete Erosion des Meeresbodens, besonders in Gebieten entlang den Pfaden der Bodenströmungen, waren die Folge. Die Erosionsoberflächen, die bei den Tiefseebohrungen westlich von Afrika, im Vema-Kanal, im Gebiet des Korallenmeers und der Tasmansee und an den Rändern des Indischen Ozeans entdeckt wurden – alle haben sie ihren Ursprung in der Abkühlung Antarktikas. Aber warum wurde die »davonlaufende Abkühlung« gestoppt? Warum verlangsamte sich während des späten Oligozäns oder frühen Miozäns die Bodenströmung? Kennett und seine Kollegen glaubten, daß ihnen die während des Leg XXIX gezogenen Bohrkerne eine Antwort darauf geben konnten.

Eines der wesentlichen Ziele dieser Reise war, die Geschichte der Zirkum-Antarktis-Strömung zu bestimmen. Diese zirkumpolare Strömung ist von großer ozeanographischer und klimatischer Bedeutung, weil sie mehr als 200 Millionen Kubikmeter Wasser pro Sekunde transportiert, wahrscheinlich der größte Wassertransport irgendeiner Ozeanströmung. Diese Zirkulation war nicht möglich, als Südamerika, Neuseeland und Australien noch mit Antarktika verbunden waren. Kennett nahm an, daß das Gebiet südlich von Tasmanien das letzte verbleibende Hindernis während des Oligozäns war – nach der länger zurückliegenden Trennung Neuseelands und Südamerikas von Antarktika. Australien begann im Eozän, vor 55 Millionen Jahren, sich von Antarktika zu entfernen, dagegen blieben Tasmanien und die submarine Tasmanien-Erhebung für weitere 15 Millionen Jahre mit Antarktika verbunden; die Nordwärtsbewegung Australiens führte um die Tasmanien-Achse herum. Die Ausbreitung des Meeresbodens setzte sich unablässig fort und die Tasmanien-Erhebung wurde schließlich im späten Oligozän, vor 25 oder 30 Millionen Jahren, von Antarktika losgerissen und bildete dort eine enge, aber tiefe Straße, deren Boden aus ozeanischer Kruste besteht. Nach Kennett war dies das letzte Hindernis für die tiefe Zirkulation rund um die Antarktis, und es wurde zu dieser Zeit beseitigt. Der Zirkum-Antarktis-Strom war geboren, und seitdem haben keine wesentlichen Veränderungen im Zirkulationsmuster stattgefunden (Abb. 19.2). Löcher, die in den Pfad dieser Bodenströmung gebohrt wurden, enthielten weniger oder keine Sedimente, die jünger als Oligozän sind – wegen der Erosion des Stromes seit dieser Zeit.

Einige Geologen erkennen Kennetts Hypothese nicht an, weil sie davon ausgehen, daß das letzte Hindernis für die Bewegungen des Zirkum-Antarktis-Stroms bestehen blieb, bis die Drakestraße zwischen Südamerika und Antarktika offen war. Leider werde ich es kaum noch erleben, daß in der Drakestraße gebohrt wird, nach der Beinahe-Katastrophe während des Leg XXXVI (Kapitel XIII); so werden wir vielleicht niemals die richtige Antwort erhalten. Inzwischen gefällt mir Kennetts Hypothese, weil sie die sich ändernde Kraft der Bodenströmungen in mittleren Breiten erklärt. Im frühen Oligozän, als sich erstmalig antarktische Bodenwasser bildeten, flossen sie nach Norden in den Pazifik, in den Atlantik und in den Indischen Ozean. Als die Tasmanien-Straße offen war, wurde das kalte Bodenwasser zum größten Teil im System der Zirkumpolarströmung gefangen (Abb. 19.2). Die Bodenströmungen in anderen Ozeanen verloren dadurch ihren Nachschub und waren deshalb zu schwach, um eine Sedimentation an den Ozeanrändern zu verhindern. Es ist wohl eine kühne Vorstellung, daß der erneute Beginn der Sedimentation westlich von Kap Bajodor auf ein Ereignis in der fernen Antarktis zurückzuführen ist, aber Aufgabe der Wissenschaft ist es unter anderem, allgemeine Ursachen für offensichtlich nicht miteinander in Beziehung stehende Wirkungen zu finden.

Ich habe den Verdacht, daß die Entstehung des Zirkumpolarstroms noch mehr verursacht hat. Er kann für viele Millionen Jahre die globale Klimaverschlechterung verlangsamt haben. Die Belege für Temperaturveränderungen zeigen eine Wende im frühen Miozän (Abb. 13.1). Eine Antwort könnte wiederum Kennetts Hypothese geben. Während des frühen Miozäns herrschte in den gemäßigten Zonen ein mildes Klima, weil das gesamte kalte Bodenwasser in den Polarregionen gefangen war und das Oberflächenwasser der Ozeane sich fortwährend in den Äquatorströmungen aufwärmte, die um den Erdball kreisten. Wir wissen nicht genau, warum die Abkühlungstendenz erneut im mittleren Miozän vor 12 Millionen Jahren einsetzte und noch einmal im späten Miozän vor 5 Millionen Jahren. Einige Wissenschaftler vermuten, daß die Abkühlung im Mittel-Miozän eine Folge der »Kontinentaldrift« gewesen sein könnte, die Eurasien und Afrika zusammenbrachte. Dadurch nämlich wurde die globale Zirkulation der Äquatorströmungen unterbrochen. Vielleicht hängt also der Beginn der letzten Abkühlung mit der Austrocknung des Mittelmeers im späten Miozän zusammen.

Die sich verändernde Struktur der Bodenströmungen löst vielleicht auch ein Rätsel, das mich sehr lange beschäftigte – seit ich mich 1968 den Tiefseebohrunternehmungen anschloß. Wie schon in Kapitel V berichtet, glaubte ich damals nicht an die Theorie vom Seafloor Spreading. Meine Argumente, die auch Doc Ewing benutzte, waren eine logische Interpre-

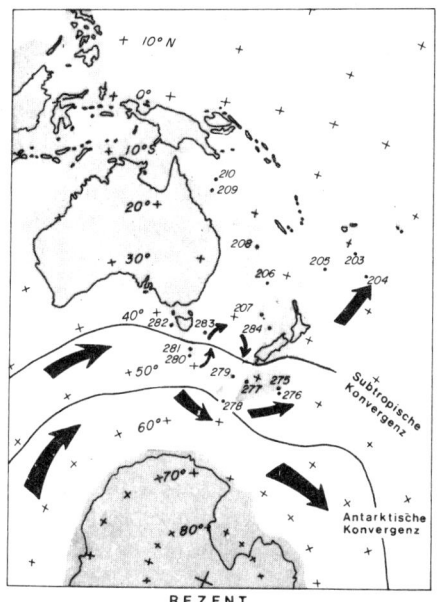

REZENT

Abb. 19.2: Das Seafloor Spreading und die Zirkumpolarströmung. Jim Kennett und seine Mitarbeiter konnten nachweisen, daß das letzte Hindernis (südlich Tasmanien) für die Zirkumpolarströmung im späten Oligozän beseitigt wurde. In früheren Zeiten floß das Bodenwasser der Antarktis nach Norden und führte zu starken Bodenströmungen im Pazifik und anderen Ozeanen. Später wurde das antarktische Bodenwasser zum größten Teil in der Zirkum-Antarktis-Strömung gefangen, die um den antarktischen Kontinent herumführt.

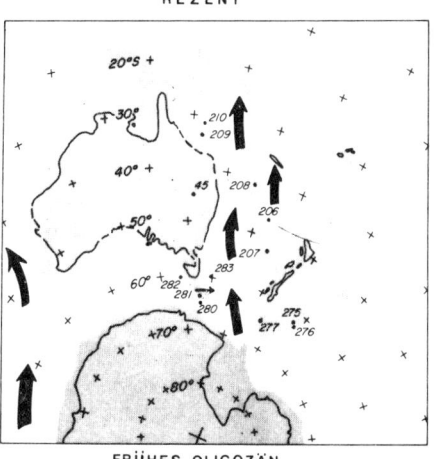

FRÜHES OLIGOZÄN

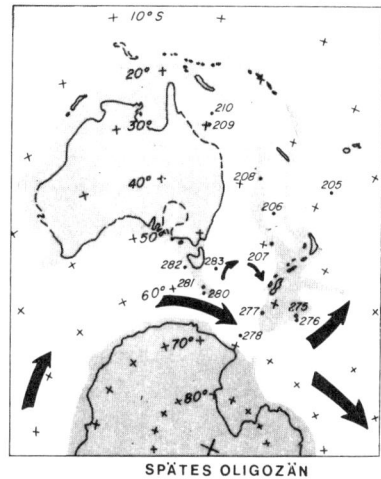

SPÄTES OLIGOZÄN

tation der Sedimentbefunde – auf der Basis einer einzigen Voraussetzung. Der Südatlantik-Boden ist überwiegend mit Schlamm bedeckt. Die Sedimentationsrate beträgt etwa 1 Zentimeter in 1000 Jahren. Dieser Rate entsprechend müßte die Ozeankruste, die unter einer Sedimentdecke von 100 Metern liegt, etwa 10 Millionen Jahre alt sein. Ewing und seine Assistenten haben viele und gründliche Messungen der Mächtigkeit der Ozeansedimente im Atlantik durchgeführt; die Sedimentdecke ist überall,

269

im ganzen gesehen, wenige hundert Meter mächtig. So schien der Sedimentbefund einer Theorie zu widersprechen, die ein linear zunehmendes Alter mit der Entfernung von der Achse des mittelozeanischen Rückens voraussagte. Nun, die Bohrungen zeigten, daß meine Voraussetzung falsch war. Während des Leg III wurden zwei Sedimentarten angetroffen: Kalkschlamm, der zum größten Teil aus fossilen Skeletten bestand, und roter Ton, der nur wenig oder gar kein Calciumcarbonat enthielt. Der Ton ist in Wirklichkeit der unlösliche Rest des Kalkschlamms und wurde in wesentlich geringeren Raten abgelagert. Ich lag also falsch, als ich von einer konstanten Sedimentationsrate ausging. Der rote Ton stammt zur Hauptsache aus dem Mittel-Miozän und ist zwischen 20 und 10 Millionen Jahre alt. Wie werden diese Sedimente zu roten Tonen? Schon während der Reisen der *H. M. S. Challenger* vor mehr als einem Jahrhundert beobachtete man folgendes: Rote Tone findet man häufig auf tieferen Ozeanböden, und sie kommen oft weitab von tropischen und Polar-Regionen vor, die eine besonders hohe biologische Produktivität aufweisen. »Logische« Erklärungen waren schnell bei der Hand: Nachdem sich alle Fossilienskelette aufgelöst haben, bleiben Rückstände in Form von roten Tonen; tieferes Ozeanwasser ist saurer, und deshalb zerfallen Carbonatskelette darin schneller, gerade in Gebieten mit niedriger Produktivität, weil dort der »Skelettnachschub« gering ist; die Kombination von korrodierendem Tiefenwasser und geringer Produktivität hat im Nordpazifik ein Gebiet geschaffen, das für die Sedimentation des roten Tones überdurchschnittlich geeignet ist.

Teile des Meeresbodens in den mittleren Breiten des Südatlantik sind jedoch ebenfalls sehr tief, und es entsteht dort wenig Plankton. Warum also ist der Boden des Südatlantik über weite Strecken mit Kalkschlamm bedeckt? Wiederum waren es die Ozeanographen, die eine Antwort gaben.

Die Quellen des kalten Wassers, das die Bodenströmungen der Ozeane hervorruft, sind das antarktische Bodenwasser (AABW) und das nordatlantische Tiefenwasser (NADW). Die Tiefenwasser bilden Randströmungen im Atlantik, bevor sie aufeinandertreffen und nach Osten in den Indischen Ozean und von dort in den Pazifik fließen. Auf ihrem Weg sammeln die Wasser gelöstes Kohlendioxid oder Kohlensäure, die bei der Oxidation toten Tier- und Pflanzenmaterials am Meeresboden frei wird, so daß die sich bewegenden Wassermassen saurer werden und auf die kalkigen Skelette an ihrer Endstation im tiefen Nordpazifik stärker korrodierend wirken. An jeder beliebigen Stelle ist jedoch die Korrosionskraft des Ozeanwassers offenbar tiefenabhängig. Mit Hilfe von Experimenten wollte man nachweisen, daß die Lösungsrate von Kalkskeletten in größerer Tiefe zunimmt. Die Geologen vermuteten, daß von einer gewissen

Tiefe an Calcit schneller gelöst wird, als die Nachschubrate ausgleichen kann, so daß keine kalkigen Skelette als Sedimente erhalten bleiben. Diese Tiefe wird als Calcit-Kompensationstiefe (engl. CCD) bezeichnet. Die CCD beträgt etwa 4000 bis 4500 Meter im Nordpazifik, ist aber im Südatlantik mehrere hundert Meter tiefer; dort ist das Bodenwasser weniger korrodierend. Da die Tiefenlage des Mittelatlantischen Rückens zum größten Teil geringer als 5000 Meter ist, sind Kalkschlämme heute die vorherrschenden Sedimente im Südatlantik. Die Entdeckung von rotem Ton aus dem Miozän war darum eine große Überraschung. Lag der atlantische Meeresboden im Miozän tiefer, oder war das Bodenwasser damals stärker korrodierend?

Als ich 1970 meinen Reisebericht schrieb, wußte ich wenig über chemische Ozeanographie. In meiner Unkenntnis favorisierte ich die eher konservative Theorie: Um die Existenz des roten Tones zu erklären, ging ich davon aus, daß der Boden des Atlantik im Miozän tiefer gelegen hatte. Die Frage der Calciumcarbonat-Lösung wurde bald Ziel aller folgenden Tiefseebohrfahrten, und die dabei gesammelten Daten schienen darauf hinzuweisen, daß ich mich geirrt hatte. Viele Geologen – auch ich gehörte dazu – begannen darüber nachzudenken, ob der sich ändernde Chemismus des Ozeanwassers nicht für das Steigen und Fallen des CCD verantwortlich sein könne – der wiederum bestimmte, ob Kalkschlamm oder roter Ton abgelagert wurde.

Warum sollte die CCD steigen oder fallen? Vielleicht tat sie es ja gar nicht. Vielleicht lag der Atlantikboden im Miozän tatsächlich tiefer. 1975 schlug ich dem JOIDES-Planungskomitee vor, eine Anzahl ozeanographischer Probleme zu untersuchen, darunter den Ursprung des roten Tones aus dem Miozän im Südatlantik. Ich hing dabei, wie das in unserem Beruf häufig geschieht, zäh an einer falschen Idee, weil ich hoffte, letztendlich doch bestätigt zu werden. Nach meiner Ernennung zum Vorsitzenden der Südatlantik-Arbeitsgruppe gelang es mir mit Hilfe von Bill Ryan und anderen Kollegen ein Bohrprogramm auszuarbeiten, das dann auf fünf Bohrfahrten realisiert wurde, den Legs LXXI bis LXXV im Jahre 1980. Die Leg-LXXIII-Expedition kehrte in das Gebiet zurück, in dem ich seinerzeit begann; und eines ihrer Hauptziele bestand darin, die Ursache für die ausgedehnte Lösung von Kalksedimenten im Miozän zu erforschen. Eine Trasse von sechs Löchern wurde an der Ostflanke des Mittelatlantischen Rückens parallel zum 30. Grad südlicher Breite gebohrt. Es war meine fünfte Reise auf der *Glomar Challenger,* Ko-Chef war ich zum dritten Mal, zusammen mit John La Brecque (Lamont). Auf dieser Reise assistierten mir zwei ehemalige Studenten, Judy McKenzie, schon Teilnehmerin von Leg LV, und Helmut Weissert. Wie der Teilchenbeschleuniger für den Kernphysiker ist das Bohrschiff eine unentbehrliche technische Voraussetzung für den Meeresgeologen. Mit Hilfe einer umfänglichen Datensammlung – gewonnen bei einer Reihe von Experimenten – sollte es gelingen, die richtige von der falschen Hypothese zu unterscheiden. Die zwei Alternativen, die während des Leg LXXIII untersucht werden sollten, wurden dargelegt, als ich gerade den Bericht zu Leg III schrieb. Das eine Modell ging von einer zeitweiligen Verlangsamung oder sogar einem vollständigen Stillstand des Seafloor Spreading im Mittel-Miozän aus. Danach waren inaktive mittelozeanische Rücken abgesunken, und der rote Ton hatte sich dort abgelagert, sobald der Rückenscheitel unter die CCD gesunken war. Dieses Modell war zuerst angewendet worden, um die Bohrergebnisse im Südatlantik zu deuten, doch dann fand Lucien Leclaire vom Naturhistorischen Museum in Paris während des Leg XXV bei einigen Bohrplätzen im Indischen Ozean einen gleichen Anstieg der Kalklösung in den Mittel-Miozän-Sedimenten. Leclaire nahm auch an, daß eine mögliche Verlangsamung des Seafloor Spreading die Ursache für die Ablagerung des roten Tones war. Die Lage der JOIDES-Bohrplätze ließ genug Zweifel offen, ob die Rate des Seafloor Spreading während des Miozäns tatsächlich konstant war, aber der größte Teil aller gesammelten Informationen sprach für das alternative Modell. Es schienen wirklich Veränderungen im Ozean-Chemismus stattgefunden zu haben, die das Wasser des Atlantik und des Indischen Ozeans im mittleren Miozän stärker korrodierend machten, obgleich sich die Lage der CCD im Pazifik damals nicht sehr stark veränderte. Um Kenntnisse über die Veränderungen im Ozean-Chemismus der Vergangenheit zu erlangen, brauchen wir Proben, insbesondere Fossilienproben aus dem Mittel-Miozän, so daß wir diese Mikrofaunen, Nannofloren und den Aufbau ihrer Skelette mit den Fossilien anderer Zeiten vergleichen können. Das war leichter gesagt als getan, weil solche Fossilien in den roten Tonen zum größten Teil oder sogar vollständig weggelöst sind. Wo konnten wir Kalksedimente aus dem Mittel-Miozän im Südatlantik finden?

Wir wußten, daß die Auflösung von Carbonaten in geringer Tiefe überall schwächer ist. Wir wußten auch, daß der Meeresboden auf dem Scheitel eines mittelozeanischen Rückens flacher ist. John Sclater und seine Mitarbeiter von Scripps erklärten das Phänomen mit dem Begriff der unterschiedlichen Dichte des Mantels: Der Mantel wird aufgeheizt und dehnt sich dort aus, wo die Gesteinsschmelzen aus den Spalten heraufkommen, die durch die Ausbreitung des Meeresbodens entstanden sind. Die axiale Region des Rückens liegt hoch, weil sie durch das sich ausdehnende Mantelmaterial angehoben wurde. Wenn sich die lithosphärische Platte vom heißen Zentrum fortbewegt, kühlt sich das Mantelmaterial ab und wird dichter, so daß der Meeresboden allmählich absinkt. Unter Verwen-

272

dung von geophysikalischen Daten formulierte Sclater eine mathematische Beziehung zwischen der Tiefenlage des Meeresbodens und dem Alter der darunterliegenden Ozeankruste: Der Ozean ist dort tiefer, wo die Kruste älter ist. Später, als die Tiefseebohrergebnisse der beiden ersten Phasen von JOIDES verfügbar waren, konnten Sclater und der Student R. Detrick die theoretische Vorhersage bestätigen (Abb. 19.3). Der Kamm eines mittelozeanischen Rückens liegt im allgemeinen 2500 bis 2700 Meter tief. Während der ersten 20 Millionen Jahre nach Bildung der Ozeankruste muß der Meeresboden über der Kruste schnell auf 4000 Meter Tiefe abgesunken sein, aber der Absenkungsbetrag verringerte sich dann. Wenn die Ozeankruste auf eine Tiefe von etwa 6000 Meter unter den Meeresspiegel abgesunken war, kam die Senkung in der Regel zum Stillstand (Abb. 19.3). Sclaters Analysen ließen uns hoffen, und wir sollten nun nach kalkigen Miozän-Sedimenten auf dem Kamm des Mittelatlantischen Rückens suchen.

Das geologische Experiment im Südatlantik wurde in wenigen Wochen im Mai und Juni 1980 durchgeführt. Fünf Löcher an der Ostflanke des Mittelatlantischen Rückens bewiesen ohne Zweifel, daß das Seafloor Spreading mit konstanter Rate vor sich gegangen ist; der Prozeß verlangsamte sich weder, noch hörte er im Mittel-Miozän auf. Anhand von Sclaters Theorie konnten wir den Schluß ziehen, daß der Meeresboden auf dem Kamm des Rückens damals in etwa 2600 Meter Tiefe gelegen hat – wie heute. Das weitverbreitete Vorkommen von Miozän-Tonen kann nur durch den veränderten Chemismus des Ozeanwassers erklärt werden. Unsere Aufgabe, fossilhaltige Sedimente auf früheren Kämmen des Rückens zu sammeln, war ebenfalls erfolgreich; die faunistischen und chemischen Analysen der Proben lieferten die Daten für eine Lösung unseres Problems.

Die Bohrkerne von der Ostflanke des Mittelatlantischen Rückens (Leg LXXIII) zeigten, daß die Miozän-Sedimente dort meistens rote Tone sind, die nur wenig oder keinen Kalk enthalten. Das darunterliegende Oligozän und die darüber liegenden Pliozän- und Quartär-Sedimente sind jedoch vorwiegend kalkige Schlämme, wie man sie heute dort auf dem Meeresboden findet. Dieses Muster der sich ändernden Sedimentation scheint zeitlich mit der sich ändernden Stärke der Bodenströmungen im Südatlantik zusammenzufallen. Ich habe zu Anfang dieses Kapitels erzählt, daß das Absinken des Antarktischen Bodenwassers im frühen Oligozän eine Epoche starker Strömungsaktivitäten einleitete, die im Atlantik erst im frühen Miozän endete, nachdem das AABW zum größten Teil im Zirkum-Antarktis-Strom gefangen war. Nach einer Zwischenzeit mit warmen Ozeanen und langsamen Bodenströmungen während der längsten Zeit des Miozäns, begann sich das globale Klima wieder abzu-

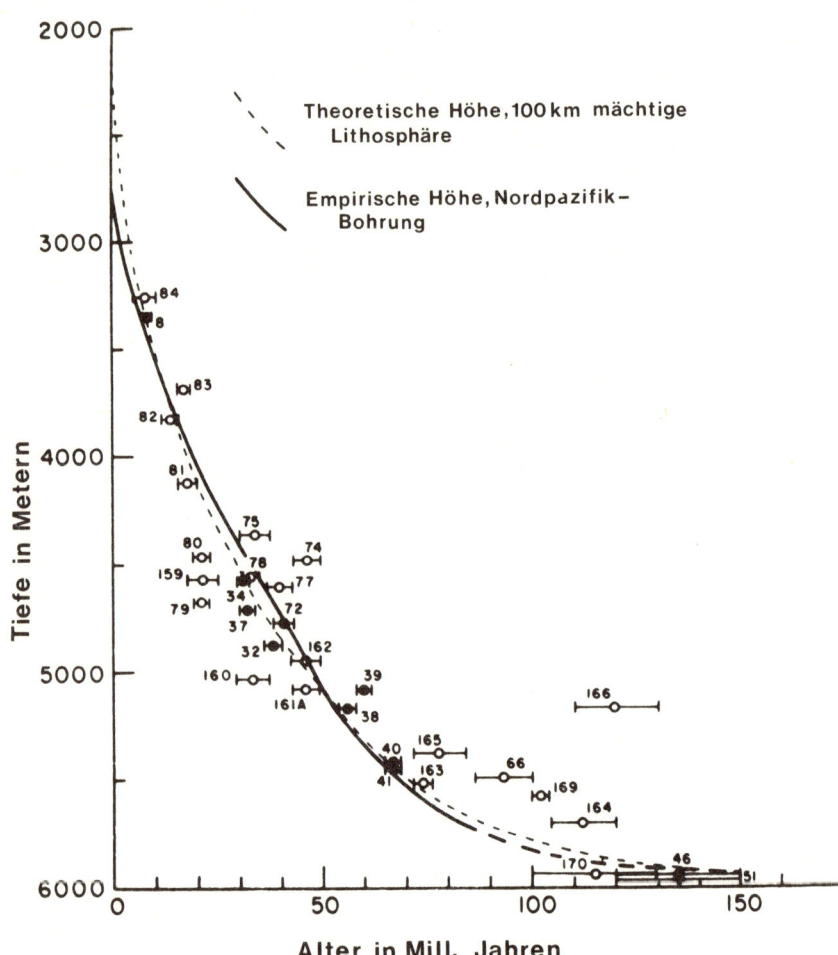

Alter in Mill. Jahren

Abb. 19.3: Die Absenkung des Meeresbodens. John Sclater und seine Assistenten stellten eine theoretische Kalkulation der Absenkungsgeschichte des Ozeanbodens auf, die auf Überlegungen beruhte, daß der Mantel abkühlt, wenn sich die ozeanische Lithosphäre von der Achse des Seafloor Spreading entfernt. Dieses Diagramm, das Alter und Tiefe des Meeresbodens zueinander in Beziehung setzt, wurde 1971 veröffentlicht, nachdem ihre theoretische Voraussage durch die Bohrungen im Pazifik bestätigt worden war. Die gleiche Beziehung hat sich auch bei den Bohrergebnissen im Atlantik und im Indischen Ozean ergeben.

kühlen. Im frühen Pliozän jedoch wurde mehr Antarktisches Bodenwasser produziert und kaltes Wasser lief wieder aus dem Zirkum-Polar-Strom aus – als starke westliche Randströmung, die entlang des westlichen Atlantikrandes nach Norden gerichtet war. Es scheint, daß die vorherigen langsamen Strömungsbedingungen die Ansammlung von Kohlensäure im Bodenwasser des Südatlantik ermöglichten, was wiederum zur Auflösung der Kalkskelette führte. Der erneute Beginn starker Bodenströmung im Atlantik spülte das korrodierende Wasser fort, vielleicht in den Nordpazifik, so daß die CCD im Atlantischen Ozean wieder sank und wiederum zur Ansammlung von Kalkschlamm führte.

Die Tone des Mittel-Miozäns sind rot, im Gegensatz zu den schwarzen Tonschiefern der mittleren Kreidezeit. Sie sind rot, weil das Wasser genügend Sauerstoff enthielt, um das Eisen in den Sedimenten zu einer roten Verbindung zu oxidieren. Der Sauerstoff des Bodenwassers wurde stetig verbraucht, um die organische Materie zu zersetzen. Das miozäne Bodenwasser war nicht absolut sauerstoffrei; diese Tatsache zeigt, daß damals eine Bodenströmung im Atlantik existierte; obgleich die Strömungen schwach waren, wurde dem Bodenwasser genügend Sauerstoff zugeführt. So waren die Lebensbedingungen für eine Fauna geschaffen, wie sie heute auf wärmeren und salzhaltigeren Ozeanböden vorkommt. An der Westflanke des Mittelatlantischen Rückens waren die Sedimente aus dem oberen und unteren Miozän, die während des Leg III erbohrt wurden, kalkig; nur das Mittel-Miozän besteht aus rotem Ton. Offensichtlich waren die westlichen Randströmungen stark genug, antarktisches Bodenwasser im ältesten und jüngsten Miozän in den westlichen Südatlantik zu transportieren; nur die östliche Flanke war während des gesamten Miozäns dem Einfluß stärker korrodierenden Bodenwassers ausgesetzt.

XX. Das große Sterben

Während meiner Arbeit bei Shell nahm ich gewöhnlich ein Lunchpaket und aß gemeinsam mit meinem Freund Alfred Traverse in dessen Büro. Traverse war Paläontologe, spezialisiert auf Pollen und Sporen in Sedimenten, und er hatte das *Journal of Paleontology* abonniert. Eines Tages reichte er mir die neueste Nummer der Zeitschrift und sagte: »Würdest du einmal einen Blick auf diesen Artikel über Dinosaurier werfen? Glaubst du, daß der Bursche ernst zu nehmen ist? Oder glaubst du, daß De Laubenfels ein Pseudonym von jemandem ist, der versucht, sich über uns lustig zu machen?«

Ich hatte noch nie von einem De Laubenfels gehört. Schnell überschlug ich die Seiten. Es war faszinierend, aber mit der in Fachzeitschriften üblichen, ernsthaften Diskussion hatte dieser Text wenig zu tun. De Laubenfels nahm an, daß die Dinosaurier durch heiße Luft getötet wurden, die dem Fall eines großen Meteoriten folgte. Ich amüsierte mich besonders darüber, daß die Krokodile den Holocaust überlebt haben sollten, weil sie sich im Schlamm eingegraben hätten, die Schildkröten dagegen überlebten, weil sie den Atem anhielten und unter Wasser tauchten, um sich abzukühlen. Nun ist im Amerikanischen »hot air« ein Idiom für leeres Gerede. Traverse und ich hatten den Verdacht, daß der Aufsatz eine Satire war, mit der die vielen Geologen verspottet werden sollten, die so viel leeres Gerede über das Aussterben der Dinosaurier von sich gegeben hatten. Ich weiß heute noch nicht, ob die Person, die sich De Laubenfels nennt, wirklich existiert und ob sein Artikel tatsächlich ernst gemeint war. Immerhin ist die Theorie von der irdischen Katastrophe lange diskreditiert worden. Welcher Wissenschaftler würde bei vollem Verstand seinen Ruf riskieren und die alten Skelette von Georges Cuvier wieder ausgraben?

Die Karriere Cuviers begann kurz nach der Französischen Revolution; er entdeckte, daß die Mammute (Elefanten der Eiszeit) sich anatomisch stark von den heute lebenden Elefanten unterschieden. Die Mammute sind ausgestorben. Offenbar ließ Cuvier sich vom Zeitgeist anstecken, und er nahm an, daß diese Tiere durch eine »Umwelt-Revolution«, eine Katastrophe, ums Leben kamen. Cuviers Forschungen wurden später von Napoleon Bonaparte unterstützt: Er sammelte in ganz Europa Fossilien von Wirbeltieren aus älteren Sedimentformationen. Seine Mitarbeiter und er entdeckten Skelette primitiver Säugetiere in den ältesten Schichten der Tertiär-Epoche und große Reptilien, Dinosaurier genannt, in den noch älteren Ablagerungen der Kreidezeit. Der plötzliche Wechsel von einer Welt, die von großen Dinosauriern bewohnt war, zu einer Fauna mit kleinen Säugetieren war in der Tat eindrucksvoll. Cuvier war nun mehr denn je davon überzeugt, daß die Erdgeschichte immer wieder von Katastrophen heimgesucht worden war. Alles existierende Leben wurde ausgelöscht, bevor eine völlig neue Welt entstand. Die Schöpfung, wie sie im ersten Kapitel der Bibel beschrieben wird, liegt in der Zeit der letzten Katastrophe. Wenn man die genealogischen Alter von Adam bis Christus zusammenzählt und die Jahre seit Christi Geburt hinzuzählt, ist das letzte Schöpfungsereignis etwa 6000 Jahre alt.

Cuviers Beobachtungen sind im wesentlichen korrekt, und seine Schluß-folgerung, daß die Dinosaurier einer Katastrophe zum Opfer fielen, wird heute noch diskutiert. Leider erlebte Cuvier den Höhepunkt seiner Karriere zur Zeit der tiefsten Restauration. Seine Hypothese war der Tradition christlichen Glaubens stark verhaftet. Seine Katastrophentheorie war zu eng mit der Vorstellung von der biblischen Schöpfung verwoben, so daß Charles Lyell und Charles Darwin, beide jüngere Zeitgenossen, es leicht hatten, sie anzugreifen.

Lyell war Engländer. Einige Historiker sehen in ihm den Begründer der Geologie, weil sein Prinzip des Aktualismus seit Mitte des vorigen Jahrhunderts das herrschende Paradigma ist. Lyells Aktualismus leugnet willkürliche göttliche Eingriffe. Lyell glaubte an die Unabänderlichkeit der physikalischen Gesetze. Tatsächlich wurde dieses Konzept zuerst im 18. Jahrhundert von dem Schotten James Hutton angewendet, um die Erde zu erforschen. Vor Huttons Zeit gab es keine Geologie, nur »Geognosie«, und die Bibel war ihre wichtigste Bezugsquelle. Schon zu seiner Zeit glaubten die meisten »Geognosten«, daß alle Gesteinsbildungen aus Fluten ausgeschieden wurden, vergleichbar der biblischen Sintflut. Dies galt sogar für Gesteine wie Granite oder Basalte. Die Kontroverse über den Ursprung des Basalts war eine der bekanntesten Auseinandersetzungen in der Geschichte der Geologie. Die Schule der »Neptunisten«, angeführt von dem Freiburger Professor Abraham Gottlob Werner, traten für den sedimentären Ursprung der Basalte ein. Nicolas Desmarest, französischer Amateurforscher, wußte es besser: in der Auvergne konnte er die Basalte bis zu ihrem Ursprung, den Lavaflüssen aus erloschenen Vulkanen, verfolgen. Hutton wird als Führer der »Plutonisten«-Schule angesehen, seit 1775 sein Buch »Theory of the Earth, or an Investigation of the Laws observable in the Composition, Dissolution and Restoration of Land upon the Globe« (Theorie von der Erde oder eine Untersuchung der zu beobachtenden Gesetze über die Zusammensetzung, den Zerfall und die Wiederherstellung von Land auf der Erde), erschien. Der Kern seiner Arbeit bestand darin, Gesteine zu studieren, die in der Vergangenheit durch geologische Prozesse entstanden waren. So nämlich könnte man die zu beobachtenden Vorgänge in der Gegenwart erforschen, weil physikalische Gesetze unwandelbar sind. Um den Ursprung der Basalte zu erkennen, sollte man – etwa am Vesuv in Italien – *beobachten,* wie Basalte aus Laven dieses aktiven Vulkans entstehen. Dieser Anregung folgend reiste Leopold von Buch, Lieblingsschüler Werners, zum Vesuv und später in die Auvergne. Von Buchs Beobachtungen machten deutlich, daß sein Meister unrecht hatte; die Basalte sind tatsächlich aus den Vulkanen gekommen. Als Lyell nach der Jahrhundertwende seine geologischen Forschungen begann, hatten die »Plutonisten« gewissermaßen gesiegt. Der Huttonsche Aktualismus war nun mehr oder weniger anerkannt. Lyell ergänzte mit seiner Theorie, daß einstige Vorgänge mit ungefähr gleichen Raten vor sich gingen wie jetzige, Huttons Aktualismus. Er nannte seine Philosophie Uniformitarismus. Mit ihr erklärte er Cuviers Katastrophentheorie gewissermaßen den Krieg.

Später warfen Historiker ein, daß Charles Lyell eigentlich Jurist war. Seine Idee von den gleichen Raten war ein Glaube, ein Bekenntnis. Er hatte kaum Beweise, um diese Annahme zu stützen. Als glänzender Rechtsanwalt wußte Lyell, daß er seinen Fall vor dem Gericht der öffentlichen Meinung gewinnen könnte, wenn er die wirklich schwachen Stellen seines Gegners angreifen würde. Eine solche schwache Stelle in Cuviers Theorie war der »Kreationismus«. Charles Darwins Arbeit hatte entscheidend zur Theorie von der biologischen Evolution beigetragen, die die Vorstellung von der göttlichen Schöpfung widerlegte. Lyell gewann seinen Fall, weil er den Schöpfungsglauben als ein unerläßliches Element in Cuviers Katastrophentheorie hervorhob. Er überzeugte Darwin davon, daß die Evolution ein langsamer, allmählicher Prozeß ist, und es gelang ihm, mehrere Geologengenerationen davon zu überzeugen, daß die einzelnen Entwicklungen auf der Erde sich mit gleicher Geschwindigkeit vollzogen haben. Die Katastrophentheorie geriet in Verruf und wurde aus den Lehrbüchern gestrichen.

In Wirklichkeit schloß Huttons Aktualismus katastrophenbedingte Entwicklungen keineswegs aus; auch zeigen die Beobachtungen heutiger Geschehnisse keinen einförmigen Ablauf. Heute gehen einige Forscher, wie etwa Stephan Gould von der Harvard University, davon aus, daß die *Evolution* sprunghaft verläuft: Viele Millionen Jahre lang geschieht nichts, dann ergeben sich plötzlich viele und rasche Veränderungen. Einige Geologen nehmen sogar an, daß es mehr als einmal in der langen Geschichte der Erde Ereignisse von katastrophalem Ausmaß gegeben haben könnte. Ein solches ungewöhnliches Ereignis, das den Lauf der biologischen Evolution vielleicht stark beeinflußt hat, kann in der Tat jene »heiße Luft« gewesen sein, von der De Laubenfels annahm, daß sie von herabgefallenen Meteoriten oder Kometen verursacht wurde.

Mit Hilfe der *Glomar Challenger* sollte nun geklärt werden, ob die Dinosaurier tatsächlich Opfer der Laubenfelsschen »heißen Luft« wurden. Bei der Arbeit an seinem Buch *The Origin of Species* hatte Charles Darwin Schwierigkeiten, das plötzliche Aussterben verschiedener Arten am Ende der Kreidezeit zu erklären. Statt der Dinosaurier erwähnte er die Ammoniten, schwimmende Kopffüßler, wie etwa der heutige Nautilus. Diese Ammoniten und viele andere Arten verschwanden etwa zur selben Zeit wie die großen Reptilien. Die Veränderung in Fauna und Flora war so tiefgreifend, daß man von einem Massenaussterben sprechen kann und von einem Wendepunkt in der biologischen Evolution. Die Mesozoische Ära ging zu Ende, und die Känozoische Ära begann. Darwin und viele Paläontologen nach ihm, die durch Lyells Uniformitarismus geprägt waren, konnten sich nicht dazu überwinden, die Beweise für das »große Sterben« zu akzeptieren. Immer wieder wurde hervorgehoben, daß sich in den untersuchten Fossiliengruppen keine Hinweise auf plötzliche evolutionäre Veränderungen gefunden hätten. Dies galt beispielsweise für Floren an Land sowie für kleine Süßwassertiere. Am Tiefseeboden lebende Arten haben dem Wechsel tatsächlich am besten widerstanden. Faunen in Küstengewässern wurden dagegen in unterschiedlichem Maße geschädigt. Wenn man jedoch die Fossilienreste schwimmender Organismen in Tiefseesedimenten untersucht, stellt man fest, daß die Veränderungen an der Grenze von der Kreide zum Tertiär signifikant sind.

Die Tiefseesedimente können, wie ich es bereits erwähnte, vollständig aus den Skeletten einzelliger Tiere (Foraminiferen) oder Pflanzen (Nannoplankton) bestehen. Ein Kubikzentimeter kann viele tausend Foraminiferen oder Milliarden von Nannoplankten enthalten, die vielen verschiedenen Arten angehören. Darum liefern Tiefseesedimente statistisch auswertbare Proben, ob die veränderte Artenzusammensetzung im Ozean evolutionär oder katastrophenbedingt war. In der Regel sind derartige Veränderungen evolutionär, wie Darwins Theorie es voraussagt. Wenn man eine Sedimentfolge in einem Tiefseebohrkern untersucht, kann eine Probe, die von einem Horizont einen Meter über einem anderen liegend stammt, sehr geringe Unterschiede zum anderen Horizont zeigen: vielleicht ist eine Art, die weniger als 2 Prozent des Gesamten ausmacht, in dem einen, aber nicht im anderen Horizont vorhanden, wenn auch die Gesamtmasse beider Proben aus den gleichen Mikrofaunen oder Mikrofloren besteht und nicht zu unterscheiden sind, außer von den besten Spezialisten. Im Jahre 1960 untersuchten Hanspeter Luterbacher aus

Basel und Isabella Premoli-Silva aus Mailand nahe dem Dorf Gubbio im nördlichen Apennin eine Faunenfolge und fanden eine bemerkenswerte Veränderung in den Mikrofaunen im Übergang von der Kreide zum Tertiär. Unmittelbar unter einem roten Ton, der etwa einen Zentimeter mächtig ist, befindet sich ein Kalk, der aus vielen Millionen Skeletten robuster Foraminiferen besteht; zahlreiche der diskusförmigen Gehäuse haben mehr als einen halben Millimeter Durchmesser (Abb. 20.1). Diese Fossilien gehören zu Arten, die zum Ende der Kreidezeit in den Ozeanen lebten. Unmittelbar über diesem Ton liegt ein Kalkstein, der aus winzigen, dünnschaligen Foraminiferen-Skeletten besteht, die weniger als ein Zehntel so groß sind wie ihre Vorgänger. Sie gehören zu der Art *Globigerina eugubina,* der ältesten Spezies aus dem Tertiär, den Vorfahren praktisch aller Foraminiferen, die heute im Ozean vorkommen! Später erforschte Jan Smit aus Amsterdam eine ähnliche Gesteinsfolge bei Caravaca in Spanien und stieß auf die gleiche katastrophenbedingte Veränderung. Er zählte 54 Arten schwimmender Foraminiferen in den Kreide-Kalksteinen unmittelbar unter einer Grenztonschicht. Offenbar überlebte nur eine der örtlichen Arten die Katastrophe. Sie wurde in den Tertiär-Sedimenten über dem Ton gefunden. Die vorherrschenden Tertiär-Faunen bestehen auch hier aus der Art *Globigerina eugubena,* die aus irgendeinem anderen Gebiet eingewandert sein muß, und ihren tertiären Nachkommen. Aus dem Studium von Nannofossilien ergeben sich ähnlich eindrucksvolle Beobachtungen. Bill Bramlette (Scripps) war einer der ersten in den frühen sechziger Jahren, der die signifikanten Unterschiede zwischen den Nannofossilien unter dem roten Ton und jenen darüber entdeckte. Bramlettes Resultate wurden später von zahlreichen Experten auf diesem Gebiet bestätigt, als sie die Kreide-Tertiär-Grenze an Land untersuchten oder Tiefseebohrkerne analysierten. Der paläontologische Befund bewies an jeder untersuchten Stelle katastrophenbedingtes Artensterben innerhalb sehr kurzer Zeit. Wie lange aber dauerte es wirklich? Fand das »große Sterben« überall zur gleichen Zeit statt? Zur Beantwortung dieser Fragen war die kürzlich entwickelte Technik, das Alter von

Abb. 20.1 (rechts): Das »Große Sterben« vor 65 Millionen Jahren. Das Massenaussterben am Ende der Kreidezeit irritierte Darwin, der an eine langsame und allmähliche biologische Evolution glaubte. Isabella Premoli-Silva und Hanspeter Luterbacher entwarfen dieses Diagramm zur Darstellung des vollständigen Faunenwechsels der schwimmenden, einzelligen Tiere (Foraminiferen) an der Kreide-Tertiär-Grenze. Man beachte die großen und robusten Kreideformen, die plötzlich an dem Horizont der Probe G-97 B verschwinden. Die nächste Probe, G-97 C, ein paar Millimeter darüber, enthält eine spärliche Fauna aus sehr kleinen Formen, einzige Überlebende jener Katastrophe, von der unsere Erde vor 65 Millionen Jahren heimgesucht wurde.

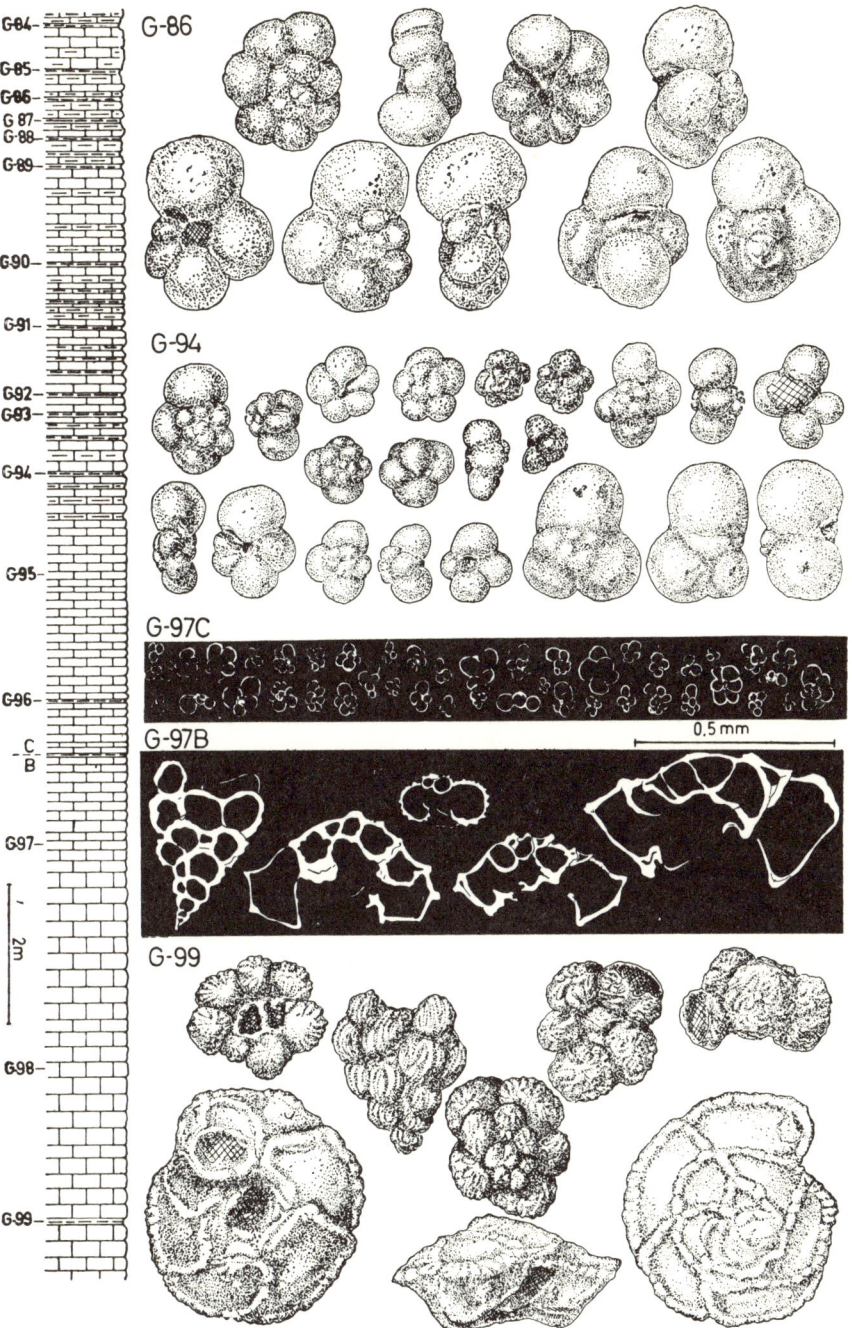

G-86

G-94

G-97C

G-97B

0.5 mm

G-99

2m

Sedimenten aufgrund des remanenten Magnetismus zu bestimmen, unumgänglich.

Wie ich in Kapitel IV beschrieben habe, führten Alan Cox, Ian McDougall und andere zuerst die Geschichte der Umkehrung des erdmagnetischen Feldes für die letzten wenigen Millionen Jahre ein. Vine und Wilson nahmen an, daß die Dauer jeder Epoche der magnetischen Polarität proportional zur Breite der gestreiften magnetischen Anomalien unter dem Meeresboden sein sollte, so daß man die Entwicklung mit Hilfe der Meeresboden-Anomalien etwa 150 Millionen Jahre zurückverfolgen kann. Auf den endgültigen Nachweis mußten die Forscher jedoch lange warten. Es galt nämlich, eindeutig festzustellen, daß das Alter der Meeresboden-Anomalien tatsächlich dem von Heirtzler und anderen vorausgesagten entsprach. Mehr als zehn Jahre Tiefseebohrungen haben gezeigt, daß das Problem nicht so einfach war, wie man gehofft hatte. Die lineare Rate der Ausdehnung, wie die Leg-III-Bohrungen im Bereich des Südatlantiks bewiesen haben, läßt sich nicht überall anwenden. Im Nordatlantik zum Beispiel schwankt das Seafloor Spreading zwischen 1,0 und 2,6 Zentimeter pro Jahr. Um eine zuverlässige Chronologie der Umkehrungen des erdmagnetischen Feldes aufzustellen, muß man die magnetische Polarität einer durchgehenden Sedimentfolge bestimmen. Die Tiefseebohrkerne waren für solche Untersuchungen nicht geeignet. Zunächst ließ die Bohrtechnik zu wünschen übrig, die Erlangung der Kernabschnitte betrug selten 100 Prozent; ein durchgehendes Profil steht selten zur Verfügung. Ein noch größeres Hindernis ist der schwere Rotary-Bohrstrang, der oft den Schlamm aufwirbelt und die Einordnung der magnetisierten Teile in den Sedimenten stört (Kapitel XIII). Diese Proben liefern keine verwertbaren Resultate. Viele Jahre lang mußten wir, um Proben zu bekommen, an denen der remanente Magnetismus in Sedimenten untersucht werden konnte, mit den Kullenbergschen Kolbenbohrkernen arbeiten. Es war anfänglich unmöglich, mit diesem Gerät Kerne von mehr als einigen Metern Länge zu ziehen. Um an ältere Proben zu kommen, mußten längere Kolbenbohrer entwickelt werden. Es gibt aber eine obere Grenze, bis zu der ein Kolbenbohrer in den Meeresboden eindringen kann; sie liegt etwa bei 20 Metern. Mit Hilfe von Kernen dieser Länge haben die Tiefseeforschungen es möglich gemacht, die Chronologie der Umkehrungen des erdmagnetischen Feldes bis in eine Zeit von vor 15 Millionen Jahren zu untersuchen.

Den Ingenieuren des Tiefseebohrprojekts, die ich hier so sehr beschimpft habe, haben wir ein technisches Wunder zu verdanken. Das neue Instrument ist ein sogenannter hydraulischer Kolbenbohrer. Er wird in ein Bohrloch hinabgelassen und durch Druckluft in das Sediment am Boden des Loches gepreßt. Mit dieser Technik ist es möglich, durchgehende

Kerne zu ziehen, weil die Gewinnung von Kolbenkernen fast immer 100-prozentig ist. Auch sind die Sedimentproben ungestört. Stan Serucki, Ingenieur und ein alter Freund aus den gemeinsamen Tagen bei Shell, hat dieses Gerät erfunden. Es wurde zuerst erfolgreich 1979 bei der Leg-LXIV-Reise in den Golf von Kalifornien ausprobiert. Auf einer kurzen Fahrt während des Leg LXVIII wurden an zwei Bohrplätzen an gegenüberliegenden Seiten der Meerenge von Panama weitere Versuche durchgeführt. Als John La Brecque und ich nach Brasilien fuhren, um im Frühjahr 1980 an Bord der *Glomar Challenger* zu gehen, erfuhren wir, daß das neue Wunderwerk zu unserer Verfügung stand. Nun hatten wir Gelegenheit, die Geschichte der Magnetfeld-Umkehrungen in weiter zurückliegenden geologischen Zeiten zu verfolgen. Bei dieser Aufgabe wurden wir von drei Experten unterstützt, Nicolas Peterson aus München, Peter Tucker aus Edinburgh und Lisa Tauxe von Lamont. Sie arbeiteten Tag und Nacht in Zwölf-Stunden-Schichten, um das Magnetometer zu handhaben – ein Instrument, das dazu dient, die magnetische Polarität der Sedimente zu bestimmen. Inzwischen bestimmten vier Paläontologen, Steve Percival von der *Mobil Oil* in Dallas, mit dem ich auf dem Leg III zusammenarbeitete, Ramil Wright aus Südflorida, mit mir schon auf Leg XLIIA dabei, Dick Poore von Menlo Park/Kalifornien und Andy Gombos von Exxon Oil/Houston, das Alter der Sedimente durch Fossilienuntersuchungen. Als wir dann am Ende unserer Reise in Kapstadt ankamen, hatte unser Team erfolgreich die Chronologie der Umkehrungen des erdmagnetischen Feldes auf 75 Millionen Jahre zurück ausgedehnt. Wir hatten eine dreifache Korrelation erreicht: Die Geschichte der Umkehrungen, der Breite der linearen magnetischen Anomalien auf dem Meeresboden und die paläontologische Zonierung der Sedimentfolgen. Dieses Ergebnis wäre ohne Stan Serucki und seine wunderbare Erfindung nicht möglich gewesen.

Untersuchungen an Land lieferten ebenfalls eine Korrelation der Polumkehrungen mit einer paläontologischen Zonierung. Eine derartige Studie wurde in Gubbio/Italien von einem internationalen Team ausgeführt, das aus Bill Lowrie, einem Kollegen in Zürich, Walter Alvarez von Berkeley, Isabella Premoli-Silva und anderen bestand. Diese Gubbio-Schichten waren von Premoli-Silva und Luterbacher vorher untersucht worden. Nun fand das neue Team heraus, daß jene Katastrophe, die zum Massensterben führte, sich vor 65 Millionen Jahren ereignete, als das erdmagnetische Feld umgekehrt war in einer magnetischen Polaritätsepoche, die jetzt C 29-R bezeichnet wird. Das katastrophenbedingte Artensterben dauerte sicher weniger als 100000 Jahre (möglicherweise nur Jahrtausende, wie aufgrund der Sedimentationsrate des roten Tons an der Kreide-Tertiär-Grenze anzunehmen ist). Wir hatten die Reise ursprünglich nicht geplant, um das massenhafte Artensterben am Ende der Kreidezeit zu erforschen. 1979 begann ich mich jedoch für das Problem zu interessieren, und heimlich hoffte ich, daß ich ein paar Proben von der Kreide-Tertiär-Grenze erhalten würde. Bei der letzten Planungssitzung in La Jolla, im Februar 1980, hörte ich kurz vor der Reise Berichte von Wissenschaftlern, die in den Südatlantik gefahren waren, um vorbereitende Messungen zu machen und um Kolbenbohrkerne aus der Nähe der vorgesehenen Bohrplätze zu erlangen. Einer der Kerne vom Kap-Becken, westlich von Kapstadt, brachte ihnen eine Überraschung. In einer Wassertiefe von etwa 5000 Metern fanden sie, daß der 10 Meter lange Kern Sedimente aus dem Paleozän, etwa 60 Millionen Jahre alt, enthielt. Dies war also ein hervorragend geeigneter Ort, um das katastrophale Ereignis am Ende der Kreidezeit zu untersuchen; aber unsere Kreuzfahrt war anderen Zielen vorbehalten.

Nachdem die *Glomar Challenger* Santos/Brasilien verlassen hatte, lag eine lange Fahrt durch die westliche Hälfte des Südatlantiks vor uns. Das wissenschaftliche Personal traf sich täglich, um das Bohrprogramm zu besprechen und Ideen auszutauschen. Während einer solchen Morgensitzung gelang es mir, meine Kollegen davon zu überzeugen, wie wichtig es war, das Aussterben am Ende der Kreidezeit zu untersuchen. Wir stimmten alle überein, im Kap-Becken zu bohren, wenn es uns gelingen sollte, unsere eigentlichen Aufgaben am Mittelatlantischen Rücken vorzeitig abzuschließen. Weil ich meiner Planung stets sehr pessimistisch gegenüberstand, entwarf ich ein Programm, das einen gewissen Spielraum ermöglichte. Auch das Wetter spielte mit, und wir waren während der ganzen Fahrt unserem Zeitplan voraus. Am 19. Mai um 10.30 Uhr hatten wir die Bohrung des Loches 523 fast beendet. Unser Ziel war, die Basaltkruste unter dem Meeresboden zu erreichen, und wir schätzten, daß wir noch etwa 15 bis 20 Meter bis zum Basalt zu bohren hätten. In diesem kritischen Augenblick kam der Bohrmeister und berichtete uns, daß das Rohr des hydraulischen Kolbenbohrers im Loch abgebrochen war. Wir mußten das gebrochene Rohr heraufholen. Es wurde viel Zeit vergeudet – ohne Erfolg. Darauf versuchten wir, oberhalb der Stelle zu bohren und das gebrochene Rohr zu umgehen. Es gelang uns, und wir konnten zwei weitere Kerne ziehen. Jetzt waren wir eigentlich am Ziel. Aber dann blieb das Kernrohr wieder im Loch stecken. Wir mußten aufgeben und den Bohrstrang heraufziehen.

Eine Konferenz wurde einberufen. Für eine weitere Bohrung stand weniger als eine Woche Zeit zur Verfügung. Wir konnten versuchen, hier ein anderes Loch bis zum Basalt hinunterzubohren, wie ursprünglich geplant. Wir konnten an einer anderen Stelle bis zum Basalt bohren. Oder wir konnten in das Kap-Becken fahren. Dieses Gebiet war vom JOIDES-

Planungskomitee geprüft und ursprünglich als wenig lohnend beurteilt worden. Wir beschlossen einstimmig, das Hauptquartier in La Jolla um Erlaubnis zu bitten, dort bohren zu dürfen. Die Genehmigung wurde erteilt, als wir schon ostwärts dampften.

Der Bohrplatz 524 lag bei 3° O und 30° S, bei 4000 Meter Wassertiefe. Ich schrieb gerade das XVII. Kapitel dieses Buches, als wir zu bohren begannen. Im Anfang hatten wir Pech, aber nach vielem Hoffen und Bangen erreichten wir unser Ziel. Ich denke, es könne amüsant sein, wenn ich einige Seiten des Berichtes nehme, den ich ausarbeitete, nachdem das Loch gebohrt war:

»Die Saga von ›Alex‹, Alexander-Tripping-Trophäe, und dem fallenden Kometen.

Am 21. Mai um 20.48 Uhr wurde das Schiff unter automatische Kontrolle für die dynamische Positionierung über Bohrplatz 524 gestellt. Um 20.54 Uhr begann die Bohrmannschaft die Bohrrohre hinabzulassen. Gegen Morgen des 22. Mai erreichte der Wind 40 Meilen pro Stunde und verstärkte sich 10 Minuten später auf 45 Meilen, als das Schiff mit 6 Grad zu rollen anfing. Um 6.00 Uhr wurde die Arbeit auf der Bohrplattform unterbrochen, um auf besseres Wetter zu warten. Um 10.15 besserte sich das Wetter, und die Bohrmannschaft nahm die Arbeit wieder auf.

Am 22. Mai um 12.00 Uhr war der Bohrstrang am Meeresboden, und die Mannschaft war bereit, hineinzustoßen. Aber bitte noch einen Moment Geduld! Ein Versuch zur Aufzeichnung der Auf- und Abbewegungen des Schiffes mußte durchgeführt werden, obgleich die schon empfindlich registriert wurden – von Wright, der an Seekrankheit litt. Das technische Gerät wurde hinuntergepumpt. Es war offensichtlich fest vom Bohrmeißel umschlossen und konnte nicht daraus befreit werden. Das ›Angel‹-Unternehmen zum Herausziehen des Geräts war vergebens, wie nicht anders erwartet. Am 22. Mai um 17.30 Uhr bereitete sich die Mannschaft darauf vor, das Bohrgestänge aus dem Loch heraufzuholen.

Die Kernarbeiten auf diesem Bohrplatz wurden dadurch um 24 Stunden verzögert. Der Test gehörte unglücklicherweise nicht zum offiziellen Programm. Beharrliches Reden einer sehr wichtigen Persönlichkeit vom DSDP und ein Telegramm von einem Mitglied des JOIDES-Planungskomitees ›wiesen‹ den Ko-Chef an, zu ›kooperieren‹, und setzten eine Zeitbegrenzung von sechs Stunden oder weniger für dieses Unternehmen an. Obgleich er gänzlich von der Zwecklosigkeit des Tests überzeugt war, konnte er ›menschliches Versagen‹ nicht vorhersehen, das zu weit größerer Zeitvergeudung führte als das ›halbe Dutzend Stunden‹. Zwei Stunden waren am Bohrplatz 522 bereits ohne jeden Erfolg verstrichen, weil eine Batterie nicht arbeitete. Die Schuld an diesem ärgerlichen Zwischenfall trugen wiederum die Ingenieure an Land, denen es an Teamgeist fehlte. Jemand hatte das äußere Rohr des technischen Geräts mit einem äußeren Durchmesser entworfen, der genauso groß wie der innere Durchmesser des Bohrmeißels war, den ein anderer konstruiert hatte. Nachdem das Gerät hinuntergepumpt war und genau in die Bohrung des Meißels paßte, war es unvermeidlich, den Bohrstrang zurückzunehmen. Die Alex/Alexander ›Tripping Trophy‹ (Montage-Trophäe) wurde dem ahnungslosen Testingenieur an Bord von den Bohrarbeitern verliehen, die das Vergnügen hatten, den Bohrstrang zusammenzusetzen und dann nach zwölf Stunden wieder auseinanderzunehmen und dabei jedesmal auf dem Bohrdeck eine kalte Dusche zu bekommen, wenn sie ein Rohrstück, das voll Wasser war, abschraubten. Die engstirnigen Konstrukteure waren wohlweislich zu Hause geblieben; sie hatten die Reaktion der frustrierten Ko-Chefs vorausgesehen.

Die Moral der wissenschaftlichen Mannschaft erreichte am Nachmittag des 22. Mai ihren absoluten Tiefpunkt. Mehrere Wissenschaftler beiderlei Geschlechts traten in einen Sitzstreik. Einige organisierten klugerweise eine Studie über ›Kunstmagazine‹ und ›Kunstfilme‹. Sie dauerte von 13.50 bis 17.30 Uhr. Eine ernste Angelegenheit. Das Nachlassen der Konzentration wurde von unserem geliebten Scripps-Vertreter pflichteifrig für die Nachwelt aufgezeichnet.

Am 23. Mai um 11.47 Uhr, fast genau 24 Stunden später, traf der Bohrmeißel wieder auf den Meeresboden und drang ein. Der diensttuende Ko-Chef war sprachlos, als das erste Kernrohr heraufkam und man entdeckte, daß es leer war, weil alle Überredungskünste unseren gutmütigen Betriebsleiter nicht von seiner Großmütigkeit abbringen konnten, uns mit einem Rohr voll Wasser bei der Jungfernfahrt des Kernrohres in ein neu gebohrtes Loch zu beehren. Und das an jedem Bohrplatz!

Inzwischen beehrte uns der Kapitän mit seiner Anwesenheit im Kernlabor. Nachdem wir leichtherzig die kostbaren Stunden mit ruhiger See für das ›Fischen‹ und die ›Vergnügungstour‹ verschleudert hatten, ließ uns Neptun seinen Zorn spüren. Wir wurden von einem aufkommenden Orkan bedroht, der uns am 24. Mai um 6.00 Uhr erreichen sollte, und die Versuchung bestand, das Bohrstrangende sicher im Meeresboden verschwinden zu lassen, bevor der Sturm heraufzog.

Der Sturm blieb aus. Bei Sonnenschein und ruhiger See, und nach erfolgreichem Kerneziehen erholte sich die Wissenschaftlermannschaft langsam wieder und erhielt einen weiteren moralischen Auftrieb durch ein Telegramm vom ›Strand‹ (La Jolla), das uns erlaubte, bei unserer Rückkehr nach Kapstadt Autos zu mieten an einem calvinistischen Sonntag. Während des gesamten 24. Mai wurden regelmäßig Kerne gezogen, die ebenso regelmäßig von N.N.P. (nothing-new-Percival) als NP 3 datiert wurden, immer drei Zonen über der mit Spannung erwarteten Kreide-

Tertiär-Grenze. Die Kerngewinnung war befriedigend, aber wir blieben im ungewissen, ob die gesuchte Grenze gerade im nächsten Kernrohr zu finden sein würde, das auch leer sein konnte.

Am 25. Mai um 1.05 Uhr wurde der Kern 19 heraufgezogen. Der diensttuende Ko-Chef rannte mit einem Klumpen rotem Schlamm in das Paläontologen-Labor. N.N.P. weigerte sich, enttäuscht zu sein, und verkündete ein Kreide-Alter für ein Tertiär-Sediment als Ersatz für Beruhigungspillen, um den nicht diensttuenden Ko-Chef ins Bett zu schicken. Die Grenze wurde schließlich im Kern 20 gefunden. Obgleich niemand Spuren eines Kometen finden konnte, der vor 65 Millionen Jahren niedergegangen sein sollte, waren doch alle von der Existenz nahezu steriler Sedimente begeistert. In der allgemeinen Hochstimmung telegraphierten wir dem DSDP und baten um ›Baslerwasser‹ (ein starkes alkoholisches Getränk) oder eine ähnliche Flüssigkeit für unsere Ankunft in Kapstadt.

Als den Ko-Chefs klar wurde, daß der auffallende Reflektor für seismische Wellen an diesem Bohrplatz nicht der so sehr gefürchtete Hornstein oder Flint sein würde, der eine große Gasansammlung abdichten konnte, kam es zu einem bemerkenswerten telegraphischen Austausch zwischen der *Glomar Challenger* und dem ›Strand‹. Es wurde gestritten, ob man mehr als 100 Meter unterhalb des Reflektors durchstoßen dürfe. Der Streit erwies sich als überflüssig, als man in etwa 280 Meter Tiefe unter dem Meeresboden auf den Reflektor traf und man feststellte, daß es sich um Basaltgestein handelte. Weder war ein Geruch nach Erdgas zu spüren, noch genug Schiffszeit für die Wissenschaftler vorhanden, um sich in den riskanten Bereich unter dem harten Gestein zu wagen. Nach einer 24-Stunden-Bohrung im Untergrundbasalt hatte sich der Bohrmeißel ›ausreichend‹ abgenutzt. Das Loch 524 wurde bei 348,5 Meter Tiefe unter dem Meeresboden, 68,5 Meter unter dem Meeresboden oder etwa 5000 Meter über der Moho beendet. Der Petrograph Carman, der durch die Aussicht alarmiert war, seine 100 Meter Basalt zu bekommen, wie es vom JOIDES-Planungskomitee verlangt wurde, und Yeoman Collins, der gerade dabei war, seine monographische Abhandlung zu schreiben, waren mehr als angenehm überrascht, als das letzte Kernrohr ›schmutzig-grünen Sand‹ heraufbrachte.

Nachdem das Bohren und Kernen am Loch 324 am 26. Mai eingestellt worden war, war der Bohrstrang am 27. Mai im 00.00 Uhr aus dem Bohrloch herausgezogen.«

Wir erhielten Proben oberhalb und unterhalb der Kontaktstelle zwischen Kreide- und Tertiärsedimenten. Glücklicherweise erhielten wir gute Kerne, und die Proben waren nur wenig gestört. Unser Expertenteam konnte uns schon vor Beendigung der Bohrung mitteilen, daß hier ein großes

Artensterben stattgefunden hatte, und zwar in der Epoche C 29-R vor 65 Millionen Jahren – genau zu derselben Zeit wie bei Gubbio in Italien! Die Forschungsarbeit ging weiter. Während des Leg LXXIV mit Ted Moore (Rhode Island University) und Phil Rabinowitz (Lamont) als Ko-Chefwissenschaftlern wurde auf dem Walfisch-Rücken gebohrt, einem submarinen Gebirgszug westlich von Angola. Sie durchteuften wiederholt die Kreide-Tertiär-Grenze und konnten ebenfalls bestätigen, daß das Ende der Kreidezeit in die Epoche C 29-R fiel. Später forschte Jan Smit (Amsterdam) bei Caravaca. Auch er konnte zeigen, daß die große Katastrophe in die Zeit C 29-R fiel. Nun war endlich bewiesen, daß vor 65 Millionen Jahren in auf der Erde weit auseinander liegenden Gebieten irgendeine Katastrophe zu einem Massensterben ozeanischer Organismen geführt hatte.

Von den Dinosauriern an Land war ebenfalls bekannt, daß sie am Ende der Kreidezeit ausstarben. Geschah das zur selben Zeit? Die Meinung der Geologen ist in diesem Punkt unterschiedlich. Everett Lindsay und seine Mitarbeiter an der Universität von Arizona untersuchten 1978 eine Sedimentfolge von alten Gezeitenflächen in Neu-Mexiko. Sie nahmen an, daß die letzten Dinosaurier während einer Epoche ausstarben, zu der das erdmagnetische Feld normal polarisiert war, der magnetischen Epoche C 29-N. Sie lag etwas später als C 29-R, in der die schwimmenden Organismen aus den Ozeanen verschwanden. Aber Walter Alvarez wertete erneut die Daten von Lindsay und anderen aus und stellte ihre Schlußfolgerungen in Frage. Jedenfalls starben die Dinosaurier entweder etwa zur selben Zeit aus oder »kurz« darauf (weniger als 1 Million Jahre). Wenn das große Sterben auf ein ungewöhnliches Ereignis zurückzuführen war, dann müßte es auch katastrophale Veränderungen in der physikalischen Welt verursacht haben. Welche Beweise haben wir dafür?

Einige habe ich schon erwähnt. In vielen Gebieten Europas und Amerikas bestehen die Sedimente an der Grenze aus Ton, meist aus schwarzem Ton. Dieser Ton ist fast frei von Fossilien, liegt aber zwischen Kalkschlamm oder Kalkstein, die beide eine Fülle von winzigen Schalen enthalten. Für dieses Defizit bieten sich mehrere Erklärungen an: Entweder lebten damals nur wenige Organismen in den Ozeanen, die Schalen erzeugten, oder die leeren Schalen lösten sich alle auf, oder, was wahrscheinlicher ist, es trafen beide Faktoren zusammen. Da die Kreidemeere in diesen Gebieten nicht sehr tief gewesen sein können, wie bei Gubbio oder Caravaca, deutet das Vorhandensein von calcitfreiem Ton darauf hin, daß die Calcit-Kompensationstiefe von 4000 bis 5000 Meter sich wesentlich verringert hat. Genau das hatte Thomas Worsley, damals Doktorand an der Universität von Illinois, 1971 behauptet. Er vermutete sogar einen Ozean, der bis dorthin, wo die Photosynthese des Nannoplanktons stattfindet, mit korrodierendem Wasser gefüllt war. Mit einer derart hohen CCD lösten sich Kalkschalen ebenso schnell wieder auf, wie sie gebildet wurden. Am Ende der Kreidezeit lagerten sich daher nur Tone ab. Worsleys Hypothese wird nicht von allen Wissenschaftlern akzeptiert. Dennoch sind die meisten Geologen sich darin einig, daß die Existenz des Tons an der Grenze vielleicht sowohl eine reduzierte Planktonproduktion als auch stärker korrodierendes Wasser in den Ozeanen anzeigt.

Bevor Nick Shackleton 1978 in Zürich einen Vortrag über die Temperaturveränderungen in den alten Ozeanen hielt, hatte ich mich nicht gerade intensiv mit der Frage des Artensterbens beschäftigt. Schon vor Jahren vermuteten Paläobotaniker anhand der Untersuchungen von Pflanzenresten, daß es am Ende der Kreide-Epoche starke Klimaveränderungen gegeben habe. Sie waren sich aber nicht einig, ob das Klima wärmer oder kälter geworden war – sollte eine solche Veränderung tatsächlich stattgefunden haben. Shackleton arbeitete mit Ann Boersma von Lamont zusammen, die als Paläontologin während des Leg XXXIX Dienst tat. Boersma wählte Foraminiferen-Skelette aus Proben von einem Bohrplatz im Südatlantik, und Shackleton analysierte das Verhältnis der Sauerstoffisotope. Die Untersuchungsergebnisse an schwimmenden Foraminiferen gaben die einstigen Temperaturen (Paläotemperaturen) des Oberflächenwassers und des Bodenwassers an. In seinem Vortrag berichtete Shackleton von seinen neuesten Erkenntnissen in bezug auf die wohlbekannte Abkühlungstendenz in der Känozoischen Ära. Fast wie einen Hintergedanken erwähnte er jedoch einen überraschenden Unterschied in den Sauerstoffisotopen der Fossilien an der Kreide-Tertiär-Grenze. Seine Daten konnten als ein Anstieg der Ozeantemperaturen von nicht weniger als 5°C innerhalb weniger als 1 Million Jahre gedeutet werden. Shackletons Vortrag löste Diskussionen aus. Er blieb jedoch bei seinen Daten und ihrer Interpretation. Wir stimmten darin überein, daß ein solcher Wechsel im Wärmehaushalt des Ozeans kaum auf irdische Ursachen zurückzuführen sei. Plötzlich erinnerte ich mich wieder an den Augenblick, als Traverse mir De Laubenfels' Aufsatz über die »heiße Luft« zeigte. Donnerwetter, er hatte nicht geblufft, und vielleicht hatte er sogar recht!

Bald darauf reiste ich für ein Freijahr nach China, aber auch dort zerbrach ich mir den Kopf über jene 5°C Temperaturanstieg des Ozeanwassers. In meinen Mußestunden erinnerte ich mich an einen Aufsatz über Kometen in der Wissenschaftszeitschrift *Nature*. Fred Whipple von der Harvard University trug seine Hypothese vor, derzufolge ein Komet ein Himmelskörper ist, der durch das Sonnensystem hindurchwandert und kosmischen Staub aufnimmt. Der Kern eines Kometen ist nach Whipple ein schmutziger Ball, der aus kosmischem Staub und gefrorenen Gasen besteht. Es wird allgemein angenommen, daß die gefrorenen Gase Wasser-Eis (H_2O) und Kohlensäure-Eis (CO_2) sein müßten. Als sich aber 1973 der Komet Kohoutek der Erde näherte, ergaben die Analysen des optischen Spektrums eine große Überraschung. B. L. Ulrich und E. K. Conklin fanden Cyanide »in bemerkenswerter Häufigkeit« in dem Kometen. Diese Schlußfolgerung wurde später von anderen bestätigt, auch für andere Kometen. Ich fragte mich, als ich diese Berichte las, welche Schäden für das Leben auf der Erde eintreten könnten, wenn ein großer cyanidhaltiger Komet in den Ozean fallen würde. Nun schien es, als sei tatsächlich am Ende der Kreidezeit ein Meteorit, vielleicht ein Komet, in den Ozean gefallen. Können nicht die Cyanide in einem solchen Kometen das Massensterben verursacht haben?

Nach meiner Rückkehr aus China Ende 1979 hatte ich wieder Zugang zu einer guten Bibliothek und begann, mich in der entsprechenden Literatur zu vergraben. Zunächst stellte ich völlig überrascht fest, daß die Idee eines Kometen-Einschlags durchaus nicht abwegig war. Harold Urey, Nobelpreisträger für Chemie, nahm als Ursache für das große Sterben ebenfalls den Niedergang eines Kometen an. Erst einmal wollte er die Reaktion der Wissenschaftler prüfen und veröffentlichte seine unkonventionelle Hypothese in einem Artikel für die Zeitschrift *Saturday Review of Literature*. Erst 1973 fühlte er sich mutig genug, einen Aufsatz in einer Fachzeitschrift zu schreiben. In dieser kurzen Arbeit machte er einige Schätzungen über die physikalischen Wirkungen, wenn ein Komet von einer Billion Tonnen (der Größe des Halley-Kometen) die Erde treffen würde. Geht man von einer Kollisionsgeschwindigkeit von 45 Kilometern pro Sekunde aus, würde die Lufttemperatur der Erde um 190°C steigen – wenn alle kinetische Energie des Einschlages von der Atmosphäre aufgenommen würde. Eine so hohe Lufttemperatur hätte aber nicht nur die Dinosaurier getötet, wie De Laubenfels behauptet hatte, sondern auch alle anderen Lebewesen an Land. Da das nicht zutrifft, können wir den sicheren Schluß ziehen, daß die kinetische Energie des Einschlags nicht vollständig war und sofort von der Atmosphäre aufgenommen wurde; ein großer Teil der Energie wurde bei der Entstehung eines Einschlagkraters und dem Aufschmelzen von Gestein verbraucht. Ozeanwasser kühlte den Krater aus und erwärmte sich dabei selbst. Die wärmeren Ozeanströmungen führten zu einer allgemeinen Erhöhung der Wassertemperaturen. Ureys Berechnungen waren jedoch entmutigend: Er fand heraus, daß die Ozeantemperatur nur um ein Fünftel Grad gestiegen sein konnte, selbst wenn alle Energie des Einschlags zur Verfügung gestanden hätte, um den Ozean aufzuheizen – weit weniger als die 5 Grad, die Shackletons Werte ergaben.

Die Theorie vom Kometeneinschlag war zu aufregend, als daß man sie hätte aufgeben können. So wurde über andere Energiequellen spekuliert. David Hughes, ein Astronom, sprach von möglichen thermonuklearen Reaktionen nach dem Eintritt eines Kometen in die Erdatmosphäre. Mein Physiker-Freund Peter Signer erzählte mir, daß Reibungswärme in der Atmosphäre niemals die Temperaturen hoch genug treiben könne, um Kernfusionen einzuleiten. Er nahm statt dessen an, daß ein Kometenfall in den Ozean eine so starke Wassersäule in der Luft hervorrufen würde, daß Wassermoleküle, die in die Stratosphäre entweichen, eine Treibhauswirkung erzeugen. Ein Treibhaus fängt, wie jeder Gärtner weiß, die Sonnenstrahlung, die vom Boden reflektiert wird, und heizt so den Innenraum auf. Der Treibhauseffekt der damaligen Atmosphäre mag den Temperaturanstieg, der in Tiefseeschichten nachgewiesen wurde, verursacht haben.

Ich zögerte bis November 1979, meine Überlegungen aufzuschreiben, als ich auf einen Aufsatz von Victor Clube und Bill Napier aus Edinburgh stieß. Sie boten astronomische Gründe für periodische Kometenkollisionen als Ursache für das biologische Aussterben auf der Erde an. Ich faßte endlich genug Mut, um meine Ergebnisse in einem Aufsatz für *Nature* zusammenzufassen. Der Kern meiner Hypothese war die Annahme, daß das Massensterben des marinen Planktons durch eine Cyanidvergiftung von einem herabgefallenen Kometen verursacht wurde. Das Verschwinden der Dinosaurier erklärte sich mit Herzversagen, verursacht durch einen signifikanten Anstieg der Lufttemperatur.

War eine solche Katastrophe wahrscheinlich? Man weiß, daß kleine Kometen auf die Erde gefallen sind. Am 30. Juni 1908 sahen die wenigen Menschen in den dünn besiedelten Gebieten von Zentralsibirien einen Feuerball aus dem Osten kommen; das Himmelsobjekt fiel schließlich nahe Tunguska herab. Die Hitze war so stark, daß alles tierische Leben innerhalb einer Fläche von tausend Quadratkilometern um den Einschlagspunkt getötet wurde. Später suchten Wissenschaftler nach dem herabgefallenen Objekt und seinem Einschlagskrater. Sie stießen auf zahlreiche, winzige, gerundete Objekte, im allgemeinen mit weniger als 1 Millimeter Durchmesser, die kosmische Kügelchen genannt werden. Einige enthalten viel Eisen, andere viel Kalium. Auch stießen sie statt auf einen großen Krater auf viele kleine mit weniger als 200 Metern Durchmesser. Sowjetische Wissenschaftler haben Hinweise dafür, daß es sich bei dem herabgefallenen Objekt um einen Kometen handelte. Der tschechische Astronom L. Kresak folgerte neuerdings sogar, daß der Körper ein Teil des Kometen Enke war, der jetzt als eines der »Apollo-Objekte« um die Sonne kreist. Diesen Namen trägt eine Gruppe kleiner Himmelskörper, die sich in der Nähe der Erde bewegen.

Bei Tunguska ist vermutlich ein Komet heruntergekommen, aber eben nur ein kleiner Komet, zwischen 50 und 100 Millionen Tonnen schwer. Ein strikter Anhänger von Lyells Uniformitarismus würde das Dogma von der gleichen Größe der Geschehnisse zitieren und die Möglichkeit der Kollision mit einem größeren Kometen leugnen. Ein solches Argument ist offensichtlich falsch, weil wir viele große Impakt-Krater auf der Erde kennen. Sie können nur durch die Kollision mit extraterrestrischen Objekten, die viel größer als der in der Tunguska waren, entstanden sein. David Hughes schätzte die Einschlagsrate auf der Erde. Wie zu erwarten, sind kleine Krater weit häufiger als große. Ein kleiner Krater mit etwa 200 Metern Durchmesser, wie jener in der Tunguska, kann etwa alle 350 Jahre entstehen. Ein großer Krater dagegen mit 100 Kilometern Durchmesser entsteht nur alle 14 Millionen Jahre. Mit Hughes' Formel konnte ich weitere abschätzen und fand, daß tatsächlich ein Himmelskörper von einigen Billionen Tonnen in den letzten wenigen hundert Millionen Jahren die Erde getroffen haben muß. Das Herabfallen eines derart großen Körpers war nicht nur möglich, sondern fast eine statistische Gewißheit.

Ich sandte mein Manuskript vor Weihnachten an den Herausgeber der Zeitschrift *Nature* und eine Anzahl Kopien an meine Kollegen, darunter auch Walter Alvarez (Berkeley). Alvarez revanchierte sich und schickte mir ein umfänglicheres Manuskript, von einem Berkeley-Team für die Fachzeitschrift *Science* vorbereitet. Ich hatte gehört, daß Alvarez außerirdische Ursachen annahm, um das Massensterben am Ende der Kreidezeit zu erklären, aber ich glaubte, daß er an eine nahe Supernova dachte, eine Hypothese, die 1954 zuerst von O. H. Schindewolf in Tübingen aufgestellt worden war. Die Arbeit aus Berkeley offenbarte, daß sie auf demselben Weg waren wie ich: Wir vermuteten einen Meteoriten-Einschlag, ich von einem Billionen-Tonnen-Komet und sie von einem Hundert-Milliarden-Tonnen-Asteroiden. Ich theoretisierte auf der Basis des merkwürdigen Indizienbeweises, während sie sorgfältig nach Beweisen für eine außerirdische Ursache des Artensterbens am Ende der Kreidezeit suchten.

Walter Alvarez studierte an der Princeton University. Gerade promoviert, reiste er nach Italien und beschäftigte sich intensiv und lange mit der geologischen Struktur des Apennins. Ich habe schon seine Arbeit mit Bill Lowrie und anderen über die magnetische Polarität der Sedimente von Gubbio erwähnt. Luis Alvarez, Walters Vater, ist Physiker am Lawrence Berkely Laboratory und Nobelpreisträger. Verschiedene Geochemiker (darunter der berühmte V. M. Goldschmidt, der vor Hitlerdeutschland ins Exil fliehen mußte) hatten angenommen, daß die Häufigkeit der Metalle der Platin-Gruppe in Sedimenten ein Indikator dafür sein könnte, ob sie einen wesentlichen Anteil an außerirdischem Material enthalten.

Zu diesen Metallen gehören Platin (Pt), Iridium (Ir) und Osmium (Os); sie kommen in manchen Meteoriten tausendmal oder zehntausendmal häufiger vor (chondritische Meteoriten) als in der Erdkruste oder im Mantel. Nach diesem Grundsatz konnten 1978 R. Ganapathy und andere den außerirdischen Ursprung einiger Kügelchen in Ozeansedimenten nachweisen. Ihr Erfolg brachte Walter Alvarez auf die Idee, seinen Vater um Hilfe zu bitten. Um sehr kleine Mengen dieser Metalle nachzuweisen, bedurfte es der äußerst komplizierten Einrichtungen des Lawrence Berkeley Laboratory. Unterstützt von Frank Assaro und Helen Michel analysierten sie zunächst den Iridiumgehalt in Proben von verschiedenen Fundstellen nahe Gubbio, wo die Kreide-Tertiär-Grenze am weitesten erforscht war. Der Durchschnittsgehalt an Iridium liegt gleichmäßig bei etwa 0,3 Teilen pro Milliarde während der gesamten Kreidezeit. Diese Konzentration steigt mit einem Faktor von mehr als 20 auf 6,35 ppMd. in der ein Zentimeter mächtigen Grenz-Tonschicht. Der Iridiumgehalt fällt sehr schnell ab, von besonders hohen Werten in den wenigen ersten Lagen der Tertiärkalke auf den Durchschnittswert eines Kalkes, der 1 Meter über der Grenzschicht liegt. Später analysierte das Alvarez-Team Proben aus Dänemark und entdeckte, daß die Iridium-Konzentration in dem Grenz-Ton dort mit einem Faktor von 160 über dem Durchschnittswert liegt! Das war eine Sensation, nämlich nichts weniger als der Nachweis eines extraterrestrischen Ereignisses am Ende der Kreidezeit! Natürlich meldeten sich Skeptiker und Zweifler zu Wort. Ich dagegen bin wie so viele andere, die mit der Geochemie von Meteoriten vertraut sind, von dieser Theorie überzeugt. Aber um was für ein außerirdisches Ereignis könnte es sich gehandelt haben? Bei der Untersuchung der Plutonium-Isotope des Grenz-Tons kam das Alvarez-Team zu dem Schluß, daß das Ereignis keine Supernova gewesen sein kann, weil das extraterrestrische Material aus dem Sonnensystem gekommen sein muß. Der überzeugendste Kandidat wäre ein »Apollo-Objekt« oder ein Asteroid. Warum sollte ein Asteroid-Einschlag tödliche Folgen dieses Ausmaßes haben? Das Berkeley-Team dachte an eine Art »Verdunkelungsgeschichte«. Staub, der aus dem Einschlagkrater ausgeworfen wurde, gelangte in die Stratosphäre und isolierte die Erde für einige Jahre vom Sonnenlicht. Die Pflanzen starben, weil die Photosynthese unterbunden war, und die Dinosaurier verhungerten. Diese Erklärung war nicht sehr befriedigend, weil einige Arten die Katastrophe überlebten. Die schwimmenden Organismen mit Kalkskeletten in den Ozeanen und die Dinosaurier an Land litten am meisten. Die Verdunkelungsgeschichte erklärte keineswegs, warum einige Arten ausstarben, andere dagegen nicht. Bevor wir über die Ursache für das Massenaussterben entscheiden konnten, mußten wir handfeste Fakten über die Art der Umweltveränderungen am Ende der

Kreidezeit haben. Die Temperatur stieg an, aber wie schnell? Nur während ein Meteorit in die Erdatmosphäre eintrat oder über eine Zeitspanne von vielen tausend Jahren? Die meisten schwimmenden Organismen in den Ozeanen starben, aber wie lange dauerte das? Wenige hundert Jahre oder viele tausend Jahre? Zur Beantwortung dieser Fragen benötigten wir Tiefseebohrkerne, weil die Sedimente an Land mit dem Grundwasser reagiert haben und Veränderungen eingetreten sind, die die fossilen Belege beeinflussen und die Bestimmungen der Paläotemperaturen erschweren. Unsere Ozeansedimente von Bohrplatz 524 waren für eine derartige Bestimmung besonders geeignet, weil sie an dieser Stelle sehr schnell aufgehäuft wurden – mit einer Rate von drei Zentimetern in tausend Jahren. Wenn man jedem Zentimeter eine Probe entnahm, konnten wir die Veränderungen in Zeitintervallen von je 300 Jahren entziffern. Das ist zur Zeit ziemlich die genaueste Messung, die man erreichen kann.

Wir nahmen unsere Proben mit nach Hause und stellten eine interdisziplinäre Arbeitsgruppe zusammen. Schon an Bord der *Glomar Challenger* fanden unsere Sedimentologen Ken Pisciotto (Scripps), Anne-Marie Karpow (aus Straßburg), Helmut Weissert und Judy McKenzie den Grenz-Ton. Q. X. He, ein Gastforscher an unserem Institut aus der Volksrepublik China, untersuchte nun den Calciumcarbonat-Gehalt der in dichtem Abstand genommenen Proben über die Kreide-Tertiär-Grenze hinweg und fand heraus, daß der Ton weniger als 5 Prozent $CaCO_3$ enthält. Dieser Grenz-Ton wurde zu Urs Krähenbühl an der Universität Bern geschickt, der über entsprechende Instrumente zur Bestimmung der Spurenmetalle verfügte. Wir waren nicht überrascht, als Krähenbühl berichtete, daß er eine Iridium-Anomalie gefunden hätte; die Iridium-Konzentration des Tones beträgt 3,6 ppMd., etwa das Zehnfache des Durchschnittswertes (Abb. 20.2).

Die fossilen Foraminiferen unserer Kerne waren aufgelöst worden, aber die Nannofossilien waren gut erhalten und boten einen durchgehenden historischen Beleg der Katastrophe. Steve Percival und Katharina Perch-Nielsen machten unabhängig voneinander Untersuchungen und kamen zu denselben Ergebnissen. Millionen Jahre lang zeigten die Nannofloren gegen Ende der Kreidezeit nur geringe Veränderungen. Plötzlich wurden in der Höhe des Grenz-Tones vier neue Arten identifiziert. Diese Arten hatte es schon vorher gegeben; sie waren aber so selten, daß man sie kaum in einer normal großen Probe finden konnte. Diese »neuen« Arten traten nach der Katastrophe deutlich hervor, weil die Individuenzahl der anderen Arten verringert worden war. Die Fossilienbelege zeigen deutlich, daß das Nannoplankton innerhalb sehr kurzer Zeit aus den Ozeanen verschwand, wahrscheinlich während weniger hundert Jahre. Die meisten

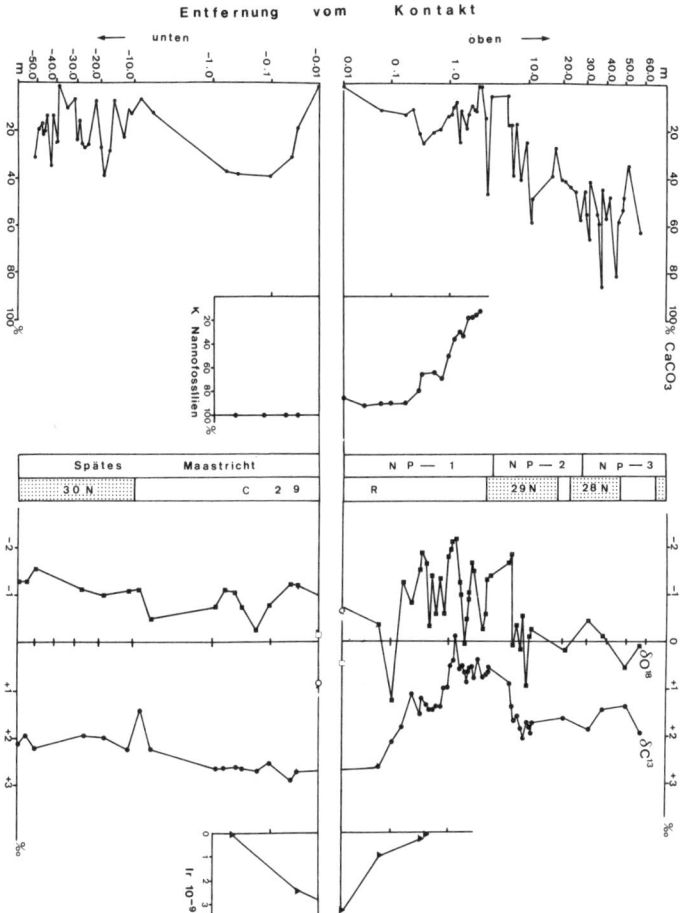

Abb. 20.2: Umweltveränderungen durch die Katastrophe am Ende der Kreidezeit. Das Vorhandensein anormal reicher Iridium-Spuren deutet auf den Einschlag eines außerirdischen Körpers hin, möglicherweise eines Billionen-Tonnen-Komets. Die im Meer lebenden Organismen können durch Cyanide und/oder Schwermetalle vergiftet worden sein, die vom Himmel gefallen sind. Die Dezimierung der Populationen oder der Biomasse in den Ozeanen führte zu drastischen Veränderungen in der chemischen Zusammensetzung der Ozeansedimente, wie die Kurven über den Calciumcarbonat-Gehalt und das Verhältnis der Kohlenstoff-Isotope in fossilen Skeletten zeigen. Die Sauerstoff-Isotope weisen Veränderungen der Ozeantemperaturen nach. Es fand eine Abkühlung von etwa 5°C kurz nach dem Meteoritenfall statt, als das Sonnenlicht teilweise durch in die Stratosphäre geblasenen Staub abgedunkelt wurde. Später wirkte sich der Treibhauseffekt durch ansteigenden Kohlendioxid-Gehalt in der Atmosphäre aus und führte zu einer ansteigenden Erwärmung. Die Wissenschaftler nehmen heute an, daß die Dinosaurier die »Hitzewelle« nicht überlebt haben.

Arten überlebten dennoch. Percival glaubte, daß das Aussterben der verschiedenen alten Arten nach und nach stattfand, in etwa 30000 bis 40000 Jahren. Perch-Nielsens Ergebnisse zeigen auch ein Abnehmen der alten und ein Ansteigen der neuen Arten in dieser Zeitspanne (Abb. 20.2).

Q. X. He bestimmte zusammen mit Hedy Oberhänsli und Judy McKenzie ebenfalls die Verhältnisse der Sauerstoff- und Kohlenstoff-Isotope der Nannofossilien. Der Paläotemperatur-Bericht zeigt ein anfängliches Absinken um etwa 5°C, gefolgt von einem späteren Anstieg von etwa 10°C; das Maximum wurde etwa 40000 Jahre nach der Katastrophe erreicht (Abb. 20.2). Offensichtlich war die blitzartige Aufheizung beim Eintritt des Meteoriten zu kurz, um Hinweise in den Sedimenten zu hinterlassen. Die anfängliche Abkühlung zeigt wahrscheinlich den Isolierungseffekt des Staubes an, der aus dem Krater in die Stratosphäre geblasen wurde – ein Vorgang, der das Eindringen der Sonnenstrahlung verhinderte. Aber die klimatische Erwärmung in den nächsten Zehntausenden von Jahren blieb ein Rätsel. Wie entstand diese Temperaturveränderung? Antwort geben die Daten über die Kohlenstoff-Isotope.

Kohlenstoff enthält drei besonders häufig auftretende Isotope. Karbon-14 ist ein radioaktives Isotop, das von selbst zerfällt. Die Häufigkeit des Karbon-14 in einer kohlenstoffhaltigen Substanz, etwa einem Stück Holz, ist benutzt worden, um das Alter solcher Materialien zu bestimmen. Diese Methode ist heute eine Standardtechnik in der Archäologie und in der Untersuchung sehr junger Sedimente. Die anderen beiden Isotope, das Karbon-13 und das Karbon-12 zerfallen nicht. Sie sind stabile Isotope wie der Sauerstoff-18 und Sauerstoff-16. Gewöhnlich bilden die Karbon-13-Atome etwas mehr als 1 Prozent der gesamten Kohlenstoffatome; der Rest ist Karbon-12. Es wurde ein Standard gewählt, und alle Analysen wurden mit dem Standard verglichen, wobei die Abweichungen vom Standard in Teilen pro Tausend angegeben werden ($\delta^{13}C$‰). Ein Standard hat zum Beispiel 1110 Atome Karbon-13 in 100000 Atomen, eine Probe mit einem $\delta^{13}C$ von plus 1 Promille muß dann 1111 und eine Probe mit $\delta^{13}C$ von minus 1 Promille muß 1109 Karbon-13-Atome in einer Gesamtmenge von 100000 Kohlenstoffatomen enthalten. Verschiedene kohlenstoffhaltige Verbindungen haben unterschiedliche Anteile an Karbon-13-Atomen im Verhältnis zu Karbon-12. Organische Stoffe, wie Holz oder das Protoplasma der lebenden Organismen, enthalten viel weniger Karbon-13, aber die Karbonat-Skelette der Foraminiferen haben mehr oder weniger die gleichen Anteile an Karbon-13-Atomen wie der Standard, weil der Standard selbst das Skelett eines marinen Fossils ist.

J. C. Brennecke und T. F. Anderson von der Universität Illinois/Urbana stellten als erste fest, daß die Kohlenstoff-Isotope sich in den Sedimenten über die Grenze hinweg drastisch ändern; es wurde eine Abnahme von ein bis drei Teilen pro Tausend der Kohlenstoff-13-Atome entdeckt. Die von He durchgeführten Analysen ergaben eine unmißverständliche und systematische Abnahme um mehr als drei Teile pro tausend Karbon-13-Atome in den Nannofossilien während der 40000 Jahre nach dem Grenzereignis. Die maximale Kohlenstoff-Veränderung wurde etwa zur selben Zeit wie das Maximum der Ozeantemperatur erreicht (Abb. 20.2). Es gibt mehrere Möglichkeiten, dieses Ergebnis zu deuten. Wir nehmen an, daß die Veränderung eine reduzierte Fruchtbarkeit oder Produktion von Biomasse im Ozean anzeigt. Gewöhnlich hat der Kohlenstoff, der durch Flüsse in den Ozean gelangt, einen Überschuß an Karbon-12-Atomen. Unter normalen Bedingungen wird dieser Überschuß während des Wachstums der lebenden Organismen aufgezehrt, die eine Vorliebe für die leichteren Kohlenstoff-Atome haben. Durch die Ablagerung ihrer toten Körper auf dem Meeresboden wird der Karbon-12-Überschuß, der durch die Flüsse hereingebracht worden ist, neutralisiert. So bleibt das Verhältnis der Karbon-13- zu den Karbon-12-Atomen im Ozean normalerweise unverändert. Nach dem Massensterben waren die Populationen der Meeresorganismen drastisch reduziert. Eine Folge war das relative Ansteigen der Karbon-12-Atome oder die relative Abnahme der Karbon-13-Atome im Ozean. Das zeigen die Isotopen-Analysen. Eine weitere Folge war das Ansteigen der Menge gelöster Kohlensäure (CO_2) im Ozeanwasser, die es saurer machte und eine ausgedehnte Auflösung von Fossilienskeletten verursachte.

Diese Hypothesen können auch die klimatische Erwärmung nach der Katastrophe erklären. Ein Teil des steigenden Kohlensäuregehaltes im Ozean konnte in die Atmosphäre entweichen. Auf diese Weise wurde der Treibhaus-Effekt des bereits vorhandenen CO_2 verstärkt; die reflektierte Sonnenstrahlung wurde gefangen und führte zu einem globalen Anstieg der Temperaturen.

Nach wenigen hunderttausend Jahren normalisierten sich die Verhältnisse in den Ozeanen allmählich wieder. Die steigende Fruchtbarkeit der marinen Populationen führte zu einem stärkeren Verbrauch von Kohlendioxyd in den Ozeanen, besonders derjenigen mit Karbon-12-Atomen. Die Beseitigung des CO_2-Überschusses aus den Ozeanen und der Atmosphäre brachte wieder normale Temperaturen, und die Beseitigung der leichten Kohlenstoffatome führte wieder zu einem normalen Isotopen-Verhältnis (Abb. 20.2). Die Untersuchung der Bohrkerne von Bohrplatz 524 ließ den Schluß zu, daß sich die Katastrophe am Ende der Kreidezeit gewissermaßen in zwei Akten abgespielt hatte. Der Fall eines Kometen führte zu einem unmittelbaren Massensterben: Die Ozeane waren vergiftet, in dieser Umwelt konnten schwimmende Organismen mit Kalkskeletten nicht überleben. Die meisten Organismen starben, andere aber erholten sich allmählich. Die Klimaveränderung nach dieser Katastrophe heizte die Lufttemperatur so stark auf, daß die Dinosaurier nicht überleben konnten. Allerdings muß ihr Tod vielleicht später datiert werden als der der marinen Organismen, denn das Gift wirkte direkt und schnell, der Temperaturanstieg dagegen kann sich über Tausende von Jahren hingezogen haben.

Ich favorisiere die Kometen-Hypothese, weil nur Kometen eine Cyanidvergiftung verursachen können. Meteoriten enthalten ebenfalls relativ viele giftige Schwermetalle wie etwa Osmium, Ruthenium und Arsen. Diese Elemente konnten sich leicht im Meerwasser lösen und durch Strömungen verteilt werden und so die Meere vergiften. Bei einem Meteoritenfall sollte der Großteil der festen Gesteine im Einschlagkrater verschwinden. Aber die kosmischen Staubteilchen in einem Kometen, die die gleiche Zusammensetzung haben wie in einem Asteroid-Meteorit, konnten sich leichter in der Luft verteilen und durch Ozeanströmungen verdriftet werden, um weitverbreitete Schäden anzurichten.

»Wo ist die rauchende Pistole?« haben mich viele Skeptiker gefragt. »Wo ist der Einschlagkrater?«

John McCone von Columbus/Ohio schrieb mir, nachdem mein Aufsatz veröffentlicht worden war. Er berichtete, daß zwei Krater in Südrußland genau das richtige Alter hätten, um die Rolle der »rauchenden Pistolen« einzunehmen. Der eine in Kamensk hat einen Durchmesser von 25 Kilometern, und der andere in der Nähe ist 3 Kilometer groß; beide sind 65 Millionen Jahre alt. Ein kürzlich erschienener Bericht aus der Sowjetunion gibt einen dritten Krater mit etwa dem richtigen Alter an, der einen Durchmesser von 65 Kilometern hat und der bei Karsk in Sibirien gefunden wurde. Ein Komet aus Eis und Staub zerfällt wahrscheinlich eher als ein Asteroid, wenn er in die Atmosphäre eindringt. Ich vermute daher, daß die drei Krater durch drei Bruchstücke des gleichen Kometen verursacht wurden. Natürlich müssen wir auf weitere Informationen von unseren sowjetischen Kollegen warten, bevor wir sicher sein können, ob es sich dabei tatsächlich um die »rauchenden Pistolen« handelt, die »Mörder« der Dinosaurier.

Die Unternehmungen der *Glomar Challenger* beendeten eine Revolution in den Geowissenschaften, als die Bohrergebnisse die Theorie des Seafloor Spreading bestätigten und die Prinzipien der Plattentektonik begründeten. Sind wir Zeugen einer beginnenden, neuen Revolution in den biologischen Wissenschaften? Darwin war stark beeinflußt durch die Sozialphilosophie des 19. Jahrhunderts in England, als er über den Mechanismus der Evolution theoretisierte. Er sah den »Kampf ums Überleben« und das »Überleben der am besten Angepaßten« während der industriellen Revolution, als die Starken die Schwachen ausschalteten. Wenn aber die Hypothese einer außerirdischen Ursache für das Aussterben der Dinosaurier richtig ist, müssen wir wieder nachdenken über das Tempo und die Wirkungsweise der Evolution. Dale Russell, ein Fachmann für Dinosaurier vom *National Museum of Natural History* in Ottawa/Kanada, sagte mir, daß die Dinosaurier auf dem Höhepunkt ihrer Entwicklung ausstarben. Sie hätten weiterbestehen, den Existenzkampf gewinnen können, wenn es nicht diese plötzliche und unerwartete Umweltveränderung gegeben hätte, die durch das zufällige Zusammentreffen der Erde mit einem Himmelskörper hervorgerufen wurde. Als ich Russell im Mai dieses Jahres besuchte, zeigte er mir einen aus Kunststoff nachgebildeten Schädel, den sein Assistent angefertigt hatte; es könnte der Schädel eines Saurierabkömmlings mit menschlicher Intelligenz sein, der heute lebte, wenn die Dinosaurier nicht durch die Säugetiere infolge der Katastrophe am Ende der Kreidezeit ersetzt worden wären. Mit dieser metaphysischen Bemerkung möchte ich schließen.

Register